住房和城乡建设部“十四五”规划教材
高等学校给排水科学与工程学科专业指导委员会规划推荐教材

供水水文地质

（第六版）

李广贺　刘兆昌　朱　琨　编
赵勇胜　主审

中国建筑工业出版社

图书在版编目（CIP）数据

供水水文地质 / 李广贺，刘兆昌，朱琨编. — 6 版
. — 北京 ：中国建筑工业出版社，2023.6
住房和城乡建设部“十四五”规划教材　高等学校给
排水科学与工程学科专业指导委员会规划推荐教材
ISBN 978-7-112-29469-5

Ⅰ.①供…　Ⅱ.①李…②刘…③朱…　Ⅲ.①供水水
源-水文地质-高等学校-教材　Ⅳ.①P641.75

中国国家版本馆 CIP 数据核字（2023）第 244871 号

本教材为住房和城乡建设部“十四五”规划教材，在第五版的基础上进行修订，结合国内外供水水文地质现代理论与技术研究成果与发展趋势，对教材的整体内容和深度做适当修改和增补，以保持供水水文地质课程内容的系统性和完整性。

教材全面介绍与供水水文地质有关的地质基础知识、地下水的储存与循环、地下水的物理性质和化学成分、地下水的运动；系统阐述不同地貌区地下水的分布特征、供水水质评价、供水水文地质勘察，以及地下水资源评价的理论与方法；重点介绍地下水污染防治的理论与方法；系统描述地下水资源管理的理论与方法。为了便于学习和对内容的理解，本书利用大量实例给予演示与说明，突出教材的理论性与实用性。

本教材不仅可作为给排水科学与工程专业教学的教材，还可作为水文地质、工程地质、地质勘察、水利、环境工程、水资源管理专业的教学参考书，以及供有关的工程技术人员使用。

为便于教学，作者制作了与教材配套的课件，如有需求，可发邮件至 jckj@cabp.com.cn 索取（邮件标题写明书名和作者名），电话：（010）58337285，建工书院 http://edu.cabplink.com。

责任编辑：王美玲
责任校对：赵　力

住房和城乡建设部“十四五”规划教材
高等学校给排水科学与工程学科专业指导委员会规划推荐教材
供水水文地质（第六版）
李广贺　刘兆昌　朱　琨　编
赵勇胜　主审
*
中国建筑工业出版社出版、发行（北京海淀三里河路 9 号）
各地新华书店、建筑书店经销
北京科地亚盟排版公司制版
廊坊市海涛印刷有限公司印刷
*
开本：787 毫米×1092 毫米　1/16　印张：19　字数：468 千字
2024 年 5 月第六版　　2024 年 5 月第一次印刷
定价：**56.00** 元（赠教师课件）
ISBN 978-7-112-29469-5
（42213）

出版说明

党和国家高度重视教材建设。2016年，中共中央办公厅、国务院办公厅联合印发了《关于加强和改进新形势下大中小学教材建设的意见》，提出要健全国家教材制度。2019年12月，教育部牵头制定了《普通高等学校教材管理办法》和《职业院校教材管理办法》，旨在全面加强党的领导，切实提高教材建设的科学化水平，打造精品教材。住房和城乡建设部历来重视土建类学科专业教材建设，从“九五”开始组织部级规划教材立项工作，经过近30年的不断建设，规划教材提升了住房和城乡建设行业教材质量和认可度，出版了一系列精品教材，有效促进了行业部门引导专业教育，推动了行业高质量发展。

为进一步加强高等教育、职业教育住房和城乡建设领域学科专业教材建设工作，提高住房和城乡建设行业人才培养质量，2020年12月，住房和城乡建设部办公厅印发《关于申报高等教育职业教育住房和城乡建设领域学科专业“十四五”规划教材的通知》（建办人函〔2020〕656号），开展了住房和城乡建设部“十四五”规划教材选题的申报工作。经过专家评审和部人事司审核，512项选题列入住房和城乡建设领域学科专业“十四五”规划教材（简称规划教材）。2021年9月，住房和城乡建设部印发了《高等教育职业教育住房和城乡建设领域学科专业“十四五”规划教材选题的通知》（建人函〔2021〕36号）（简称《通知》）。为做好规划教材的编写、审核、出版等工作，《通知》要求：（1）规划教材的编著者应依据《住房和城乡建设领域学科专业“十四五”规划教材申请书》（简称《申请书》）中的立项目标、申报依据、工作安排及进度，按时编写出高质量的教材；（2）规划教材编著者所在单位应履行《申请书》中的学校保证计划实施的主要条件，支持编著者按计划完成书稿编写工作；（3）高等学校土建类专业课程教材与教学资源专家委员会、全国住房和城乡建设职业教育教学指导委员会、住房和城乡建设部中等职业教育专业指导委员会应做好规划教材的指导、协调和审稿等工作，保证编写质量；（4）规划教材出版单位应积极配合，做好编辑、出版、发行等工作；（5）规划教材封面和书脊应标注“住房和城乡建设部‘十四五’规划教材”字样和统一标识；（6）规划教材应在“十四五”期间完成出版，逾期不能完成的，不再作为《住房和城乡建设领域学科专业“十四五”规划教材》。

住房和城乡建设领域学科专业“十四五”规划教材的特点，一是重点以修订教育部、住房和城乡建设部“十二五”“十三五”规划教材为主；二是严格按照专业标准规范要求编写，体现新发展理念；三是系列教材具有明显特点，满足不同层次和类型的学校专业教学要求；四是配备了数字资源，适应现代化教学的要求。规划教材的出版凝聚了作者、主审及编辑的心血，得到了有关院校、出版单位的大力支持，教材建设管理过程有严格保障。希望广大院校及各专业师生在选用、使用过程中，对规划教材的编写、出版质量进行反馈，以促进规划教材建设质量不断提高。

住房和城乡建设部“十四五”规划教材办公室

2021年11月

第六版前言

《供水水文地质》（第六版）是住房和城乡建设部“十四五”规划教材，是为高等学校给排水科学与工程专业编写的教材，根据《高等学校给排水科学与工程本科专业指南》（TML-JPS-081003-2023），基于供水水文地质理论、技术发展趋势，结合教材使用和教材内容要求，在《供水水文地质》（第五版）内容体系和结构的基础上，对教材章节、内容和深度进行系统增补、完善和更新，保持教材内容体系的合理性、整体性和系统性。

本次教材修订，完善了供水水文地质的主要任务，修改了供水水文地质勘察工作内容要求；全面更新了供水水质评价、勘察阶段划分和允许开采量、地下水资源评价等相关内容、标准和方法；新增了地下水资源管理的内容。通过教材内容的系统补充和修编，体现教材的时效性，突出教材现代理论、方法与实用性的统一。

本教材由清华大学李广贺、刘兆昌，兰州交通大学朱琨合编，清华大学李广贺负责并完成教材的全面修订工作。本教材由吉林大学赵勇胜教授主审。

本教材既可以作为高等学校给排水科学与工程专业教学的教材，也可作为水文地质、工程地质、地质勘察、环境工程、水利工程和水资源管理等专业教学参考书，也可供相关的工程技术人员参考。

第五版前言

《供水水文地质》（第五版）是为高等学校给排水科学与工程专业编写的教材，基于供水水文地质理论、技术发展趋势，结合教材使用和教材内容要求，在《供水水文地质》（第四版）内容体系和结构的基础上，对教材章节、整体内容和深度进行系统增补、完善和更新，保持教材内容体系的合理性、整体性和系统性。

本次修订系统补充和修编教材内容，完善了供水水文地质的主要任务，明确了供水水文地质的发展历程与趋势；全面更新了地下水质量、地下水环境监测、水质评价等相关标准和方法；系统修改了地下水物理性质和化学成分等相关章节内容；重点完善了地下水污染评价和治理理论、技术与方法。总体上突出了教材理论、方法与实用性的统一。

本教材由清华大学刘兆昌、李广贺，兰州交通大学朱琨合编，清华大学李广贺负责全面修订工作。

本教材既可以作为高等学校给排水科学与工程专业教学的教材，也可作为水文地质、工程地质、地质勘察、环境工程、水利工程和水资源管理等专业教学参考书，以及有关的工程技术人员使用。

第四版前言

《供水水文地质》是为高等院校给水排水工程专业编写的教材。根据全国高等学校给水排水工程学科专业指导委员会的要求及有关的编写意见，为了体现供水水文地质理论、方法与技术发展趋势，结合近年来颁布实施的有关技术标准与规范，在1998年《供水水文地质》（第三版）的基础上修订而成，全面介绍了供水水文地质的现代理论与方法。

教材在修订过程中，保持原教材所具有的理论与应用相结合的特征的基础上，为了突出《供水水文地质》课程内容的系统性和完整性，对教材的整体内容和深度作了适当的修改、增补和调整，体现了本书的理论性和实用性。补充和完善了不同地貌地区的地下水特征的基础理论部分，并调整各节内容和突出重点内容；全面更新了地下水水质评价标准和评价方法。系统修改了供水水文地质勘察的手段、方法和要求以及国内外地下水水量计算、地下水资源评价的理论和方法；重点完善地下水污染评价和治理的新理论、新技术和新方法。

本书由清华大学刘兆昌、李广贺，兰州交通大学朱琨修编。

本书不仅可作为给水排水工程专业教学的教材，还可作为水文地质、工程地质、地质勘察、水利、环境工程、水资源管理专业的教学参考书，以及供有关的工程技术人员使用。

第三版前言

本书是为高等院校给水排水工程专业编写的教材。主要是根据全国高等学校给水排水工程学科专业指导委员会的要求及有关的编写意见，并在1987年第二版的基础上修订而成。

本教材在修订过程中，为了保持《供水水文地质》课程内容的系统性、完整性，按照课程教学基本要求的征询意见，对教材的整体内容和深度作了适当的修改、增补和调整，考虑到给水排水工程专业课程的设置特点，增加了基础地质知识和供水水质评价两部分内容。

本书全面介绍了地质基础、地下水储存和循环、地下水的物理和化学性质、地下水的运动特征的基本理论；系统阐述了供水水文地质勘察的手段、方法和要求以及国内外地下水水量计算、地下水资源评价的理论和方法；在论述地下水污染部分，重点介绍了地下水污染评价和治理的新理论、新技术和新方法，以及有关地下水资源合理开发利用和管理的基本内容。为了便于读者学习和掌握，利用大量的实例给予演示与说明，突出体现了本书的理论性和实用性。

本书由清华大学刘兆昌、李广贺，兰州交通大学朱琨编写，重庆建筑大学汪东云教授主审。

本书不仅作为给水排水工程专业教学的教材，还可作为水文地质、工程地质、地质勘察、水利、环境工程、水资源管理专业的教学参考书，以及供有关的工程技术人员使用。

目 录

绪　论

1. 供水水文地质概念与任务

水文地质学重点研究地下水在自然环境（岩石圈、大气圈、生物圈）以及人类活动影响下，其数量和质量在时间和空间上的变化规律，有效合理利用地下水，以兴利避害。供水水文地质则是以供水为目的，研究地下水形成与埋藏、物理和化学性质特征、开采条件下的动态变化、水资源评价、供水水源地勘察、地下水资源的合理开发利用与科学管理。供水水文地质学是水文地质学科的重要组成部分，供水水文地质工作对于保障供水、发展生产、改善生活质量方面起到了重要作用。

供水水文地质按照地下水赋存、循环、物化特性、勘察与管理等总体要素，围绕供水水文地质基本概念、原理与方法等知识要点，形成地下水储存与循环、地下水运动与分布、地下水化学成分演化、运动规律与模拟、供水水文地质勘察、地下水资源管理等理论与工程融合的内容体系。供水水文地质的主要任务包括：

（1）全面介绍与供水水文地质有关的地质基础、地下水储存和循环、地下水物理和化学性质、地下水运动基本理论；

（2）系统阐述供水水文地质勘察理论、方法和要求，以及地下水水量计算、地下水资源评价的理论与方法；

（3）针对地下水污染部分，重点介绍地下水污染概念、地下水源保护与污染防治理论与方法；系统论述地下水资源开发和管理等理论与方法。

2. 供水水文地质地位与作用

地下水作为重要的供水水源，对于人类生存、社会经济发展和生态环境维持具有重要作用。据美国专家 Luna B，Leopold 等人的计算，地球上仅在地面以下 800m 深度内的地下水体积即达 $417\times10^4 km^3$（800m 以下尚存有同等数量的地下水），其水量大约是河流、淡水湖、水库和内陆咸水总储量的 17.5 倍。因此，科学合理地开发利用地下水，成为解决供水水短缺的重要方式之一。

由于地下水储存在地表以下的岩石空隙中，与地表水相比，地下水供水水源具有如下优势：

（1）地下水在地层中渗透经过天然过滤与净水，水质良好。

（2）由于上覆地层作为地下水的天然屏障，不易受到污染，卫生条件较好。

（3）地下水水温较低，常年变化不大，特别适宜于冷却和空调用水。

（4）地下水取水构筑物可适当地接近用水户，输水管道较短，构筑物较简单，基建费用较低，占地面积小。

（5）由于地下水水量、水质受气候影响较小，能保持较稳定的供水能力。因此在缺少地表水的地区，如干旱半干旱的山前地区、沙漠、岩溶山地等，地下水常常是唯一的供水水源。

(6) 可以利用含水层调蓄多余的地表水，增加有效水资源总量。工业上还可利用含水层的保温和隔热效应，开展地面水的回灌循环，达到节能、储水、节水的目的。

全球地下水总储量为 $23.7\times10^6 km^3$，其中地下淡水储量为 $10.83\times10^6 km^3$，占全球淡水储量的30.9%，占地下水总储量的45.7%。由此，部分国家或地区地下水供水量占总供水量的比例较高。利比亚、阿拉伯半岛各国地下水占总供水量100%，以色列占75%，荷兰占66%，法国占33%，美国占22%～25%。据2000～2002年国土资源部组织开展的全国地下水资源评价，我国地下水资源量8838亿 m^3，占水资源总量的1/3，是水资源的重要组成部分。我国地下水开采（含少量微咸水）超过1000亿 m^3，约占全国总供水量的1/5；我国不同程度开发利用地下水的城市共400个。北方城市的地下水利用比例高达66%～72%，工业用水的20%和农业灌溉用水的60%依靠地下水；全国约70%的人口饮用地下水。由此可见，地下水资源是我国经济社会可持续发展不可缺少的物质基础，是饮水安全的重要保障。

由于大量开采地下水，尤其在一些集中开采的地区，出现了区域地下水位持续下降、水量逐渐减少、水质恶化、地面裂缝、地面塌陷、大面积地面沉降、海水入侵一系列水环境问题及地质灾害。水资源的供需矛盾日益突出，部分地区面临地下水资源枯竭的问题。合理评价、开发利用和科学管理地下水资源已成为供水水文地质的首要任务。

3. 供水水文地质的发展历程与趋势

多年来，我国生产力的不断发展，新技术不断应用，为解决工农业生产和生活用水为目的供水水文地质的基础理论和勘察技术研究方面均取得了重大进展。地下水运动的研究亦从裘布依（Dupuit）的稳定流理论发展到泰斯（Theis）的非稳定流理论，并在地下水赋存、运动、补排与水量评价等理论与方法方面得到长足发展；20世纪50～70年代是地下水流动系统理论、地下水资源评价、污染理论与研究方法全面发展阶段。各种模型方法、同位素和遥感技术方法逐步成熟，并得到应用。从20世纪70年代起，随着电子计算机技术的发展，地下水运动的数值模拟（有限单元法、有限差分法、边界元法）已广泛应用于供水水文地质勘察中。

地下水资源评价的理论与概念也在不断地完善与发展，已从20世纪50年代的普洛特尼柯夫的四大储量（动储量、调节储量、静储量、开采储量）计算法，逐步形成适合于我国水文地质条件的“三量”（补给量、储存量和允许开采量）评价方法。在供水水文地质勘察中，广泛应用卫星和航空图像解释水文地质条件，为区域性的水文地质调查开创了新途径；物探方法在供水水文地质勘察中已得到广泛运用、各种地面电法、重力、磁力和地震勘探方法、激发极化衰减法、核技术的应用已取得了重要的成果；同位素技术已广泛运用在供水水文地质调查中。现代理论、技术、方法、手段的发展与应用，极大地推动了供水水文地质理论与技术的日趋完善，为地下水供水水源水量和水质的正确评价、水源地的合理选择和地下水资源的科学开发利用奠定了基础。

第 1 章　地质基础知识

1.1　地球的构造与形态

地球不是一个理想的圆球体，而是一个因其自转时惯性离心力的作用，地球赤道部分略为凸起、赤道半径略大于极半径的旋转椭球体。据有关资料，地球赤道半径为 6378.16km，极半径为 6356.755km，两者相差约 21.4km。

1.1.1　地球的分圈

地球并不是一个均质体，而是具有圈层结构。地球以地表为界分为内圈和外圈。

1. 地球内圈特征

人们对于地球内部特征的研究主要利用地球物理方法，即地震波、重力测量和地磁测量；另外也借助高温、高压实验研究。通过地震波在地球内部传播速度的变化，发现在地表以下 30～80km 深处和 2800km 深处，存在着两个明显的分界面，前者称莫霍面，后者称古登堡面，两个界面把地球分成物质成分和性质不同的三个圈层，即地壳、地幔、地核（图 1-1）。

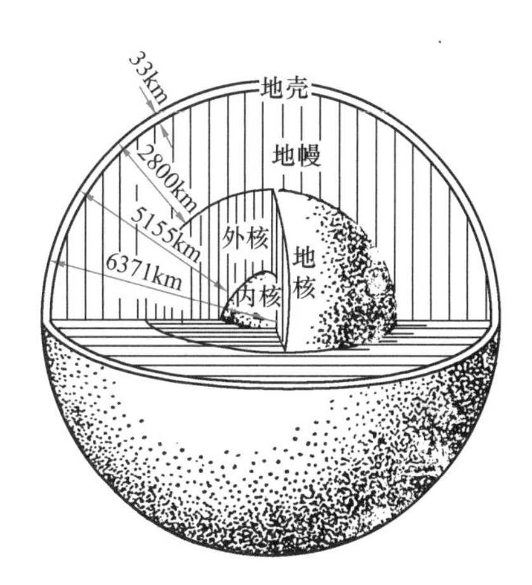

图 1-1　地球的内部分圈

地壳：地壳是地球最外面的一层硬壳，它的厚度各地不等，最厚的地方是我国的西藏高原地区，可达 70～80km；最薄的地方是在一些深海地区，厚度仅几千米。整个地壳的平均厚度约 33km。

地壳是由各种各样的固体岩石组成的。地壳表面岩石的平均密度是 $2.7g/cm^3$，从地表往下，温度、压力和密度都逐渐增加。地壳的底部，温度上升到 1000℃左右，压力最大达数万大气压。

地壳的物质组成具有非均一性。地壳可分为上下两层，上层是以硅、铝的氧化物为主要成分的岩石构成，称硅铝层，其成分相当于花岗岩。硅铝层在地壳上的分布并不连续，只在大陆地区发育，大洋盆地很薄或缺失。下层是以硅、镁或铁的氧化物为主要成分的岩石构成，称硅镁层，其成分与玄武岩相当。硅镁层分布连续。

地幔：地幔是指地壳底部起，直至深约 2800km 的一个圈层。地幔上部亦有一薄层坚硬岩石，这层岩石和地壳一起统称为岩石圈，总厚度约 60～100km。其下是 200～300km 厚的一层软流圈，物质呈熔融塑性状态，强度较小，属于岩浆的发源地。在长期的应力作用下，软流圈内的物质不断地发生着对流。软流圈以下的地幔物质，在强大的压力下已呈现固体状态。

地核：地核是指 2800km 以下的地球中心部分，还可再分为内核和外核。地核主要由铁镍物质所组成，密度为 9.71～16g/cm^3，压力可达 370 万大气压，温度为 3000～6000℃。在此高温高压下，地核物质的原子结构已完全被破坏而呈“金属态”。

2. 地球外圈的特征

地球表面以上，根据物质的性质和状态可分为大气圈、水圈和生物圈。它们环绕包围着地球，各自形成连续完整的外圈层。

大气圈：大气圈是指包围着地球的气体，厚度在几万千米以上，但由于受地心引力的作用，地球表面的大气最稠密，向外逐渐稀薄，所以大气压力随高度而递减。大气的温度在海平面是视纬度而不同，在空间是随着高度的增加而呈现出下降→增高→下降→快速增加的规律。根据大气的物理特征和成分等，可将大气圈再分为各种圈层，如：对流层、平流层、中间层、热成层、外逸层。

水圈：水圈是指地球表层附近的水体。大部分汇集在海洋里，一部分分布在大陆表面的河流、湖泊和高山区（冰雪），尚有一部分是埋藏于地表以下的岩石空隙中（地下水）。

水量上陆地水比海洋水少很多，但在陆地上广泛分布，并与人类活动关系密切。地下水作为水圈的主要构成部分，尽管在数量上较海洋水少得多，但它常常是人类生存的重要水源，也是供水水文地质学的主要研究对象。

生物圈：生物圈是指地球上生物（动物、植物和微生物）生存和活动的范围。在大气圈 10km 的高空、地面以下 3km 的深处和深、浅海底都发现有生物存在。但大量生物主要集中在地表和水圈上层，包围着地球形成一个完整的封闭圈。

1.1.2　地球表面的形态特征

1. 地壳表面特征

总体轮廓上地球是个椭球体，其表面是十分复杂的高低起伏的曲面，分为陆地与海洋两大部分。地球陆地面积为 1.49 亿 km^2，占地球表面积的 29.2%；海洋面积为 3.61 亿 km^2，占地球总面积的 70.8%。地球表面的最高点是喜马拉雅山的珠穆朗玛峰，海拔为 8848.86m，最深处是太平洋的马里亚纳海沟，深度在海平面以下 11034m。地球表面陆地部分平均高程为 860m，海洋平均深度为 3900m。地球上陆地的面积大都为 1000m 以下的平原、丘陵和低山，占地球总面积的 20.8%；海洋的面积中 4000～5000m 的海盆地分布最广，占地球表面的 22.6%，如图 1-2 所示。

从图 1-2 可以看出，地球表面近 71%分布在海平面以下，若将地球表面地形拉平，则地球表面将位于现在的海平面以下 2.44km。

2. 陆地地形

根据陆地表面的高程和起伏变化，可把陆地地形分为山地、丘陵、平原、高原、盆地和洼地等类型。

山地：山地是低山、中山及高山的统称。海拔在 500～1000m 的为低山，1000～3500m 为中山，3500m 以上为高山。我国是多山国家，山地分布很广。

丘陵：丘陵是指地表起伏不超过 200m 的低矮地形，如我国东部丘陵、川中丘陵等。

平原：平原是指地球上地势宽广平坦或略有起伏的地区。平原大都分布在山地与海洋之间，以及大陆内部的山岳之间。平原按照海拔又可分为：海拔在 200m 以下的低平原，如我国的华北平原及东北平原；海拔在 200～600m 的高平原，如成都平原等。

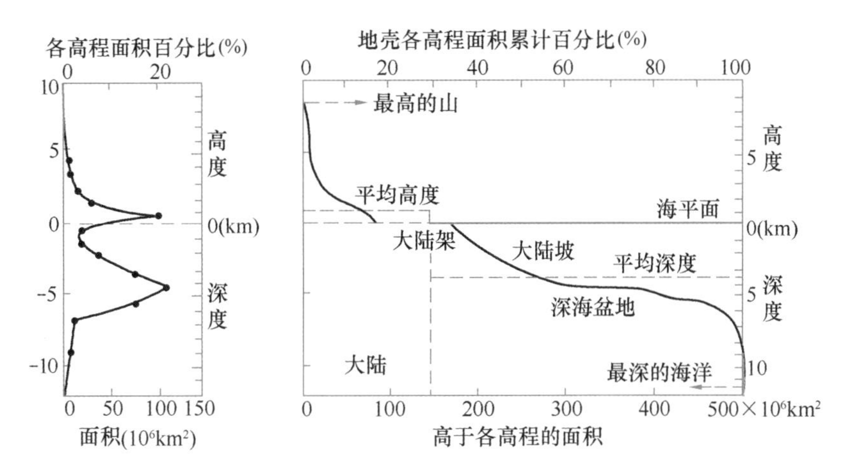

图 1-2 地壳表面各高程分布

高原：高原是指海拔在 600m 以上、表面较宽阔平坦或稍有起伏、四周常有崖壁与较低的地形单元分界的地区。我国的青藏高原是世界上最高的高原，海拔在 4000m 以上。

盆地：盆地是指四周是高原或山地、中央是低平地的地区。我国西南和西北有很多大小盆地，如：四川盆地、柴达木盆地、吐鲁番盆地等。

洼地：洼地是指高程在海平面以下的低洼地带，如我国吐鲁番盆地中的艾丁湖湖水面在海平面以下 150m，称为克鲁沁洼地。

3. 海底地形

海底地形本来与人类的关系不如陆地地形密切，然而随着对海洋资源开发的关注，大陆架地区的地形特征已越来越引起人们的重视。

海底地形起伏很大，变化复杂，不亚于大陆，而且高差之大远超过陆地。根据海底地形特征，可进一步把海底分为大陆架、大陆坡、大陆基、海沟、岛弧、深海（大洋）盆地、洋中脊等单元。

大陆架是指紧邻陆地的、地势平坦的浅海水底平原。一般坡度小于 0.1°，深度各地不等，通常是指水深在 200m 以内的水域，平均深度 133m。我国沿海有宽阔的大陆架，渤海、黄海以及东海西部、南海大部组成了亚洲东部巨大的陆缘浅海，是世界上最大的大陆架之一，宽度由 100 多千米到 500km 以上，水深一般为 50m，最大水深 180m，当前已成为世界关注的石油天然气贮藏地区。

1.1.3 地壳的物质组成

地壳是由各种各样的岩石组成的，而岩石本身又是由各种化学元素组成。因此要知道地壳的组成，首先要了解各种化学元素在地壳中的分布情况和分布规律。据目前所知，有 10 种元素已占地壳总质量的 99.96%，见表 1-1。其余近百种元素质量的总和还不足地壳总质量的千分之一。

地壳主要元素质量的百分比　　表1-1

元素名称	含量百分比（%）	元素名称	含量百分比（%）
氧 O	46.95	钠 Na	2.78
硅 Si	27.88	钾 K	2.58
铝 Al	8.13	镁 Mg	2.06
铁 Fe	5.17	钛 Ti	0.62
钙 Ca	3.65	氢 H	0.14

各种化学元素在地壳中空间分布是不均匀，如地壳上部以O、Si、Al为主，Ca、Na、K亦较多，但地壳下部虽然仍以O、Si为主，但其他元素含量相对减少，Mg、Fe相应地增加。

化学元素在地壳的分布，除个别呈自然元素（如石墨、金等）外，其他元素大都以各种化合物的形式出现，尤以氧化物为最多。表1-2是地壳深度在16km以内，按氧化物计算的平均化学成分质量百分比。

从表1-2可知，地壳中的主要成分是硅、铝的氧化物，占总质量的74.48%。

地壳主要氧化物质量百分比　　表1-2

氧化物	质量百分比（%）	氧化物	质量百分比（%）
SiO_2	59.14	Na_2O	3.84
Al_2O_3	15.34	MgO	3.49
FeO Fe_2O_3	6.88	K_2O H_2O	3.13 1.15
CaO	5.08	TiO_2	1.05

1.2 矿物与岩石

1.2.1 主要造岩矿物的特征

矿物是地壳中各种地质作用的自然产物，具有一定的化学成分和内部构造、在一定物理化学条件下相对稳定的天然单质或化合物。矿物表现出所具有的物理和化学性质。少数矿物可以由一种元素组成，如：自然硫和金；但大多数的矿物是几种元素的化合物，如：方解石、石英、赤铁矿等。矿物是地壳的基本组成部分，是矿石和岩石的组成单位。

矿物绝大部分呈固态，少数呈液态（如水银等）和气态（如硫化氢等）。

自然界的矿物种类很多，目前已知的有3000余种。各种矿物都有一定的外部形态和物理性质，成为肉眼鉴定矿物的主要依据。矿物的主要物理性质有：晶形、颜色、光泽、条痕、硬度、解理和断口、相对密度等。

晶形：自然界中的矿物可分为结晶的或非结晶的，其中结晶的占多数。结晶矿物由于内部质点（离子、原子或分子）作有规律的排列，外表常呈一定形态，矿物的晶形通常有：粒状、柱状、片状、板状、纤维状、放射状等。

颜色：指矿物新鲜面上的颜色。某些矿物具有特定的颜色，如磁铁矿是铁黑色；有的矿物因不同色杂质的混入而染成不同颜色，如纯净的石英是无色透明的，混入不同的杂质后可呈紫色、玫瑰色、烟色等。

光泽：指矿物的新鲜面上反射光线的能力。如：黄铁矿具有金属光泽，石英、长石具有玻璃光泽，石膏具有丝绢光泽。

条痕：指矿物粉末的颜色，即把矿物在毛瓷板上擦划，所得痕迹的颜色。有些矿物能有好几种颜色，但条痕的颜色却是固定不变的。

硬度：指矿物抵抗摩擦及刻划的能力。测定矿物的相对硬度常用摩氏等级，即按照矿物硬度的差异划分出 10 个等级，等级越高表示硬度越大，见表 1-3。如用甲矿物去刻划乙矿物，当乙矿物被刻出小槽并出现粉末，而甲矿物未受损伤，则甲矿物的硬度大于乙矿物。

摩氏硬度等级　　表 1-3

等级	种类	等级	种类
1 度	滑　石	6 度	正长石
2 度	石　膏	7 度	石　英
3 度	方解石	8 度	黄　玉
4 度	萤　石	9 度	刚　玉
5 度	磷灰石	10 度	金刚石

解理：指矿物被敲击后沿一定结晶方向产生光滑平面的能力，裂开的光滑面就是解理面。

断口：矿物被敲击后，所产生的破裂面既无一定方向又不光滑就称为断口。

组成岩石最主要的矿物有 20 多种，称这些矿物为造岩矿物，将最常见的造岩矿物列表描述，见表 1-4。

常见造岩矿物鉴定表　　表 1-4

矿物名称	物理性质						其他
	晶形	颜色	光泽	条痕	硬度	解理和断口	
正长石	柱状、板状、粒状	肉红、灰白、褐黄色	玻璃	白色	6～6.5	二组完全解理、粗糙状断口	
斜长石	板状、柱状、粒状	白、灰白、浅绿	玻璃	灰白色	6～6.5	二组完全解理、粗糙状断口	
辉石	短柱状、粒状	灰绿色、墨绿色、褐黑色	玻璃	灰绿色 黑绿色	5～6	二组中等解理、夹角近 90°。粗糙状断口	
角闪石	长柱状、纤维状、放射状	灰色、黑色及各种绿色	玻璃	灰绿色 黑绿色	5.5～6	二组完全解理、交角约 124°，锯齿状断口	
黑云母	片状、板状	黑色、褐色	珍珠、玻璃	浅绿色	2.5～3	一组极完全解理	具有弹性
石榴子石	粒状（晶体为十二面体）	棕色、暗红色、鲜绿色	玻璃（晶面） 油脂（断口）	白色	6.5～8.5	无解理、贝壳状断口	
橄榄石	粒状	绿色、黄绿色	玻璃或油脂	白色	6.5～7	无解理、贝壳状断口	风化后呈黄、棕红色
石英	柱状、粒状、块状	无色、白色或其他各色	玻璃或油脂	白色	7	无解理、贝壳状断口	
磁铁矿	块状、八面体	铁黑色	金属或半金属光泽	黑色	5.5～6.5	无解理	粉末有磁性，可被小刀吸起
方解石	菱面体、粒状、块状	白色、灰色	玻璃	白色	3	三组完全解理、粗糙状断口	遇稀盐酸起泡强烈

续表

矿物名称	物理性质						其他
	晶形	颜色	光泽	条痕	硬度	解理和断口	
白云石	菱面体、块状、粒状	白色、浅黄、淡灰	玻璃	白色	3.5～4	三组完全解理（常弯曲），粗糙状断口	粉末遇稀盐酸起泡
黄铁矿	块状、粒状、结核状	铜黄色	金属	黑绿色	6～6.5	无解理，贝壳状断口	
石膏	板状、纤维状	白色、灰色	玻璃、丝绢	白色	2	三组完全解理	

1.2.2　岩石的分类

岩石是在各种地质条件下由一种或几种矿物组成的集合体。在不同的岩石中，地下水的成分、储存、运动和开采等条件也各有差异，因此，研究岩石与寻找、利用地下水有着密切的联系。

按成因可把自然界的岩石划分为三大类：岩浆岩、沉积岩和变质岩。

1. 岩浆岩

（1）岩浆岩的形成

岩浆是在地幔的软流圈中产出的物质，是富有挥发性成分的高温硅酸盐熔融体。岩浆沿着地壳岩石的裂隙上升到地壳范围内或喷出地表，热量逐渐散失，最后冷却凝固而成的岩石就叫岩浆岩，又称火成岩。

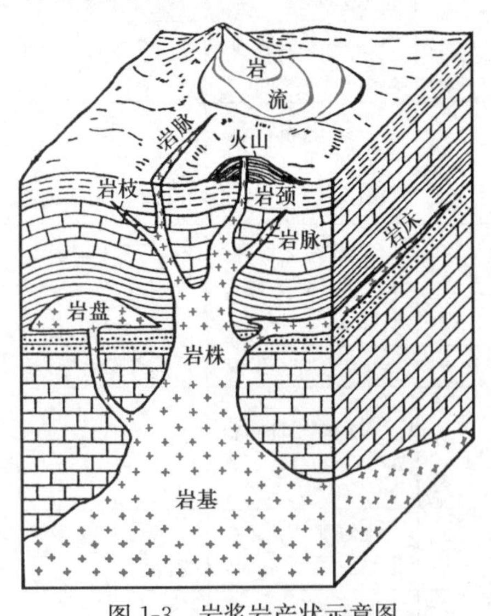

图 1-3　岩浆岩产状示意图

（2）岩浆岩的特征

1）产状：岩浆岩在空间的位置、形态和大小叫岩浆岩的产状。岩浆凝固的位置不同，所形成的岩浆岩产状也不一样。在地壳深处冷凝成的岩石叫深成岩，其产状多为岩基和岩株；常见的深成岩有：橄榄岩、辉长岩、闪长岩、花岗岩等。在地表深度较小处冷凝成的岩石叫浅成岩，其产状为岩盘、岩床、岩脉等；常见的浅成岩有：闪长玢岩、花岗斑岩等。深成岩和浅成岩又统称为侵入岩。岩浆流出地表冷凝而成的岩浆岩称为喷出岩，因喷出岩是火山作用的产物，所以也称为火山岩，其产状为岩流和火山锥。常见的喷出岩有：玄武岩、安山岩、流纹岩等。岩浆岩的产状如图 1-3 所示。

2）结构：岩浆岩在不同的环境中形成时，由于物理条件不同，冷凝后结晶程度、颗粒大小和形状等方面都表现出不同特点，统称为岩浆岩的结构。岩浆岩的结构类型主要有以下几种：

晶粒状结构：即岩石中的矿物全是较大的结晶颗粒。深成岩常具有此结构，如图 1-4 所示。

斑状结构：即岩石中较大的矿物晶粒被细粒的、隐晶质的或玻璃质的基质所包围。浅成岩和喷出岩常具有此种结构，如图 1-5 所示。

图 1-4 晶粒状结构

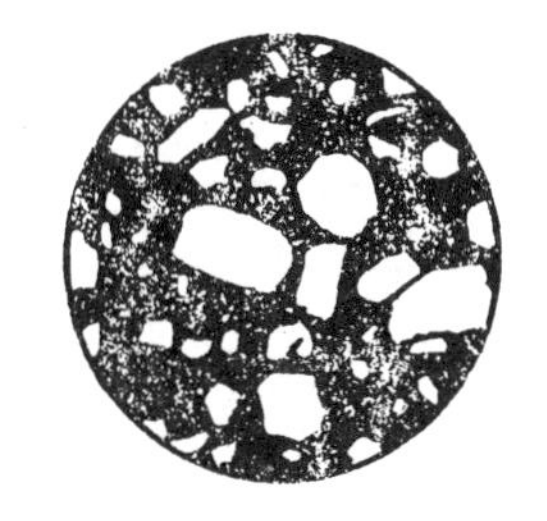

图 1-5 斑状结构

玻璃质结构：岩石中的成分皆未结晶，此结构多见于喷出岩。

3）构造：岩浆岩中各组成部分在空间的排列及充填方式称为岩浆岩的构造。

常见的构造有：

块状构造：各种矿物成分在岩石中均匀分布，无定向排列。深成岩如花岗岩等常具有这种构造。

流纹构造：岩石中有不同颜色的条纹，是熔岩流动时物质成分沿流动方向所作的定向排列。流纹岩常具有这种构造。

气孔构造：岩石中有许多大小不一的气孔，是熔岩冷凝时气体尚未全部逸出所形成。喷出岩如玄武岩等具有这种构造。

杏仁构造：喷出岩的气孔被后来的次生矿物如石英、方解石、沸石等所充填。玄武岩中常能见到这种构造。

4）岩浆岩的化学性质、矿物组成及分类：

地壳上存在的元素在岩浆岩中均有存在，但宏量元素氧、硅、铝、铁、镁、钙、钠、钾、钛等，均以氧化物的形式存在于岩浆岩中。这些氧化物的含量随着 SiO_2 含量的变化而有规律地变化，因此常根据岩浆岩中 SiO_2 含量的多少，将其分为四类，即酸性岩、中性岩、基性岩、超基性岩。

组成岩浆岩的主要矿物可分为两大类，一类是颜色较浅、相对密度较小的矿物，称之为浅色矿物，如石英、长石（正长石、斜长石）等含铝硅酸盐类矿物；一类是颜色较深、相对密度较大的矿物，称暗色矿物，如角闪石、辉石、橄榄石、黑云母等含铁、镁硅酸盐类矿物。这两类矿物在岩石中的含量比，不仅决定岩石颜色的深浅，而且也反映着化学成分的变化。含 SiO_2 较高的酸性岩中浅色矿物的比例大，岩石的颜色浅；含 SiO_2 较低的基性岩中暗色矿物增多，岩石的颜色就较深，因此根据岩石颜色的深浅大体上就可以判别出岩石的基本类型。一般说来，从酸性岩到超基性岩颜色由浅变深。岩浆岩的化学成分与矿物成分之间的变化规律，见表 1-5。

岩浆岩按化学成分的分类 **表 1-5**

岩类	SiO_2 含量	FeO MgO 含量	Na_2O K_2O 含量	主要矿物	颜色	岩石举例
超基性岩	<45%	多 ↓ 少	少 ↓ 多	橄榄石、辉石	深 ↓ 浅	橄榄岩
基性岩	45%～52%			基性斜长石、辉石		辉长岩
中性岩	52%～65%			中性斜长石、角闪石		闪长岩
酸性岩	>65%			石英、长石、云母		花岗岩

按照岩浆岩的产状、化学成分、矿物成分、结构、构造等特征将常见的岩浆岩进行综合分类，分类结果见表1-6。

岩浆岩分类简表　　表1-6

<table>
<tr><th colspan="5">岩　石　类　型</th><th>超基性岩</th><th>基性岩</th><th>中性岩</th><th>酸性岩</th></tr>
<tr><td colspan="4" rowspan="3">主　要　特　征</td><td>SiO_2
含量</td><td><45%</td><td>45%～52%</td><td>52%～65%</td><td>>65%</td></tr>
<tr><td>颜色</td><td colspan="4">深（黑、绿、深灰）→浅（红、浅灰、黄）</td></tr>
<tr><td rowspan="2">主要
矿物
结构</td><td rowspan="2">橄榄石、
辉　石、
角闪石、
斜长石</td><td rowspan="2">斜长石、
辉　石、
角闪石、
橄榄石</td><td rowspan="2">斜长石、
角闪石、
黑云母、
天长石、
石　英</td><td rowspan="2">石　英、
正长石、
斜长石、
黑云母</td></tr>
<tr><td colspan="3">产　　状</td><td>构　造</td></tr>
<tr><td colspan="2" rowspan="2">喷出岩</td><td rowspan="2">火山锥
熔岩流
熔岩被</td><td>块状、气孔状</td><td>玻璃质</td><td>少　　见</td><td colspan="3">浮　岩、黑　曜　岩</td></tr>
<tr><td>致密块状、气孔状、杏仁状、流纹状</td><td>隐晶质、
斑　　状</td><td>少　　见</td><td>玄武岩</td><td>安山岩</td><td>流纹岩</td></tr>
<tr><td rowspan="2">侵入岩</td><td>浅　成</td><td>岩　床
岩　盘
岩　脉</td><td>块　　状</td><td>晶粒状、
斑　状</td><td>少　　见</td><td>辉绿岩</td><td>闪长玢岩</td><td>花岗斑岩</td></tr>
<tr><td>深　成</td><td>岩　基
岩　株</td><td>块　　状</td><td>晶粒状</td><td>橄榄岩
辉石岩</td><td>辉长岩</td><td>闪长岩</td><td>花岗岩</td></tr>
</table>

2. 沉积岩

(1) 沉积岩的形成

沉积岩是在地表环境中已经形成的岩石（岩浆岩、早期沉积岩、变质岩）经过风化、剥蚀、溶解等外力地质作用的破坏而产生的岩石碎屑、溶质等物质，在原地或经过搬运在适宜的环境（如山麓、湖沼、海洋中）沉积，再经过成岩作用而形成岩石。

沉积岩的形成过程一般经过下面3个阶段：

1）原有的岩石（可为岩浆岩、变质岩或早期形成的沉积岩）在地表经过风化作用破坏，形成碎屑物和残余产物，如：黏土、砂、砾石及硅铝胶体化合物等。

2）各种风化产物被水、风、冰等搬运在适当地段沉积下来。

3）松散沉积物经过压固、胶结、重结晶等作用最后固结成岩。

(2) 沉积岩的特征

1）产状：沉积岩多成层状分布，这是沉积岩的重要特征之一。层的上下为两个较平坦的平行或近于平行的界面所限，这两个面称为层面。层面之间同一岩性的层状岩石称为岩层。上下层面之间的垂直距离即为岩层的厚度。

由于沉积时条件的变化，沉积岩的产状可有正常、夹层、变薄、尖灭、透镜体5种不同的形态，如图1-6所示。

2）结构：沉积岩的结构是指沉积物颗粒的大小、形状及结晶程度。沉积碎屑岩类（如：砾岩、砂岩、粉砂岩、火山角砾岩等）都具有沉积碎屑结构，即岩石或矿物碎屑被硅质、钙质、黏土质胶结在一起。如硬砂岩，碎屑物质的成分主要为石英、长石、云母及其他岩屑，但其中的石英、长石、云母大都失去原来矿物的结晶原形，而呈碎块状，并且是被泥质胶结在一起的。化学作用所形成的沉积岩常有结晶结构，如：石灰岩、白云岩等。

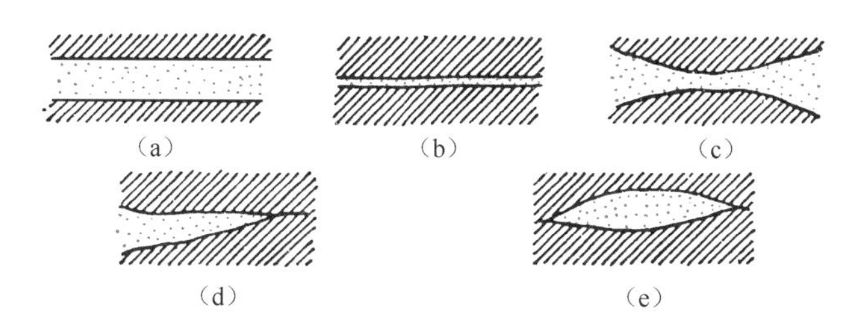

图 1-6 沉积岩的产状

(a) 正常；(b) 夹层；(c) 变薄；(d) 尖灭；(e) 透镜体

3）构造：是指在沉积作用或成岩作用中沉积物组分在岩石内部或表面形成的排列方式、相互关系及充填方式。沉积岩具有层理构造是其最大特征。层理厚薄不等，页岩层理最薄也叫页理。

4）矿物成分：沉积岩的矿物成分很复杂，与产生碎屑物的母岩有直接关系。但有些矿物却是沉积岩特有的，如：海绿石、蒙脱石、高岭石等。

5）化石：早期生物的遗骸或痕迹若被保存在沉积岩中，经过石化作用而形成化石，化石存在是沉积岩的特征之一。

(3) 沉积岩的分类

沉积岩分布颇广，从数量上看虽然只占地壳的5%，却覆盖了地球表面75%的面积。自然界常见的沉积岩有：砾岩、砂岩、页岩、泥岩、石灰岩、凝灰岩、白云岩、盐岩等。其中分布最多的是页岩、砂岩、石灰岩，这三种沉积岩几乎占了沉积岩类总量的95%以上。

根据沉积岩的成因及成分特征，将沉积岩进行简单分类，见表1-7。

(4) 松散岩石

沉积岩类还包括近代形成的未经压固、胶结的碎屑堆积物，称为松散岩石或第四纪松散堆积物，如：黏土、粉质黏土、粉土、砂、砾石、卵石，及其混合堆积物砂砾石、砂卵石等。松散堆积物广泛覆盖于地壳表面，对地下水的形成和储存有更直接的关系。

松散堆积物的颗粒大小变化很大，大者达数米（如巨大的漂石），而细小的颗粒只能在显微镜下才能看见。通常按颗粒直径的大小（简称粒径），划分为粒组，每一粒组都是用两个数值作为粒径的上、下限，并给予适当的名称，见表1-8。

常见沉积岩分类表 **表 1-7**

分类		特征		岩石名称	物质来源
碎屑岩类	火山碎屑岩	火山碎屑结构	碎屑直径大于100mm	集块岩	火山喷发碎屑产物
			碎屑直径2～100mm	火山角砾岩	
			碎屑直径小于2mm	凝灰岩	
	沉积碎屑岩	沉积碎屑结构	砾状结构粒径大于2.0mm	砾岩	母岩机械破坏碎屑产物
			砂状结构粒径0.05～2.0mm	砂岩	
			粉砂状结构粒径0.005～0.05mm	粉砂岩	

续表

分类	特征	岩石名称	物质来源
黏土岩	泥质结构粒径小于 0.005mm	泥岩 页岩	母岩化学分解过程中形成的新生矿物—黏土矿物
化学岩及生物化学岩	结晶结构或生物结构	石灰岩 白云岩 石膏岩 油页岩 煤	母岩化学分解溶液产物；生物活动产物

颗粒分组　　**表 1-8**

粒组名称	分界粒径（mm）	一般特性
漂石 卵石 粗砾石 中砾石 小砾石	>200 200～20 20～10 10～4 4～2	透水性大，无黏性，毛细管水上升高度极微，不能保持水分
粗砂粒 中砂粒 细砂粒	2～0.5 0.5～0.25 0.25～0.05	易透水，无黏性，毛细管水上升高度不大，遇水不膨胀，干燥不收缩，呈松散状，不表现可塑性
粉土粒	0.05～0.005	透水性小，毛细管水上升高度较大，湿润时能出现微黏性，遇水时膨胀与干燥时收缩都不显著
黏土粒	<0.005	几乎不透水，结合水作用显著，潮湿时呈现可塑性，黏性大，遇水膨胀与干燥收缩都较显著

在自然界中，松散堆积物很少是由单一粒径的颗粒组成，而常常是不同粒径颗粒的混合体。因此，进行分类时不仅要根据单个粒径的大小，而且还需根据各种粒径的比例关系综合考虑。为此，常用土石颗粒的级配（也叫粒度成分）曲线来表示。各粒组的百分含量可用筛分法求得：即用一套不同孔径的标准筛来分离出与筛子孔径相应的粒组，然后分别称出各粒组的质量并计算各粒组占全部试样质量的百分比。

由于孔径过小的筛子在制造和分离技术上都有困难，故粒径小于 0.1mm 的土粒已无法用筛分法，这类土可采用静水沉速分析法测定出颗粒沉降速度 v，然后用下式计算出颗粒直径 d：

$$d = 0.1127\sqrt{v} \tag{1-1}$$

式中　v——土粒在静水中沉降的速度（cm/s）；

d——土粒直径（mm）。

为了进一步利用土样的级配资料发现规律，往往用累计曲线图表示级配的特点，如图 1-7 所示。

由图 1-7 中可看出：某粒组上限的累计百分含量应等于该粒组及小于它的所有粒组的百分含量的总和；某粒组上、下限的累计百分含量之差，就是该粒组的百分含量。这样在级配累计曲线上可求得颗粒小于某一粒径的含量，如图试样中小于 0.5mm 的土粒占

60%，即 d_{60}=0.5mm，也就是说筛分试样时，占质量 60%的颗粒将通过筛孔为 0.5mm 的筛子，其余 40%的质量留在筛孔为 0.5mm 的筛子上面，其中有的留在 1mm、2mm……筛子上。同理，图 1-7 中 d_{10}=0.12mm。

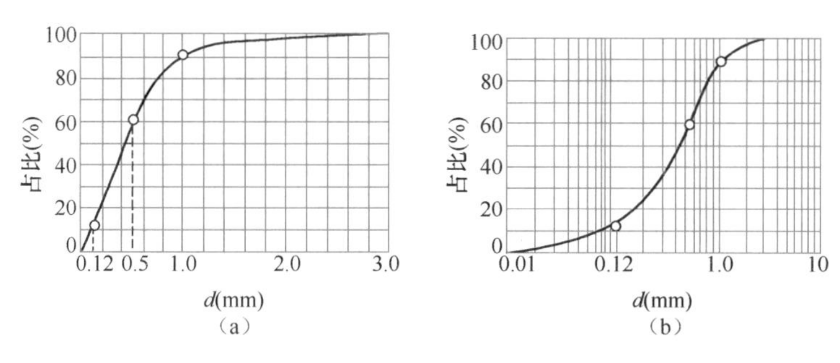

图 1-7 颗粒级配曲线

(a) 自然数坐标；(b) 半对数坐标

一般累计曲线在半对数坐标系中呈 S 形，曲线中段越接近垂直者则土粒越均匀，如果累计曲线中段倾斜较缓时，则土粒是不均匀的。不均粒土的透水性，大致与该试样 d_{10} 对应的粒径所组成的均粒土的透水性相当，所以 d_{10} 称为"有效粒径"。

根据松散堆积物的级配，可按表 1-9 分类定名。

松散岩石的分类和定名标准 **表 1-9**

类别	名称	定名标准
碎石土类	漂石	圆形及亚圆形为主，粒径大于 200mm 的颗粒超过全重的 50%
	块石	棱角形为主，粒径大于 200mm 的颗粒超过全重的 50%
	卵石	圆形及亚圆形为主，粒径大于 20mm 的颗粒超过全重的 50%
	碎石	棱角形为主，粒径大于 20mm 的颗粒超过全重的 50%
	圆砾	圆形及亚圆形为主，粒径大于 2mm 的颗粒超过全重的 50%
	角砾	棱角形为主，粒径大于 2mm 的颗粒超过全重的 50%
砂土类	砾砂	粒径大于 2mm 颗粒占全重的 25%～50%
	粗砂	粒径大于 0.5mm 的颗粒超过全重的 50%
	中砂	粒径大于 0.25mm 的颗粒超过全重的 50%
	细砂	粒径大于 0.075mm 的颗粒超过全重的 85%
	粉砂	粒径大于 0.075mm 的颗粒不超过全重的 50%
粉土类	粉土	塑性指数 $3<I_P\leqslant10$
黏性土类	粉质黏土	塑性指数 $10<I_P\leqslant17$
	黏土	塑性指数 $I_P>17$

注：1. 定名时，应根据粒径分组由大到小，以最先符合者确定；
2. 野外临时定名，可采用一般常用的试验方法；
3. 塑性指数（I_P）是指黏性土由流动状态变为可塑状态时的含水量（W_u）与由可塑状态变成半固体状态时的含水量（W_P）之差；一般以百分数的绝对值表示，不带%符号；
4. 本表引自《岩土工程勘察规范》GB 50021—2001。

3. 变质岩

(1) 变质岩的形成

地壳运动、岩浆活动等地质作用下，地壳原有岩石在基本保持固体状态下，受温度、压力和化学活动性流体等作用，岩石的矿物成分及结构、构造发生相应变化，所形成新的岩石就称为变质岩。

(2) 变质岩的特征

1) 产状：变质岩大多数保存着原未变质前岩石的产状。

2) 结构：变质岩主要有变晶结构。在变质过程中岩石能够重新结晶，非晶质的可变为晶质的，小晶粒可变成粗晶粒。如隐晶质的石灰岩变质后可成巨粒状变晶结构的大理岩。

3) 构造：变质岩的构造常见的有：

片理构造：岩石中片状、板状、纤维状矿物都平行排列，呈叶片状的片理。

片麻状构造：岩石中的深色矿物和浅色矿物相间平行排列呈条带状。

千枚状构造：是一种薄片状的片理，片理面上有丝绢光泽。

板状构造：岩石受较轻定向压力作用沿一定方向形成具平行、密集而平坦的破裂面。

块状构造：岩石中矿物均匀分布，无定向排列。

4) 矿物成分：变质岩除保留一部分原岩石的矿物成分外，还生成一些仅在变质岩石才出现的矿物如：石榴子石、十字石、红柱石、滑石、石墨等。

(3) 变质岩的分类

根据变质岩的构造可将变质岩分为两类：片状岩石类和块状岩石类。现将常见变质岩的特征列表描述，见表1-10。

变质岩的分类及其主要特征 **表1-10**

<table>
<tr><th>类别</th><th colspan="2">岩石名称</th><th>主要矿物</th><th>颜色</th><th>其他特征</th></tr>
<tr><td rowspan="7">片状岩石类</td><td colspan="2">片麻岩</td><td>长石、石英、云母</td><td>深色或浅色</td><td>片麻状构造，等粒变晶结构，矿物可以辨认</td></tr>
<tr><td rowspan="4">片岩</td><td>云母片岩</td><td>云母、石英</td><td>白色、银灰色及暗色</td><td>具有薄片理，有强丝绢光泽</td></tr>
<tr><td>绿泥石片岩</td><td>绿泥石</td><td>绿色</td><td>鳞片状或叶片状块体，质软易风化</td></tr>
<tr><td>滑石片岩</td><td>滑石</td><td>淡绿、灰色</td><td>鳞片状块体，有高滑感，质软易风化</td></tr>
<tr><td>角闪石片岩</td><td>角闪石、石英</td><td>灰色 暗色</td><td>片理常不明显，角闪石有时可认出</td></tr>
<tr><td colspan="2">千枚岩</td><td>云母、石英</td><td>灰色、淡红色、绿色、黑色</td><td>薄片理构造，表面呈丝绢光泽，矿物难辨认，易风化</td></tr>
<tr><td colspan="2">板岩</td><td>石英及云母为主</td><td>灰色、灰黑色</td><td>薄片状，粒极细，矿物难辨认，质脆，敲击有响声</td></tr>
<tr><td rowspan="2">块状岩石类</td><td colspan="2">大理岩</td><td>方解石及少量白云石</td><td>白色、灰色、常有花纹</td><td>变晶粒状结构，能见方解石晶体，滴稀盐酸起泡</td></tr>
<tr><td colspan="2">石英岩</td><td>石英</td><td>白色、灰色、黄色、红棕色</td><td>致密的细粒块体，坚硬，性脆</td></tr>
</table>

1.3 岩层的地质时代

1.3.1 地质时代的划分

根据科学的测算，45亿年前地球就已形成，地球表面固结成地壳也有40亿年的历史。组成地壳的各种岩石的生成有着一定先后次序，追溯它们形成的时间就能编出地壳发展历史，从而揭露地壳发展的规律并指导地质勘探工作。

地质时代有两种：一种是绝对地质时代或岩层的绝对年龄，指地壳的岩层从形成到现在的延续时间，以“年”为单位。另一种称为相对地质时代或岩层的相对年龄，指岩层形成的先后顺序和新老关系。

岩石的绝对年龄是利用放射性元素恒定的蜕变速度来计算岩石形成后所经历的时间。天然条件下，放射性元素总是以稳定不变的速度进行蜕变，最后形成一些稳定的新元素。例如已知放射性铀经过蜕变而放出氦与铅的速度如下：

$$1\text{g 铀 1 年放出}\begin{cases}\nearrow 9\times10^{-6}\text{cm}^3\text{ 氦}\\ \searrow 7.4\times10^{-9}\text{g 铅}\end{cases}$$

测定了岩石中所含铀与氦或铅的量就可计算出岩石形成的年龄。

在解决一般地质问题时，经常是利用相对地质时代。相对地质时代主要是根据生物的演变和地壳运动等重大变化来划分的。地球上的生物长期按顺序发展着，而且生物的进化是不可逆的。因此，不同时代形成的沉积岩层就含有不同的生物化石；而不同地区含有相同化石的岩层，无论相距多远，都应属同一时代形成的。这样生物化石就为地层对比提供了主要的依据，按照生物发展的顺序就可建立起一个完整的地层系统，从而建立了统一的国际通用的地质年代表。

1.3.2 地质年代表

地质历史首先被划分为五个最大的阶段——代，每个“代”中又进一步分为几个“纪”，每个“纪”又细分成几个“世”。每个“代”“纪”“世”都有自己的命名和代号。每个“代”的历史阶段中所形成的地层称为“界”，依次与“纪”相对应的地层称为“系”，与“世”对应的地层称为“统”。以上划分时代和地层的单位都是国际上通用的。此外，我国尚有地区性划分地层的单位，如：群、组、段。各种单位之间的对应关系见表 1-11。

地质时代单位及地层单位划分对照表　　表 1-11

国际的		全国或大区域的		地方的	
时代单位	地层单位	时代单位	地层单位	时代单位	地层单位
代	界				
纪	系				}群
世	统				}组
		期	阶		}段
				时	}化石带

现将地质年代表附于后，见表 1-12。

地质年代表 **表 1-12**

代（界）	纪（系）	世（统）	距今年数（百万年）	地壳运动	我国地史主要特点
新生代 K_z	第四纪 Q	全新世（Q_4）		喜马拉雅运动	冰川广布，地壳运动强烈，人类出现
		晚更新世（Q_3）			
		中更新世（Q_2）			
		早更新世（Q_1）	2 或 3		
	第三纪 R 新（N）	上新世（N_2）			哺乳动物、鸟类急剧发展，陆相沉积的砂岩、页岩及砾岩，为主要成煤期
		中新世（N_1）	25		
	第三纪 R 老（E）	渐新世（E_3）			
		始新世（E_2）			
		古新世（E_1）	70		
中生代 M_z	白垩纪 K	晚白垩世（K_2）		燕山运动	大爬虫灭亡，哺乳动物出现；东部造山运动，岩浆活动强烈，形成了多种金属矿产
		早白垩世（K_1）	135		
	侏罗纪 J	晚侏罗世（J_3）			恐龙极盛，鸟类出现；大部分地区已上升成陆地，主要岩石为砂页岩，为主要成煤期
		中侏罗世（J_2）			
		早侏罗世（J_1）	180		
	三叠纪 T	晚三迭世（T_3）		印支运动	恐龙开始发育，哺乳类出现；华北为陆相砂、页岩，华南为浅海灰岩
		中三迭世（T_2）			
		早三迭世（T_1）	225		
古生代 P_z 晚古生代 P_{z_2}	二叠纪 P	晚二迭世（P_2）		海西运动	两栖动物繁盛，爬虫开始出现；华北从此一直为陆地，主要成煤期，华南为浅海，晚期成煤
		早二迭世（P_1）	270		
	石炭纪 C	晚石炭世（C_3）			植物繁盛，珊瑚、腕足类、两栖类繁殖；华北时陆时海，到处成煤，华南为浅海
		中石炭世（C_2）			
		早石炭世（C_1）	350		
	泥盆纪 D	晚泥盆世（D_3）			鱼类极盛，两栖类开始，陆生植物发展；华北为陆地，遭受风化剥蚀，华南为浅海
		中泥盆世（D_2）			
		早泥盆世（D_1）	400		
古生代 P_z 早古生代 P_{z_1}	志留纪 S	晚志留世（S_3）		加里东运动	珊瑚、笔石发育，陆地生物出现；华北为陆地，华南为浅海，形成石灰岩
		中志留世（S_2）			
		早志留世（S_1）	440		
	奥陶纪 O	晚奥陶世（O_3）			三叶虫、腕足类、笔石极盛；以浅海灰岩为主，中奥陶世后华北上升为陆地
		中奥陶世（O_2）			
		早奥陶世（O_1）	500		
	寒武纪 Є	晚寒武世（$Є_3$）			生物初步大发展，三叶虫极盛；浅海广布，以沉积灰岩为主
		中寒武世（$Є_2$）			
		早寒武世（$Є_1$）	600		
元古代 P_t 晚 P_{t_2}	震旦纪 Z	晚震旦世（Z_2）		吕梁运动 五台运动	有低级生物藻类出现；开始有沉积盖层，上部为浅海相灰岩，下部为砂砾岩，变质轻微或不变质
		早震旦世（Z_1）	900		
元古代 P_t 早 P_{t_1}	滹沱纪				晚期造山作用强烈，所有岩石均遭变质
太古代 A_r	五台纪				
	泰山纪		3800?		地壳运动强烈，变质作用显著
地球最初发展阶段			>4500		

1.4 地质构造

1.4.1 地壳运动简述

地壳自形成以来，一直都在不断地发展和变化着。地壳运动也称为构造运动，是由于地球内部原因（重力、地内热能等）引起地壳形态的变化。地壳运动形成了地壳中的各种地质构造，决定了地壳外貌的总体特征。按照地壳运动的特点，可简单归纳为两种类型：升降运动和水平运动。

1. 升降运动

在对珠穆朗玛峰进行的科学考察中发现：珠峰地区的岩层中含有丰富的浅海古生物化石，如：三叶虫、瓣鳃类、珊瑚、海百合等。这表明高达 8800 多米的世界最高峰，在较长的地质时期都被海水所淹没，当时该区地壳运动的总趋势是连续下降，在不断地下降过程中，堆积了厚达 30000 余米的海相沉积岩层。直到第三纪后期（距今 3000 万年）喜马拉雅山才开始自海底隆起，在 1000 多万年前全部露出了水面，从此一直不停地上升，一跃而为“世界屋脊”，地质学上将这次地壳运动称为喜马拉雅造山运动。

事实上，地壳曾多次发生过这样的大规模升降运动。就以我国而言，4 亿多年（奥陶纪中期）之前全国范围内皆处于海底，经过加里东运动使我国北方升出水面成陆地，而南方仍处于海水之下，直到距今 7000 万年前（白垩纪），地壳又经一次大规模的升降运动（燕山运动）南方各地才升出水面。

地壳运动的速度十分缓慢，所以不易被人直观地感觉到，在不同时间和不同地区，地壳运动的速度也有差异。如东欧地区现代升降运动速度平均为 2～4mm/a；北美东部升降速度约 3～5mm/a，而其西部山区则为 10～15mm/a。喜马拉雅山自第三纪末形成以来的平均上升速度为 0.5mm/a，现在的平均速度已达 18.2mm/a。

地壳的升降运动使一个地方升起来，而又使另一个地方沉陷下去，如同经常变形的波浪一样，此起彼伏，相互补偿。它引起地壳上海陆变迁，地势高低变化，使地壳中岩层形成较大规模的弯曲。

2. 水平运动

地壳运动的另一种形式是水平运动，这是一种大致平行地球表面的运动。虽然水平运动不易像升降运动那样被明显地察觉出来，但通过精确的大地水准测量或卫星监测，均可获得地壳水平运动的有关资料。美国为测定圣安德列斯断层的活动情况，曾在旧金山附近布置了一个三角网。在 1882 年～1946 年作了 4 次定时测量，发现断层带两侧水平位移速度平均每年 35～50mm，而且也存在着水平扭动，据两次测量结果计算的旋转角度为每年 1/10 秒。这个侏罗纪形成的断层已使两盘总错距达 480km，仅在 1906 年旧金山大地震前的 16 年中位移就达 7m 之多。

长期以来，人们在研究地壳运动规律时，就有着两种决然不同的看法：一种观点认为地壳运动以升降运动为主，大陆的位置是固定不变的；另一种观点认为地壳以水平运动为主，且大陆块也在不断地运动。这两种观点的争论一直在激烈地进行着，目前得到较普遍承认的是后一种观点，也称为“大陆漂移说”。

大陆漂移学说认为：地球的岩石圈并不是一个整体，而是被一些构造活动带所割裂，成为6个大板块（欧亚板块、太平洋板块、非洲板块、美洲板块、印度洋板块和南极板块），在此基础上又可分出许多小板块（如印度板块等）。板块都漂浮在软流圈之上，软流圈中物质对流所产生的拽力就作用在板块的底部，以传送带方式带动板块运动。海底巨大断裂带（洋中脊的中央裂谷）是对流循环的顶端，岩浆由此上升并冷凝成固体岩石，使海洋底部的板块一边生长一边向两侧扩张，迁移速度平均为20～40mm/a，在深海沟或活动的大陆边缘又俯冲到地幔里被吸收掉，从而完成了对流的循环，如图1-8所示。

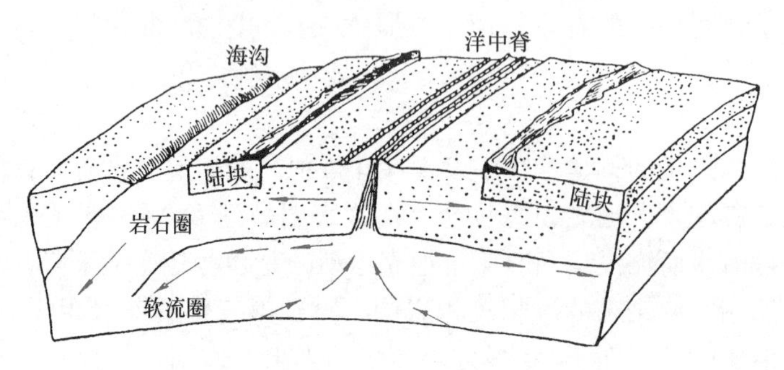

图1-8　大陆漂移—海底扩张—板块构造示意图

大陆漂移学说还认为2亿年前世界的大陆曾是一个整体，后来经过反复破裂、分离、漂移、拼合才成为当前的状况。大陆运动是随海底扩张同时进行，此外，也受到地球自转离心力等多种因素的影响。板块边缘的相互碰撞、摩擦便发生地震；板块的挤压便形成山脉；火山喷发、岩浆活动、变质作用、成矿作用等地质作用均与板块运动有关。由于大陆漂移—海底扩张—板块构造的理论能更合理地解释许多地质现象和地质规律，因而被越来越多的人所接受。这种理论认为地壳的升降运动是由于水平运动而派生的，例如目前对喜马拉雅山不断降起的解释就认为是印度板块以10～20mm/a的速度向北漂移，与欧亚板块相挤压，并俯冲到欧亚板块下面顶成山脉。

地壳运动促使组成地壳的物质变位，使岩层遭受变动，从而产生地质构造，所以地壳运动亦称为构造运动。但并非所有的地质构造全是由地壳运动所产生的，地壳外部的地质作用，如风化、剥蚀、冰川、地表崩塌等，也都可以使地表物质运动变位而产生地质构造，凡由这些地表作用所引起的构造改变称为非构造变形。所有地质构造，无论是构造变形或非构造变形，都可以归纳为褶曲、断层、裂隙和劈理四类。在地质力学中把岩石受地应力作用而产生的各种永久性变形统称为构造形迹。研究和认识地质构造，对于找矿勘探以及工程建筑都有重大的实际意义，地下水的埋藏和分布也受一定地质构造控制，所以在水文地质勘察中地质构造的调查是主要的一环。下面将对褶曲、裂隙、断层分别予以介绍。

1.4.2　岩层产状的概念

在地壳运动的影响下，岩层的空间位置和形态均会发生变化。因此，研究地壳运动规律的重要方法之一，就是将沉积岩层在变动前后的位置和形态作为标志加以对比。一般假定沉积岩层形成时构造比较简单，岩层近于水平；后来的构造运动才使岩层变得倾斜、直立、甚至倒转。岩层在空间位置上的状况通常是用岩层产状来表示的，岩层的产状包括走向、倾向、倾角三个要素，如图1-9所示。走向是倾斜岩层层面与水平面交线的方向（图

中 AB）。倾向是顺着岩层倾斜面垂直走向的方向（图中 OC）。倾角是层面与水平面之间的夹角（图中 $\angle\alpha$）。岩层的产状在野外是用地质罗盘直接测量出来的，在文字记录时通常的格式为：象限—倾向方位角—倾角，如：SE120°∠30°，表示倾向为南东120°，倾角为 30°，在地质图上标注时用符号 $\overline{\downarrow 30^{\circ}}$ 表示，箭头表示倾向，与它垂直的线表示走向，倾角直接写在箭头旁边。

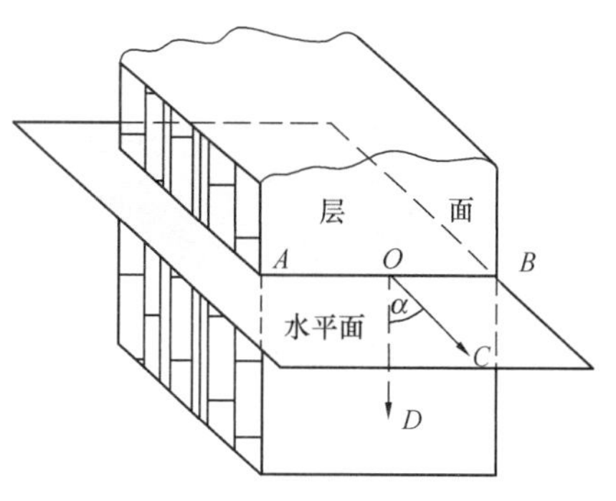

图 1-9 岩层产状要素

AB—走向线；OD—倾向线；OC—倾向；α—倾角

岩层产状的测定是地质制图的一项基本工作，它的重要性不亚于岩性认识，岩层在空间的分布规律基本上决定于走向与倾向。在岩层层位正常时，岩层的倾斜又是决定岩层相对年代的重要依据；水平岩层，越上越新；倾斜岩层，顺倾向者依次渐新；但直立岩层的顺序，不能单凭倾斜去决定，而要利用层面和其他依据，如：波痕、交错层、化石等。

1.4.3 岩层的接触关系

随着地壳的升降运动，相应在地表上就进行着剥蚀和沉积，而剥蚀和沉积的历史也必然表现在沉积岩新老地层的接触关系上。因此，研究岩层的接触关系，可以推测地壳运动发展史和岩层形成的相对年代。

岩层的接触关系可以概括为下列 4 种形式：

（1）整合接触：表现为新老岩层大致平行，沉积岩岩性与生物变化都呈连续渐变关系，两岩层时代彼此接近，所有这些都表现出了它们的连续沉积关系，如图 1-10（a）所示。

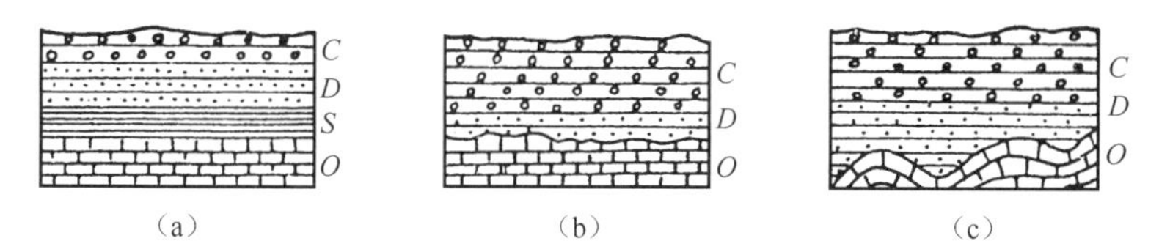

图 1-10 整合及不整合接触示意图

（a）整合；（b）平行不整合（假整合）；（c）角度不整合

（2）平行不整合与角度不整合接触：如果岩层在沉积过程中发生长时期的沉积间断或侵蚀作用，后来又再进行堆积，因而使先后沉积的两套岩层的时代可能相隔很远，中间的地层缺失也可能很大，这种接触关系称为不整合接触。不整合接触有平行不整合和角度不整合。平行不整合是上、下岩层的产状彼此平行，但岩层之间有侵蚀特征，如图 1-10（b）所示。角度不整合是上、下岩层的产状不一致，且岩层之间有侵蚀特征，如图 1-10（c）所示。

不整合接触在野外的特征有：上、下岩层之间有明显的剥蚀面，两岩层的接触面凸凹不平；新老岩层之间常有一套底砾岩存在，且两岩层的岩性突变，矿物成分也突变；上、下岩层化石群不同，化石时代亦不衔接；上、下岩层的构造差异显著，老地层往往强烈褶曲或变质，但不影响上覆较新的岩层，上部岩层的构造一般较简单。

(3) 火成接触：凡火成岩与其他岩层接触统称为火成接触。表示岩浆的活动时期在其围岩的地质时代之后。

(4) 断层接触：时代不同的岩层，由于被断层错断而直接接触叫断层接触。它们的接触面即为断层面，表示岩层断裂的发生晚于断层面两侧岩层形成的时代。

研究岩层的接触关系，不仅有助于确定岩层的时代和构造，同寻找地下水也有密切的关系。不整合接触的岩层之间往往保留一层古风化壳，利于地下水储存；火成接触和断层接触部位也常为富水地段。以下章节还将详述。

1.4.4　褶曲

褶曲是岩层的一个弯曲，它是岩层塑性变形的结果。

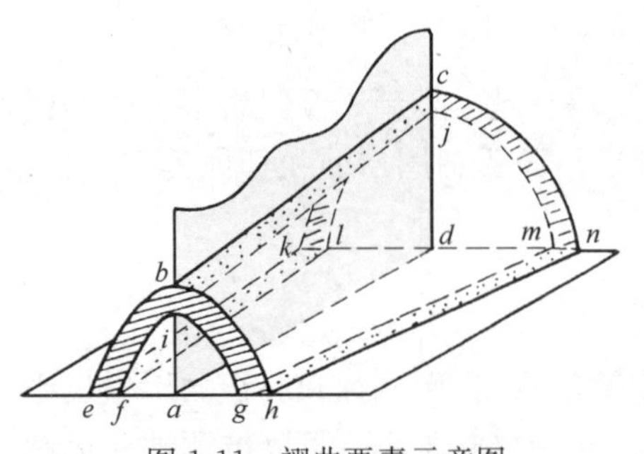

图1-11　褶曲要素示意图

1. 褶曲要素及褶曲的基本类型

自然界中褶曲的形态和大小是多样的，这是由于在不同环境下形成的褶曲表现出了不同的空间形态。为了确定褶曲的空间形态，必须测定褶曲几何要素的空间位置，褶曲最基本的几何要素是：核、翼、轴面、轴、转折端、枢纽、脊线等，如图1-11所示。

核：褶曲的中心部分（*a*）；

翼：指褶曲核部两侧的岩层（*bife-cjlk*、*bigh-cjmn*）；两翼岩层的倾角称为翼角（∠*ifa*、∠*iga*）；

轴面：两翼的近似对称面，是褶曲中假想的面（*abcd*）。轴面实际上通常是不规则的面，它随着褶曲形态局部变化而改变其产状；

轴：轴面与水平面的交线（*ad*）；

转折端：褶曲中弯曲最强烈的部位，即为褶曲一翼转到另一翼的弯曲部分；

枢纽：褶曲中同一岩层的层面与轴面的交线，它可以是水平的、倾斜的或波状起伏的（*ij*）；

脊线：顶点的连线（*bc*）。

研究褶曲就是对上述各要素特征进行描述和分辨。

褶曲的基本类型是背斜褶曲和向斜褶曲。

背斜在形态上是岩层排列向上呈拱形的弯曲，核部为较老岩层，外部为较新岩层。

向斜是岩层排列向下凹陷的弯曲，核部为较新岩层，外部为较老岩层。

背斜和向斜在地壳中往往不是孤立存在，大多是连在一起使岩层呈波浪状。多个褶曲的组合称为褶皱，如图1-12所示。

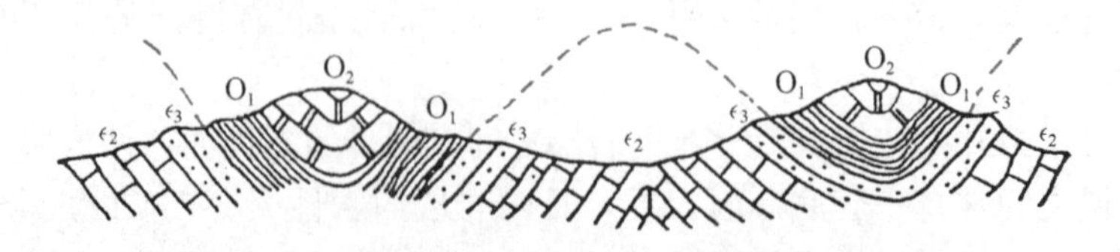

图1-12　背斜及向斜剖面示意图

大部分褶曲由于地层遭受剥蚀而不能保存其全貌，因而在野外观察褶曲和在地质图上判断褶曲类型时，就不能简单地依照地形特征或岩层形态下结论。确定背斜、向斜的基本原则有二：(1) 根据两翼产状确定为褶曲岩层；(2) 核部两端的岩层一定是对称重复出现；核部为老岩层，两侧为新岩层时应为背斜，反之则为向斜。

2. 褶曲的形态分类

对褶曲的研究，首先是对其形态的研究，而地壳中的褶曲形态无论在剖面上，或是在平面上都是各式各样的，为了认识它们的共同特征，以便指导生产实践，就必须加以归纳分类。

(1) 褶曲在横剖面上的分类

褶曲在横剖面上的分类是根据轴面的位置和两翼岩层的产状划分的，一般分为下列几类：

直立褶曲：轴面直立，两翼的倾角相近或相等，如图 1-13 (a) 所示。

斜歪褶曲：轴面倾斜，两翼的倾角不相等，一陡一缓，如图 1-13 (b) 所示。

倒转褶曲：轴面倾斜，一翼在另一翼上面，两翼岩层向同一方向倾斜，一翼岩层层序正常，一翼岩层层序倒转，如图 1-13 (c) 所示。

平卧褶曲：轴面成水平或近于水平位置，下面一翼层位倒转，如图 1-13 (d) 所示。

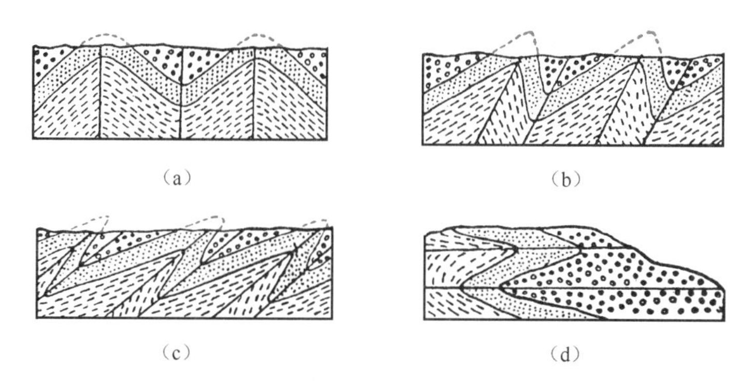

图 1-13 褶曲根据轴面产状的分类

(a) 直立褶曲；(b) 斜歪褶曲；(c) 倒转褶曲；(d) 平卧褶曲

褶曲在横剖面上若按两翼和顶部的形态又可分为下列几类：

尖楞褶曲：转折端为尖楞的，岩层从一翼突然折向另一翼。

圆滑褶曲：转折端为圆滑的，岩层从一翼向另一翼逐渐过渡。

箱形褶曲：顶部和两翼构成近方形的断面，褶曲顶为平缓的一段，而两翼却十分陡峻。

扇形褶曲：褶曲两翼岩层的倾斜和正常褶曲刚好相反，在背斜中两翼岩层向轴面方向倾斜，向斜中两翼岩层从轴面向外倾斜，如图 1-14 (a) 所示。

等斜褶曲：两翼与轴面相互平行，轴面可以是直立的、斜歪的或平卧的，如图 1-14 (b) 所示。

(2) 褶曲在平面上的分类

褶曲在平面上的形态也是多种多样的，由于枢纽的起伏，引起褶曲核部岩层在平面上有长度和宽度的变化，这个变化能反映出褶曲的形态，根据长宽比（或长轴与短轴之比）可将褶曲分为：

线形褶曲：枢纽可以是水平的或近于水平的，褶曲沿某一方向延伸很远，其长为宽的

5倍以上或更大。

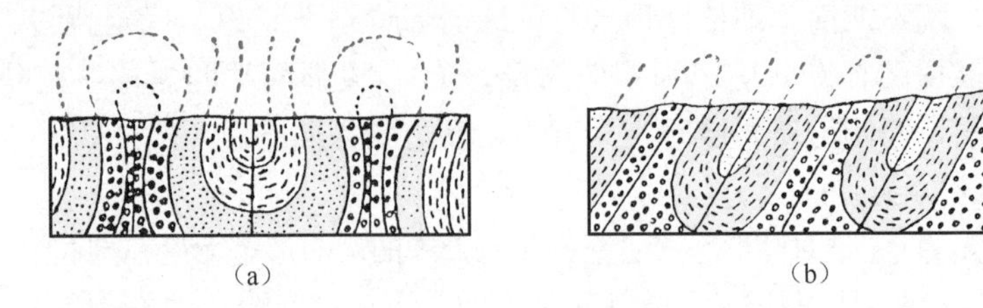

图1-14　两翼形态特殊的褶曲

(a) 扇形褶曲；(b) 等斜褶曲

短轴褶曲：褶曲枢纽明显地呈弧形，向两端倾伏或向两端扬起，岩层在平面上圈闭，长为宽的2～5倍，如果是背斜则称为短轴背斜，向斜称为短轴向斜。

穹窿构造：为极短轴背斜，长不超过宽的2倍，翼部倾角平缓，如图1-15所示。

构造盆地：为极短轴向斜，长不超过宽的2倍，翼部倾角平缓，如图1-16所示。

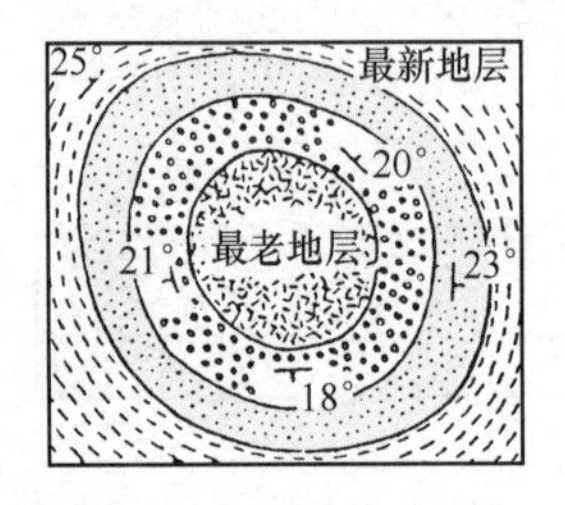

图1-15　穹窿构造

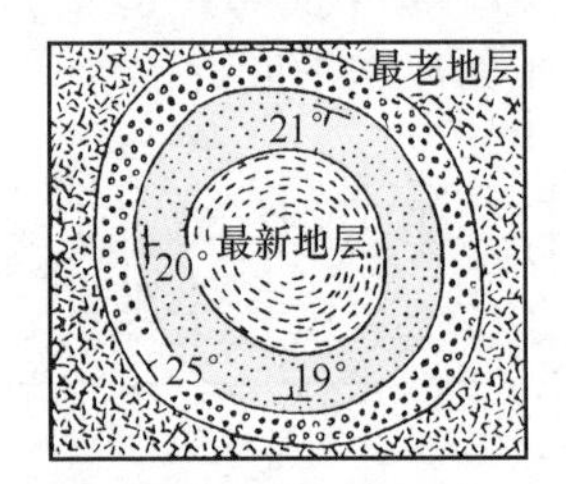

图1-16　构造盆地

褶曲构造普遍存在，无论是在找矿、找地下水以及工程建筑场地的选择，都要注意查明褶曲的空间形态。如向斜常为储存地下水的良好构造；褶曲的转折端由于受张应力作用，裂隙发育，往往储存有丰富的地下水。

1.4.5　断裂构造

断裂构造是岩石受力作用超过强度极限时岩石所发生的破裂，同时产生一些破裂面，使岩石丧失了连续完整性。断裂构造可由地壳内部构造作用力引起，也可由地质外应力引起。

常见的断裂构造有两类：裂隙和断层。

1. 裂隙

裂隙是岩层没有发生显著位移的破裂，也称为节理，它在空间的位置是由产状来表示的。

(1) 裂隙的分类

1) 按成因分类

A. 成岩裂隙：是指岩石在成岩过程中形成的原生空隙。快速冷凝（岩浆岩）或压实脱水（沉积岩）的成岩环境，是成岩裂隙发育的基本条件。成岩裂隙主要存在于岩浆岩中，其中以玄武岩中的柱状节理最有意义。此外，浅成侵入岩的边缘部分，成岩裂隙也较发育。反之，中酸性火山岩、深成侵入岩、沉积岩中的成岩裂隙均不发育，且多闭合。

B. 构造裂隙：指构造变动中岩石受由应力而产生的破裂和错位形成的劈理、节理裂隙与断位，统称构造裂隙。其中劈理和节理裂隙按一定的力学规律，在一定的岩性中呈区域性分布，其宽度和延伸有限，具层控性，称区域构造裂隙；断层则呈带状定向分布，延伸长，宽度大，两盘岩层常发生错位，并形成一定宽度的断层破碎带，为局部性构造裂隙。

影响构造裂隙发育的因素有：①岩石的力学性质与厚度：常见在同一构造应力条件下，裂层坚硬岩石裂隙不发育，塑性岩石以形变释放应力；脆性岩石因抗剪强度大于抗拉强度，张裂隙发育。②岩石的埋深和所处构造部位：因岩压的作用，使构造裂隙的发育随埋深的增加而减弱、消失；同时，在相同埋深条件下，背斜和向斜轴部等应力集中部位的裂隙相对发育。③构造运动的性质与频率：一般来说，构造运动越强烈，越频繁的地区，构造裂隙也越发育。

C. 风化裂隙：是在风化作用下形成的岩石空隙，风化裂隙分布较均匀，常在岩石风化壳形成互相连通的网状裂隙带。它随埋深而递减，内部多充填，发育深度一般为10～50m，在构造裂隙发育的局部地区可达百米以下。

风化裂隙的发育受诸多因素影响：①岩性：单一稳定矿物组成的岩石（如石英岩）不易风化；流质岩等软弱岩石，风化后大多成土状或充填的小裂隙；最易风化的是多种深成侵入岩。②气候：气候可改变岩石的抗风化能力，如砂岩在以化学风化为主的湿热条件下，表现相对稳定；但在干旱寒冷以物理风化为主的环境下，抗风化能变弱。物理风化产生张性裂隙，而化学风化等岩石的矿物成分发生变好，易产生黏性土充填裂隙，透水性差。③地形：一些地形陡峭的山区，尤其是山脊的两侧，因重力作用造成岩石稳定性下降，抗风化能力变弱，裂隙发育，但不易保存，风化壳薄；反之，地形平缓的低山丘陵区，岩石较稳定，抗风化能力强，裂隙发育相对较差，但风化壳易保存，厚度大。

2）按形成时应力特点分类

张裂隙：是岩石受到张应力作用形成的，它常具有张开的裂口；裂隙面粗糙，不平直；大都延伸不远。张裂隙常出现在褶曲的核部及脆性岩层中，是储存地下水的良好场所。

剪裂隙：是岩石受剪切应力形成的，裂隙面较光滑且多呈闭合状；分布较平直，延伸较远；往往交叉成“X”状分布。

3）按裂隙面产状与岩层产状的相互关系分类（图1-17）

走向裂隙：裂隙走向与岩层走向一致；

倾向裂隙：裂隙走向与岩层倾向一致；

斜交裂隙：裂隙走向与岩层走向斜交。

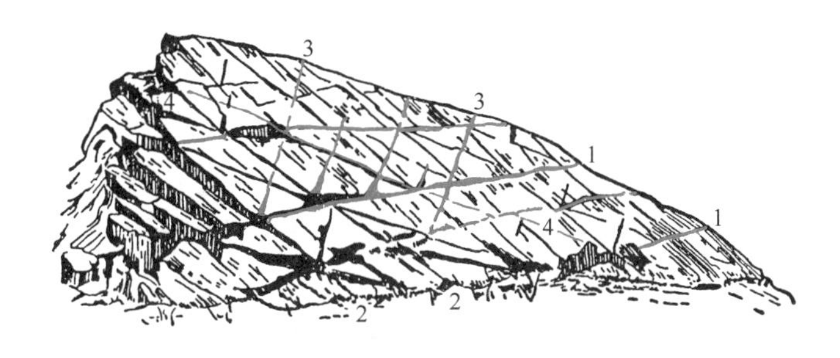

图1-17 裂隙产状与岩层产状的关系

1—走向裂隙组；2—倾向裂隙组；3、4—斜交裂隙组

（2）裂隙与层面的区别

在裂隙密集且裂隙面互相平行的地段，很容易将裂隙与层面混淆起来，它们的主要区别为：

1）裂隙可以通过几种不同岩性的岩层，即在同一裂隙面上可以看到岩性变化很快；而在同一层面上短距离内看不出岩性变化，层面反而是不同岩性间的分界面。

2）裂隙的连续性较小，而且变化显著；层面的连续性较大，延长很广，偏差较小。

3）裂隙可以切穿砾石；层面则不能。

4）根据沉积岩层中的夹层，这是厚层块状岩层中常用的找层面的方法。例如砂岩层夹薄层页岩，就很容易判断出层面所在，而得以与裂隙区别开。

岩层中纵横交错的裂隙，把岩层破坏得很厉害，使其风化、剥蚀作用得以深入内部进行，产生各种地形。有很多河谷是沿着裂隙发育的，许多峭壁也是沿着直立裂隙面而形成。裂隙常是地下水的通道，在坚硬岩石地区找水时，裂隙的发育程度是判断有无丰富地下水储存的重要标志。

2. 断层

岩层断裂后沿断裂面两侧发生了显著的位移，这种构造叫断层。因断层涉及范围较大，成为断裂构造中的一个主要类型，以致在许多地质资料中把断裂构造作为断层的同义语。

（1）断层的要素

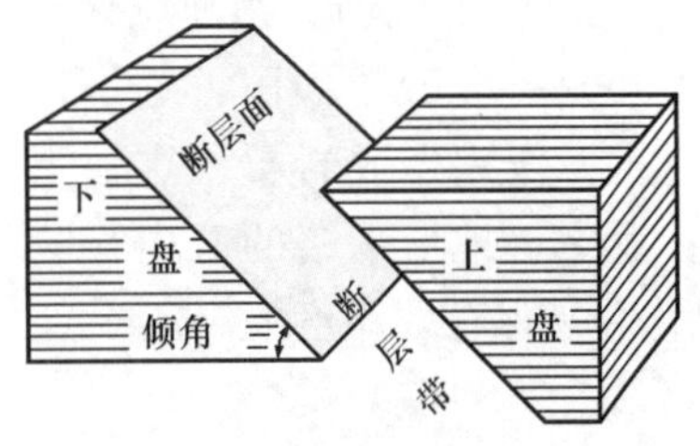

图 1-18　断层要素示意图

断层是由断层面、断层线、断盘、断层带等几个不同部分组成的，这些组成部分也就是断层的要素，如图 1-18 所示。

断层面：是断裂的岩层发生滑动的破裂面，通常它是不规则的面，由于岩层的相对滑动，在断层面上常留有擦痕。断层面在空间的位置仍以产状来表示。

断层线：断层面与地面的交线。

断盘：断层面将岩层分成两个块体，每个块体均称为断盘。当断层面倾斜或水平时，位于断层面之上的断盘称为上盘，位于断层面之下的断盘则为下盘；当断层面直立时，可按断层面的走向而将两断盘分别称为南盘、北盘或东盘、西盘。按运动方向又可把相对上升的一盘称为上升盘，相对下降的一盘称为下降盘。

断层带：是断层两壁之间的地带。在此带内，可能包含一系列平行的小断层，或者成为破碎带，该范围内两盘的岩层也会发生变形。

断距：断层上、下盘上的同一点，沿断层面相对位移的距离称为总断距；在垂直方向上的相对位移称为垂直断距；在水平方向上的相对位移称为水平断距。

（2）断层的分类

1）根据断层两盘相对位移状况，可将断层分为 3 种类型：

正断层：上盘相对下降，下盘相对上升的断层。正断层的断层面倾角一般较陡，多大于 45°，断层线较平直，如图 1-19 所示。

逆断层：上盘相对上升，下盘相对下降，如图 1-20 所示。若断层面倾角大于 45°，称为冲断层；小于 45°而大于 25°的叫作逆掩断层，它往往由倒转褶曲发展形成，如图 1-21 所示。小于 25°叫辗掩断层或辗掩构造。

平推断层：断层的两盘基本没有垂直（上、下）的位移，两盘岩层只沿断层线方向有水平移动，一般断层面较陡，如图 1-22 所示。

自然界的断层，两盘单纯做相对升降运动的较少见，往往都带有平推的性质，成为平推正断层或平推逆断层。

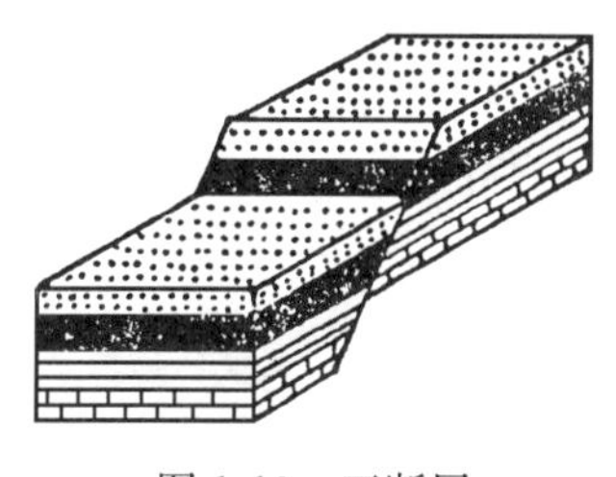

图 1-19 正断层

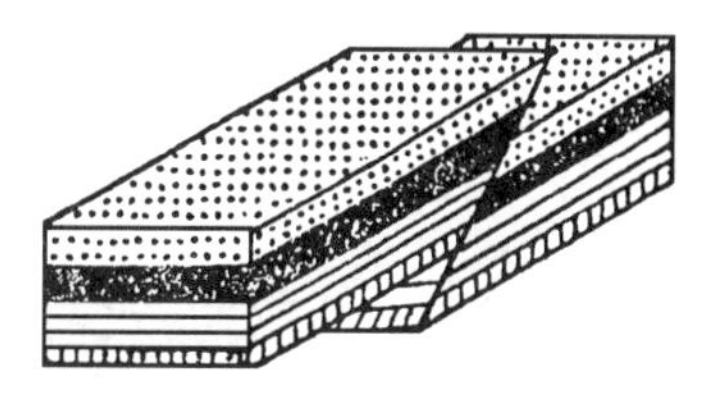

图 1-20 逆断层

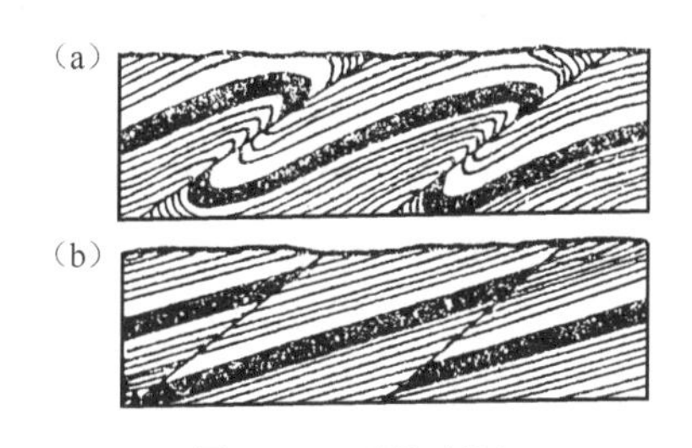

图 1-21 逆掩断层

(a) 褶曲逆掩断层；(b) 块状逆掩断层

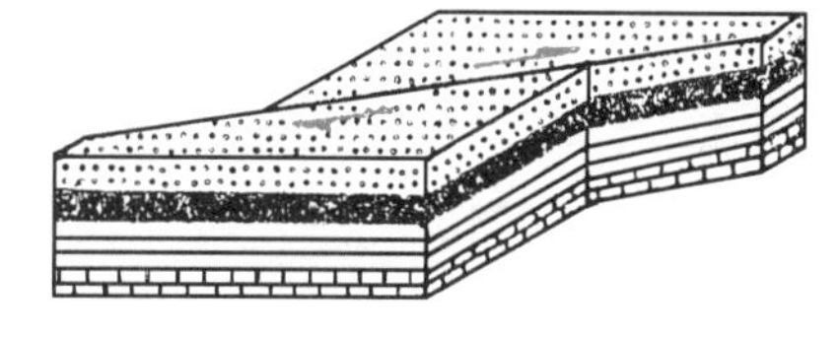

图 1-22 平推断层

2）根据断层面的产状与岩层产状的关系分为 3 种类型：

走向断层：断层面走向与岩层走向一致，也称纵断层。

倾向断层：断层面走向与岩层倾向一致，也称横断层。

斜断层：断层面走向与岩层走向斜交。

3）根据断层形成的力学性质可分为 5 种类型：

压性断层：由压应力作用形成的断层。断层面常呈起伏不大的波状，两侧岩石呈挤压状破碎，形成有断层泥、糜棱岩等破碎物质，破碎带常有不同程度的硅化、蛇纹石化等动力变质现象。多数逆断层和逆掩断层属压性断层。

张性断层：由张应力作用形成的断层。断层面比较粗糙而不平整，两侧张裂隙发育，断层破碎带质地较疏松。多数正断层属张性断层。

扭性断层：由剪应力作用形成的断层。断层面平直、光滑，常有大量水平擦痕，延伸比较稳定。大部分平推断层和一部分正断层属扭性断层。

压扭性断层：由压应力和剪应力共同作用形成的断层。同时具有压性和扭性断层的特征，如平推逆断层。

张扭性断层：由张应力和剪应力共同作用形成的断层。同时具有张性和扭性断层特征，如上盘斜落的正断层。

断层延伸长度往往达几千米，甚至几十千米以上，宽度为几米到几百米；断层破碎带的岩石被挤成碎块，是储存地下水的良好场所。一般张性和张扭性断层储水条件最好，扭性断层次之，压扭性和压性断层最差。

(3) 断层的组合

自然界中的断层可以单个出现，也可以是在一个地区成群出现。

正断层的组合在平面上常表现为：由若干大致平行的正断层组成平行式或雁行式；也有呈环状或放射状的。在剖面上正断层的组合形式常见的有阶梯断层、地堑和地垒。阶梯断层是若干产状大致相同的正断层其上盘向一个方向呈阶梯式的下降。地堑是中间断块下降，两侧断块相对上升，如图 1-23 所示。地垒是中间断块上升，两侧断块相对下降，如图 1-24 所示。地堑和地垒主要均由正断层组合而成，但有时也可见到由冲断层所形成。

图 1-23　地堑

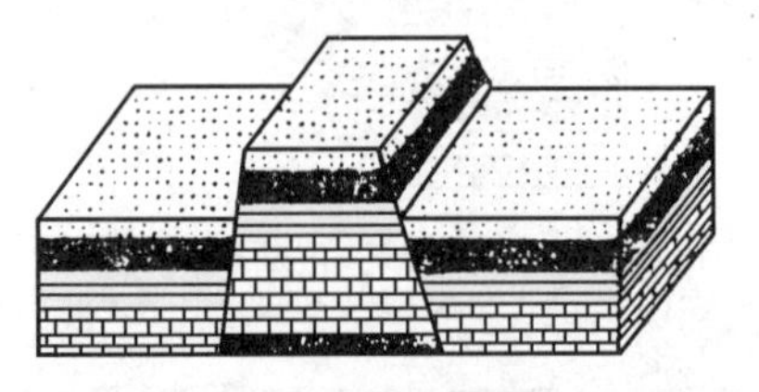

图 1-24　地垒

逆断层的组合形式在平面上可成为平行式、分叉式或雁行式的排列。在剖面上，逆断层常见的组合形式是叠瓦状构造，它是由一系列平行或近于平行的、倾斜相似的逆断层向同一方向掩冲而形成的，如图 1-25 所示。

图 1-25　叠瓦状构造示意图

(4) 断层的判断方法

上面介绍的几种断层形式，是野外常见的断层特征简化后的形式。实际上判别断层的存在和性质是一项比较复杂的工作，要综合考虑各种因素进行全面分析后才能下结论。野外识别断层可以根据以下几个方面：

1) 构造标志：断层两盘因发生位移，使两盘岩层产状不一致；断层带上常有断层角砾岩或断层泥，断层面上常可见擦痕；断层两侧岩石破碎、裂隙密集，或岩层出现小牵引褶曲；有时沿断层还有岩浆岩侵入，形成岩脉。

2) 岩层标志：沿同一岩层走向上岩层突然中断或被错开；沿岩层倾斜方向上出现岩层的缺失或不对称的重复出现；横过褶曲轴部的断层，会使褶曲核部岩层突然变宽或变窄。

3) 水文地质标志：在断层线上常有泉水或温泉出露，或者溪流突然入地消失；若许多泉成串出现，尚可指明断层线方向。

4) 地貌标志：沿断层常形成沟谷、洼地、湖泊、并呈直线分布：断层使山脊错断成为陡崖或三角面山，也能使山脊急剧地转折或突然变为平原。

3. 褶曲和断层在地质图上的表示

地质图是以确定年代的岩层来表示地质构造的图。将岩层露头按一定比例垂直投影在图上，并标注岩层产状和构造符号，就能表示出地质构造的形态和性质。地质图不仅可以反映地质构造的三度空间，而且在一定程度上反映了地质构造的发展过程，尤其是地质图上带有地形等高线时，亦能把构造细节表现出来，如图 1-26 所示。

在该图上的褶曲和断层均能直接分析出来。从所出露的岩系来看：中部较大面积出露 C_2 岩层，而其两侧又对称地出露 C_1、D_3、D_2 等岩层，两侧岩层时代连续、产状相近，表现为整合接触关系，核部岩层的地质时代比两翼部位的岩层为新；再结合两翼岩层的倾向来分析，就能充分判断出是向斜构造。用同样分析方法又可看出在向斜南面是一个背斜构造，其核部由 D_2 岩层构成。

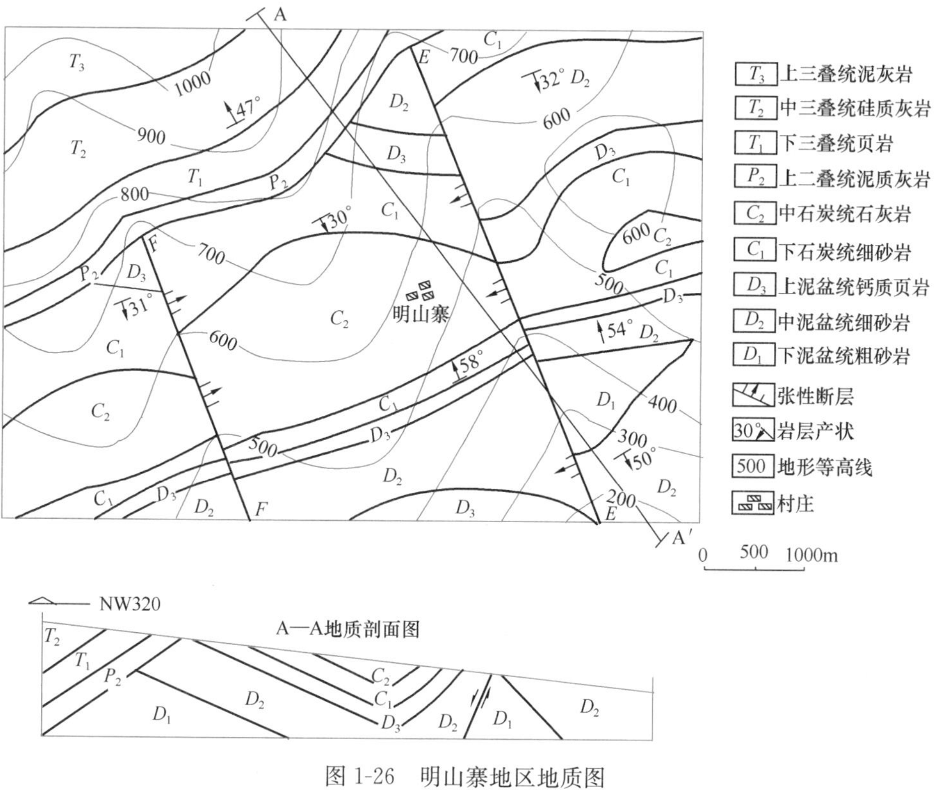

图 1-26 明山寨地区地质图

本地区共出现两条断层（*EE* 与 *FF*），并且都横切向斜和背斜的轴部，断层两侧的地质界线均被错开；从断层两侧核部岩层出露的宽度来看，*EE* 断层右边的向斜核部 C_2 岩层较其左边窄，说明 *EE* 断层的右盘为上升盘，左盘相应为下降盘，断层面倾向南西方向，故 *EE* 断层为正断层。用同样的分析方法可判断出 *FF* 断层也为正断层。*EE* 断层和 *FF* 断层组合在一起成为一个地堑。两条断层错断的最新岩层为 C_2，而其后有较长时期的沉积间断，再沉积的 P_2 岩层以角度不整合关系上覆在早期的老岩系之上，说明两条断层形成于 C_2 之后、P_2 之前的这段时期。

在进行水源勘察时，地质图是基础图件，因此，给水排水工作者一定要学会阅读和分析地质图。

第2章　地下水的储存与循环

地球上的水以气态、液态及固态三种形式存在于大气圈、水圈和岩石圈中。大气圈中的水降落到地面称为大气降水；地表上的江、河、湖、海中的水称之为地表水；埋藏在地表以下岩石孔隙、裂隙、溶隙中的水称之为地下水。三者之间遵循一定规律相互转化，并构成统一的动态平衡系统。由于赋存空间和介质的差异性，地下水与地表水在性质上与动力学条件上存在显著差别。地壳中的岩石是地下水储存、运动的重要介质，而构成地壳岩石的三大类型—沉积岩、岩浆岩、变质岩，程度不同地存在有一定的空隙，这就为地下水的形成，储存与循环提供了必要的空间条件。因此研究地下水储存空间的分布及其特征就成为研究地下水行为特征的重要基础。

2.1　地下水的储存与岩石的水理性质

2.1.1　岩石的空隙特征和地下水储存

1. 岩石的空隙性

自然界中构成地壳的岩石，无论是松散堆积物还是坚硬基岩，都具有多少不等、形状各异的空隙，甚至十分致密坚硬的花岗岩的裂隙率也达 0.02%～1.9%。由于岩石性质和受力作用的不同，空隙的形状、多少及其连通与分布具有很大的差别，如图 2-1 所示。通常把岩石的这些特征统称为岩石的空隙性。

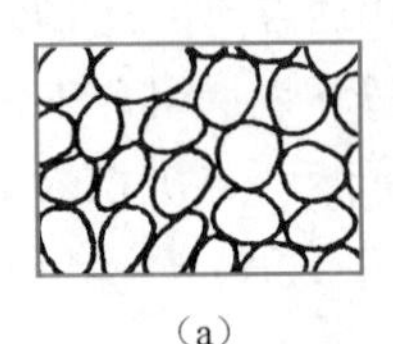

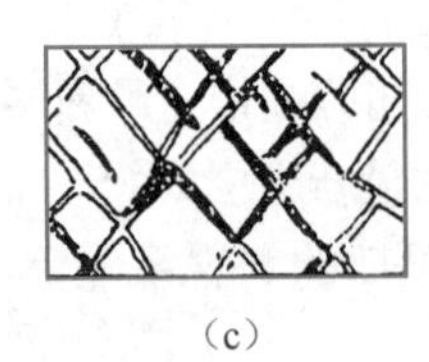

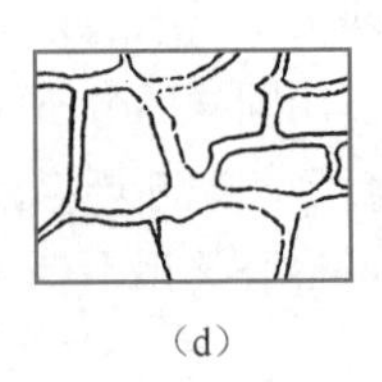

(a)　(b)　(c)　(d)

图 2-1　岩石中的各种空隙

(a) 分选及浑圆度良好的砾石；(b) 砾石中填充砂粒；(c) 块状结晶岩中的裂隙；(d) 石灰岩中受溶蚀而扩大的溶隙

岩石空隙是地下水储存场所和运动通道。空隙的多少、大小、形状、连通情况和分布规律，对地下水的分布和运动具有重要影响。

鉴于空隙的成因是构成空隙性差异的主要原因，因此将岩石空隙作为地下水储存场所和运动通道研究时，按照成因可把空隙分为三类，即：松散岩石中的孔隙，坚硬岩石中的裂隙和可溶岩石中的溶隙。

(1) 孔隙：松散岩石是由大小不等的颗粒组成的。颗粒或颗粒集合体之间的空隙，称为孔隙，如图 2-1 (a)、(b) 所示。

岩石中孔隙体积的多少是影响其储容地下水能力大小的重要因素。孔隙体积的多少可用孔隙度表示。孔隙度是指某一体积岩石（包括孔隙在内）中孔隙体积所占总体积的比例，可表示为：

$$孔隙度(n)=\frac{孔隙的体积}{松散岩石的总体积}\times 100\% \tag{2-1}$$

孔隙度的大小与下列几个因素有关：

1）岩石的密实程度：岩石的密实程度直接影响松散介质的孔隙度。由几何学可知，等球状颗粒组成的松散岩石，孔隙度与颗粒大小无关，与颗粒的排列方式有关。当颗粒呈立方体形式排列时，如图 2-2（a）所示，其孔隙度为 47.64%；呈四面体形式排列（又称最密实排列）时，如图 2-2（b）所示，其孔隙度显著减少，只有 25.95%。自然界中均匀颗粒的普遍排列方式是介于二者之间，即孔隙度平均值应为 37%。实际上自然界一般较均匀的松散岩石，其孔隙度大都在 30%～35%，基本上接近理论平均值。

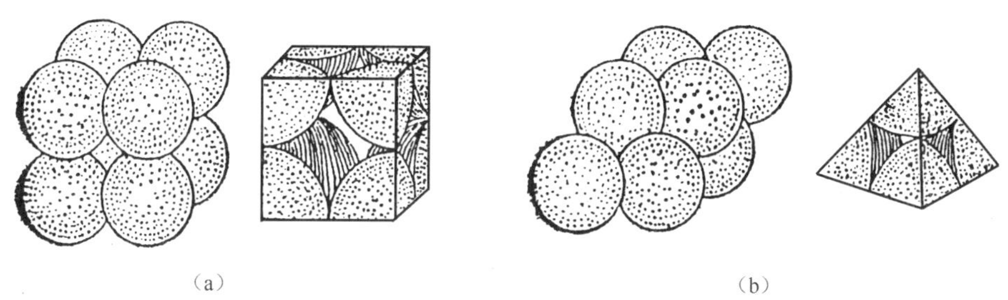

图 2-2 颗粒的排列形式
（a）立方体排列（松散状态）；（b）四面体排列（密实状态）

此外，岩石的压密作用，往往促使松散岩石中的颗粒进行重新排列，并逐渐趋于稳定的四面体排列方式。因此，堆积较早或埋深较大的松散岩石的孔隙度相对较小。

2）颗粒的均匀性：颗粒的均匀性常常是影响孔隙的主要因素，颗粒大小越不均一，其孔隙度就越小，这是由于大的孔隙被小的颗粒所充填的结果，参见图 2-1（b）。较均匀的砾石孔隙度可达 35%～40%；而砾石和砂混合后，其孔隙度减少到 25%～30%；当砂砾中还混有黏土时，其孔隙率尚不足 20%。

松散岩石的均匀性分析，在水文地质工作中常用粒度机械分析法，对于砂质岩石一般采用筛析法的不均匀系数 f 进行量化评价，f 值越大，组成松散岩石的颗粒越不均匀。$f=d_{60}/d_{10}$，d_{60} 与 d_{10} 分别为颗粒累积含量的 60%与 10%处的粒径。d_{10} 称有效粒径，指据实验确定的不均粒岩石的渗透系数相当于其有效粒径 d_{10} 等粒岩石的渗透系数。

3）颗粒的形状：一般松散岩石颗粒的浑圆度越好，孔隙度越小。例如黏土颗粒多为棱角状，其孔隙度可达 40%～50%，而颗粒近圆形的砂，其孔隙度一般为 30%～35%。

4）颗粒的胶结程度：当松散岩石被泥质或其他物质胶结时，其孔隙度就大大降低。

综合上述，松散岩石的孔隙度是受多种因素影响的，只有当岩石越松散、分选越好、浑圆度和胶结程度越差时，孔隙度才越大；反之孔隙度就越小。

黏土的孔隙度往往可以超过上述理论上最大孔隙度值。这是因为黏土颗粒表面常带有电荷，在沉积过程中黏粒聚合，构成颗粒集合体，可形成直径比颗粒还大的结构孔隙。此外，黏性土中往往还发育有虫孔、根孔、干裂缝等次生空隙。

显然，对于黏性土，决定孔隙大小的不仅是颗粒大小及排列，结构孔隙及次生空隙的影响也是不可忽视的。

表 2-1 中列出自然界中主要松散岩石孔隙度的参考数值。

松散岩石孔隙度参考数值（据 R. A. Freeze）　　**表 2-1**

岩石名称	砾石	砂	粉砂	黏土
孔隙度变化区间	25%～40%	25%～50%	35%～50%	40%～70%

孔隙度的测定有各种各样的方法。为了概略地了解砂类土（砾石、粗砂、中砂及细砂等）的孔隙度，可采用最简便的方法：取一量筒，装入所要测定的烘干的砂样（如用专门取样器取原状土更好），测定出砂样体积后向量筒中注水，当水面刚覆盖砂面时，说明砂样的全部孔隙已被水饱和，此时注入的水量可认为是孔隙的体积。测得了孔隙体积和砂样的总体积，便可算出砂样的孔隙度。当要求得孔隙度的准确值时，可先测定岩石的干重力密度与密度，然后再利用下式计算出孔隙度：

$$n=\left(1-\frac{\delta}{\gamma}\right)\times 100\% \tag{2-2}$$

式中　δ——松散岩石的干重力密度；

γ——松散岩石的密度。

（2）裂隙：固结的坚硬岩石受地壳运动及其他内外地质应力作用下岩石破裂变形产生的空隙称之为裂隙。裂隙的基本特征与其成因密切相关，分为成岩裂隙、构造裂隙和风化裂隙。

岩石的裂隙一般呈裂缝状，其长度、宽度、数量、分布及连通性等空间上差异很大，与孔隙相比，裂隙具有明显的不均匀性。裂隙岩石的空隙性在数值上用裂隙率（K_T）来表示，其表达式为：

$$裂隙率(K_T)=\frac{裂隙的体积}{岩石的总体积}\times 100\% \tag{2-3}$$

裂隙率的测定多在岩石出露处或坑道中进行。测定岩石露头的面积 F，逐一测量该面积上的裂隙长度 L 与平均宽度 b，便可按下式计算其裂隙率（面裂隙率）：

$$K_T=\frac{\sum L\cdot b}{F}\times 100\% \tag{2-4}$$

几种常见岩石的裂隙率见表 2-2。

常见岩石裂隙率的经验值　　**表 2-2**

岩石名称	裂隙率（%）	岩石名称	裂隙率（%）
各种砂岩	3.2～15.2	正长岩	0.5～2.8
石英岩	0.008～3.4	辉长岩	0.6～2.0
各种片岩	0.5～1.0	玢岩	0.4～6.7
片麻岩	0～2.4	玄武岩	0.6～1.3
花岗岩	0.02～1.9	玄武岩流	4.4～5.6

表 2-2 所列各值是指岩石的平均值，对局部岩石来说裂隙发育可能有很大的差别。例如同一种岩石，有的部位裂隙率可能小于 1%，有的部位则可达百分之几十。因此，裂隙率的统计要重视其代表性，应考虑岩性的变化和构造部位的不同。

（3）溶隙：可溶岩（石灰岩、白云岩、石膏）中的各种裂隙，被水流溶蚀扩大成为各种形态的溶隙，甚至形成巨大溶洞，这种现象又称岩溶或喀斯特。岩溶形成的具备条件为透水的可溶岩和具有溶蚀能力的水流。此类岩石的空隙性在数量上常用岩溶率 K_K 来表示。即：

$$\text{岩溶率}(K_K)=\frac{\text{空隙的体积}}{\text{可溶岩石的体积}}\times 100\% \tag{2-5}$$

在地下水的长期作用下，溶蚀裂隙可发展为溶洞、暗河、竖井、落水洞等多种形式。由此可见，溶隙与裂隙相比在形状、大小等方面显得更加千变万化。细小的溶蚀裂隙常和体积达数百乃至数十万立方米的巨大地下水库或暗河纵横交错在一起，它们有的互相穿插、连通性好；有的互相隔离，各自“孤立”。溶隙的另一个特点是岩溶率的变化范围很大，由小于1%到百分之几十。常常在相邻很近处岩溶的发育程度却完全不同，而且在同一地点的不同深度上亦有极大变化。

岩溶率的测定，一般可根据钻孔中取出的岩芯来计算，其方法是顺着钻进的方向在岩芯上选择能代表溶隙发育程度的3条线段，然后逐一量得各线段上各个溶隙沿岩芯方向上的长度 d，如每条线上的溶隙的总厚度分别为 $\sum d_1$、$\sum d_2$、$\sum d_3$，则溶隙的平均总厚度为 $\sum d=\frac{1}{3}\times(\sum d_1+\sum d_2+\sum d_3)$，若计算段总钻进长度为 L，则岩溶率 K_K 为：

$$K_K=\frac{\sum d}{L}\times 100\% \tag{2-6}$$

用上式求得的岩溶率只是线性比值，而不是体积比值，其精度不高。为了测得体积比值，可选取有代表性的岩样，放入有水的量筒之中，记录水量的增加值，该增加值就是不包括溶隙在内的岩样体积 V_1；然后用蜡将溶隙填满封闭，再放入量筒中观测水量的增加值，这时就可得到包括溶隙在内的岩样总体积 V_2，则可较准确地计算出岩溶率为：

$$K_K=\frac{V_2-V_1}{V_2}=\left(1-\frac{V_1}{V_2}\right)\times 100\% \tag{2-7}$$

自然界岩石中空隙的发育状况与空间分布状态要复杂得多。松散岩石固然以孔隙为主，但某些黏土干缩后可产生裂隙，对地下水的储存与运动的作用，超过其原有的孔隙。固结程度不高的沉积岩，往往既有孔隙，又有裂隙。可溶岩石，由于溶蚀不均一，有的部分发育成溶洞，而有的部分则为裂隙，有些则可保留原生的孔隙和裂缝。在实际工作中要注意有关资料的收集与分析，注意观察，确切掌握岩石空隙的发育与空间分布规律。

岩石中的空隙，必须以一定方式连接起来构成空隙网络，才能成为地下水有效的储容空间和运移通道。自然界中，松散岩石、坚硬岩石和可溶岩中的空隙网络具有不同的特点。

松散岩石中的孔隙分布于颗粒之间，连通良好，分布均匀，在不同方向上，孔隙通道的大小和多少均很接近。赋存于其中的地下水分布与流动均比较均匀。

坚硬岩石的裂隙宽窄不等，长度有限的线状裂隙，往往具有一定的方向性。只有当不同方向的裂隙相互穿插，相互切割，相互连通时，才在某一范围内构成彼此连通的裂隙网络。裂隙的连通性远较孔隙差。因此，储存在裂隙基岩中的地下水相互联系较差。分布和流动往往是不均匀的。

可溶岩石的溶隙是一部分原有裂隙与原生孔缝溶蚀扩大而成的，空隙大小悬殊，分布极不均匀。因此，赋存于可溶岩石中的地下水分布与流动极不均匀。

2. 水在岩石空隙中的存在形式

地壳岩石中存在着以下各种形式的水：

（1）岩石“骨架”中的水：亦称之为矿物结合水，其主要形式为沸石水、结晶水和结构水；

（2）岩石空隙中的水：主要形式为结合水（吸着水、薄膜水）、重力水、毛细水、固态水和气态水。

对于供水而言，岩石空隙中的水是供水水文地质的重点研究内容。

（1）气态水

呈水蒸气状态储存和运动于未饱和的岩石空隙之中，它可以是地表大气中的水汽移入的，也可是岩石中其他水分蒸发而成的。岩石空隙中的气态水和大气中含的水汽一样，且相互联系紧密，可以随空气的流动而运动，即便是空气不运动时，气态水本身亦可发生迁移，由绝对湿度大的地方向绝对湿度小的地方迁移。当岩石空隙内水汽增多而达饱和时，或是当周围温度降低而达露点时，水汽开始凝结成液态水而补给地下水。由于气态水的凝结不一定在蒸发地点进行，因此也会影响地下水的重新分布，但气态水本身不能直接开采利用，亦不能被植物吸收。

（2）结合水

松散岩石颗粒表面或坚硬岩石空隙壁面常带有电荷，而水分子又是一种偶极体，在静电引力或分子力的作用下，空隙中水被颗粒表面吸附，如图2-3所示，形成不受重力支配的水膜。按照库仑定律，电场强度与距离的平方成反比，即离固态越近，所受的引力越大，水分子自身的重力影响相对越小；反之，引力越弱，水分子受自身重力影响越显著。故把固相表面的引力大于水分子自身的重力的那部分水，称为结合水。

结合水是一种水分子排列紧密、密度大的非牛顿流体，其性质介于固相与液相之间，无法在自身的重力支配下运动，具有抗剪性强，只有当外力克服其抗剪强度才会流动，外力越大，流动的水层厚度越大。

结合水水膜由内向外，随着所受引力的减弱，其物理性质发生变化，在内层形成强结合水，称吸着水；外层则属弱结合水，称薄膜水。

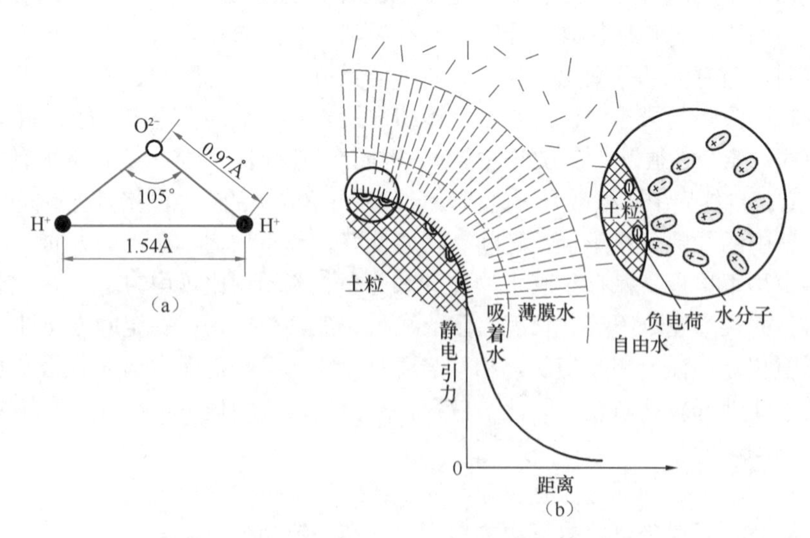

图2-3　颗粒表面的水分子示意图

（a）极性水分子示意图；（b）颗粒表面的结合水膜

1）吸着水：由于分子引力及静电引力的作用，使岩石的颗粒表面具有表面能。而水分子是偶极体，如图 2-3（a）所示，因而水分子能被牢固地吸附在颗粒表面，并在颗粒周围形成极薄的一层水膜，称为吸着水。这种水在颗粒表面结合得非常紧密，其吸附力达 10000 大气压，因此，亦称它为强结合水，如图 2-3（b）所示。在一般情况下很难用机械方法把它与颗粒分开，只有当空气中的饱和差很大或温度高达 105℃时，蒸发时的分子扩散力才可使吸着水离开颗粒表面。

由于吸着水在颗粒表面吸附的很牢固，使它不同于一般的液态水而近于固态水，其特征可归纳为：不受重力支配，只有当它变为水汽时才能移动；冰点降低至－78℃以下；不能溶解盐类、无导电性、不能传递静水压力；具有极大的黏滞性和弹性；密度很大，平均值为 2.0g/cm^3。

当岩石空隙中空气的湿度相当大时（相对湿度高达 90％），则颗粒表面全部吸满水分子，达到最大吸着量。吸着水在颗粒周围所包围的厚度仅相当于几个水分子直径，约千万分之一厘米。其水量很小，不能取出亦不能为植物所吸收。

2）薄膜水：在紧紧包围颗粒表面的吸着水层的外面，还有很多水分子亦受到颗粒静电引力的影响，吸附着第二层水膜，这个水膜就称为薄膜水。随着吸附水层的加厚，水分子距离颗粒表面渐远，使吸引力大大减弱，因而薄膜水又称为弱结合水。可以当空气的相对湿度达到饱和状态时形成，亦可以由滴状液态水退去以后形成。薄膜水的特点是：两个质点的薄膜水可以相互移动，由薄膜厚的地方向薄处转移，这是由于引力不等而产生的；不受重力的影响；不能传递静水压力；薄膜水的密度虽和普通水差不多，但黏滞性仍然较大；有较低的溶解盐的能力。

薄膜水的厚度可达几千个水分子直径；其外层可以被植物吸收。

结合水含量主要取决于岩石颗粒的表面积大小，岩石颗粒越细，其颗粒表面的总面积就越大，结合水的含量也越多；颗粒粗时则相反。例如在颗粒细小的黏土中所含的吸着水与薄膜水分别为 18％和 45％，而砂中其含量分别还不到 0.5％和 2％，因此，对具有裂隙和溶隙的坚硬岩石来说，吸着水与薄膜水的含量更小。

（3）毛细水

毛细水储存于岩石的毛细管孔隙和细小裂隙之中，基本上不受颗粒静电引力场作用。这种水同时受表面张力和重力作用，所以亦称为半自由水，当两力作用达到平衡时便按一定高度停留在毛细管孔隙或小裂隙中。毛细水面会随着水面的升降和蒸发作用而发生变化，但其毛细管上升高度却是不变的。这种水只能垂直运动，可以传递静水压力。

毛细水常见有三种存在形式：

支持毛细水：指依托地下水面的支持，存在于地下水面以上包气带中毛细水；

悬挂毛细水：见于地下水位变幅较大，地质剖面上粗细相间的松散岩石中，枯季随着地下水位由上部细粒层降至下部粗粒层后，在上部细粒层下毛细孔隙中形成上下弯液面的毛细力作用，出现悬挂毛细水。

孔角毛细水：指包气带颗粒间接触桌上悬面的毛细水。即使是具有大孔隙的卵砾石，在颗粒接触点上也可以达到毛细管径程度，形成孔角悬面毛细水，也称触点毛细水。

毛细水的上升高度（毛细上升高度）与毛细管直径成反比，所以颗粒细的岩石，最大毛细上升高度也大，见表 2-3。

岩石的最大毛细上升高度（据西林——别克丘林，1958）　　**表 2-3**

岩石名称	最大毛细上升高度（cm）	岩石名称	最大毛细上升高度（cm）
粗砂	2～5	粉砂	70～150
中砂	12～35	黏性土	＞200～400
细砂	35～70		

（4）重力水

当薄膜水的厚度不断增大时，颗粒表面静电场的引力逐渐减弱，当引力不能支持水的重力作用时，液态水在重力作用下就会向下运动，这部分水称之为重力水。在包气带的非毛细管孔隙中形成的能自由向下流动的水叫重力水；换言之，当岩石的全部空隙为水饱和时，其中能在重力作用下自由运动的水都是重力水。

重力水只受重力作用的影响，可以传递静水压力，有冲刷、侵蚀作用，能溶解岩石。因此重力水是供水水文地质的主要研究对象。

（5）固态水

当岩石的温度低于水的冰点时，储存于岩石空隙中的水便冻结成冰，而成为固态水。大多数情况下，固态水是一种暂时现象。我国北方地区的冬季，地表以下一定深度内，地下水处于固态。我国冻土区分布面积近 $190km^2$，岩石中的固态水与液态水共存，在气温与地温控制下相互转化，保持动态平衡。在季节性冻层分布区，固态水与液态水随季节变化面相互转化，这一现象也发生在多年冻层的上部，形成冻结层上（液态）水。在多年冻结深度以下，地下水保持液态，称冻结层下水，一定条件下，多年冻层中可出现流动的液态水，为冻结层间水。冻结层间水通过融区或其他通道接受冻结层上水或冻结层下水的补给，前者水温低、变化大，后者水温较高且稳定。冻结层下水是多年冻土区供水的主要调查目标。

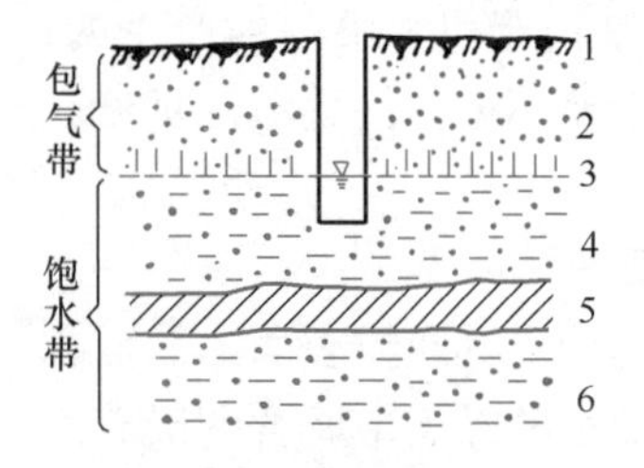

图 2-4　各种状态的水在岩层中的分布

1—湿度不足带：分布有气态水、吸着水；2—中间带：分布有气态水、吸着水、薄膜水；3—毛细管带；4—无压重力水带；5—黏土层；6—有压重力水带

除上述各种储存于岩石空隙中的水之外，尚有存在于组成岩石的矿物之中的水，这种水本身就是矿物的成分，如沸石水、结晶水、结构水，这些水统称为矿物水。

上述各种形态的水在地壳中的呈现规律性分布。在重力水面以上，岩石的空隙未被水饱和，通常称为包气带，以下则称为饱水带。毛细管带实际上为两者的过渡带，如图 2-4 所示。

2.1.2　岩石的水理性质

岩石的水理性质是指当空隙的大小和数量不同时，岩石在水作用过程中所表现出的容纳、保持、给出、透过水的能力，它衡量不同岩石地下水储存和运移性能。其中尤以空隙大小最具决定意义，空隙越大，重力水在含水空隙书所占比例越大；反之，结合水的比例就越大。当空隙直径小于空隙壁结合水厚度的两倍时，重力水将无法进入空隙中，因此，黏土中的微孔隙或基岩的闭合裂隙，几乎都被结合水所充满；而砂砾石或宽大的裂隙或溶隙中，则重力水占据主要比例。

1. 容水性

岩石的容水性是指岩石完全饱和时所能容纳一定水量的性能，在数量上用容水度来表

示。容水度（W_n）是岩石中所容纳水的体积（V_n）与岩石总体积（V）之比，即

$$W_n = \frac{V_n}{V} \times 100\% \tag{2-8}$$

一般说来容水度在空隙被水完全饱和时在数值上与孔隙度（裂隙率、岩溶率）相当。

但实践中常会遇到岩石的容水度小于或大于空隙度的情况。例如当岩石的某些空隙不连通，或因空隙太小在充滞液态水时无法排气，而使这些空隙不能容纳水，因此岩石的容水度值就小于空隙度值；对于具有膨胀性的黏土来说，由于充水后会发生膨胀，容水度便会大于原来的孔隙度。

2. 持水性

在重力作用下，岩石依靠分子引力和毛细力在其空隙中能保持一定水量的性能。持水性在数量上以持水度（W_m）表示，即在重力作用下岩石空隙中所能保持的水体积（V_r）与岩石总体积（V）之比，即：

$$W_m = \frac{V_r}{V} \times 100\% \tag{2-9}$$

根据保持水的形式不同，持水度可分为毛细持水度和分子持水度。

毛细持水度是毛细管孔隙被水充满时，岩石所保持的水量与岩石体积之比。

分子持水度是岩石所能保持的最大结合水量与岩石体积之比。

结合水是因岩石颗粒表面的吸引力而保持的，因此，颗粒的总表面积越大，结合水量便越大。可见分子持水度受岩石颗粒大小的影响，岩石颗粒越细小，分子持水度就越大，其关系见表 2-4。

分子持水度与颗粒直径关系 **表 2-4**

颗粒直径（mm）	持水度（%）	颗粒直径（mm）	持水度（%）
<0.005	44.85	0.1～0.25	2.73
0.005～0.05	10.18	0.25～0.5	1.60
0.05～0.1	4.75	0.5～1	1.57

具有裂隙或溶隙的基岩，由于其空隙的表面积很小，所以分子持水度也极小。

3. 给水性

各种岩石饱水后在重力作用下能自由排出一定水量的性能称为岩石的给水性。给水性在数值上是以给水度（μ）来表示，即饱水岩石在重力作用下流出水的体积（V_g）与岩石总体积（V）之比，其表达式为：

$$\mu = \frac{V_g}{V} \times 100\% \tag{2-10}$$

另外，给水度的最大值也就等于岩石的容水度减去持水度，即

$$\mu_{最大} = W_n - W_m \tag{2-11}$$

给水度是很重要的参数，几种常见松散岩石的给水度见表 2-5。

由表 2-5 可知，松散岩石的给水度与其粒径大小有明显的关系，颗粒越粗，给水度越大，有些粗颗粒岩石的给水度甚至与容水度相接近。这就表明粗颗粒孔隙中的水，大都呈重力水的形式，可以取出来利用。细颗粒岩石其容水度并不小，但给水度很小，说明孔隙中的水大都呈结合水和毛细管水的形式存在，不能开采利用。

常见松散岩石的给水度（μ） 表2-5

岩石名称	给水度(%)	岩石名称	给水度(%)
黏　土	0	中　砂	20～25
粉质黏土	近于0	粗　砂	25～30
粉　土	8～14	砾　石	20～35
粉　砂	10～15	砂砾石	20～30
细　砂	15～20	卵砾石	20～30

裂隙和溶洞中的地下水，因结合水及毛细管水所占的比例非常小，因而岩石的给水度可看做分别等于它们的容水度。

4. 透水性

岩石允许水流通过的能力称为透水性。岩石之所以能透水是由于具有相互连通的空隙，成为渗流的通道。自然界各种不同的岩石具有不同的透水性能，例如卵砾石的透水性较好，而黏性土（粉质黏土、粉土等）的透水性则很弱。

岩石透水性的强弱首先决定于岩石空隙的大小，其次是孔隙的多少及其形状等。水流在细小的空隙中运动时，岩石空隙表面对水流会产生很大阻力，此外，空隙越小，空隙的容积大部分都被结合水所占据，因此透水性也就越弱，甚至完全可以不透水。相反，当水在大的空隙中流动时，所受到的阻力将大大减小，水流很容易通过，岩石就表现出较强的透水性。例如黏土的孔隙率可达50%，但它具有的微细孔隙都被结合水所充滞，稍大的孔隙亦被毛细管水所占据，因此水在黏土中运动时受到的阻力极大，一般情况下都认为黏土是弱透水层。砾石、砂的孔隙率虽一般只有30%左右，但由于其孔隙大，通常都是良好的透水层。松散岩石的透水性亦与颗粒的分选程度有关，颗粒越大、分选性越好、透水性就越强；反之，透水性就差。

衡量透水性能强弱的参数是渗透系数 K，K 值是含水层最重要的水文地质参数之一。

按透水性能可把岩石分为：透水岩石——砂、砾石、卵石及裂隙或溶隙发育的坚硬岩石；弱透水岩石——粉质黏土、粉土、黄土、裂隙与岩溶不太发育的坚硬岩石；不透水岩石——黏土、致密结晶岩、泥质岩。

应当指出：透水性的好坏都是相对而言的。如在透水性良好的粗砂或砾石层中夹有一层透水性很弱的粉质黏土或粉土，相比之下粉质黏土或粉土的弱透水性常可忽略不计，可将它们当作不透水层；如果在基本不透水的黏土层中夹有一层粉土，那么这种情况下粉土的弱透水性就是不可忽略的。此外，粗颗粒地层具有良好的透水性亦是可以变化的，遭到强烈风化的卵石层或是在卵石的孔隙中有大量的黏性土填充时，则都可使得卵石层的透水性变得很小。在北方的某些山前地区常可见到此种情况。

不仅不同岩石的透水性不同，有时即使同一岩层在不同的方向或不同部位透水性亦有很大差别。透水性的各向异性往往见于层状的坚硬岩石中，因为某些层状岩石常常发育顺层裂隙，故顺层方向上岩石可表现出一定的透水性能，而垂直层面的方向透水性却很差；透水性的非均匀性是坚硬岩石普遍具有的特点。

2.2 含水层和隔水层

2.2.1 概述

饱水带岩层按其透过和给出水的能力，可划分为含水层和隔水层。

含水层是指能够透过并给出相当数量水的岩层。隔水层则是不能透过并给出水，或透过和给出水的数量微不足道的岩层。划分含水层与隔水层的标志并不在于岩层是否含水。因为，自然界中完全不含水的岩层实际上是不存在的，关键在于含水的性质。空隙细小的岩层（如致密黏土、裂隙闭合的页岩），含的几乎全部是结合水，这类岩层实际上起着阻隔水透过的作用，所以是隔水层。而空隙较大的岩层（如砂砾石，发育溶隙的可溶岩），主要含有重力水，在重力作用下，能透过和给出水，在某种程度上就构成了含水层。

含水层和隔水层的划分是相对的，并不存在截然的界限或绝对的定量标志。从某种意义上讲，含水层和隔水层是相比较而存在的。例如，粗砂层中的泥质粉砂夹层，由于粗砂的透水和给水能力比泥质粉砂强得多，相对说来，后者就可视为隔水层。同样的泥质粉砂岩夹在黏土层中，由于其透水和给水能力均比黏土强，就应视为含水层了。由此可见，同一岩层在不同的条件下具有不同的水文地质意义。显然对于供水而言，含水层的研究就显得尤为重要。

2.2.2 构成含水层的基本条件

含水层的构成是由多种因素所决定的，概括起来应具备下列条件：

1. 岩层要具有能容纳重力水的空隙

岩层要构成含水层，首先要有能储存地下水的空间，也就是说应当具有孔隙、裂隙或溶隙等空间。当有这些空隙存在时，外部的水才有可能进入岩层形成含水层，可见岩层的空隙性是构成含水层的先决条件。

然而，有空隙存在并不一定就能构成含水层，如前所述的黏土层其孔隙度可达50%以上，但它的孔隙几乎全被结合水或毛细水所占据，重力水很少，所以它仍然是不透水的隔水层。而透水性好的砾石层、砂层的孔隙度不足35%，但因其空隙具有良好的储存与透水能力，水在重力作用下可以自由地出入，所以往往形成储存重力水的含水层。至于坚硬岩石只有发育有未被填充的张性裂隙、张扭性裂隙和溶隙时，才可能构成含水层。

2. 有储存和聚集地下水的地质条件

含水层的构成还必须具有一定的地质条件，才能使具有空隙的岩层含水，并把地下水储存起来。如图2-5所示，具有相同空隙性的石灰岩地层，在不同的地质构造中，一个是透水层，而另一个属于良好的含水层。

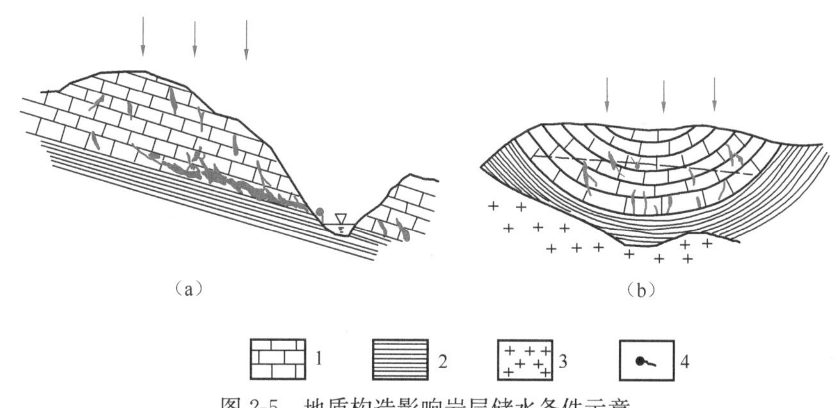

图2-5 地质构造影响岩层储水条件示意

1—溶隙发育的石灰岩；2—页岩；3—侵入岩体；4—泉

图 2-5（a）为溶隙发育、岩层倾角较大的单斜岩层构造，大气降水沿石灰岩的溶隙下渗到底部后，会很快顺着下伏页岩的层面流向河谷方向，地下水在石灰岩中无法长期储存。这种不利于地下水聚集和埋藏的单斜岩层，只能是透水层而不能构成含水层。

图 2-5（b）所示的为向斜构造。地下水在石灰岩的深部可以大量聚集，并能保持一定的地下水位，石灰岩就构成了埋藏有丰富地下水的含水层。

上述两种情况中，虽然都是溶隙发育的石灰岩下伏有不透水的页岩，但由于地质构造不同，而使地下水的储存条件完全两样。

有利于储存和聚集地下水的地质条件虽有各种不同形式，概括为：空隙岩层下伏有隔水层，使水不能向下漏失；水平方向有隔水层阻挡，以免水全部流空。只有这样才能使运动在岩层空隙中的地下水长期储存下来，并充满岩层空隙而形成含水层。如果岩层只具有空隙而无有利于储存地下水的构造条件，这样的岩层就只能作为过水的通道，而构成透水层。如湖北某地大面积出露可溶岩类，在一般地区基本是不含水的透水层，但在向斜的翼部和转折端部位下伏有不透水层，致使地下水大量富集而构成含水层。

3. 具有充足的补给来源

当岩层空隙性好，并且具有有利于地下水储存的地质条件时，还必须要有充足的补给来源，才能使岩层充满重力水而构成含水层。

地下水补给量的变化，可以使含水层与透水层相互间发生转化。在补给来源不足、而消耗量又很大的枯水季节里，地下水在含水层中可能被疏干，这样含水层就变为了透水层；而在补给充足的丰水季节里，岩层的空隙又被地下水充满，重新构成含水层。由此可见，补给来源不仅是形成含水层的一个重要条件，而且是决定含水层水量多少和保证程度的一个主要因素。

综合上述，只有当岩层具有地下水自由出入的空间，有适当的地质构造和充足的补给来源时才能构成含水层，这三个条件缺一不可。没有岩石的空隙性，自然界就不存在地下水；没有储存地下水的地质构造，含水层仅仅是一个透水层，其径流量难以利用；没有充足的补给来源，地下水不足有可恢复性，不具有可持续的开发利用条件。

2.2.3　含水层的类型

根据空隙类型、埋藏条件和渗透性能，将含水层划分成各种类型，见表 2-6。

含水层类型表　　表 2-6

划分依据	含水层类型	特　　征
空隙类型	孔隙含水层	地下水储存在松散孔隙介质中
	裂隙含水层	介质为坚硬岩石，储水空间为各种成因的裂隙
	岩溶含水层	介质为可溶岩层，储水空间为各种规模的溶隙
埋藏条件	潜水含水层	含水层上面不存在隔水层，直接与包气带相接
	承压含水层	含水层上面存在稳定隔水层，含水层中的水具承压性
渗透性能空间变化	均质含水层	含水层中各个部位及不同方向上渗透性相同
	非均质含水层	含水层的渗透性随空间位置和方向的不同而变化

2.3　地下水的类型

地下水存在于各种自然条件下，其聚集、运动的过程各不相同，因而在埋藏条件、分布规律、水动力特征、物理性质、化学成分、动态变化等方面都具有不同特点。

当进行供水或疏干地下水的工作时，对具有不同特点的地下水，不但采用的勘探方法不同，地下水水量评价方法、生产中所采取的措施也有区别。所以对地下水进行合理的分类是水文地质学中一个重要的组成部分。

目前采用较多的一种分类方法是按地下水的埋藏条件把地下水分为三大类：上层滞水、潜水、承压水。若根据含水层的空隙性质又把地下水分为另外三大类：孔隙水、裂隙水、岩溶水。因而把上述两种分类组合起来就可得到九种复合类型的地下水，每种类型都有独自的特征，见表 2-7。

地下水分类表 **表 2-7**

按埋藏条件	按含水层空隙性质		
	孔隙水	裂隙水	岩溶水
上层滞水	季节性存在于局部隔水层上的重力水	出露于地表的裂隙岩层中季节性存在的重力水	裸露岩溶化岩层中季节性存在的重力水
潜水	上部无连续完整隔水层存在的各种松散岩层中的水	基岩上部裂隙中的水	裸露岩溶化岩层中的水
承压水	松散岩层组成的向斜、单斜和山前平原自流斜地中的地下水	构造盆地及向斜、单斜岩层中的裂隙承压水，断层破碎带深部的局部承压水	向斜及单斜岩溶岩层中的承压水

2.3.1　上层滞水

上层滞水是包气带中局部隔水层之上具有自由水面的重力水，如图 2-6 所示。它是大气降水或地表水下渗时，受包气带中局部隔水层的阻托滞留聚集而成。

上层滞水埋藏的共同特点是在透水性较好的岩层中夹有不透水岩层。在下列条件下常常形成上层滞水：

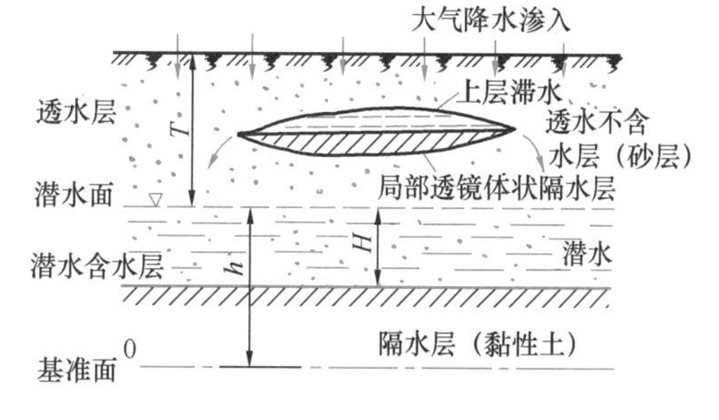

图 2-6　上层滞水及潜水

在较厚的砂层或砂砾石层中夹有黏土或粉质黏土透镜体时，降水或其他方式补给的地下水向深处渗透过程中，因受相对隔水层的阻挡而滞留和聚集于隔水层之上，便形成了上层滞水。

在裂隙发育、透水性好的基岩中有顺层侵入的岩床、岩盘时，由于岩床、岩盘的裂隙发育程度较差，亦起到相对隔水层的作用，则亦可形成上层滞水。

在岩溶发育的岩层中夹有局部非岩溶化的岩层时，如果局部非岩溶化的岩层具有相当的厚度，则可能在上下两层岩溶化岩层中各自发育一套溶隙系统，而上层的岩溶水则具有上层滞水的性质。

在黄土中夹有钙质板层时，常常形成上层滞水。我国西北黄土高原地下水埋藏一般较深，几十米甚至超过 100m，但有些地区在地下不太深的地方有一层钙质板层（俗称礓石层），可成为上层滞水的局部隔水层。这种上层滞水往往是缺水的黄土高原地区的宝贵生活水源。

在寒冷地区有永冻层时，夏季地表解冻后永冻层就起到了局部隔水的作用，而在永冻层表面形成上层滞水。如在大小兴安岭等地，一些林业、铁路的中小型供水就常以此作为季节性水源。

上层滞水的形成除受岩层组合控制外，还受岩层倾角、分布范围等因素影响。一般情况下岩层的倾角不应太大，单斜岩层倾角平缓时，隔水层才起阻水作用，使渗入水流既不漏向深处，又不从侧方流走；其次，隔水层的分布范围不能太小，要有一定的面积才利于地下水聚集。

上层滞水因完全靠大气降水或地表水体直接渗入补给，水量受季节控制特别显著，一些范围较小的上层滞水旱季往往干枯无水，当隔水层分布较广时可作为小型生活水源或分散性生活供水水源。上层滞水通常水量不大，但因接近地表，容易被污染，作为饮用水源时必须加以注意。

2.3.2　潜水

1. 潜水的埋藏特点

饱水带中第一个具有自由表面的含水层中的水称为潜水。它的上部没有连续完整的隔水顶板，潜水的水面为自由水面，称为潜水面，如图 2-6 所示。潜水面至地表的距离称为潜水位埋藏深度，也叫潜水位埋深。潜水面至隔水底板的距离叫潜水含水层的厚度。潜水面上任一点距基准面的绝对标高称为潜水位（h），亦称潜水位标高。

潜水的埋藏条件，决定了潜水具有以下特征：

（1）由于潜水面之上一般无稳定的隔水层存在，因此具有自由表面。有时潜水面上有局部的隔水层，且潜水充满两隔水层之间，在此范围内的潜水将承受静水压力，而呈现局部的承压现象。

（2）潜水在重力作用下，由潜水位较高处向潜水位较低处流动，其流动的快慢取决于含水层的渗透性能和水力坡度。潜水向排泄处流动时，其水位逐渐下降，形成曲线形表面。

（3）潜水通过包气带与地表相连通，大气降水、凝结水、地表水通过包气带的空隙通道直接渗入补给潜水，所以在一般情况下，潜水的分布区与补给区是一致的。

（4）潜水的水位、流量和化学成分都随着地区和时间的不同而变化。

潜水在自然界中分布极广，埋藏深度、含水层厚度、水位、水温、水质等受气象和地形因素影响，表现出季节性变化特征。山区地形强烈切割，潜水埋藏深度较大，一般达几十米甚至百余米。平原地区地形平坦，潜水埋深一般仅几米，有些地区甚至出露地表形成沼泽。潜水含水层的埋深及厚度不仅因地而异，而且同一地区还因时而变。在雨季降水较多，补给潜水的水量增大，潜水面抬高，因而含水层厚度加大，埋藏深度变小；旱季则相反。

2. 潜水面的形状

潜水面是一个自由的表面，由于潜水埋藏条件的差异，它的形状可以是倾斜的、抛物线形的，或者在特定条件下是水平的，也可以是上述各种形状的组合。

潜水在重力作用下由高处向低处缓慢地流动，称为潜水流。潜水的流动是由于潜水面一般具有倾斜的坡度，即水力坡度。潜水面的水力坡度受地形和隔水层坡度的影响很大，在地形陡峻的山区，潜水面的水力坡度可达百分之几；在地形平坦的平原区则往往只有千分之几，甚至万分之几。潜水面的区域轮廓与地形的变化基本一致，但在数值上并不相等，一般情况下潜水面的水力坡度小于地形的坡度，如图 2-7 所示。其次，含水层的岩性、厚度变化等对潜水面的形状也有一定的影响，如当潜水流由细颗粒的含水层进入粗颗粒含水层后，因粗颗粒含水层透水性较好，即阻力较小，因此水力坡度变小，潜水面变得平缓，如图 2-7（a）所示。当含水层变厚时，则潜水流的过水断面突然加大，渗流速度降低，水力坡度变小，则潜水面亦会变得平缓一些，如图 2-7（b）所示。

某些情况下地表水体的变化也改变着潜水面的形状。当潜水向河水排泄时，其潜水面为倾向河谷的斜面；但当河水位升高，河水反补给潜水时，则潜水面可以出现凹形曲线，最后变成从河水倾向潜水的曲面。

在特殊情况下，当盆地或洼地中堆积了较厚的松散堆积物，而补给的水量又不大时，水不能溢出洼地之外，此时潜水面可呈水平状态而成为潜水湖。

3. 潜水等水位线图

潜水面在图上的表示方法有两种：一种是以剖面图的形式表示，如图 2-7 所示；另一种是以平面图形式表示，即等水位线图（潜水面等高线图）。

潜水等水位线图的绘法是把同一时间测得的潜水位标高相同的各点用线连起来，如图 2-8 所示。

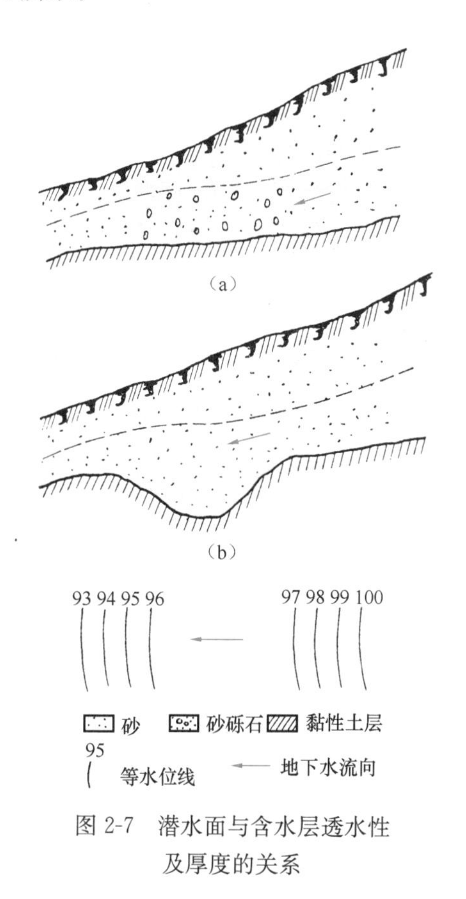

图 2-7　潜水面与含水层透水性及厚度的关系

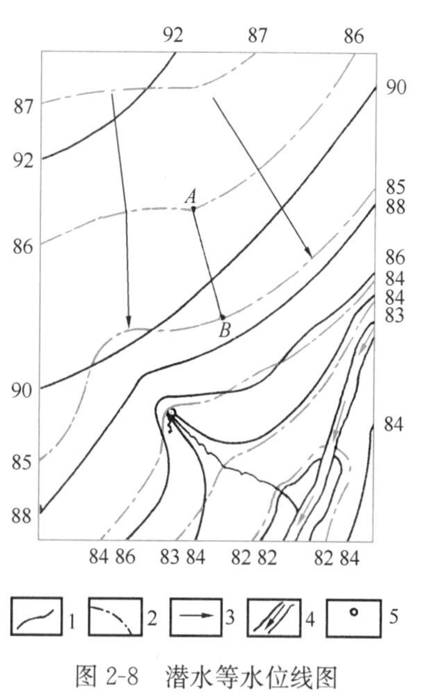

图 2-8　潜水等水位线图

1—地形等高线；2—潜水等水位线；3—地下水流向；4—河流及流向；5—泉水

利用潜水等水位线图，可以：

(1) 确定潜水流向：潜水总是沿着潜水面坡度最大的方向流动，垂直等水位线的方向就是潜水的流向，如图 2-8 中箭头所指的方向即为流向。

(2) 求潜水的水力坡度：当潜水面的倾斜坡度不大时（千分之几），两等水位线之高差除以相应的两等水位线间的距离，即得两等水位线间的平均水力坡度。图 2-8 中 A 至 B 的水平距离为 500m，则 A 至 B 间平均水力坡度为：

$$i=\frac{86-85}{500}=\frac{1}{500}=0.002=2‰$$

(3) 确定潜水的埋藏深度：往往是将地形等高线和等水位线绘于同一张图上，地形等高线与等水位线相交之点二者高差即为该点潜水的埋藏深度，并由此可进一步绘出潜水埋藏深度图。

(4) 提供合理的取水位置：取水点常常定在地下水流汇集的地方，取水构筑物排列的方向往往垂直地下水的流向。

(5) 推断含水层岩性或厚度的变化：当地形坡度变化不大，而等水位线间距有明显的疏密不等时，一种可能是含水层岩性发生了变化；另一种可能性是岩性未变而含水层厚度有了改变。岩性结构由细变粗时，即透水性由差变好，其潜水等水位线之间的距离相应变疏，反之则变密；当含水层厚度增大时，等水位线间距则加大，反之则缩小。

(6) 确定地下水与地表水的相互补给关系：在邻近地表水的地段测绘潜水等水位线图，并测定地表水的标高，便可了解潜水与地表水的相互补给关系。

(7) 确定泉水出露点和沼泽化的范围：在潜水等水位线和地形等高线高程相等处，是潜水面达到地表面的标志，也就是泉水出露和形成沼泽的地点。

潜水在自然界分布范围大，补给来源广，所以水量一般较丰富，特别是潜水与地表常年性河流相连通时，水量更为丰富。加之潜水埋藏深度一般不大，因而是便于开采的供水水源。但由于含水层之上无连续的隔水层分布，水体易受污染和蒸发，水质容易变坏，选作供水水源时应全面考虑。

2.3.3 承压水

1. 承压水的埋藏特点

承压水是指充满于上下两个稳定隔水层之间的含水层中的重力水，如图 2-9 所示。

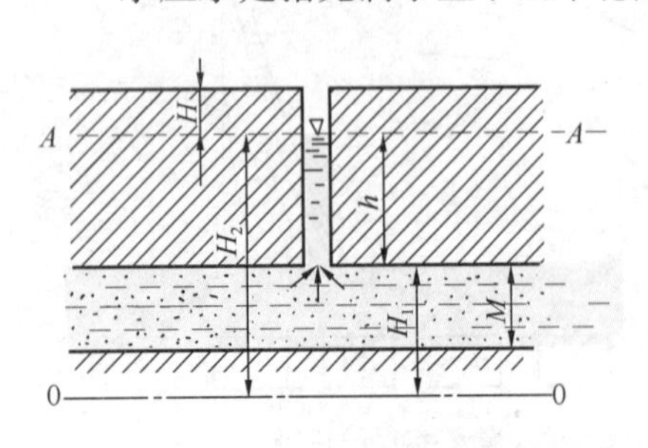

图 2-9　承压水埋藏示意图

承压水的主要特点是有稳定的隔水顶板存在，没有自由水面，水体承受静水压力，与有压管道中的水流相似。承压水的上部隔水层称为隔水顶板，下部隔水层称为隔水底板；两隔水层之间的含水层称为承压含水层；隔水顶板到底板的垂直距离称为含水层厚度（M）。打井时，在隔水顶板被凿穿之前见不到承压水，凿穿后水便立即自含水层中上升到隔水顶板的底面之上，最后稳定在一定的高程上。隔水顶板底面的高程，即为该点承压水的初见水位（H_1），钻孔钻进到这个高程时，则可开始见到承压水。承压水沿钻孔上升最后稳定的高程，即为该点的承压水位或称测压水位（H_2）。地面至承压水位的距离称为承压水位的埋深（H）。自隔水顶板底面到承压水位之间的垂直距离称为承压水头（h）。显然，承压井的承压水位（H_2）等于初见水位（H_1）与承压水头（h）之和。在地形条件适合时，承压水位若高于地面高程，承压水就可喷出地表而成为自流水。利用多个钻孔揭露承压水，将全部钻孔所测得的承压水位连成一个面，称为水压面。

承压水由于有稳定的隔水顶板和底板，因而与外界的联系较差，与地表的直接联系大部分被隔绝，所以它的埋藏区与补给区不一致。承压含水层在出露地表部分可以接受大气降水及地表水补给，上部潜水也可越流补给承压含水层。承压水的排泄方式更是多种多样，它可通过标高较低的含水层出露区或断裂带排泄到地表水、潜水含水层或另外的承压含水层，也可直接排泄到地表成为上升泉。承压含水层的埋藏深度一般都较潜水为大，在水位、水量、水温、水质等方面受水文气象因素、人为因素及季节变化的影响较小，因此富水性好的承压含水层是理想的供水水源。虽然承压含水层的埋藏深度较大，但其稳定水位都常常接近或高于地表，这就为开采利用创造了有利条件。

2. 承压水的形成条件

承压水的形成与地层、岩性和地质构造有关，在适当的水文地质条件下，无论是孔隙水、裂隙水或岩溶水都可以形成承压水。

下列几种岩层组合，常可形成承压水。

（1）黏土覆盖在砂层上；

（2）页岩覆盖在砂岩上；

（3）页岩覆盖在溶蚀石灰岩上；

（4）致密不纯的石灰岩（如泥质石灰岩、硅质石灰岩等）覆盖在溶隙发育的石灰岩上；

（5）致密的岩流（喷出岩层）覆盖在裂隙发育的基岩或多孔状岩流之上。

不仅是不透水层覆盖在透水性好的岩层上面，而且透水层的下部应有稳定的隔水底板，这样才能储存地下水。此外，上下隔水层之间的地下水必须充满整个含水层，并承受静水压力；如果没有充满整个含水层，则在水力性质上和潜水一样，这种情况埋藏的地下水称为层间无压水。

最适宜形成承压水的地质构造条件是下列两种：

（1）向斜盆地中的承压水

向斜盆地在水文地质学中称作自流盆地。盆地可分为 3 个区：补给区、承压区、排泄区，如图 2-10 所示。在地势较高的补给区没有隔水顶板，实际上是潜水区，它可直接接受大气降水和地表水体等的渗入补给。在承压区由于上部覆有稳定的隔水顶板，地下水承受静水压力，所以具有典型的承压水特征，在承压水位高于地表高程的范围内，则承压水可喷出地表形成自流区。在地形较低的排泄区，承压水通过泉、河流等形式由含水层中排出，这个区实际上已具有潜水的特征。

我国这类盆地非常普遍，北方的淄博盆地、井陉盆地、沁水盆地、开平盆地等就是寒武—奥陶系石灰岩上覆石炭——二叠系砂页岩及第四系堆积物而构成的承压水盆地。广东的雷州半岛以及新疆等地的许多山间盆地都属于这类向斜盆地。较为典型的大型自流盆地是四川盆地，盆地中部分布侏罗——白垩系砂页岩，向四周边缘地带依次出露三叠系及古生界岩系。已知主要的含水层为侏罗系砂岩的裂隙水，三叠系嘉陵江石灰岩及二叠系长兴石灰岩和茅口石灰岩的岩溶水。所开采的卤水就主要取自侏罗系砂岩和三叠系嘉陵江石灰岩的承压含水层中。早在2000年前，在四川开凿自流井取水煮盐，井最深可达几百米。

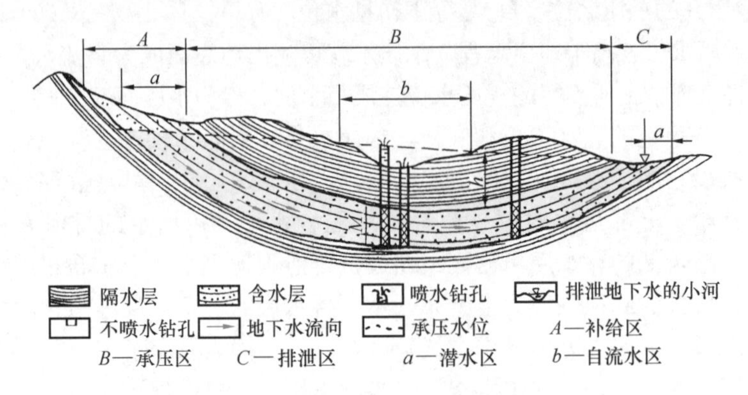

图2-10　向斜盆地中的承压水

(2) 单斜地层中的承压水

由透水岩层和隔水层互层所组成的单斜构造，在适宜的地质条件下可以形成单斜承压含水层，也称为承压斜地。一般由下列构造条件形成：

1) 透水层和隔水层相间分布的承压斜地：当地层向一个方向倾斜，而且透水层和隔水层是相间分布时，地下水进入两隔水层之间的透水层后便会形成承压水。这类承压水常出现在倾斜的基岩中和第四纪松散堆积物组成的山前斜地中，如图2-11所示。

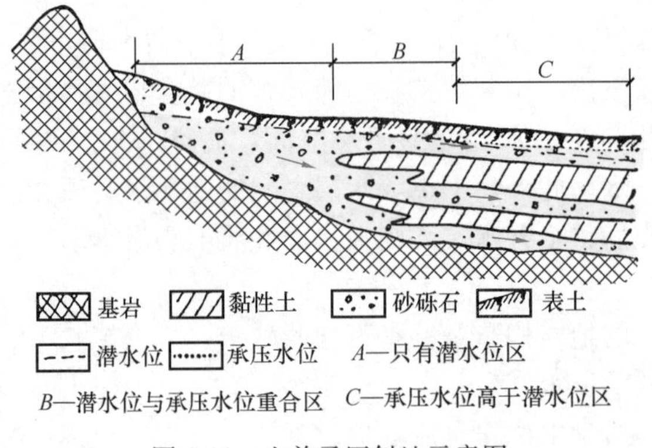

图2-11　山前承压斜地示意图

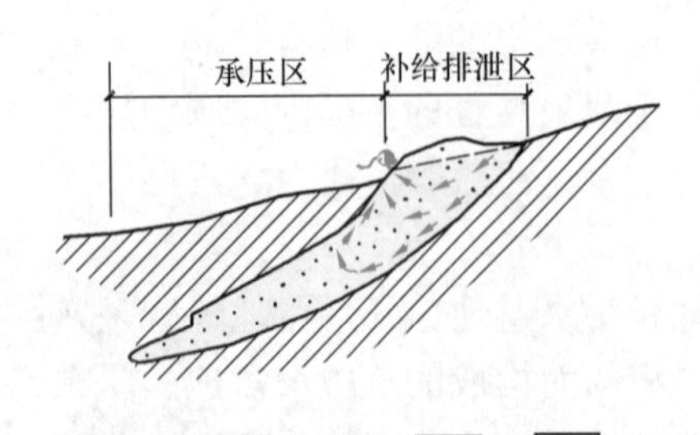

图2-12　岩层尖灭形成的承压斜地

1—黏土层；2—砂层；3—地下水流向；4—地下水位；5—泉

北京附近是山前斜地中形成承压水的一个例子。北京地区第四纪松散堆积物的特点是：在水平方向上由西向东层次增多，颗粒由粗变细，由砂砾石逐渐变为砂层和黏性土层；在垂直方向上隔水层和透水层相间分布；含水层和隔水层由西向东倾斜。西部的潜水流入成层的砂层中后，原来无压的潜水就转化成为承压水。

2) 含水层发生相变或尖灭形成承压斜地：含水层上部出露地表，下部在某一深度尖灭，即岩性发生变化，由透水层逐渐变为不透水层，如图2-12所示。当地下水的补给量超过含水层可容纳水量时，由于下部无排泄出路，因此只能在含水层出露地带的地势低处形成排泄区，往往有泉出现。使得含水层的补给区与排泄区相邻近，而承压区位于另一端，地下水自补给区流到排泄区并非经过承压区，这与上述的向斜盆地有极大的区别。

3）含水层被断层所阻形成承压斜地：单斜含水层下部被断层所截断时，则上部出露地表部分就成为含水层的补给区。如果断层导水性能好，各含水层之间就发生水力联系，而断层带就起了连接各含水层的通道作用。在适当条件下，承压水可通过断层以泉水的形式排泄到地表，成为承压斜地的排泄区，如图 2-13（a）所示。此时承压区位于补给区和排泄区之间，与自流盆地相似。

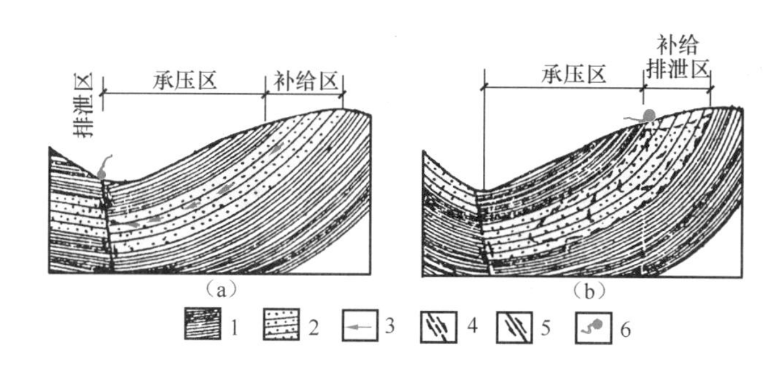

图 2-13　断层阻截形成的承压斜地

（a）断层导水；（b）断层不导水

1—隔水层；2—含水层；3—地下水流向；4—不导水断层；5—导水断层；6—泉

如果断层带不导水，那么承压斜地的补给区与排泄区位于相邻地段，如图 2-13（b）所示。

这种类型的承压斜地在我国分布较广，如山西省沁县元王庄附近三叠系岩层由砂岩页岩互层组成，砂岩呈厚层状，裂隙发育最大深度 250m，地表裂隙最宽达 1～2cm，岩层倾角 10°～15°，其裂隙承压水被断层所阻，形成上升泉，历史上最大泉群总流量达 1.7 万 m^3/d。

4）侵入体阻截承压斜地：当岩浆岩侵入体侵入到透水岩层之中，并处于地下水流的下游方向时，就起到阻水作用，如果含水层上部再覆有不透水层，则可形成自流斜地。

例如济南市埋藏有丰富的地下水就是由于侵入体阻截而形成的。济南市在地质构造上处于泰山背斜的北翼，南部山区由寒武纪石灰岩、页岩和奥陶纪石灰岩及白云岩组成，总厚 1400m，呈向北倾斜的单斜岩层，大气降水可直接渗入补给石灰岩中的地下水，如图 2-14 所示。济南市北侧有闪长岩及辉长岩侵入体阻挡地下水运动，石灰岩呈舌形插入到侵入体中，上覆有不透水的侵入岩及砾岩构成了隔水顶板，使岩溶水产生了较大的承压性，通过厚约 20m 的覆盖层以上升泉形式涌出地表。自古以来，济南素有“泉城”之称，泉水多达 108 处，著名的趵突泉涌水量曾达 7 万 m^3/d。

在自然界中，承压水埋藏条件是非常复杂的，无论是自流盆地或承压斜地，承压含水层均可在不同深度有若干层同时存在。两个以上的承压含水层在同一地区并存时，各含水层承压区的稳定水位往往不一致，其稳定水位高度主要决定于补给区的地下水位，补给区水位越高，承压水位也越高。

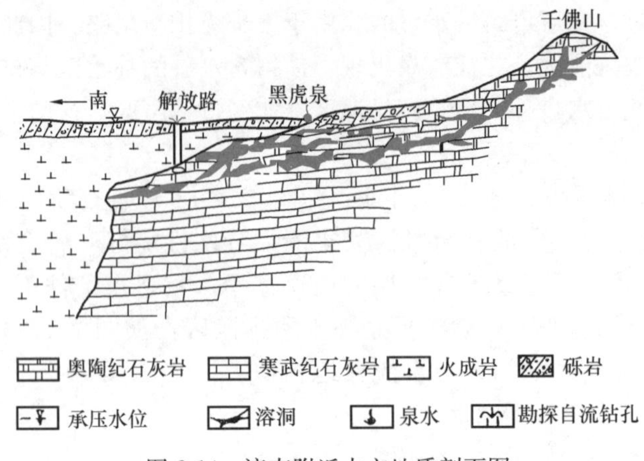

图 2-14　济南附近水文地质剖面图

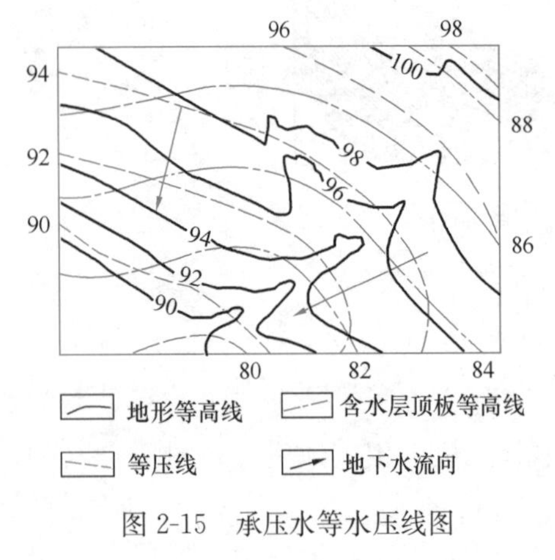

图 2-15　承压水等水压线图

3. 等水压线图

为了在平面图上反映承压水位的变化情况，可根据若干个井孔中承压水位的高程资料绘制出承压水等水压线图，如图 2-15 所示，制图方法与潜水等水位线图相同。

应当注意用等水压线所表示的水压面是虚拟水面，并不真正存在水面。在潜水含水层中只要揭露到等水位线图所示的深度，就可见到潜水面；但根据等水压线图揭露到水压面时却还见不到地下水，只有继续开凿穿透隔水顶板时，承压水才可沿井孔上升到与水压面相应的高度。

根据等水压线图可以判断承压水的流向、含水层岩性和厚度的变化、水压面的倾斜坡度等，以确定合理的取水地段。

为了便于应用，常常把承压水等水压线图与地形等高线图、含水层顶板等高线图叠置在一起。对照等水压线和地形等高线就可得知自流区和承压区的范围及承压水位的埋深，若再与顶板等高线对照可了解各地段压力水头及承压含水层的埋藏深度。如果将承压水等水压线图与上覆潜水的等水位线图综合分析，初步可以分析出承压水与潜水之间的相互补给关系。

2.4　地下水的循环

2.4.1　水的分布与循环

1. 水的分布

自然界中的水，以气态、液态和固态分布于地球的大气圈、水圈和岩石圈中。各相应圈中的水，分别称之为大气水、地表水和地下水。地球上总水量约 14 亿 km^3，占地球体积的 1%。地球上水量的分布状态见表 2-8。

均衡状态下地球上各类水体的分布及存留时间　　表 2-8

水体分类	体积（km^3）	占总水量体积的百分比（%）	平均存留时间（a）
海　水	1.37×10^9	97.2	40000
冰帽和冰川水	2.92×10^7	2.13	10000
地下水（深度在 4000m 内）	8.35×10^6	0.59	5000
淡水湖	1.25×10^5	0.0089	100
咸水湖和内陆海	1.04×10^5	0.0074	100
土壤滞留水	6.7×10^4	0.00475	1
大气水分	1.3×10^4	0.00092	0.1
河　水	1.25×10^3	0.00009	1
总　计	1.41×10^9	100.00	

注：摘自 Robert Bowen《地下水》1980。

2. 水循环

地球各圈中的水分在太阳辐射能及地球引力的作用下，总是沿着复杂的路线和途径不断地运动、变化和循环。自然界中水分循环分为大循环和小循环两种类型，如表 2-9 和图 2-16 所示。

自然界中水循环　　表 2-9

大循环（外循环）	从海洋蒸发的水凝结降落到陆地，再经过径流或蒸发形式返回海洋
小循环（内循环）	从海洋或陆地蒸发的水分再降落到海洋或陆地

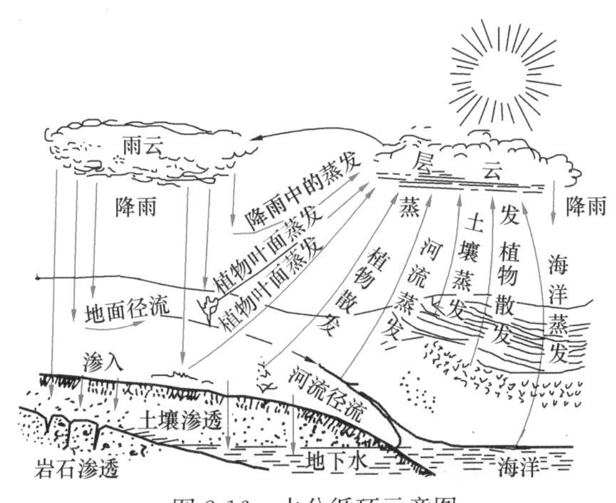

图 2-16　水分循环示意图

由图 2-16 可见，地下水运动既是自然界水分大循环的一个重要的有机组成部分，同时又独立地参与自身的补给、径流、排泄的小循环。对于供水水文地质的研究范畴，研究地下水自身循环及影响其循环的内在和外在因素具有极为重要意义。

2.4.2　地下水的循环

地下水经常不断地参与自然界的水循环。含水层或含水系统通过补给从外界获得水量，径流过程中水分由补给处输送到排泄处然后向外界排出。在水分交换、运移过程中，往往伴随着盐分的交换与运移。补给、径流与排泄决定着含水层或含水系统的水量与水质在空间和时间上的变化，同时，这种补给、径流、排泄无限往复进行构成了地下水的循环。

1. 地下水的补给

含水层自外界获得水量的过程称为补给。

地下水的补给来源，主要为大气降水和地表水的渗入，以及大气中水汽和土壤中水汽的凝结，在一定条件下尚有人工补给。

（1）大气降水的补给

大气降水包括雨、雪、雹，在很多情况下大气降水是地下水的主要补给方式。当大气降水降落在地表后，一部分变为地表径流，一部分蒸发重新回到大气圈，剩下一部分渗入补给地下水。如我国广西地区年降雨量为1000～1500mm，其中有80%以上可直接下渗补给地下的岩溶水。

大气降水补给地下水的数量受到很多因素的影响，与降水量和降水强度、降水频率与历时、植被、地形、包气带厚度与岩性、地下水埋深等密切相关。一般当降水量大、降水过程长、地形平坦、植被繁茂、上部岩层透水性好，地下水埋藏深度不大时，大气降水才能大量下渗补给地下水。这些影响因素中起主导作用的常常是包气带的岩性，如年降雨量平均为600mm左右的北京某些地区，由于地表附近的岩性不同，渗入量有很大差别，在岩石破碎、裂隙发育的山区有80%渗入补给了地下水；在入渗条件较好的砂砾石、砂卵石分布的山前地区是50%～60%；在低渗透性的粉砂、砂质粉土、粉质黏土分布的平原地区大约有35%补给了地下水。

（2）地表水的补给

当地表水（江、河、湖、水库、池塘等）水位高于地下水位，且二者存在水力联系时，地表水补给地下水。

河流补给地下水常见于某些大河流的下游和河流中上游的洪水期，在这样的条件下河水水位往往高于岸边的地下水位。如黄河下游郑州市以东的冲积平原，黄河河床高出两岸3～5m，由于得到河水的充分补给，河间洼地潜水埋深一般为2～3m。

在干旱地区，降水量极微，河水的渗漏常常是地下水的主要或唯一补给源。如河西走廊的武威地区，与地下水有关的河流有6条，这些河流流经几千米的砂砾石层河床之后，分别有8%～30%的河水被漏失，地下水来自河水的补给占该区地下水径流量的99%。

地表水对地下水的补给强度主要受岩层透水性的影响，同时也取决于地表水水位与地下水水位的高差，以及洪水的延续时间、河水流量、河水的含泥砂量、地表水体与地下水联系范围的大小等因素。

（3）凝结水的补给

在我国西北的干旱地区，降水量都很小。内蒙古、新疆的一些地区年降水量还不足100mm，山前地区地下水的补给主要靠融雪水，在一些冲洪积扇地段和河流附近常埋藏有丰富的地下水。但对于广大的沙漠区，大气降水和地表水体的渗入补给量都很少，而凝结水往往是其主要的补给来源。在一定的温度下空气中只能含有一定量的水蒸气，如每立方米的空气在10℃时最大含水量为9.3g，而在5℃时最大含水量为6.8g。多于以上数量的水分就会凝结成为液态从空气中分离出去。由于沙漠地区昼夜温差很大，白天空气中含水量可能还不足，但在夜晚温度很低时空气中的水汽却出现过饱和现象，多余的水汽就从空气中析离出来，在沙粒的表面凝结成液态水渗入地下补给地下水。

（4）含水层之间的补给

两个含水层之间存在水头差且有联系的通路，则水头较高的含水层补给水头较低的含水层，如图 2-17 所示。

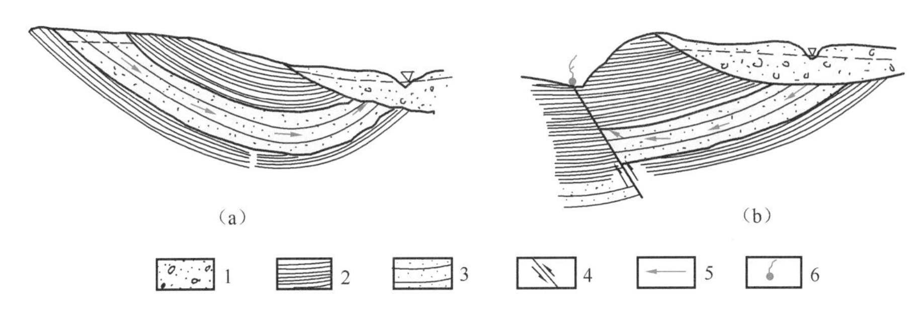

图 2-17　含水层之间的补给

（a）承压水补给潜水；（b）潜水补给承压水

1—砂砾石层；2—页岩；3—砂岩；4—断层；5—地下水流向；6—上升泉

隔水层分布的不连续，在其缺失部位的相邻含水层之间便通过“天窗”发生水力联系（图 2-18）。在松散地层分布区，由于沉积环境的变化而常常存在地层分布的不连续性，为含水层之间的补给创造了良好的条件。

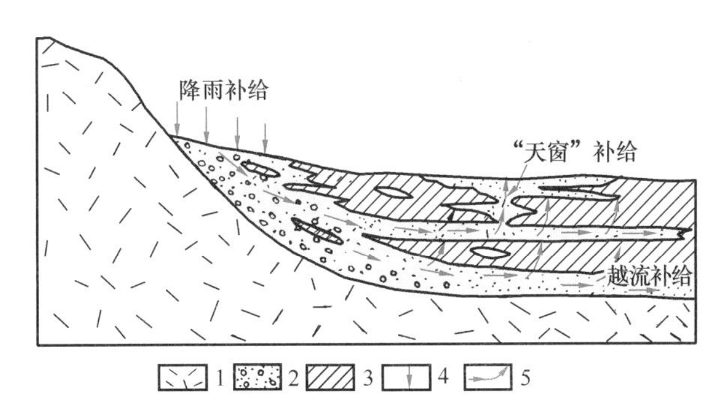

图 2-18　松散沉积物中含水层通过“天窗”及越流发生水力联系

1—基岩；2—含水层；3—半隔水层（弱透水层）；4—降水补给；5—地下水流向

含水层之间的另一补给方式是越流。松散沉积物含水层之间的黏性土层，并不完全隔水而具微透水性。具一定水头差的相邻含水层，通过弱透水层发生的渗透，称为越流（图 2-18）。显然，隔水层越薄，隔水性越差，相邻含水层之间的水头差越大，则越流补给量越大。尽管单位面积上的越流量通常很小，由于越流是在弱透水层（隔水层）分布的整个范围内发生，总的补给量也是相当可观的，因此在进行水资源评价和供水工程选择与设计时，必须考虑越流补给的影响。

（5）人工补给

地下水的人工补给，就是借助某些工程设施，人为地将地表水自流或用压力引入含水层，以增加地下水的补给量。人工补给地下水具有占地少、造价低、易管理、蒸发少等优点，不仅可增加地下水资源，而且可以改善地下水的水质，调节地下水的温度，阻拦海水的地下倒灌，减小地面沉降。部分国家人工补给地下水占地下水总利用量的30%左右，我国也相继开展了这方面的工作。从发展的观点来看，人工补给地下水势必越来越成为地下水的重要补给源之一，尤其在一些集中开采地下水的地区。

此外，地下水的来源还有：岩浆侵入过程中分离出的水汽冷凝而成的“原生水”；沉积岩形成过程中封闭并保存在岩层中的“埋藏水”（封存水）等。这些水分布不广，水量有限，生产实践中也少见。

2. 地下水的排泄

含水层失去水量的过程称为排泄。在排泄过程中，地下水的水量、水质及水位都会随着发生变化。地下水排泄的方式有：泉、河流、蒸发、人工排泄等。

(1) 泉水排泄

泉是地下水的天然露头。地下水只要在地形、地质、水文地质条件适当的地方，都可以泉水的形式涌出地表。因此，泉水常常是地下水的重要排泄方式之一。

1) 泉的形成和分类

泉的形成主要是由于地形受到侵蚀，使含水层暴露于地表；其次是由于地下水在运动过程中岩石透水性变弱或受到局部隔水层阻挡，使地下水位抬高溢出地表；如果承压含水层被断层切割，且断层又导水，则地下水能沿断层上升到地表亦可形成泉。

泉水一般在山区及山前地区出露较多，尤其是山区的沟谷底部和山坡脚下。由于这些地段受侵蚀强烈，岩层多次受褶皱、断裂、侵入作用，形成有利于地下水向地表排泄的通道，因而山区常有泉水。平原区一般都堆积了较厚的第四纪松散岩层，地形切割微弱，地下水很少有条件直接排向地表，所以泉很少见。

泉按其补给来源可分为三类：

① 上层滞水泉：此类泉水靠上层滞水排泄补给的，泉水流量变化大，枯水季节水量很小，甚至枯干。水质往往不好，一般不能作为供水水源。

② 潜水泉：此类泉水由潜水排泄补给的，也叫下降泉，如图2-19 (a)、(b)、(c)、(d) 所示。潜水泉的水量较上层滞水泉稳定，水质一般较好，但季节性变化仍是显著的。

③ 承压水泉：此类泉水是承压水排泄形成的，其出露特点是泉水向上涌且有时翻泡，因此也叫上升泉或自流水泉，如图2-19 (e)、(f) 所示。这种泉水最稳定，水质也好，若有足够大的水量则是理想的供水水源。

根据泉的出露原因可分为：

① 侵蚀泉：当河流、冲沟切割到潜水含水层时，潜水即排出地表形成泉水，这种泉与侵蚀作用有关，因此称为侵蚀下降泉，如图2-19 (a) 所示。若承压含水层顶板被切割穿，承压水便喷涌成泉，则称为侵蚀上升泉，如图2-19 (e) 所示。

② 接触泉：地形被切割到含水层下面的隔水层，地下水被迫自两者的接触处涌出地表，此类泉称接触下降泉，如图2-19 (b) 所示。在岩脉或侵入体与围岩接触处，因冷凝收缩而产生裂隙，地下水便沿裂缝涌出地表成泉，则可称为接触上升泉。

③ 溢出泉：岩石透水性变弱或隔水层隆起，以及阻水断层所隔等因素使潜水流动受阻而涌出地表成泉，此类泉称溢出泉或回水泉，如图2-19 (c)、(d) 所示。在此类泉的出露口附近地下水表现为上升运动，如不仔细分析地质条件，很容易将它误认为上升泉。

④ 断层泉：承压含水层被导水的断层所切割时，地下水便沿断层上升流出地表成为

泉，此类泉称为断层泉，如图 2-19（f）所示。断层泉常沿断层线成串分布。

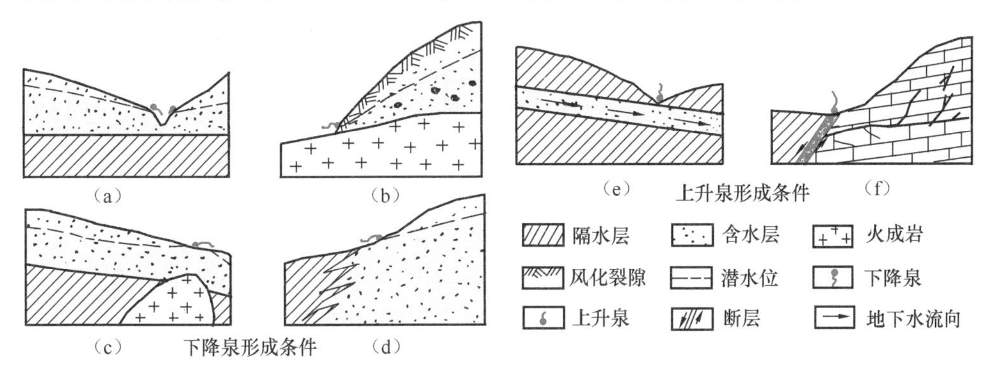

图 2-19　泉的形成条件

另外，含有特殊化学成分和大量气体的泉称为矿泉，其中温度较高的叫温泉。

关于泉的分类，从不同角度出发分类十分复杂，名目繁多，这里不再引述。

实际上在野外见到的泉，并不是只用某一种命名方法所能描述得清楚，常采用综合分类命名，以反映泉的成因条件。如断层上升泉，就反映出由断层作用切穿了承压含水层，承压水沿断层破碎带上升而形成的泉；又如侵蚀下降间歇泉，它反映出由侵蚀作用切穿潜水或上层滞水含水层而形成的泉，泉水随季节变化，旱季无水。

泉水的分布可以有：单个泉眼、排泉及泉群等形式。排泉常常出现在顺河流的两侧或沿地质构造线（断层等）的方向。泉群则往往分布在河流两侧的支沟中。

2）研究泉的实际意义

由于泉水是在地形、地质、水文地质条件适当结合的情况下才排出地表的，因此，它的出露及其特点可以反映出有关岩石富水性、地下水类型、补给、径流、排泄、动态均衡等方面的一系列特征。

① 通过岩层中泉的出露及涌水量大小，可以确定岩石的含水性和含水层的富水程度。

② 泉的分布反映了含水层或含水通道的分布，以及补给区和排泄区的位置。

③ 通过对泉的运动性质和动态的研究，可以判断地下水的类型。如下降泉一般来自潜水的排泄，动态变化较大；而上升泉一般来自承压水的排泄，动态较稳定。

④ 泉的标高反映出该处地下水位的标高。

⑤ 泉水的化学成分、物理性质与气体成分，反映了该处地下水的水质特点及储水构造的特点。

⑥ 泉的水温反映了地下水的埋藏条件。如水温近于气温，说明含水层埋藏较浅，补给源不远；如果是温泉，一般则来自地下深处。

⑦ 泉的研究有助于判断地质构造。由于许多泉常出露于不同岩层的接触带或构造断裂带上，因此当在地面上见到与这些地层界线或构造带有关的泉时，则可判断被掩盖的构造位置。

(2) 向地表水的排泄

当地下水水位高于地表水水位时，地下水可直接向地表水体进行排泄，特别是切割含水层的山区河流，往往成为排泄中心。地表水接受地下水排泄的方式有两种：一种是散流形式，这种散流的排泄是逐渐进行的，其排泄量通过测定上、下游断面的河流流量可计算出来；另一种方式是比较集中地排入河中，岩溶区的暗河出口就代表了这种集中排泄。

此外，人工抽水、矿山排水等方式也起到把地下水排泄到地表的作用。

（3）蒸发排泄

蒸发是水由液态变为气态的过程。地下水，特别是潜水可通过土壤蒸发、植物蒸发而消耗，成为地下水的一种重要排泄方式，这种排泄亦称为垂直排泄。

影响地下水蒸发排泄的因素很多，但主要取决于温度、湿度、风速等自然条件，同时亦受地下水埋藏深度和包气带岩性等因素的控制。在干旱内陆地区，地下水蒸发排泄非常强烈，常常是地下水排泄的主要形式。如在新疆超干旱的气候条件下，不仅埋藏在3～5m内的潜水有强烈的蒸发，而且7～8m甚至更大的深度内都受到强烈蒸发作用的影响。

蒸发排泄的强度不同，使各地潜水性质有很大差别。如我国南方地区，蒸发量较小，则潜水矿化度普遍不高；而北方大多是干旱或半干旱地区，埋藏较浅的潜水矿化度一般较高。由于潜水不断蒸发，水中盐分在土壤中逐渐聚集起来，这是造成苏北、华北东部、河西走廊、新疆等地大面积土壤盐碱化的主要原因。

（4）不同类型含水层之间的排泄作用

潜水和承压水虽然是两种不同类型的地下水，但它们之间常有着极为密切的联系，往往相互转化和互相补给。如果潜水分布在承压水排泄区，而承压水面又比潜水面高时，承压水则成为潜水的补给源；反过来讲，潜水成为承压水的一个排泄去路，如图2-17（a）所示。当承压含水层的补给区位于潜水含水层之下，则潜水可直接向承压水排泄，如图2-17（b）所示。

如果潜水含水层与下部的承压含水层之间存在有导水的断层时，则切断隔水层的断层将成为两个含水层的过水通道，潜水位高于承压水位时，潜水将向承压水排泄，而承压水相应获得潜水补给；反之承压水将向潜水排泄，如图2-20所示。

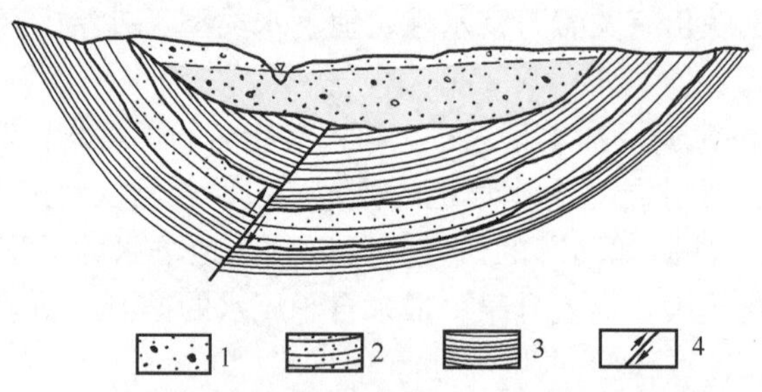

图2-20　潜水和承压水通过断层相互补给和排泄示意

1—砂砾石层；2—砂岩；3—页岩；4—断层

从以上的论述中可以看出，两个相邻的含水层之间之所以能产生排泄作用，是由于两含水层之间有水流通道和存在有水位（头）差。在生产实践中可以人为地使某一含水层向另一含水层排泄，以达到工程的目的。例如，在一些地区的地下建筑施工中，为了防潮和不使建筑物浸泡在水中，可采用人工排水的方法来降低潜水位，即将高水位的潜水用钻孔（管井）作为通道排入下部的承压含水层中。

3. 地下水的径流

地下水在岩石空隙中的流动过程称为径流。

（1）地下水径流的产生及影响因素

自然界中的水都在不断地进行着循环，地下水在岩石中的径流是整个地球水循环的一部分。大气降水或地表水通过包气带向下渗漏，补给含水层成为地下水，地下水又在重力作用下由水位高处向水位低处流动，最后在地形低洼处以泉的形式排出地表或直接排入地表水体，如此反复地循环就是地下水径流的根本原因。因此，天然状态下（除了某些盆地外）和开采状态下的地下水都是流动的。同时地下水的补给、径流和排泄是紧密联系在一起的，是形成地下水的一个完整的、不可分割的过程。

地下水径流的方向、速度、类型、径流量主要受到下列因素的影响：

1）含水层的空隙性：空隙发育且空隙大的含水层透水能力强，地下水流动速度就快。如细砂层中的地下水在天然条件下一般流动的很缓慢；但溶洞中的地下水流速高达每日数千米，这种流动与地表河水相差不多，成为地下河系。

2）地下水的埋藏条件：地下水因埋藏条件不同可表现为无压流动和承压流动。无压流动（潜水流动）只能在重力作用下由高水位向低水位流动；而深层地下水多为承压流动，它们不单有下降运动，因承受压力也会产生上升运动。

3）补给量：补给量的多少，直接影响到地下径流量的大小。

4）地形：地下水的径流量和流速同地形关系很密切，山区地形陡峻，地下水的水力坡度大，径流速度快，补给条件好，径流量也大；平原区多堆积细颗粒物质，地形平缓，水力坡度小，径流速度和流量都变小。

5）地下水的化学成分：地下水中的化学成分和含盐量不同，其重度和黏滞性也随之改变，黏滞性越大，流速越慢。

6）人为因素：人类的各种生产活动对地下水的流动也有影响，如修建水库、农田灌溉、人工抽水、矿坑排水等都可促使地下水的径流条件发生变化。

（2）地下径流量的表示方法

地下径流量常用地下径流率 M 来表示，其意义为 $1km^2$ 含水层面积上的地下水流量 $[m^3/(s \cdot km^2)]$，也称为地下径流模数。

年平均地下径流率可按下式计算：

$$M = \frac{Q}{365 \times 86400 \times F} \tag{2-12}$$

式中 F——地下水径流面积（km^2）；

Q——一年内在 F 面积上的地下水径流量（m^3）。

地下径流率是反映地下径流量的一种特征值，受到补给、径流条件的控制，其数值大小是随地区性和季节性而变化的。因此，只要确定某径流面积在不同季节的径流量，就可计算出该地区在不同时期的地下径流率。

4. 地下水补给、径流、排泄条件的转化

当一个地区自然条件发生变化或人为活动改变地下水动力条件时，地下水径流方向方式和补排关系将随之发生变化。研究地下水的循环，还应研究条件改变之后，地下水运动状态的转化特点，以及新的补给源和排泄途径。

地下水补给、径流、排泄条件的转化，可归并为两大类：

（1）自然条件改变引起的补排转化

1）河水位的变化

如前所述，河水与地下水的补给关系并不固定，常因河水位的涨落而相互转化。当河水位高于两岸的地下水位时，河水向两岸渗透补给，抬高两岸的地下水；当河水位低于地下水位时，地下水就反过来补给河水。

2）地下水分水岭的改变

由于地壳的升降运动、自然条件的变化以及岩溶地区地下水的袭夺等因素，均可造成地下水分水岭的迁移。

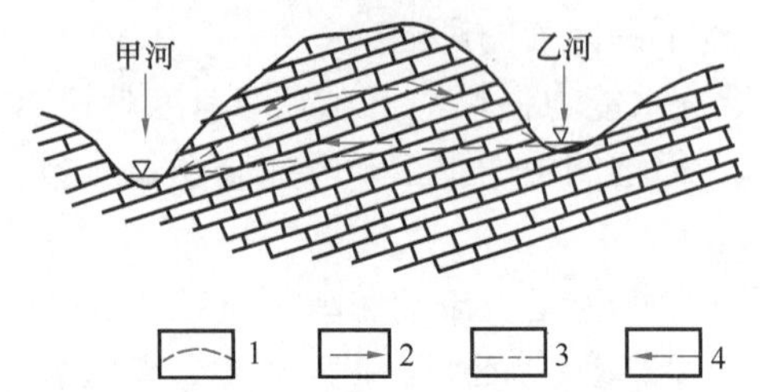

图 2-21　河流袭夺引起分水岭迁移

1—袭夺前地下水位线；2—袭夺前地下水流向；
3—袭夺后地下水位线；4—袭夺后地下水流向

岩溶地区因地下河改道而常使分水岭发生迁移，如图 2-21 所示。由于河流的袭夺，使甲河的补给面积逐渐扩大，分水岭逐渐向乙河方向移动，最终将移到乙河位置，这时乙河已不能接受地下水的补给，而由地下水的排泄区变成了甲河的补给区。

同一地区因不同季节补给量的变化，也会使地下水分水岭迁移，并引起地下水的补给、径流、排泄发生颠倒。如果地下水的分水岭位于两地表水体之间，在降雨季节，地下水获得充分的补给，两地表水体均可排泄地下水，如图 2-22（a）所示。干旱季节地下水因排泄而消耗，地下水位不断下降，最后两地表水体间的地下分水岭消失，由于两地表水体之间有高程差，导致高处的地表水体通过含水层流向低处的地表水体，而使高处水体由排泄区变为补给区，如图 2-22（b）所示。

（2）人类活动引起的补排变化

1）修建水库

由于大型水库的修建，改变了地表水体的分布格局，促使地下水径流条件发生转化。如湖南龙山县在石灰岩中修一水库，拦截地下暗河水进行灌溉，石灰岩裂隙十分发育，当水位升到一定高度后，地下水就发生反流，由山脚下每日流出 4000m^3 水量，这时山脚成为排泄区，而本来接受地下水排泄的水库却变为地下径流的补给区，如图 2-23 所示。

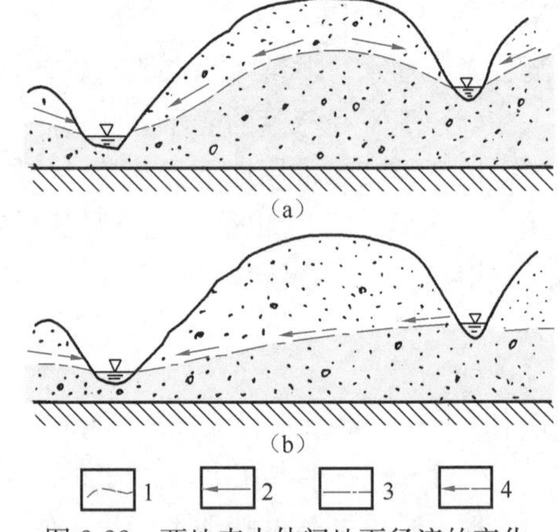

图 2-22　两地表水体间地下径流的变化

（a）降雨季节；（b）干旱季节

1—降雨季节地下水位线；2—降雨季节地下水流向；
3—干旱季节地下水位线；4—干旱季节地下水流向

2）人工开采和矿区排水

为各种目的进行的开采利用地下水和为开发矿产资源而进行的矿山排水，都要大量集中地抽取地下水，则会使地下水位不断下降，从而形成以开采区或矿区为中心的下降漏斗区，这样必将引起开采区或矿区附近的地下水补给、径流与排泄条件发生较大变化。如广东沙洋矿区，当 13 个井同时疏干排水时，使位于矿区以南 2km 处排泄口的地下水倒灌矿坑，沼泽干涸、泉水断流，泉群总流量每昼夜减小 1 万 m^3，同时也引起排泄区的地表溪流沿排泄口倒灌补给地下水。

3）农田灌溉与人工回灌

季节性的集中引地表水进行大面积农田灌溉，以及为增大地下水补给量而进行的人工回灌（人工补给），都是直接或间接地向地下注入一定水量，均可使地下水位逐渐抬高。

例如在插秧季节稻田引水而会使周围水井的水位普遍上升，则地下水的补给、排泄和径流关系亦可能有所变化。

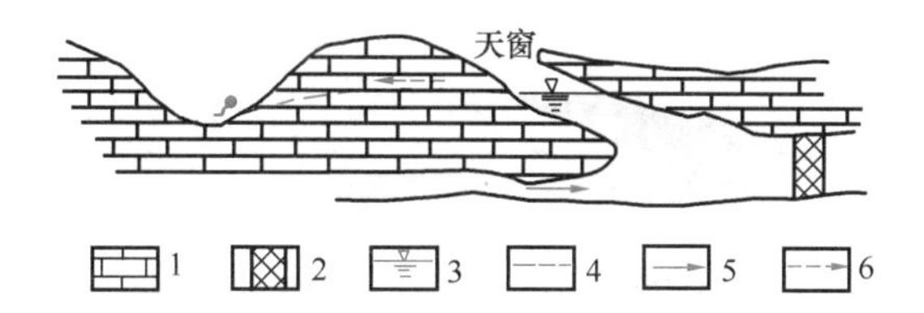

图 2-23 湖南龙山县水库水文地质剖面

1—石灰岩；2—暗坝；3—库水位；4—库水渗漏水位；
5—暗河流向；6—库水渗漏流向

第3章　地下水的物理性质和化学成分

地下水的物理性质、化学成分特征是地下水与环境——自然地理、地质背景及人类活动——长期相互作用的结果。地下水的化学性质特征为认识和了解地下水形成的地质历史条件和过程提供依据。

地下水在岩石的孔隙、裂隙或溶隙中储存和运动时，溶滤和溶解岩石的可溶成分，地下水成为含有各种矿物质的天然溶液。随着运动环境和运动过程的变化，地下水的物质组分和成分构成也不断地发生变化。

3.1　地下水的物理性质

地下水的物理性质一般指：温度、颜色、透明度、嗅、味、相对密度、导电性、放射性等。

3.1.1　温度

地下水的温度变化主要是受气温和地温的影响，尤其是地温影响明显。

地壳按热力状态从上而下分为变温带、年常温带、增温带。变温带的地温受气温的控制呈周期性的昼夜变化和年变化，随着深度的增加，变化幅度很快变小。气温的影响趋于零的深度叫常温带，常温带的地温一般略高于所在地区的年平均气温1～2℃，在概略计算时可用所在地区的年平均气温来代表常温带的温度。常温带的深度在低纬度地区为5～10m，中纬度地区在10～20m，有些地区可达30m左右。如南京地区在10m深处的年变化幅度已小于0.1℃，可认为已达年常温带。常温带以下的地温，主要受地球内部热力影响，随着深度的增加而有规律地升高，称为增温带。温度每增加1℃所需要的深度（m）称为地热增温级，一般平均每33m升高1℃（用33m/℃表示）。由于岩石的导热性、地壳运动和水文地质条件的差异，导致不同地区的地热增温级有很大差异，如华北地区为33～43m/℃，在近代火山活动地区甚至仅为1m/℃。

地下水温度一般与其所在地区的地温状况是相适应的，变温带地下水温度有年变化，变温带上部（地表以下1～3m）的地下水温度具有昼夜变化。不论是地下水温度的年变化还是昼夜变化，都较气温变化幅度为小，而且滞后于气温的变化时间。常温带的地下水温度与地温相同，较为接近当地多年平均气温。储存于常温带以下的地下水温度同地温一样随深度而增加，计算方法如下式所示：

$$T_{\mathrm{H}}=T_{\mathrm{B}}+\frac{H-h}{G} \tag{3-1}$$

式中　T_{H}——地表以下深度H处的地下水温度（℃）；

T_{B}——所在地区年常温带的温度（℃）；

H——地下水所处的深度（m）；

h——年常温带深度（m）；

G——所在地区的地热增温级（m/℃）。

由于气温和地温差异，使各地区的地下水温度相差很大，在寒带和终年积雪的高山地带（冻土地区），浅层地下水的温度最低可达－5℃，而在新火山活动的局部地区地下水温度则很高，甚至可超过 100℃。

通过热量的平衡，使得地下水的温度与其埋藏深度上的地温往往相一致。因此水温不仅可以反映地下水的循环深度，同时又反映了当地的地热条件。系统地测定与研究地下水的温度是发现、圈定“热异常”的重要手段，它对勘探、开发地下热能具有重要的意义。地下热水分类见表 3-1。

地下热水分类表 **表 3-1**

水的相态	热水类型	热水名称	温度界限	主要用途
液相	热水	低温热水	20～40℃	农用灌溉、浴疗、洗涤
		中温热水	40～60℃	生活、取暖、锅炉用水、调节灌溉水源
		高温热水	60～100℃	取暖、工业热供水、锅炉用水、发电
液气相	过热水	低温过热水	＞100℃	发电、动力
		高温过热水	＞374℃（水的临界温度）	

3.1.2 颜色

一般地下水是无色的。当含有过量的某些离子成分或悬浮物和胶体物质时，就会出现各种颜色。如含有机质过多时呈黄色，含硫化氢的水微带翠绿色，含氧化铁的水呈黄褐色，含氧化亚铁的水呈灰蓝色，硬度大（钙镁离子多）的水为浅蓝色，含悬浮物较多的水，其颜色与悬浮物相同。

3.1.3 透明度

地下水一般是透明的，当含有大量有机物、固体矿物质及胶体悬浮物时，才呈浑浊现象。按透明度把地下水分为四级：透明的、微浊的、混浊的、极浊的。地下水透明度分级见表 3-2。

地下水透明度分级 **表 3-2**

分 级	野外鉴别特征
透明的	无悬浮物及胶体，60cm 水深可见 3mm 的粗线
微浊的	有少量悬浮物，大于 30cm 水深可见 3mm 的粗线
混浊的	有较多的悬浮物，半透明状，小于 30cm 水深可见 3mm 的粗线
极浊的	有大量悬浮物或胶体，似乳状，水深很小也不能清楚看见 3mm 的粗线

3.1.4 味

纯水是淡而无味的，水味来源于其中的盐分及气体。如地下水中含有重碳酸钙、重碳酸镁及碳酸时，水味便爽快、适口，人们称这种水为“甜水”；如含氯化物会使水发咸味；含硫酸钠、硫酸镁使水含有涩或苦味，而且常引起饮用者呕吐、腹痛和腹泻；含盐分过多时水味发涩；大量的有机物能使水发甜味，但不宜饮用；含 Fe_2O_3 的水具有锈味。

3.1.5　气味

一般地下水无气味。当含有硫化氢时发臭蛋气味，含有氧化亚铁时有铁腥味，含腐殖质会使水有鱼腥气味。一般低温下气味不易辨别，而在40℃左右时气味最显著。

3.1.6　导电性

地下水导电能力的大小取决于水中所含电解质的数量与性质（各种离子的含量与离子价）。离子含量越多，离子价越高，则水的导电性越强。地下水的导电性为水源勘探时采用电测创造了条件。一般地下水的电导率在 $33\times10^{-5}\sim1.3\times10^{-3}$（$\Omega^{-1}\cdot cm^{-1}$）之间。

3.1.7　放射性

地下水的放射性的强弱决定于其中所含放射性元素的数量。一般地下水的放射性极微弱，在与放射性矿床有关时，放射性含量相应增强。地下水按放射性分类见表3-3。

地下水按放射性分类　　**表3-3**

分　级	氡含量（em）	镭水中镭的含量（$g\cdot L^{-1}$）
强放射性水	>300	$>10^{-9}$
中等放射性水	100～300	$10^{-10}\sim10^{-9}$
弱放射性水	35～100	$10^{-11}\sim10^{-10}$

注：em（埃曼）为空气或水中所含氡的浓度单位（非法定计量单位），1em≙3.7Bq（贝可）/L≙10^{-10}（居里）/L。

3.2　地下水的化学成分

3.2.1　地下水中常见的化学成分

地下水中含有各种气体、离子、胶体物质及有机物质等。自然界中存在的元素，绝大多数已在地下水中发现，然而其含量多寡各不相同。各种元素在地下水中的含量主要取决于它们在地壳中的含量及其在地下水中的溶解度。氧、钙、钾、钠、镁等元素在地壳中分布甚广，在地下水中最常见，而且含量亦最多；而有些元素如硅、铁等在地壳中分布虽广，但由于其溶解度小，地下水中含量较低；相反，部分元素如氯等，在地壳中含量虽然较低，但因其溶解度较大，在地下水中却大量存在。

需要注意的是，元素在地下水中的溶解度，除取决于元素的性质外，并与地下水的性质、水交替强度、地球化学条件等自然环境因素密切相关。

地下水中的元素一般以气体、离子、分子状态存在。

1. 地下水中的气体成分

地下水中溶解的气体有 N_2、O_2、CO_2、H_2S 及 CH_4 等，部分地下水溶解有氡（Rn）之类的稀有元素的气体。一般情况下，地下水中气体含量一般在几毫克/升到几十毫克/升；

温度较低、压力较大或特殊的地质条件下气体溶解度明显提高。当围压变小时，溶解状态的气体就会转向游离状态，甚至从地下水中逸出。地下水的气体成分不仅影响着地下水的化学成分，而且反映了地下水所处的地球化学环境特征。同时，某些气体的含量会影响盐类在水中的溶解度以及其他化学反应。

(1) 氧气（O_2）和氮气（N_2）：地下水中的氧气和氮气主要来源于大气。它们随同大气降水补给地下水，因此，以入渗补给为主、与大气圈关系密切的地下水中含 O_2 和 N_2 较多。

地下水中含有一定的溶解氧，说明地下水所处的地球化学环境有利于氧化作用的进行。地下水中氧的含量一般约在 0～14mg/L，并随深度的增加而递减。

地下水中的氮气除来源于大气外，也有可能存在生物起源和变质起源的氮。利用大气中的惰性气体（Ar、Kr、Xe）与 N_2 的比例恒定的关系判断 N_2 来源，即 $(Ar+Kr+Xe)/N_2=0.0118$，比值等于此数，说明 N_2 是大气起源的；小于此数，则表明水中含有生物起源或变质起源的 N_2。

(2) 硫化氢（H_2S）：地下水中含有 H_2S，说明处于缺氧的还原环境。在封闭的环境中，有机质存在时，由于微生物的作用，SO_4^{2-} 将还原成 H_2S。因此，H_2S 一般出现于封闭地质构造的地下水中。另外，油田地区的地下水中有时含有大量的 H_2S 气体，主要是由于在油田开发过程中，深部油层中的 H_2S 气体上逸所致。

(3) 甲烷（CH_4）：地下水中具有较高含量的甲烷（CH_4）气体时，表明这种水是封闭构造的油田水。

(4) 二氧化碳（CO_2）：存在于地下水中的二氧化碳（CO_2）气体主要有两种形式，一种以溶解状态存在的游离二氧化碳，一种以结合状态存在的结合二氧化碳（碳酸），其形式为：

$$CO_2+H_2O \rightleftharpoons H_2CO_3$$

地下水中二氧化碳的来源极其复杂，归纳起来有两种来源，一种是有机物质通过氧化或其他生物化学作用生成的二氧化碳，经过大气降水或地表水入渗补给进入地下水中，因此它是浅层地下水二氧化碳的主要来源；另一种是在地壳深处或火山活动地区的碳酸盐类岩石，经高温分解（变质作用）生成二氧化碳而进入地下水中，即：

$$CaCO_3 \xrightarrow{400℃} CO_2+CaO$$

它往往是深层地下水二氧化碳的主要来源。

由于近代工业的发展，大气中人为产生的 CO_2 有显著增加，特别是某些集中的工业区，补给地下水的降雨中 CO_2 含量往往很高。

2. 地下水中的离子及分子成分

地下水中的阳离子主要有：H^+、Na^+、K^+、NH_4^+、Ca^{2+}、Mg^{2+}、Fe^{3+} 及 Fe^{2+} 等，阴离子主要有 OH^-、Cl^-、SO_4^{2-}、NO_2^-、NO_3^-、HCO_3^-、CO_3^{2-} 及 PO_4^{3-} 等，但一般情况下在地下水化学成分中占主要地位的是以下六种离子：Na^+（包括 K^+）、Ca^{2+}、Mg^{2+}、Cl^-、SO_4^{2-}、HCO_3^-，是分析地下水化学成分演化和环境地下水化学作用过程的主要成分类型。

(1) 氯离子（Cl^-）

氯离子几乎存在于所有的地下水中，而且含量一般较大，由每升数毫克到数百克。在含盐量较多的地下水中，Cl^- 含量常占优势，因此 Cl^- 常常是水中含盐量多寡的标志。Cl^-

来源于地下水溶解盐岩及含氯化物的其他矿物，以及岩浆岩中含氯矿物的风化溶解。同时，沿海地区由于海水入侵往往使地下水中氯离子大幅度升高。

氯离子（Cl^-）不被细菌及植物所摄取，不被土颗粒表面吸附，氯盐溶解度大，不易沉淀析出，是地下水中最稳定的离子。

（2）硫酸根离子（SO_4^{2-}）

硫酸根离子（SO_4^{2-}）是总含量仅次于 Cl^- 的阴离子，每升可达数克，但地下水中 Ca^{2+} 的广泛存在限制了 SO_4^{2-} 含量的进一步增加，因为两者可形成难溶解的 $CaSO_4$ 从水中沉淀析出。因此只有在 Ca^{2+} 含量较低的地下水中，SO_4^{2-} 的含量可达 3～4g/L。一般含盐量较低的地下水中，SO_4^{2-} 的含量每升水数毫克至数百毫克不等。SO_4^{2-} 的主要来源是地下水溶解石膏（$CaSO_4 \cdot 2H_2O$）及其他硫酸盐类沉积物或含硫矿物，如黄铁矿的氧化。

$$2FeS_2\text{（黄铁矿）}+7O_2+2H_2O \longrightarrow 2FeSO_4+4H^+ +2SO_4^{2-}$$

富含黄铁矿的煤系地层和金属硫化物矿床的地下水常含高浓度的 SO_4^{2-}。同时，“酸雨”所造成的地下水 SO_4^{2-} 的含量升高值得引起关注。

（3）重碳酸根离子（HCO_3^-）

重碳酸根离子（HCO_3^-）也是地下水中广泛存在的阴离子，但其含量一般不超过 1g/L。因为 HCO_3^- 主要来源于碳酸盐类岩石，而碳酸盐类岩石的溶解度很小，只有当地下水中存在 CO_2 时才较易溶于水。岩浆岩和变质岩地区，HCO_3^- 主要来自铝硅酸盐矿物的风化溶解。通常以 HCO_3^- 为主要成分的地下水含盐量较少，一般均为淡水。在某些油田地区的苏打水，仍可使地下水的总溶解固体大幅度增加。

（4）钠离子（Na^+）

钠离子（Na^+）是地下水中分布广、含量变化最大的主要阳离子。在低含盐量的地下水中，钠离子的含量每升水仅数至数十毫克，但随着含盐量的增加，水中 Na^+ 的含量急剧增加。在干旱内陆盆地、滨海地区、海相含盐沉积层、油田水等高含盐量的地下水中，Na^+ 的含量每升水可达数克、甚至数十或数百克。含大量 Na^+ 的水用于灌溉，可引起土壤盐渍化。

Na^+ 是地下水溶解盐岩及含钠岩石的结果；在岩浆岩和变质岩地区，则来自含钠矿物，如钠长石等的风化溶解。

（5）钾离子（K^+）

钾离子（K^+）的来源与 Na^+ 大致相同。钾盐的溶解度亦很大，但 K^+ 容易为植物所吸收，也容易形成难溶于水的水云母等矿物，而且常为黏土胶体所吸附，所以地下水中的 K^+ 一般含量不大。

（6）钙离子（Ca^{2+}）

钙离子（Ca^{2+}）在地下水中分布很广，但含量不高，很少超过 1g/L，因为 Ca^{2+} 主要是地下水溶解碳酸盐类岩石（石灰岩、大理岩、白云岩）的结果，但这类岩石的溶解度很低，所以 Ca^{2+} 只是低盐量地下水的主要阳离子，随着含盐量增大，Ca^{2+} 的相对含量很快减少。Ca^{2+} 主要与 HCO_3^-、SO_4^{2-} 共存。

（7）镁离子（Mg^{2+}）

镁离子（Mg^{2+}）主要是地下水对白云岩及泥石灰岩溶解的结果，分布亦很广泛。镁盐的溶解度虽比钙盐为大，但因为Mg^{2+}容易被植物吸收，所以在地下水中Mg^{2+}的含量一般比Ca^{2+}小。Mg^{2+}主要与HCO_3^-共存。

在地下水中还有一些未离解、呈分子和微粒状态存在的化合物：Fe_2O_3、Al_2O_3、H_2SiO_3等，但一般含量极微。

3.2.2 地下水化学成分的性质特征

1. 总含盐量与总溶解固体（TDS）

存在于地下水中的可溶性物质和微粒（不包括气体）之总含量称为地下水中的总含盐量，通常以“g/L”表示。

通常在105～110℃温度下将水样蒸干后所得干涸残余物的总量称之为地下水的总溶解固体。地下水的总溶解固体（TDS）也可用理论计算求得，即把水样分析结果之各种离子的含量和呈化合物状态成分的含量相加而得。但由于蒸干时一部分重碳酸盐被破坏：

$$2HCO_3^- \xrightarrow{\triangle} CO_3^{2-} + CO_2\uparrow + H_2O$$

因此蒸干所得HCO_3^-的含量只相当实际含量的一半。

显然总含盐量和总溶解固体之间的关系可表示为：

$$\text{总溶解固体（TDS）}\approx\text{总含盐量}-\frac{1}{2}HCO_3$$

总溶解固体（TDS）是反映地下水化学成分的主要指标，一般情况下地下水随着总溶解固体（TDS）的变化，主要离子的种类也相应地改变。TDS含量低的淡水常以HCO_3^-为其主要成分；TDS含量中等的盐质水常以SO_4^{2-}为其主要成分；而TDS含量高的盐水和卤水则常常是以Cl^-为其主要成分。

2. 氢离子浓度

地下水的酸性和碱性的程度，取决于水中氢离子浓度的大小。纯水中的氢离子（H^+）是由于水分子（H_2O）离解产生的，但水的离解度很小，当水温为22℃时，一千万（10^7）个水分子中仅有一个水分子离解成一个氢离子（H^+）和一个氢氧根离子（OH^-），这时水中离子溶度积为10^{-14}，在纯水中H^+和OH^-的浓度是相等的，均为10^{-7}，故水呈中性。

当水中溶有盐类时，H^+的浓度便将改变，当H^+浓度大于10^{-7}时，水显酸性，H^+浓度小于10^{-7}时，水显碱性。

大多数地下水的pH为6.5～8.5，北方地区多为pH=7～8的弱碱性水。

3. 硬度

地下水中含有大量的钙离子（Ca^{2+}）和镁离子（Mg^{2+}）时，对于生活和工业用水都有较大的影响，它会造成洗衣不起泡沫，煮菜做饭不易熟，锅炉内积垢后浪费燃料甚至引起爆炸等。因此，人们对地下水中的Ca^{2+}、Mg^{2+}给予很大重视，常用硬度大小来表示Ca^{2+}、Mg^{2+}含量的多寡。硬度可分为：

（1）总硬度：地下水中所有Ca^{2+}、Mg^{2+}离子的总含量。

（2）暂时硬度：指将水加热至沸腾后，由于形成碳酸盐沉淀而失去的那一部分Ca^{2+}、Mg^{2+}的数量。其反应如下：

$$\left.\begin{matrix}Ca^{2+}\\Mg^{2+}\end{matrix}\right\} + 2HCO_3^- \xrightarrow{\triangle} \left.\begin{matrix}CaCO_3\\MgCO_3\end{matrix}\right\}\downarrow + H_2O + CO_2\uparrow$$

(3) 永久硬度：指水沸腾后仍留在水中的 Ca^{2+}、Mg^{2+} 含量。永久硬度等于总硬度和暂时硬度之差。

硬度的表示方法最常用的是“mmol/L”“mg/L（以 $CaCO_3$ 计）”和度。以前我国广泛采用德国度，以符号“H°”表示。每个德国度相当于每一升水中含有 10mg 的 CaO 或 7.2mg 的 MgO 的量。由于化学分析的结果常以“mg/L”或“meq/L”来表示，因此若要进行换算，一个德国度就相当于一升水中含有 7.1mg 的 Ca^{2+} 或 4.3mg Mg^{2+} 的量。

现阶段根据国家化学分析标准计量要求，硬度按 mg/L（以 $CaCO_3$ 计）表示。

硬度 1mmol/L=100mg/L（以 $CaCO_3$ 计）；

硬度 1 度=17.9mg/L（以 $CaCO_3$ 计）。

4. 侵蚀性二氧化碳（CO_2）

当碳酸盐遇到含有 CO_2 的水时，便有下列反应：

$$CaCO_3 + H_2O + CO_2 \rightleftharpoons Ca^{2+} + 2HCO_3^-$$

存在于地下水中维持这一平衡关系的 CO_2 的含量称为平衡 CO_2。如果水中 CO_2 增加，超过平衡所需的 CO_2，反应式就会向右进行，直到建立起新的平衡为止，这时新增加的 CO_2 一部分将用于形成新条件下的新平衡，而另一部分还在游离的 CO_2 则可对碳酸盐起溶解作用。这部分游离的、将消耗于溶解碳酸盐的 CO_2 称为侵蚀性 CO_2。它能溶解混凝土中的 $CaCO_3$，使混凝土的结构遭到破坏。

3.2.3　地下水化学成分分析与分类

1. 地下水的化学成分分析

(1) 地下水的化学成分分析

根据目的和要求不同，地下水化学成分的分析内容亦不相同，当为饮用水源勘察时，应根据《地下水质量标准》GB/T 14848—2017 的要求进行分析。

根据不同供水目的，以及不同地区水质特点，对分析项目往往作适当的增减，以满足对水质评价的需要。例如以饮用水为供水目的的水文地质勘察，往往需要测定水中的细菌含量，以及对人体有害的其他微量成分。

(2) 化学成分表示方法

1) 单位体积组分质量数

单位体积组分质量数表示为 1 升水中含某化学组分的毫克（或克，或微克）数。其单位为“mg/L”“g/L”“μg/L”。

2) 以毫克当量数表示

由于毫克当量数不属于国际标准计量单位，原则上不能作为水分析成果的表示方法。但考虑到在水文地球化学研究领域，仍将毫克当量数作为分析水—岩作用的重要指标。同时，基于水分析成果表达的延续性和实用性，在特定水分析表达方面，考虑毫克当量数的表达，即 1 升水中含某离子的毫克当量数表示该离子的含量。

$$一升水中某离子的毫克当量数=\frac{一升水中该离子毫克数}{该离子的当量}$$

式中，$\frac{1}{该离子的当量}$称之为换算系数。

各离子的毫克每升含量换算为毫克当量每升换算系数值见表 3-4。

离子的换算系数表 **表 3-4**

阳离子	当量	换算系数	阴离子	当量	换算系数
H^+	1.008	0.99209	Cl^-	35.453	0.02820
K^+	39.102	0.02557	Br^-	79.910	0.01251
Na^+	22.990	0.04350	I^-	126.904	0.00788
NH_4^+	18.040	0.05544	NO_3^-	62.005	0.01613
Li^+	6.940	0.14490	NO_2^-	46.006	0.02174
Ca^{2+}	20.040	0.04990	SO_4^{2-}	48.030	0.02082
Mg^{2+}	12.516	0.08226	CO_3^{2-}	30.005	0.03333
Fe^{2+}	27.925	0.03581	HCO_3^-	61.017	0.01639
Fe^{3+}	18.616	0.05372	PO_4^{3-}	31.657	0.03159
Al^{3+}	8.994	0.11119	HPO_4^{2-}	47.990	0.02084
Mn^{2+}	27.469	0.03641	S^{3-}	16.032	0.06238
Zn^{2+}	32.685	0.03060	HS^-	33.072	0.03024
Cu^{2+}	31.770	0.03148	$HSiO^{3-}$	77.680	0.01298
Pb^{2+}	103.595	0.00965	SiO_3^{2-}	38.042	0.02629
Ba^{2+}	68.670	0.01456	F^-	18.998	0.05264
Cr^{2+}	17.332	0.05770	OH^-	17.007	0.05880

毫克当量百分数表示为一升水中某离子毫克当量数占阴、阳离子毫克当量总数的百分数，以“%”表示。

3）以分式表示

将毫克当量百分数大于10%的阴离子按由大到小的次序排列在分子位置，以同样的方法将阳离子排列在分母位置，水中的总溶解固体（M）和特殊元素则以“g/L”为单位依次排列于分式左侧，水温（t℃）则附于分子右侧。如：

$$H^2SiO^4_{0.1}H^2S_{0.012}CO^2_{0.019}M_{2.5}\frac{HCO^3_{59}SO^4_{29}CI_{12}}{Ca_{60}Mg_{22}Na_{14}}t_{13℃}$$

2. 地下水按化学成分的分类

地下水按其化学成分具有不同的分类方法，大多利用主要阴、阳离子之间的对比关系进行划分。传统上的分类方法包括舒卡列夫、布罗茨基、阿廖金和皮帕尔分类等。近年来，由于国际计量标准的推行，现有方法自身缺陷，以及人类活动影响下的地下水化学组分演化与构成的复杂性，舒卡列夫、布罗茨基、阿廖金等分类方法逐渐乏于应用。皮帕尔图解法对于地下水成分的分类和水质演化规律的分析十分有效，因而在水-岩作用研究方面仍在应用。其他方法参见相关文献资料。

皮帕尔图解法如图 3-1 所示，以六种阴、阳离子（HCO_3^-、SO_4^{2-}、Cl^-、Ca^{2+}、Mg^{2+}、Na^+）为基础。两三角形分别表示阴、阳例子毫克当量的百分数，两三角形中的点分别延线在菱形中的焦点即表示地下水的化学特征。用圆圈的大小表示水的百万分含量浓度。皮帕尔图解法把菱形分成 9 个区，每个区表征水的某种化学特征，如图 3-1 和表 3-5 所示。

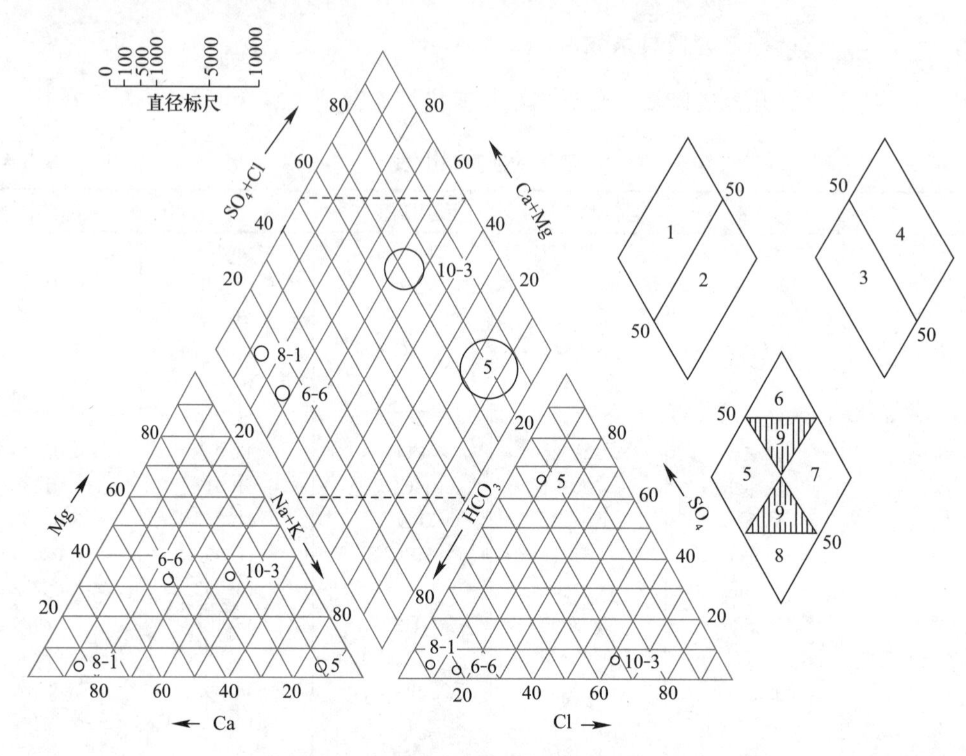

图 3-1　地下水水化学皮帕尔图解法

皮帕尔图解分区的地下水化学特性　**表 3-5**

分区代号	化学特征	分区代号	化学特征
1	碱土大于碱	6	非碳酸盐硬度大于 50%
2	碱大于碱土	7	非碳酸盐碱大于 50%
3	弱酸大于强酸	8	碳酸盐碱大于 50%
4	强酸大于弱酸	9	无一对阴阳离子大于 50%
5	碳酸盐硬度大于 50%		

3.3　地下水化学成分的形成与演变

天然条件下地下水的化学成分是极其复杂、千变万化的，这是因为地下水在地下储存及运动过程中，势必与地层相互作用获得或失去某些化学成分，这一系列化学反应或物理化学反应的特点和强度取决于岩土的成分、水的原始成分及环境条件等。因此，当研究地下水的化学成分和变化规律时，就必须分析和弄清地下水的形成过程及所处的自然环境。

3.3.1　原始成分的影响

如前所述，地下水主要来源于大气降水、地表水的渗入补给和凝结水补给，继承了各种补给源的原始成分。如雨水通常为低盐量的淡水，并含有大气中的 O_2、N_2 及 CO_2 等气体，所以大气降水渗入补给附近的地下水亦常常是低盐量（数十至数百 mg/L）的淡水，并含有以上各种气体。当海水、河水等渗入补给地下水时，地下水的化学成分就会受到地表水体的直接影响，如海水渗入补给的地下水是高盐量的 Cl－Na 水，而由河水渗入补给的地下水一般为低盐量的重碳酸盐型水。至于在沉积物中埋藏起源的地下水，往往是高盐量的 Cl－Na 水，并含有 Br、I、B 等微量元素。

3.3.2 地下水运动过程中的水文地球化学作用

地下水在运动过程中由于对周围岩石的溶滤和其他自然因素的影响，也会发生一系列的水文地球化学作用来改变地下水的化学成分，如溶滤作用、浓缩作用、离子交替和吸附作用、脱碳酸作用等。

1. 溶滤作用

溶滤作用是指岩石中的某些可溶部分被溶解转入地下水中而成为溶液的作用。如前所述，地下水中的 Cl^-、K^+、Na^+ 主要是地下水溶解盐岩及含 Cl^- 和含 K^+、Na^+ 岩石的结果；而地下水中的 SO_4^{2-}、Ca^{2+}、Mg^{2+} 则主要是由于地下水溶解 $CaSO_4$、$MgSO_4$（石膏）等岩石的结果；如果地下水中 Ca^{2+}、Mg^{2+} 与 HCO_3^- 共存，主要是由于溶解石灰岩、白云岩等的结果，其反应如下：

$$\begin{matrix} CaCO_3 \\ MgCO_3 \end{matrix} + CO_2 + H_2O \rightleftharpoons \begin{matrix} Ca^{2+} \\ Mg^{2+} \end{matrix} + 2HCO_3^-$$

由此可见，地下水的化学成分与地下水与岩石相互作用具有很大关系。

溶滤作用的强度，即岩土中的组分溶于水中的速率，取决于一系列因素。

首先取决于组成岩土的矿物盐类的溶解度。显然含岩盐沉积物中的 NaCl 将迅速转入地下水中，而以 SiO_2 为主要成分的石英岩，是很难溶于水的。

岩土的空隙特征是影响溶滤作用的另一因素。空隙不发育的基岩地层，难以发生溶滤作用。

水的溶解能力决定着溶滤作用的强度。另外水中 CO_2、O_2 等气体成分的含量决定着某些盐类的溶解能力。水中 CO_2 含量越高，溶解碳酸盐及硅酸盐的能力越强。O_2 的含量越高，水溶解硫化物的能力越强。

水的流动状况是影响其溶解能力的一关键因素。

2. 浓缩作用

地下水在运动的过程中由于水分不断地蒸发（当埋藏较浅时），地下水中的含盐量便会相对地增加，这种作用即称为浓缩作用。在蒸发强烈的干旱、半干旱地区的浅层水中，这种作用尤为突出。浓缩作用的结果，不仅使总溶解固体含量升高，而且可改变地下水的化学类型。如原以 HCO_3^- 为主的水，经浓缩作用后水中的 HCO_3^- 已达饱和状态，碳酸盐类便不能再溶解，而硫酸盐和氯化物却仍可溶解，使地下水成为硫酸盐甚至氯化物为主的水。浓缩作用使溶解度较小的盐类便会相继地沉淀析出，而引起地下水化学成分的改变。

3. 离子的交替和吸附作用

岩石颗粒的表面有较大的表面吸附能（往往带有负电荷），因此它可吸附某些阳离子。当地下水与岩石表面接触时，地下水中某些阳离子就会被岩石颗粒吸附以代替（按当量进行）原来被吸附的阳离子；而原来被吸附在岩石表面的离子则进入地下水中，成为地下水中新的化学成分，表现为离子交替作用。

各种离子的吸附能是不相等的，一般决定于其离子价。按吸附能的强弱离子的顺序是：H^+、Fe^{3+}、Al^{3+}、Ba^{2+}、Ca^{2+}、Mg^{2+}、K^+、Na^+。由此可见，由于Ca^{2+}的吸附能力大于Na^+，所以常常发生地下水中的Ca^{2+}与岩石颗粒表面的Na^+交替的现象。然而交替吸附作用的进行亦与离子浓度有关，高浓度的离子较低浓度离子容易被吸附，如当海水侵入地下水时，由于海水中的Na^+浓度很大，所以本来吸附能较小的Na^+，可以去交替吸附能较高的原来在岩石颗粒表面被吸附着的Ca^{2+}。阳离子的交替吸附作用最容易在细颗粒的黏土、粉质黏土、砂质粉土之类的岩石中进行，因为这类岩石具有较大的表面积。

4. 脱硫酸作用

在氧化—还原环境中，地下水的化学成分由于各种微生物的参与而发生的变化叫生物化学作用，它是在缺氧的还原环境中地下水含的SO_4^{2-}在有机物存在的条件下，由于微生物（脱硫细菌）作用的结果，使水中的SO_4^{2-}可被还原成为H_2S，这样地下水中的SO_4^{2-}就会减少甚至消失，而H_2S气体与HCO_3^-的含量则会增加，其反应为：

$$SO_4^{2-}+2C+2H_2O\longrightarrow H_2S+2HCO_3^-$$

在地下深处封闭缺氧并有有机物存在的环境中，这种作用最容易进行。这也是一些深层地下水常常带有臭蛋味的主要原因。北京崇文门附近深达1200m的热水井中的热水就有明显的臭蛋味。

5. 脱碳酸作用

碳酸盐类在地下水中的溶解度决定于水中的CO_2的含量。当地下水在运动过程中由于环境改变使地下水的温度增高或压力减小时，水中的CO_2便会从水中逸出，这时水中的HCO_3^-就会与Ca^{2+}、Mg^{2+}结合形成$CaCO_3$或$MgCO_3$沉淀析出，从而改变了地下水的化学成分，其反应为：

$$2HCO_3^- + \begin{matrix}Ca^{2+}\\Mg^{2+}\end{matrix} \longrightarrow \begin{matrix}CaCO_3\\MgCO_3\end{matrix}\downarrow + CO_2\uparrow + H_2O$$

在石灰岩的溶洞中见到的石笋、钟乳石就是这种作用的结果。

3.4 不同环境地下水化学特征与人类生存的关系

人类在生长、发育、生存的整个生命过程中都与地质环境有着极为密切的关系，人类的发展和进化也是建立在地球化学环境的基础之上。人体是由几十种元素组成的，然而占人体质量99%的元素仅有12种，即：O、C、H、N、Ca、P、K、S、Na、Cl、Mg和Fe，这些元素在人体中起着关键性作用。但一些微量元素，尽管在人体中仅占1%，却是必不可少的。在地质历史发展过程中，地壳表面的元素分布显示出明显不均匀性，有时这种不均一性会超过正常变化范围，对于人体健康和生态系统带来巨大影响或危害。

人体所需的营养主要来自食物和水分，在天然状态下，水中存在的有害物质或缺乏某些人体所必需的物质问题，称之为第一类环境地质问题或叫原生的环境地质问题；由于人为污染造成的水中有害物质称之为第二类环境地质问题或次生环境地质问题。不同环境条件下地下水中所聚集的组分不同，对人体的影响也有很大的差异。

人们在利用和改造自然的过程中，也在直接和间接地改变着地下水的化学成分。生产实践中的开沟凿渠可改变地下水原有的径流条件，降低了地下水的水位，能使咸水淡化。相反，由于不合理灌溉和渠道渗流可使地下水位抬高，蒸发作用加强，从而促使淡水咸化。更常见到的是地下水的大量开采，改变了地下水的水动力条件，使不同化学成分的水发生了水力联系，导致地下水的化学成分发生改变。

3.4.1 地下水天然化学成分与人体健康的关系

当地下水在自然界的运动中过多地集中了某些有害物质或是缺乏了某些对人体必需的物质时，都会成为一种地区性的病害——地方病；而当地下水中富集了较多的对人体有益的物质时，则具有了医疗价值。

1. 粗脖子病（甲状腺肿）

碘是人体中必需的微量元素，正常人体内含碘素 25mg，其中 1/5 在甲状腺内。如果没有碘，甲状腺素分子便不能形成。甲状腺肿影响患者健康和劳动，在重病区患者的后代中可能出现智力低下、聋哑、侏儒症，结节型甲状腺肿可能转变为癌。此外，地方性未老先衰和乳癌也与碘素缺乏有关。反之，碘量过多也会出现多种疾病。据不完全统计，全世界患地方性甲状腺肿病人不少于 2 亿人。

国内外许多资料早已指出：饮用水中缺碘是甲状腺肿病的主要原因，一般认为只要饮用水中的含碘量大于 $5\mu g/L$ 就基本不会发生甲状腺肿病，当水中含碘量在 $3\mu g/L$ 以下时，则要普遍地发生甲状腺肿病。

从目前一些发病区的资料来看，地下水中的含碘量与地形、地貌有一定关系，如山区地下水中的含碘量常常比平原区为低，只有在山区的河谷冲积层的潜水中含碘量才高。平原区地下水中的含碘量亦是由山前向平原内地逐渐增高。

2. 大骨节病与克山病

大骨节病是以软骨组织为主的病变；克山病是以心肌为主的病变。这两种地方病经常同时出现，病情亦往往是平行的，这是我国分布较广的两种地方病，在黑龙江、吉林、辽宁、内蒙古、河北、河南、山东、山西、陕西、四川、甘肃、青海、西藏和台湾 14 个省区都有分布。据报道，在苏联、瑞典、日本和越南等国亦曾有流行。大骨节病和克山病与地形、地貌的关系较密切，在相同条件下一般分水岭地带患病率较高，河流中下游及开阔的河谷地段患病率低。

中外许多研究者长期以来对这两种地方病进行研究，但对病因却持有不同观点及看法。有的人认为因环境中缺乏 Ca、S、Se 等元素而致病，这种论点在我国比较普遍。如黑龙江尚志县市重病区，处于低山丘陵地带，饮用的地下水中 Ca^{2+} 平均含量为 17.0mg/L，SO_4^{2-} 为 7.04mg/L；而处于冲积平原上的哈尔滨市一带的非病区，地下水中的 Ca^{2+} 平均含量是 154.89mg/L，SO_4^{2-} 为 91.51mg/L。因此在黑龙江省的一些病区，群众早就流传着在水井中压入硫磺来防止大骨节病的方法。有的人认为饮用水中金属元素 Cu、Pb、Zn、Ni、Mo、Mn 等含量过多而致病。许多实践证明，饮用水中含过量的低分子的腐殖酸（—OH）很可能是大骨节病及克山病的致病因子，如能将病区饮水中的腐殖酸（—OH）含量控制在 0.05mg/L 以下，就有明显效果。

3. 慢性氟中毒

人体缺氟会引起龋齿病，适量的氟可以提高牙齿抗酸能力，提高牙齿的硬度，同时氟离子还抑制口腔中的乳酸杆菌，降低碳水化合物分解产生的酸度，从而有预防龋齿的作用。但在高氟区长期居住的人可出现不同程度的斑釉齿，牙齿发黄且发脆、容易碎折。长期饮用的水中若含氟量过高（大于5mg/L）时，人体将过多的氟吸收后主要沉积于骨组织，引起骨质变化，其症状为持续性的腰痛或肢体痛，严重时可出现肢体变形、驼背等。

地下水中含氟量变化很大，取决于地质、地貌及水文地质条件。例如在淋滤带，氟含量低于0.5mg/L，平均为0.2～0.3mg/L，而在草原或盐渍化地区则氟高度聚集，往往成为慢性氟中毒病区。我国饮用水标准规定氟含量适宜浓度为0.5～1.0mg/L，一般超标地段常为湖盆地区或干旱及河流闭流地区，当含水层底部有粉质黏土存在时，也可导致表层地下水中氟富集。

4. 其他几种病症与地下水化学成分的关系

婴儿缺钙会成为软骨病，成年人亦不能饮用缺钙的“软水”，人们早就知道饮用含钙量较高的水可降低心脏病的患病率。过去一般认为掉牙是由于沿齿龈有细菌感染的缘故，现在发现一些地区成千上万的人患牙病大都与饮用水中缺钙有关系。

铬（Cr）是一种有毒物质，但亦有人认为动脉粥样硬化与饮用水中铬含量不足有关。

含有某些稀有元素的高温热水常常具有医疗价值，尤其是治疗某些慢性病和皮肤病等病症时有明显效果。

3.4.2　地下水污染及其与人类生存的关系

地下淡水在许多国家的供水中占重要地位，例如对非洲北部的一些国家来说，地下水是当地唯一可靠的供水水源。对我国近50个大、中城市供水水源的统计表明，以地下水为主要供水水源的城市约占1/3，另有1/3的城市利用地下水和地表水联合供水，地下水饮水安全关系到我国社会经济的发展和人体健康。

随着工业的不断集中和城市人口增加，水源受到污染的可能性越来越大。例如美国在1959年就发现，在50个州中仅有3个州的地下水未受到污染。据统计，美国在1970年～1975年因环境污染造成的经济损失为3000亿美元，其中水污染造成的损失占26.5%，如全面恢复水体的良好状态，需耗资2500亿～5000亿美元。联邦德国在1961年已发现有60多处地下水源受到污染，莱茵河地区由于地表水下渗将垃圾堆中的污染带入地下水中，使一家自来水厂关闭，另一家水厂减少了20%的开采量。南斯拉夫喀斯特地区泉水易受污染，暴雨后13～20d，在凡未按常规安全方法进行水处理的地方居民中，伤寒和副伤寒就迅速蔓延，从1925年～1973年间共出现75次，有6676人患此疾病。我国的地下水污染区域主要集中在工业发达、人口密集的城市地区，一些含水层已被酚、氰、汞、铬、砷及氟化物等有毒物质污染，并已超过国家饮用水水质评价标准。

据统计，目前在工业中大约使用了12000种有毒的化合物，其中毒性最大的（称为当前最危险的污染物）有两类：重金属和难分解的有机物。污染水源的重金属有汞、镉、铅、铬、钒、钴、钡等。汞、镉、六价铬的毒性最大，铅、钒、钴、钡等亦有一定的毒性，此外砷亦常与以上重金属一起形成危害。天然淡水中的汞平均含量为0.01～0.1μg/L，海水中汞含量为0.1μg/L。若水中汞含量超过0.25～0.3mg/L可能会造成慢性汞中毒。汞在水体中通过生物化学过程转变为剧毒的甲基汞，蓄积在人体内便会损害神经系统、心脏、肾脏和肠胃道，以致引起死亡。1953年年底日本熊本县南端水俣湾周围地区发生工业污水引起的汞中毒事件，中毒者 588 人，其中 77 人死亡，受害者达万人左右，这是世界上首次出现的水污染重大事件，汞中毒引起的病症也就称为水俣病。然而 1964 年新潟县阿贺野川下游流域发生第二次水俣病，为世界敲响了警钟，两次水俣病列为世界上第一位的环境污染事件。由于汞的剧毒性及对人体的极大危害，故我国饮用水标准中汞的限量定为 0.001mg/L。地下水的汞富集主要来自某些金属矿区的影响及矿坑排水，而未经处理的工业含汞废水直接排入地下则是造成地下水受汞污染的主要原因。

地下水有机污染问题引起广泛关注，尤其是危害最大的难降解的有机氯化合物和多环有机化合物。有机氯化合物是指多氯联苯系和有机农药（包括滴滴涕、六六六、狄氏剂），多环有机化合物一般具有很强的毒性，“三致”效应明显（致癌、致畸和致突变）。据世界卫生组织报道：目前一般地下水中的含多环芳烃量是 0.001～0.1μg/L，地表水为 0.01～0.1μg/L，美国饮用水标准规定苯并（a）芘不得超过 0.2μg/L。酚也是一种有毒性的化合物，酚进入人体会慢性中毒而发生呕吐、腹泻、食欲不振、头疼头晕、精神不安等。多数氰的化合物有剧毒，如氢氰酸的毒效极快，误吃后重者致死，轻者可产生头痛、恶心、乏力、胸部和上腹部有压迫感等中毒症状。

第4章　地下水的运动

地下水运动是地下水在岩层空隙流动过程的特征和规律。研究地下水运动特征和规律，是水文地质学的重要内容之一。研究地下水运动规律的科学称为地下水动力学。它原是水文地质学的一部分，由于理论、方法发展和生产实践的需要，目前已发展成为一门内容十分丰富的独立学科。本章的重点是介绍有关地下水运动的基本概念、运动规律与方式及模拟方法。

4.1　地下水运动的特征及其基本规律

4.1.1　地下水运动的特点

1. 曲折复杂的水流通道

地下水是储存并运动于岩石颗粒间象串珠管状的孔隙和岩石内纵横交错的裂隙之中，由于这些空隙的形状、大小和连通程度等的变化，因而造成地下水的运动通道是十分曲折而复杂，如图4-1所示。

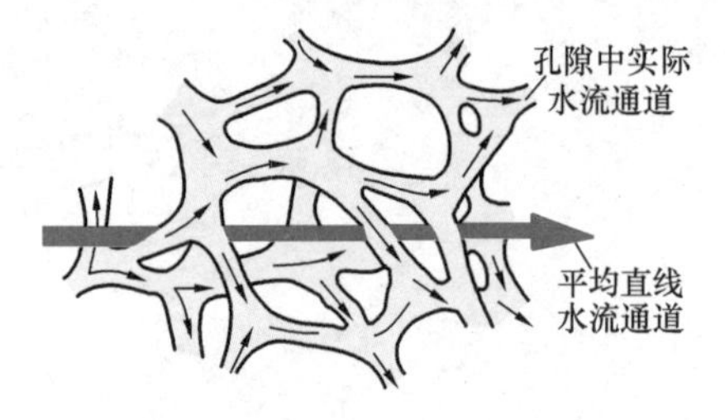

图4-1　地下水流通道示意图

在地下水运动规律研究过程中，难以（亦不可能）研究每个实际通道中水流运动特征，而是研究岩石内平均直线水流通道中的水流运动特征。这种研究方法的实质是用充满含水层（包括全部空隙和岩石颗粒本身所占的空间）的假想水流来代替在岩石空隙中运动的真实水流。用假想水流代替真实水流的条件是：

（1）假想水流通过任意断面的流量必须等于真实水流通过同一断面的流量。

（2）假想水流在任意断面的水头必须等于真实水流在同一断面的水头。

（3）假想水流通过岩石所受到的阻力必须等于真实水流所受到的阻力。

通过对假想水流的研究就可达到掌握真实水流的运动规律。

2. 迟缓的流速

河道或管网中水的流速一般都以米每秒来计算，因为其流速常在1m/s左右，甚至每秒几米以上。而地下水由于在曲折的通道中通行，水流受到很大的摩阻力，因而流速一般很缓慢，人们常用米每日来计算其流速。通常地下水在孔隙或裂隙中的流速是每日几米，甚至小于1m。地下水在曲折的通道中缓慢地流动称为渗流，或称渗透水流。渗透水流通过的含水层横断面称为过水断面。

3. 层流和紊流

在岩层空隙中渗流时，水质点有秩序地呈相互平行而不混杂的运动，称为层流运动；水质点相互混杂而无秩序的运动，称为紊流运动（图4-2）。

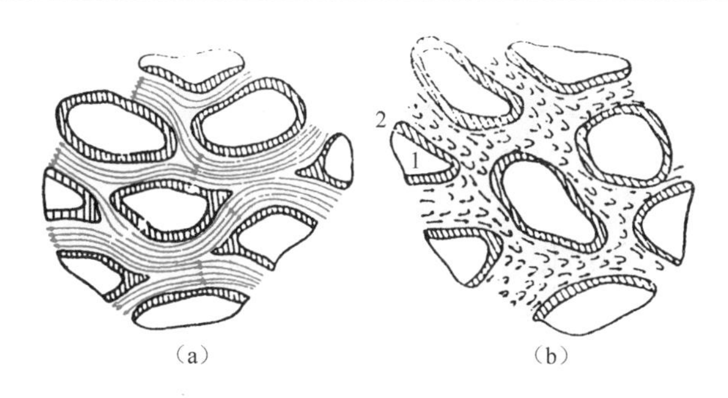

图 4-2　孔隙岩石中地下水的层流和紊流

(a) 层流；(b) 紊流

1—固体颗粒；2—结合水，箭头表示水流运动方向

由于地下水是在曲折的通道中作缓慢渗流，故地下水流大多数都呈雷诺数值很小的层流运动。不论在岩石的孔隙或裂隙中，只有当地下水流通过漂石、砾石、卵石的特大孔隙或岩石的大裂隙及可溶岩的大溶洞时，才会出现雷诺数值较大的层流甚至出现紊流状态。在人工开采地下水的条件下，取水构筑物附近由于过水断面减小使地下水流动速度增加很大，常常成为紊流区。

4. 非稳定、缓变流运动

在渗流场内各运动要素（流速、流量、水位）不随时间变化的地下水运动，称为稳定流；运动要素随时间改变的地下水运动，称之为非稳定流。地下水在自然界的绝大多数情况下是非稳定流运动。但当地下水的运动要素在某一时间段内变化不大，或地下水的补给、排泄条件随时间变化不大时，人们常常把地下水的运动要素变化不显著的时段近似地当作稳定流来处理，便于研究地下水的运动规律。由于人工开采，致使区域地下水位逐年持续下降，不可忽视地下水非稳定流运动状态。

地下水流动的另一特征是：在天然条件下地下水流一般都呈缓变流动，流线弯曲度很小，近似于一条直线；相邻流线之间夹角较小，近似于平行，如图 4-3 所示。在这样的缓变流动中，地下水的各过水断面可当作一个直面，同一过水断面上各点的水头亦可当作是相等的。这样假设的结果就可把本来属于空间流动（或叫三维流运动）的地下水流，简化成为平面流（或叫二维流运动），这样假设会使计算简单化。

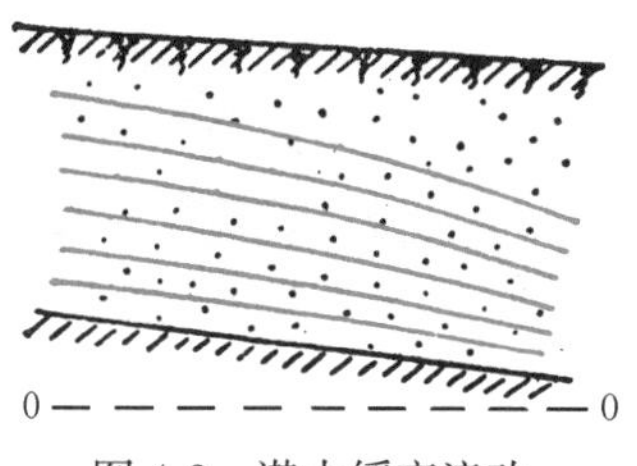

图 4-3　潜水缓变流动

在若干取水工程附近，由于集中开采（抽取），地下水在取水构筑物附近常常形成非缓变流的紊流、三维流区。

4.1.2　地下水运动的基本规律

地下水运动的基本规律又称渗透的基本定律，在水力学或地下水动力学中已有论述，这里只引用定律的基本内容。

1. 线性渗透定律

线性渗透定律反映了地下水作层流运动时的基本规律，是法国水力学家达西（H. Darcy）经过大量的渗流实验而建立的，称为达西定律。

达西实验装置如图 4-4 所示，包括砂柱、测压管和水位控制设备。实验条件假设：多孔介质，均质各向同性；定水头，稳定流；层流运动。

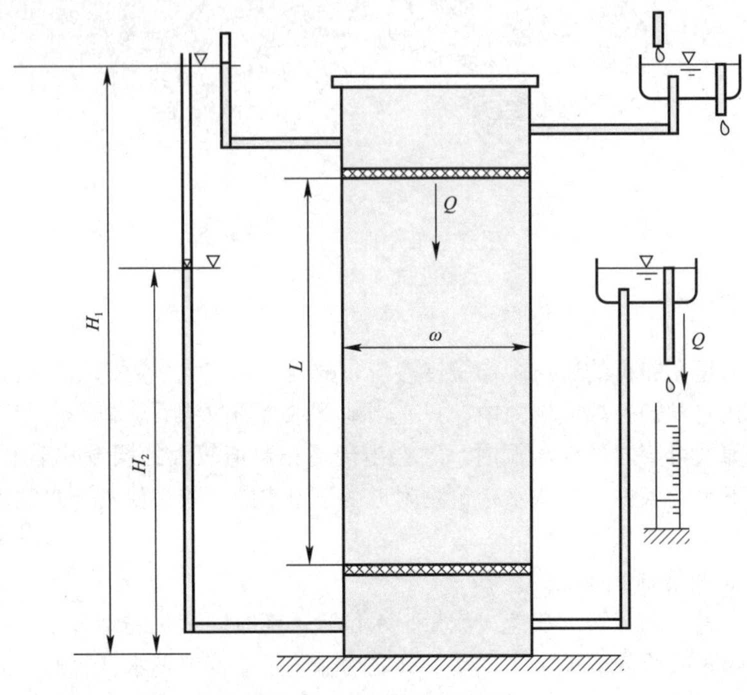

图 4-4　达西实验示意图

根据实验结果，得到关系式（4-1），即达西公式。

$$Q=K\cdot\frac{H_1-H_2}{L}\cdot\omega=K\cdot\frac{\Delta H}{L}\cdot\omega=K\cdot i\cdot\omega \tag{4-1}$$

式中　Q——渗流量，即单位时间内渗过砂体的水量（m^3/d）；

H_1、H_2——分别为上、下游过水断面的水头（m）；

ΔH——在渗流途径 L 长度上的水头损失（m）；

L——渗流途径长度（m）；

ω——渗流的过水断面面积（m^2）；

K——渗透系数，反映各种岩石透水性能的参数（m/d）。

上式又可表示为：

$$v=K\cdot i \tag{4-2}$$

式中　v——渗透速度（m/d）；

i——水力坡度，单位渗流途径上的水头损失（无量纲）。

式（4-2）表明渗透速度与水力坡度的一次方成正比，因此称为线性（直线）渗透定律。

渗透速度 v 不是地下水的真正实际流速，因为地下水不在整个断面 ω 内流过，而仅在断面的孔隙中流动，可见渗透速度 v 远比实际流速 u 要小。地下水在孔隙中的实际流速应为：

$$u=\frac{Q}{\omega\cdot n_e}=\frac{v}{n_e}\quad 或\quad v=n_e\cdot u \tag{4-3}$$

式中　n_e——岩石的有效孔隙度。

实际情况还表明：地下水在运动过程中，水力坡度常常是变化的，因此应将达西公式写成下列微分形式：

$$v=-K\frac{\mathrm{d}H}{\mathrm{d}x} \tag{4-4}$$

$$Q=-K\omega\frac{\mathrm{d}H}{\mathrm{d}x} \tag{4-5}$$

式中　$\mathrm{d}x$——沿水流方向无穷小的距离；

$\mathrm{d}H$——相应 $\mathrm{d}x$ 水流微分段上的水头损失；

$-\frac{\mathrm{d}H}{\mathrm{d}x}$——水力坡度，负号表示水头沿着 x 的增大方向而减小，而对水力坡度 i 值来说，则仍以正值表示。

渗透系数 K 是反映岩石渗透性能的指标，其物理意义为：当水力坡度为 1 时的地下水流速。它不仅决定于岩石的性质（如空隙的大小和多少），而且和水的物理性质（如相对密度和黏滞性）有关。但在一般的情况下地下水的温度变化不大，故往往假设其相对密度和黏滞系数是常数，所以渗透系数 K 值只看成与岩石的性质有关，如果岩石的孔隙性好（孔隙大、孔隙多），透水性就好，渗透系数值亦大。

过去许多资料都称达西公式是地下水层流运动的基本定律，其实达西公式并不是对于所有的地下水层流运动都适用，而只有当雷诺数小于 1～10 时地下水运动才适用达西公式，即：

$$Re=\frac{ud}{\gamma}<1\sim10$$

式中　u——地下水实际流速（m/d）；

d——孔隙的直径（m）；

γ——地下水的运动黏滞系数（m^2/d）。

由此可见，达西公式的适用范围远比层流运动的范围要小（管中水流的下临界雷诺数是 2300）。但由于自然界地下水的实际流速一般是每日几米，因此使得大多数情况下的地下水，包括运动在各种砂层、砂砾石层中、甚至砂卵石层中的地下水，其雷诺数一般都不超过 1。

例如，地下水以 $u=10\mathrm{m/d}$ 的流速在粒径为 20mm 的卵石层中运动，卵石间的孔隙直径为 3mm（0.003m），当地下水温为 15℃时，运动黏滞系数 $\gamma=0.1\mathrm{m}^2/\mathrm{d}$，则雷诺数为：

$$Re=\frac{u\cdot d}{\gamma}=\frac{10\times0.003}{0.1}=0.3$$

因此说达西公式对于一般地下水运动都是适用的。

2. 非线性渗透定律

如前所述：当地下水在岩石的大孔隙、大裂隙、大溶洞中及取水构筑物附近流动时，不仅雷诺数大于 10，而且常常呈紊流状态。紊流运动的规律是水流的渗透速度与水力坡度的平方根成正比，这称为谢才公式，表示式为：

$$v=K\cdot\sqrt{i}\qquad 或\qquad Q=K\cdot\omega\sqrt{i} \tag{4-6}$$

式中符号同前。

有时水流运动形式介于层流和紊流之间，则称为混合流运动，可用斯姆莱公式表示：

$$v = K \cdot i^{\frac{1}{m}} \tag{4-7}$$

式中 m 值的变化范围为1～2。当 $m=1$ 时，即为达西公式；当 $m=2$ 时，即为谢才公式。

由于事先确定地下水流的流态属性在生产实践中是很困难的，因此式（4-6）及式（4-7）在实际工作中很少应用。

4.2　地下水流向井的稳定运动

抽取地下水的工程设施称为取水构筑物。当取水构筑物中地下水的水位和抽出的水量都保持不变，这时水流称为稳定流运动。

4.2.1　地下水取水构筑物的基本类型

1. 垂直取水构筑物

垂直取水构筑物是指构筑物的设置方向与地表相垂直，如管井、大口井等。按其完整程度又可分为：

（1）潜水完整井：取水井至潜水含水层底板（隔水层），水流从井的四周流入井内，如图4-5（a）、（b）所示。

（2）潜水非完整井：取水井未到含水层底板，地下水可以从井底及井的四周进入井内，如图4-5（c）、（d）所示。

（3）承压水完整井：取水井穿透整个含水层到隔水底板，水流从四周流入井内，如图4-6（a）、（b）所示。

（4）承压水非完整井：取水井仅穿透部分承压含水层，地下水可从井的四周及井底进入井内，如图4-6（c）、（d）所示。

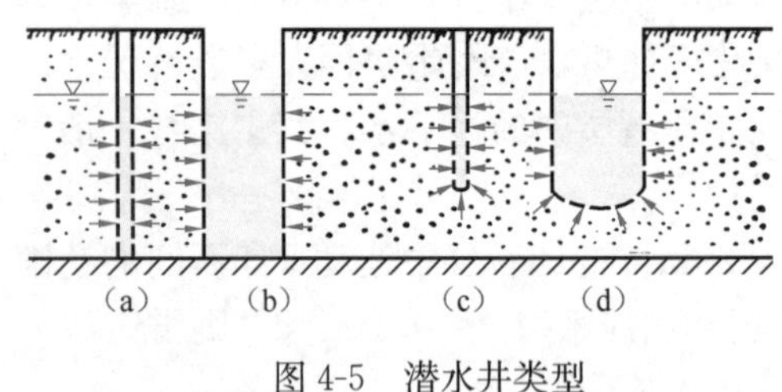

图4-5　潜水井类型

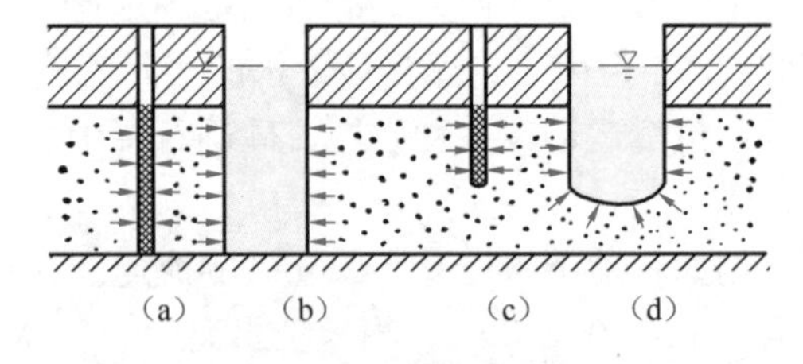

图4-6　承压水井类型

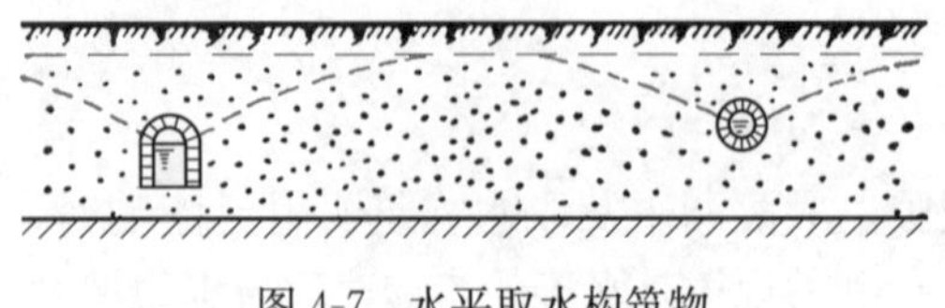

图4-7　水平取水构筑物

2. 水平取水构筑物

水平取水构筑物是指构筑物的设置方向与地表大体相平行，如渗水管及渗渠等。地下水从渗水管或渗渠的两侧（或一侧）进入构筑物内，如图4-7所示。

4.2.2　地下水流向潜水完整井

根据裘布依的稳定流理论，当在潜水完整井中进行长时间的抽水之后，井中的动水位和出水量都会达到稳定状态，同时在抽水井周围形成有规则的稳定的降落漏斗，漏斗的半

径 R 称为影响半径，井中的水面下降值 s 称之为水位下降值，抽取水量称单井出水量。

潜水完整井稳定流计算公式（裘布依公式）的推导假设条件是：

（1）天然水力坡度等于零，抽水时为了用流线倾角的正切代替正弦，则井附近的水力坡度不大于 1/4；

（2）含水层是均质各向同性的，含水层的底板是隔水的；

（3）抽水时影响半径的范围内无渗入、无蒸发，每个过水断面上流量不变；在影响半径范围以外的地方流量等于零；在影响半径的圆周上为定水头边界；

（4）抽水井内及附近是二维流（抽水井内不同深度处的水头降低是相同的）。

推导公式的方法是基于达西公式，如下式：

$$Q = K \cdot i \cdot \omega$$

为了确定出水量 Q，必须先确定 ω、K 及 i 这三个参数。但 K 值对于均质各向同性的含水层是一个常数，因此公式的推导实际上是如何确定 ω 和 i 值。

从图 4-8 可以看出：地下水在向潜水完整井运动时，上部流线（如流线 1、2）曲率最大，向下各流线曲率逐渐变小，底部流线（如流线 5）是水平直线；垂直于流线的各过水断面 $A—A$、$B—B$ 等皆是一系列弯曲程度不等的曲面，靠近井壁的 $D—D$ 面曲率最大。可见地下水向潜水完整井运动是通过一系列的曲面，计算水量时显然不能用达西公式。为此，假设地下水向潜水完整井的流动仍属缓变流，井边附近的水力坡度不大于$\frac{1}{4}$，这样就可使那些弯曲的过水断面近似地被看做直面，如把 $B—B$ 曲面近似地用 $B—B'$直面来代替，地下水的过水断面就是圆柱体的侧面积：

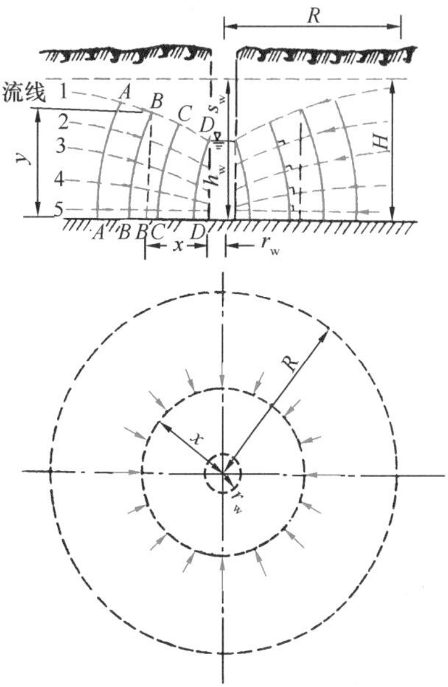

图 4-8　地下水向潜水完整井运动

$$\omega = 2\pi xy$$

从图 4-7 中亦可看出：地下水在向潜水完整井的流动过程中水力坡度 i 是个变数，但任意断面处的水力坡度均可表示为：

$$i = \frac{\mathrm{d}y}{\mathrm{d}x}$$

将上述 ω 和 i 代入达西公式，即可求得地下水通过任意过水断面 $B—B'$的运动方程为：

$$Q = K \cdot \omega \cdot i = K \cdot 2\pi x \cdot y \frac{\mathrm{d}y}{\mathrm{d}x}$$

为使上式变为普通的数学函数关系，可将上式分离变量并积分，将 y 从 h_w 到 H，x 从 r_w 到 R 进行定积分：

$$Q\int_{r_w}^{R} \frac{\mathrm{d}x}{x} = 2\pi K \int_{h_w}^{H} y \cdot \mathrm{d}y$$

$$Q(\ln R-\ln r_{\mathrm{w}})=\pi K(H^2-h_{\mathrm{w}}^2)$$

移项得：

$$Q=\frac{\pi K(H^2-h_{\mathrm{w}}^2)}{\ln R-\ln r_{\mathrm{w}}}=\frac{\pi K(H^2-h_{\mathrm{w}}^2)}{\ln\dfrac{R}{r_{\mathrm{w}}}}=\frac{3.14K(H^2-h_{\mathrm{w}}^2)}{2.3\lg\dfrac{R}{r_{\mathrm{w}}}}$$

$$=1.36K\frac{H^2-h_{\mathrm{w}}^2}{\lg\dfrac{R}{r_{\mathrm{w}}}} \tag{4-8a}$$

因 $h_{\mathrm{w}}=H-s_{\mathrm{w}}$，所以亦可变为：

$$Q=1.36K\frac{(2H-s_{\mathrm{w}})s_{\mathrm{w}}}{\lg\dfrac{R}{r_{\mathrm{w}}}} \tag{4-8b}$$

式中 K——渗透系数（m/d）；

H——潜水含水层厚度（m）；

h_{w}——井内动水位至含水层底板的距离（m）；

R——影响半径（m）；

r_{w}——井半径（m）；管井过滤器半径。

式（4-8）即为地下水向潜水完整井运动规律的方程式，亦称裘布依公式。公式表明潜水完整井的出水量 Q 与水位下降值 s_{w} 的二次方成正比，这就决定了 Q 与 s_{w} 间的抛物线关系。即随着 s_{w} 值的增大，Q 的增加值将越来越小。

公式通常可以解决以下两方面的问题：

（1）求含水层的渗透系数 K：在水源勘察时，通过现场实测 Q、s_{w}、H、R、r_{w}，计算含水层的 K 值。

（2）预计潜水完整井的出水量 Q：在水源设计时，通过已知或假设水文地质参数 H、s_{w}、K、R、r_{w}，推算出设计井的预计出水量 Q。

4.2.3 地下水流向承压水完整井

根据裘布依稳定流理论，在承压完整井中抽水时，经过一个相当长的时段，抽水量和井内的水头降落均能达到稳定状态，此时在井壁周围含水层内就会形成抽水影响范围，这种影响范围可以由承压含水层中水头的变化表示出来，承压水头线的变化具有降落漏斗的形状，如图4-9所示。

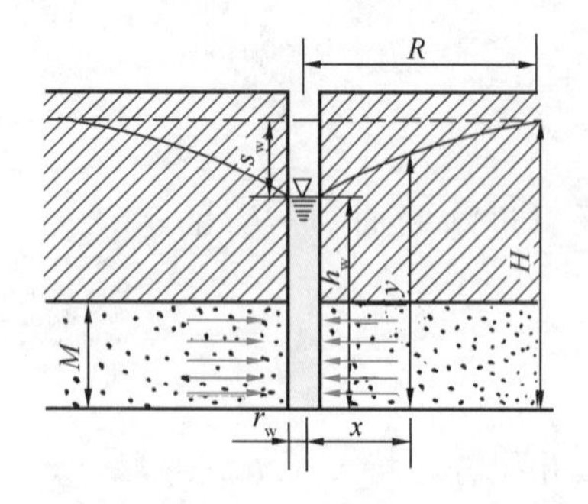

图4-9 地下水流向承压水完整井运动

承压完整井出水量计算公式与潜水完整井计算公式的假定基本相同，不同之处在于：

由于地下水流向承压完整井的流线是相互平行的，并且平行于顶、底板，因此垂直于流线的过水断面是真正的圆柱体侧面积，可以直接代入达西公式进行推导。此时地下水流向承压完整井的过水断面积和水力坡度分别表示为：

$$\omega=2\pi xM$$

$$i=\frac{\mathrm{d}y}{\mathrm{d}x}$$

基于达西定律，地下水通过任意过水断面的流量为：

$$Q=K\cdot\omega\cdot i=K\cdot 2\pi xM\frac{\mathrm{d}y}{\mathrm{d}x}$$

同潜水完整井的推导过程一样，将上式分离变量并积分，将 y 从 h_w 到 H，x 从 r_w 到 R 进行定积分：

$$Q\int_{r_w}^{R}\frac{\mathrm{d}x}{x}=K2\pi M\int_{h_w}^{H}\mathrm{d}y$$

$$Q(\ln R-\ln r_w)=2\pi KM(H-h_w)$$

将 π 值代入并换为常用对数，进行整理后得：

$$Q=2.73K\frac{M(H-h_w)}{\lg R-\lg r_w}$$

因为 $H-h_w=s_w$，所以又可将上式写为如下形式：

$$Q=2.73K\frac{Ms_w}{\lg\frac{R}{r_w}} \tag{4-9}$$

式中　M——承压含水层厚度（m）；

s_w——承压井抽水时井内的水位下降值（m）。

式（4-9）即为地下水向承压完整井运动规律的方程式，亦称裘布依公式。公式表明承压井的出水量 Q 与水位下降值 s_w 成正比，这决定了 Q 与 s_w 为直线关系，如图 4-10 所示。

公式的用途与潜水完整井的公式完全相同，可用来预算井的出水量和计算含水层的渗透系数。

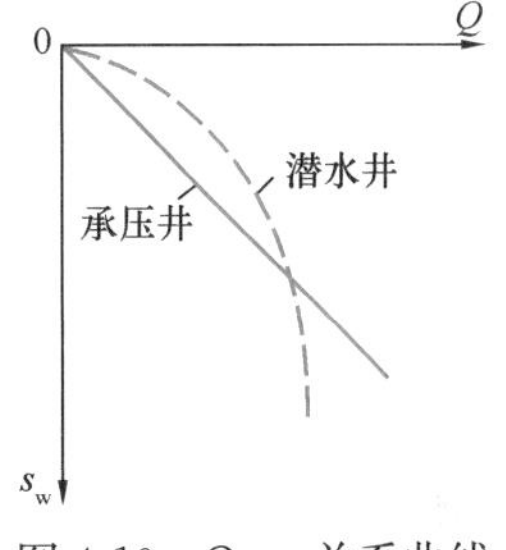

图 4-10　Q-s_w 关系曲线

4.2.4　裘布依（Dupuit）公式的讨论

1. 抽水井流量与水位降深的关系

井的出水量与水位降深的关系可用 $Q=f(s_w)$ 曲线来表示。按照裘布依（Dupuit）理论，潜水的出水量 Q 与水位降深 s_w 的二次方成正比。这种二次抛物线关系表明 Q 虽随 s_w 的加大而增大，但 Q 的增量越来越小。承压水的出水量 Q 与水位降深 s_w 的一次方成正比。Q 与 s_w 的线性关系表明出水量随水位降深而不断加大。

这里所讨论的降深，仅仅考虑地下水在含水层中流动的结果。但实际上在抽水井中所测得的降深，是多种原因造成的水头损失的叠加，主要有：

（1）地下水在含水层中向水井流动所产生的水头损失，按 Dupuit 公式计算出来的降深就是指这一部分的水头损失，也称为含水层损失。

（2）由于水井施工时泥浆堵塞井周围的含水层，增加了水流阻力所造成的水头损失。

（3）水流通过过滤器时所产生的水头损失。

（4）水流在滤水管内流动时的水头损失。

（5）水流在井管内向上流动至水泵吸水口的沿程水头损失。

上述水头损失，部分水位降与流量的一次方成正比，部分与流量的二次方成正比。由于上述原因，即使对于承压水，Q-s_w 保持直线关系也是不多见的。

2. 抽水井流量与井径的关系

抽水井的流量与井径的关系，现在还没有统一的认识和公认的与实际相符的关系式。从公式（4-8）中可看出井的半径 r_w 对流量 Q 的影响并不大，两者之间只是对数关系，随着井半径的增大流量增加的很小。即井半径增加一倍，流量只增加10%左右；井半径增加10倍，流量亦只增大40%左右。这种对数关系已被大量事实所否定，中外许多水文地质工作者曾为此进行过大量试验，其结果大都表明当井半径 r_w 增大之后，流量的实际增加要比用裘布依公式计算结果大得多。

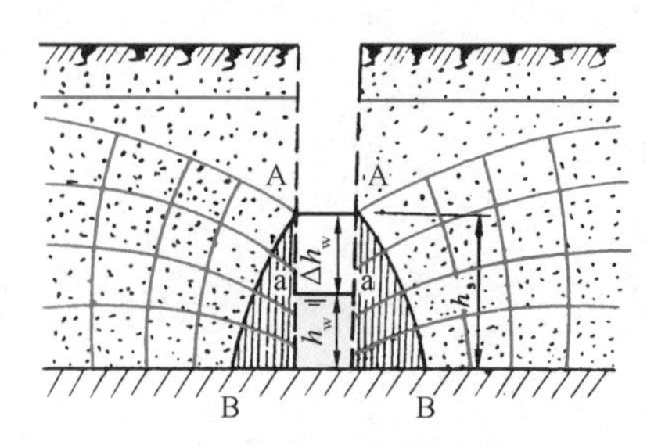

图 4-11 潜水井水跃示意图

［据 г. Н. Каменский（卡明斯基）］

3. 水跃对 Dupuit 公式计算结果的影响

在现场观测和室内实验研究都证明：潜水井抽水时，只有当水位降低非常小时，井内水位才与井壁水位接近一致；而当水位降低较大时，井内水位就明显低于井壁水位（图 4-10），此种现象称为水跃（渗出面）；其值为水位差 Δh_w。渗出面的存在有两种作用：（1）井附近的流线是曲线，等水头面为曲面，只有当井壁和井中存在水头差时，图 4-11 中的阴影部分的水才能进入井内；（2）渗出面的存在，保持了适当高度的过水断面，以保证把流量 Q 输入井内。如果不存在渗出面，则当井水位降到隔水底板时，井壁处的过水断面将等于零，就无法通过地下水。Dupuit 降落曲线方程没有考虑水跃的存在，因此在抽水井附近，实际曲线将高于裘布依（Dupuit）理论曲线。随着距抽水井的距离的加大，等水头线变直，流速的垂直分量变小，理论曲线与实际曲线才渐趋一致。

4. 井的最大流量问题

从公式上看：当 $s_w=H$ 时，井的流量为最大。这在实际上是不可能的，在理论上也是不合理的，因为当 $s_w=H$ 时，h_w 必然等于零，则过水断面亦应等于零，就不应当有水流入井中，这种理论上的自相矛盾亦反映了裘布依公式是不很严密的。

这种矛盾的产生是由于裘布依推导潜水井公式时，忽略了渗透速度的垂直分量，假定水位降深不大，水力坡度采用水头差与渗透路径的水平投影之比，即 $i=\frac{dh}{dl}=\tan\theta$；而严格说来，水力坡度应当是水头差与渗透路径之比，即 $i=\frac{dh}{ds}=\sin\theta$（图 4-12）。用 $\tan\theta$ 代替 $\sin\theta$，应满足 $\theta<15°$，这种代替产生的误差是允许的。但当降深加大，渗透速度的垂直分量也相应加大，此时就会造成较大的误差。这就是产生上述矛盾的原因。所以，裘布依（Dupuit）公式适用于潜水井的特定条件是地下水位降深不能太大。

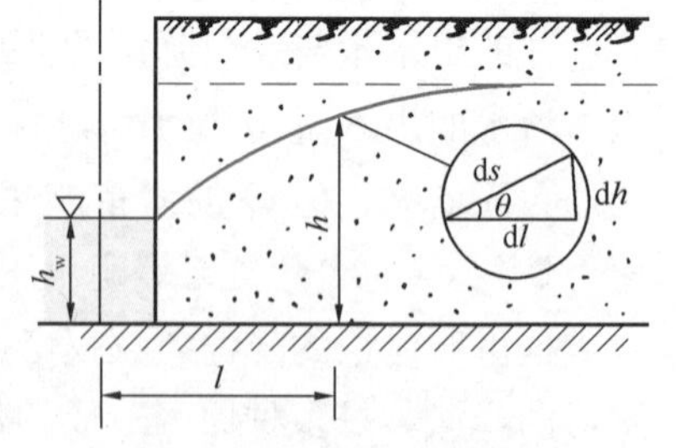

图 4-12 裘布依假设

4.2.5 裘布依（Dupuit）型单井稳定流公式的应用范围

凡包含影响半径 R 和在裘布依公式基础上推导出来的地下水流向井运动的稳定流公式，

统称为裘布依（Dupuit）型稳定井流公式。这类公式的建立对于研究地下水的运动，评价水资源量曾起过重要的作用，解决了很多生产实践中出现的问题，得到过广泛地应用，直到目前仍有其一定的实用价值。应该注意到，裘布依（Dupuit）型单井稳定流公式由于建立条件的限制仅适用于开采条件下地下水各运动要素不发生变化的稳定流阶段，即开采量一定，$\frac{\partial H}{\partial t} \to 0$。显然，裘布依（Dupuit）型单井稳定流公式的应用范围总的归纳为：

（1）完全满足裘布依公式假定条件的应当是圆形海岛中心的一口井，此时抽水可以达到完全稳定，影响半径代表下降漏斗的实际影响范围，如图 4-13 所示，此种情况在自然界中很少见。

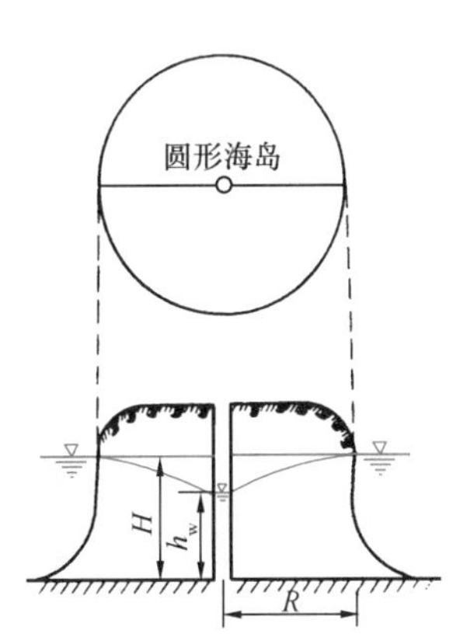

图 4-13 裘布依单井稳定流方程的外边界条件示意

（2）在有充分就地补给（有定水头）的情况下，由于补给充分、周转快，年度或跨年度调节作用强，储存量的消耗不明显，这样就容易在经过一定的开采时间之后形成新的动态平衡，所以亦可用裘布依型公式直接进行水文地质计算，并能得到较准确的结果。

（3）当抽水井是建在无充分就地补给（无定水头）广阔分布的含水层之中，例如开采大面积承压水，由于补给途径长、周转慢，存在多年调节作用，消耗储存量的时间很长，因而不容易形成新的动平衡过程，抽水是在非稳定流条件下进行。这种条件下严格讲裘布依公式是不适用的。但如果进行长时间的抽水，并在抽水井附近设有观测井，若观测孔中的 s（或 Δh^2）值在 s（或 Δh^2）$-\lg r$ 曲线上能连成直线，则可根据观测井的数据用裘布依型公式来计算含水层的渗透系数。

（4）在取水量远小于补给量的地区，可以先用上述方法求得含水层的渗透系数，然后再用裘布依型公式大致推测在不同取水量的情况下井内及附近的地下水位下降值。

裘布依型公式的应用除了符合上述条件外，还应考虑下列不等式：

$$1.6M \leqslant r \leqslant 0.178R \tag{4-10}$$

式中 r——观测井到抽水井的距离（m）；

M——含水层的厚度（m）；

R——影响半径（m）。

限定观测孔距主孔的距离范围 $1.6M \leqslant r$ 是为了使观测孔置于层流二维流段；在 $r \leqslant 1.6M$ 的范围内是属三维流区。而限定最远观测孔距主孔范围 $r \leqslant 0.178R$，是为了保证各观测孔内有一定的水位下降值，而且当 $r \leqslant 0.178R$ 时，抽水后实际下降漏斗属对数关系；当 $r > 0.178R$ 后就变为贝塞尔函数关系。由于贝塞尔函数的斜率较对数函数为小，所以当观测孔越远计算的 K 值也就越大。对公式（4-10）上、下限的看法目前尚有分歧，在供水水文地质勘察规范中规定：距主孔最近观测孔的距离应大于一倍含水层的厚度，最远的观测孔距第一个观测孔的距离不宜太远。

4.2.6 地下水流向非完整井和直线边界附近的完整井

在裘布依稳定流理论的基础上，另外的学者推导出了在其他边界条件下相应的稳定流

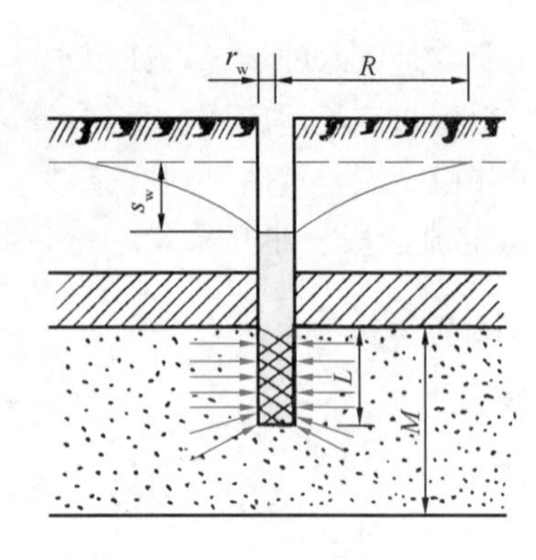

图 4-14　地下水向承压水非完整井运动

公式。

1. 承压水非完整井

承压水含水层的厚度较大时，建造的管井往往为非完整井。自然界中含水层厚度无限大的情况很少见，所谓厚度大也只是相对于过滤器的长度而言。下面仅介绍承压含水层的厚度相对于过滤器的长度不是很大的情况，即过滤器的长度 $L>0.3M$（M 为承压含水层的厚度）时的承压非完整井的出水量公式。对于这种情况，不仅要考虑隔水顶板的影响，而且还要估计到隔水底板的作用，如图 4-14 所示。

当过滤器紧靠隔水顶板时，可用流体力学的方法求得这个问题的近似解如下：

$$Q=\frac{2.73KMs_w}{\frac{1}{2\alpha}\left(2\lg\frac{4M}{r_w}-A\right)-\lg\frac{4M}{R}} \tag{4-11}$$

式中　$\alpha=\frac{L}{M}$

L——过滤器有效进水长度（m）。

$A=f$（α）可按图 4-15 求得。

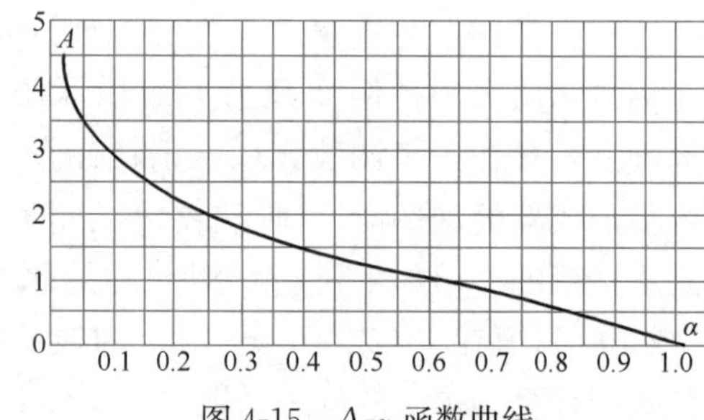

图 4-15　A-α 函数曲线

式（4-11）也叫马斯盖特公式，下面讨论该公式的应用范围。

由图 4-14 可看出：当 $\alpha=1$ 时，$A=0$，则式（4-11）变成完整井公式（4-9），这就说明式（4-11）是合理的。但当 α 很小时，A 变得很大，这时有可能使得式（4-11）分母中的 $\left[2\lg\frac{4M}{r_w}-A\right]\longrightarrow 0$，那时式（4-11）将变为：

$$Q=\frac{2.78KMs_w}{-\lg\frac{4M}{R}}=2.73K\frac{Ms_w}{\lg\frac{R}{4M}}$$

这就成了和半径为 $4M$ 的承压完整井的流量一样。当 α 很小时，承压非完整井的流量比同样条件下半径为 r_w 的完整井的流量还要大，这显然是不合理的。由此可见，当 A 很大时，式（4-11）失去应用的意义。经验证明：当 $\frac{L}{r_w}>5$ 及 $\frac{r_w}{M}\leqslant 0.01$ 时，式（4-11）可以得到满意的结果，误差不超过 10%。

承压水非完整井亦可用下列公式进行计算：

$$Q=\frac{2.73KMs_w}{\lg\frac{R}{r_w}+\frac{M-L}{L}\lg\frac{1.12M}{\pi r_w}} \tag{4-12a}$$

该公式的适用范围为：$M>150r_w$；$\frac{L}{M}>0.1$。

或

$$Q=\frac{2.73KMs_{w}}{\lg\frac{R}{r_{w}}+\frac{M-L}{L}\lg\left(1+0.2\frac{M}{r_{w}}\right)} \tag{4-12b}$$

该公式的适用范围为：过滤器位于含水层的顶部或底部。

2. 潜水非完整井

研究潜水非完整井的流线时发现，过滤器上下两端的流线弯曲很大，从上端向中部流线弯曲程度逐渐变缓，从中部向下端又朝相反的方向弯曲，如图 4-16 所示。在中部流线近于平面径向流动，通过过滤器中点的流面 A'-A' 几乎与水平面平行；因此可以用通过过滤器中部的平面把水流区分为上下两段，上段可以看做是潜水完整井，下段则是承压水非完整井。这样潜水非完整井的流量就可以近似地看做上下两段流量之总和，但是这样计算所得的上段流量偏大些，下段流量偏小些，两段流量之和可抵消掉部分误差。

上段潜水完整井的流量按公式（4-8）得：

$$Q_{1}=\frac{\pi K[(s_{w}+0.5L)^{2}-(0.5L)^{2}]}{\ln\frac{R}{r_{w}}}=\frac{\pi K(s_{w}+L)s_{w}}{\ln\frac{R}{r_{w}}}$$

下段承压水非完整井的流量，当$\frac{L}{2}>0.3M_{0}$时，可由公式（4-11）得：

$$Q_{2}=\frac{2\pi KM_{0}s_{w}}{\frac{1}{2\alpha}\left[2\ln\frac{4M_{0}}{r_{w}}-2.3A\right]-\ln\frac{4M_{0}}{R}}$$

式中 $M_{0}=H-s_{w}-\frac{L}{2}$

$\alpha=\frac{0.5L}{M_{0}}$

当过滤器埋藏较深，即$\frac{L}{2}>0.3M_{0}$时，潜水非完整井的流量为：

$$Q=Q_{1}+Q_{2}=\pi Ks_{w}\left[\frac{L+s_{w}}{\ln\frac{R}{r_{w}}}+\frac{2M_{0}}{\frac{1}{2\alpha}\left(2\ln\frac{4M_{0}}{r_{w}}-2.3A\right)-\ln\frac{4M_{0}}{R}}\right]$$

$$=1.36Ks_{w}\left[\frac{L+s_{w}}{\lg\frac{R}{r_{w}}}+\frac{2M_{0}}{\frac{1}{2\alpha}\left(2\lg\frac{4M_{0}}{r}-A\right)-\lg\frac{4M_{0}}{R}}\right] \tag{4-13}$$

这种分段法在计算潜水非完整井流量时，不只限于圆形补给边界条件，而且还可推广到其他形状的补给边界，如位于河边的潜水不完整井等。

潜水非完整井亦可用下列公式进行计算：

$$Q=\frac{1.36K(H^{2}-h_{w}^{2})}{\lg\frac{R}{r_{w}}+\frac{\overline{h}_{m}-L}{L}\cdot\lg\frac{1.12\overline{h}_{m}}{\pi r_{w}}} \tag{4-14a}$$

式中 $\overline{h}_{m}$——天然和抽水时潜水含水层的厚度平均值（m）。

该公式的适用范围为：$\overline{h}_m > 150 r_w$；$\dfrac{L}{\overline{h}_m} > 0.1$

或

$$Q=\frac{1.36K(H^2-h_w^2)}{\lg\dfrac{R}{r_w}+\dfrac{\overline{h}_m-L}{L}\cdot\lg\left(1+0.2\dfrac{\overline{h}_m}{r_w}\right)} \tag{4-14b}$$

该公式的适用范围为：过滤器位于含水层的顶部或底部。

3. 直线补给边界附近的完整井

为了取得地下水的更大水量，常常将井布置在河流的附近，如图 4-17 所示。当在井中抽水时河水和地下水都会向井内运动，若井距河边的距离 b 小于 0.5 倍抽水影响半径 R 时，其计算公式为：

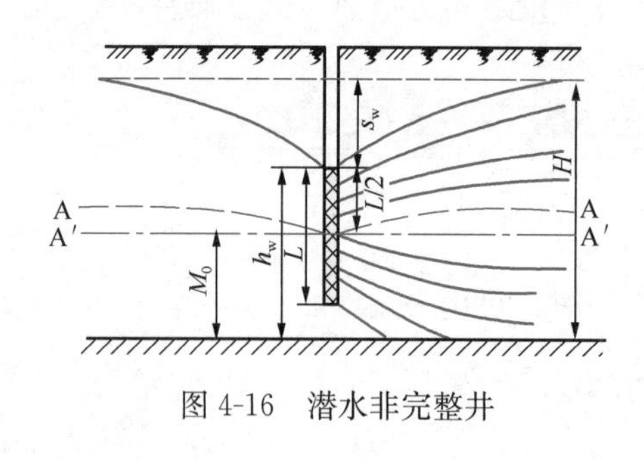

图 4-16　潜水非完整井

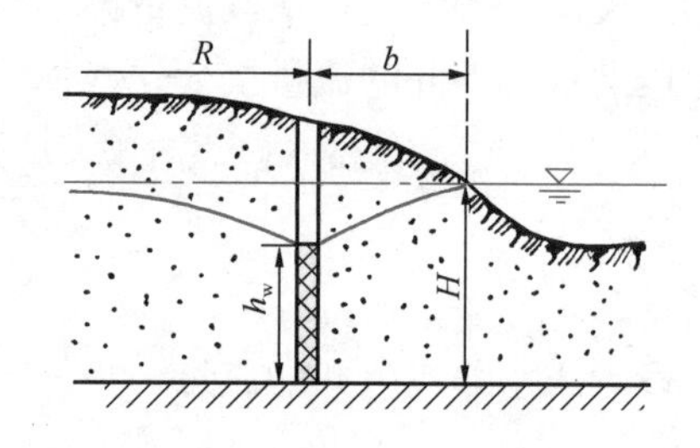

图 4-17　地下水向沿河边的潜水完整井运动

承压水完整井

$$Q=2.73K\frac{M(H-h_w)}{\lg\dfrac{2b}{r_w}} \tag{4-15}$$

潜水完整井

$$Q=1.36K\frac{H^2-h_w^2}{\lg\dfrac{2b}{r_w}} \tag{4-16}$$

计算地下水流向取水构筑物的公式很多，如：非均质含水层中的潜水完整井、过滤器长度小于 0.3 倍含水层厚度的承压水非完整井及潜水非完整井、靠近河边的承压水及潜水非完整井等。总之不同的水文地质条件和不同结构的取水构筑物都有其相应的计算公式，需要时可查阅有关水文地质手册，但须严格遵循每个公式的适用条件。

4.3　地下水流向井的非稳定运动

正如前述地下水流向井的稳定运动的基本理论及其有关的运算模型（裘布依稳定井流公式）的建立对于研究地下水的运动曾起过重要的作用，解决了很多生产实际中出现的问题，因此，得到了广泛的应用，至今在一定范围内仍具有其重要的使用价值。但随着工农业生产的不断发展，以及人口数量的不断增加，工业、农业及生活用水的需水量的不断增大，地下水作为重要的供水水源其开采量及开采规模迅速扩大，大多数地区普遍出现区域地下水位的持续下降。作为地下水运动要素均不随时间发生变化的稳定流理论及其水量计算公式无法解决和预测这一现象，以及未来地下水动态的变化趋势。

在 20 世纪 30 年代中期开始形成的以泰斯为代表的非稳定流理论及其相关的水量运算公式发挥着越来越大的作用。泰斯非稳定流理论认为在抽水过程中地下水的运动状态是随时间而变化的，即动水位不断下降，降落漏斗不断扩大，直至含水层的边缘或补给水体。

图 4-18 表示无充分补给的抽水井所形成的非稳定流运动。①表示在 t_1 时刻的下降漏斗，由于水体的不断被抽走，而且补给量小于开采量，漏斗不断扩大，经过一定的时刻之后，漏斗面变到②的位置，最后一直扩大到整个含水层。距抽水井越远，漏斗的曲率越小，扩展速度越来越缓慢。

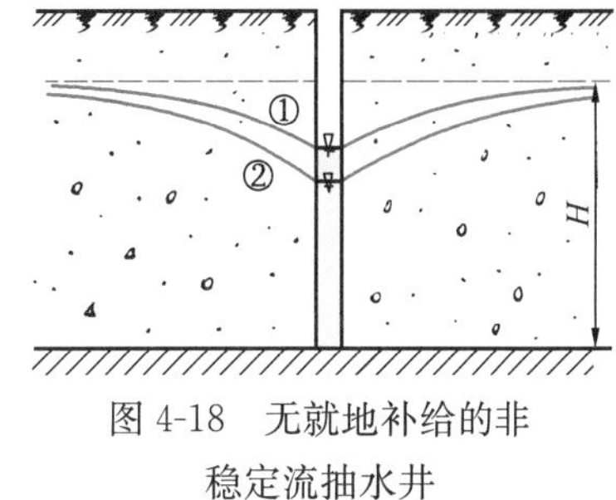

图 4-18　无就地补给的非稳定流抽水井

4.3.1　非稳定流理论所解决的主要问题

1. 评价地下水的开采量

非稳定流计算适于评价平原区深部承压水的允许开采量，因为这类含水层分布面积大、埋藏较深、天然径流量较小、开采水量常常主要靠弹性释放水量，补给量比较难求。因此这类承压水地区的开采资源的评价方法是通过非稳定流计算，求得在一些代表性地点的地下水位允许下降值 s 所对应的取水量作为允许开采量。

2. 预报地下水位下降值

在集中开采地下水的地区，区域水位逐年下降现象已是现实问题；但更重要的是如何预报在一定取水量及一定时段之后，开采区内及附近地区任一点的水位下降值。非稳定流计算能容易地予以解决，然而稳定流理论对此却无能为力。

3. 确定含水层的水文地质参数

利用非稳定流理论无论是计算允许开采量还是预报地下水位下降值，首先需要确定含水层的水文地质参数——水位（压力）传导系数 a、导水系数 T、释水系数 μ^* 等。通过抽水试验测得 Q、s 及 t 值，然后通过非稳定流方程式可解出其中的 a、T、μ^* 值。

4.3.2　基本概念

1. 弹性储存的概念

在潜水含水层中开采地下水，当抽水影响半径未扩及补给边界，地下水为非稳定运动状态，处于逐渐疏干含水层的过程。对于承压含水层而言，天然状态下，根据牛顿（Newton）第三定律，作用力与反作用力相等的原理，承压含水层上覆岩层压力与含水层骨架所承受的压力和水体浮托力之和相等。随着抽水过程，水头不断降低，改变天然平衡状态，含水层的弹性压缩和承压水的弹性膨胀而释放的部分地下水，称之为弹性释水量。而当水头升高，承压含水层则会储存这部分地下水，这一现象就称之为“弹性储存”。

2. 越流的概念

如果含水层的顶、底板为隔水层，表明该含水层与其相邻的含水层之间无水力联系。

但在大多数情况下，抽水含水层的顶、底板为弱透水层，在抽水含水层抽水条件下，由于水头降低，和相邻含水层之间产生水头差，相邻含水层通过弱透水层与抽水含水层之间发生水力联系，如图 4-19 所示，这种水力联系称之为“越流”。这时的抽水含水层、弱透水层及相邻含水层统称为“越流系统”。一般称抽水的含水层为主含水层或越补含水层，相邻含水层称为补给层。

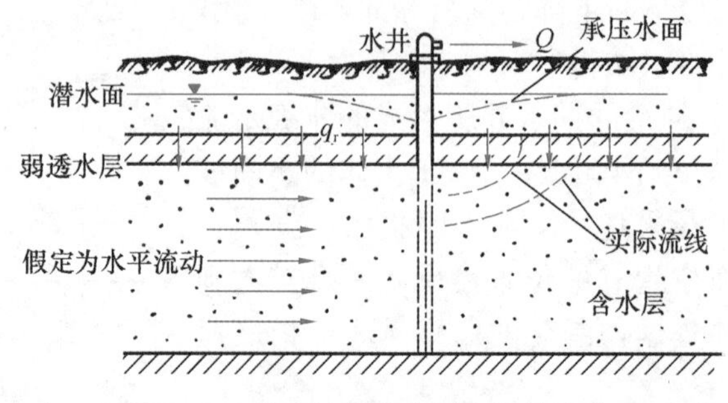

图 4-19　越流补给含水层中的抽水井

越流系统可进一步分为三种类型：第一类越流系统是弱透水层的弹性储量可忽略不计，而且在主含水层抽水期间补给层的水头几乎不变；第二类越流系统是考虑弱透水层的弹性储量；第三类越流系统是补给层的水头随主含水层的抽水情况而变化，这种类型的计算十分复杂，目前还不能实际应用。在本章里只介绍第一、二类越流系统。

4.3.3　无越流含水层中水流向井的非稳定流运动

1. 地下水向完整井非稳定流运动的微分方程

(1) 潜水完整井非稳定流运动

潜水完整井在抽水过程中，随着时间 t 的延长，水位 h 不断下降，地下水位降落漏斗不断扩大，如图 4-20 所示。

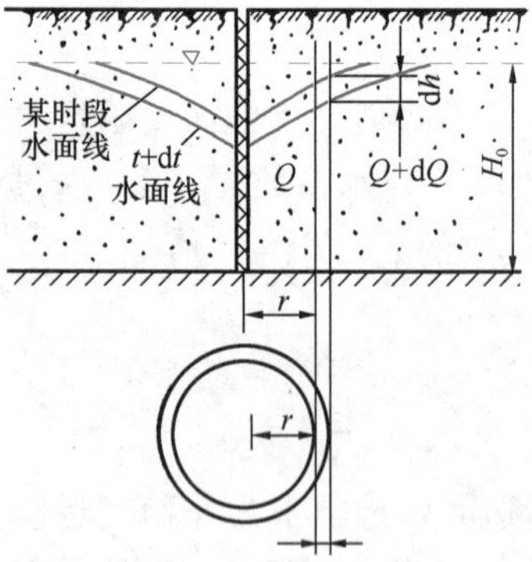

图 4-20　潜水完整井计算图

解决非稳定流的方法是把时间间隔分小，在小的时段内就可以把非稳定流当作稳定流来处理。

在距井 r 处取一微分段宽度为 $\mathrm{d}r$，平面面积为 $2\pi r \cdot \mathrm{d}r$，断面面积为 $2\pi r \cdot h$。根据达西公式通过断面的流量应当是：

$$Q = 2\pi r h K \frac{\partial h}{\partial r} = 2\pi r \frac{\partial \Phi}{\partial r}$$

式中，$\Phi = \frac{1}{2} K h^2$ 为潜水的势函数。

在 $\mathrm{d}t$ 时间内，通过微分段内外两段面的流量变化为：

$$\mathrm{d}Q = 2\pi \frac{\partial}{\partial r}\left(r \frac{\partial \Phi}{\partial r}\right) \mathrm{d}r = 2\pi\left(\frac{\partial \Phi}{\partial r} + r \frac{\partial^2 \Phi}{\partial r^2}\right) \mathrm{d}r$$

但根据水流连续性原理，在 $\mathrm{d}t$ 时间内微分段内流量的变化应当等于微分段内水体的变化 $2\pi r \cdot \mathrm{d}r \cdot \mu \frac{\partial h}{\partial t}$，则有：

$$2\pi r\mathrm{d}r\mu\ \frac{\partial h}{\partial t}=2\pi\left(\frac{\partial \Phi}{\partial r}+r\ \frac{\partial ^2\Phi}{\partial r^2}\right)\mathrm{d}r$$

将上式两边各乘以 Kh 并化简得：

$$\frac{Kh}{\mu}\left(\frac{\partial ^2\Phi}{\partial r^2}+\frac{1}{r}\ \frac{\partial \Phi}{\partial r}\right)=Kh\ \frac{\partial h}{\partial t}=\frac{\partial \Phi}{\partial t} \tag{4-17a}$$

式中 h——潜水水位（m）；

μ——含水层给水度。

若令：$T=Kh$——导水系数，表示含水层的导水性能；

$a=\dfrac{Kh}{\mu}$——潜水含水层的水位传导系数，表示潜水含水层中水位传导速度的参数。

将 T、a 代入式（4-17a）则得潜水完整井非稳定流的微分方程：

$$\frac{\partial ^2\Phi}{\partial r^2}+\frac{1}{r}\ \frac{\partial \Phi}{\partial r}=\frac{\mu}{T}\ \frac{\partial \Phi}{\partial r}$$

或

$$\frac{\partial ^2\Phi}{\partial r^2}+\frac{1}{r}\ \frac{\partial \Phi}{\partial r}=\frac{1}{a}\ \frac{\partial \Phi}{\partial r} \tag{4-17b}$$

（2）承压水井完整井非稳定流运动

1）承压含水层的弹性水量

承压含水层顶板以上的土体压力，由承压含水层中的水和含水层的固体骨架共同承担，才能使之保持平衡。当人工开采地下水时，由于降低了承压水头，水承担的压力减小了，而增加了固体骨架的压力，因而使含水层的孔隙度变小而释放出一定水量。同时承压含水层的水由于降低了水头，水的体积亦会发生膨胀（水是可压缩的），而使水量得到了增加。上述两种水量被称为“弹性水量”，其计算方法是：

在承压含水层中划取一无限小的单元体 $\mathrm{d}V$，其压力变化为 $\mathrm{d}P$，则单元体固体骨架因压缩变形而释放的水量 $\mathrm{d}V_{土}$ 为：

$$\mathrm{d}V_{土}=\beta_{土}\cdot \mathrm{d}V\cdot \mathrm{d}P$$

同理，由于压力减少而引起水体积膨胀所增加的水量 $\mathrm{d}V_{水}$ 为：

$$\mathrm{d}V_{水}=n\cdot \beta_{水}\ \mathrm{d}V\cdot \mathrm{d}P$$

故承压含水层全部的弹性水量应当是：

$$\begin{aligned}\mathrm{d}V_{弹}&=\mathrm{d}V_{土}+\mathrm{d}V_{水}=\beta_{土}\cdot \mathrm{d}V\cdot \mathrm{d}P+n\beta_{水}\cdot \mathrm{d}V\cdot \mathrm{d}P\\&=(n\beta_{水}+\beta_{土})\mathrm{d}V\cdot \mathrm{d}P=\beta\cdot \mathrm{d}V\cdot \mathrm{d}P\end{aligned} \tag{4-18}$$

式中 n——含水层的孔隙度；

$\beta_{水}$——地下水的弹性系数；

$\beta_{土}$——含水层固体骨架的弹性系数；

$\beta=n\beta_{水}+\beta_{土}$——含水层体积的弹性系数。

2）承压水完整井的非稳定流微分方程式

从承压水完整井中以固定流量 Q 抽水时，随着抽水时间的延长，降落漏斗会不断地扩大，井中水位会持续下降，如图 4-21 所示，此种非稳定流可用前述同样的方法建立起微分方程。在距井轴 r 处的断面附近取一微分段，其宽度为 $\mathrm{d}r$，平面面积为 $2\pi r\cdot \mathrm{d}r$，断

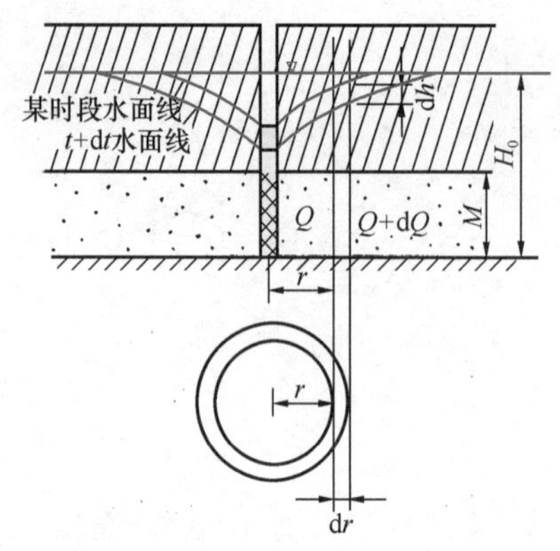

图 4-21 承压水完整井计算图

面面积为 $2\pi rM$，体积为 $2\pi rM\mathrm{d}r$，在某一时刻通过此断面的流量可按达西公式求得：

$$Q=2\pi rMK\frac{\partial H}{\partial r}=2\pi r\frac{\partial \Phi}{\partial r}$$

式中 $\Phi=KMH$，为承压水的势函数。

在 $\mathrm{d}t$ 时间内，通过微分段内外两个断面流量的变化为：

$$\mathrm{d}Q=2\pi\frac{\partial}{\partial r}\left(r\frac{\partial \Phi}{\partial r}\right)\mathrm{d}r=2\pi\left(\frac{\partial \Phi}{\partial r}+r\frac{\partial^2 \Phi}{\partial r^2}\right)\mathrm{d}r$$

根据水流连续性原理，在 $\mathrm{d}t$ 时间内微分段内流量的变化看做是微分段内弹性水量的变化。因此微分段内弹性水量为：

$$\mathrm{d}V_{弹}=\beta\cdot\mathrm{d}V\cdot\mathrm{d}P=\beta\cdot 2\pi rM\cdot\mathrm{d}r\cdot\gamma\cdot\mathrm{d}H$$

式中 $\mathrm{d}P=\gamma\cdot\mathrm{d}H$；

γ——水的重度。

所以
$$2\pi\left(\frac{\partial \Phi}{\partial r}+r\frac{\partial^2 \Phi}{\partial r^2}\right)\mathrm{d}r=\beta 2\pi rM\cdot\mathrm{d}r\cdot\gamma\cdot\frac{\partial H}{\partial t}$$

上式两边各乘以 KM 值则得：

$$\frac{KM}{\gamma\beta M}\left(\frac{\partial^2 \Phi}{\partial r^2}+\frac{1}{r}\frac{\partial \Phi}{\partial r}\right)=K\frac{\partial(HM)}{\partial t}=\frac{\partial \Phi}{\partial t}\tag{4-19a}$$

令 $T=KM$——导水系数；

$\mu^*=\gamma\beta M$——释水系数（或称弹性给水度），是指承压水头下降 1m 时，从单位面积含水层（即面积为单位面积，高度为含水层厚度的柱体）中释放出来的弹性水量；

$a=\dfrac{T}{\mu^*}$——承压含水层压力传导系数。

将 T、μ^*、a 代入式（4-19a）则可得承压完整井的微分方程：

$$\frac{\partial^2 \Phi}{\partial r^2}+\frac{1}{r}\frac{\partial \Phi}{\partial r}=\frac{\mu^*}{T}\frac{\partial \Phi}{\partial t}$$

或
$$\frac{\partial^2 \Phi}{\partial r^2}+\frac{1}{r}\frac{\partial \Phi}{\partial r}=\frac{1}{a}\frac{\partial \Phi}{\partial t}\tag{4-19b}$$

式（4-19）与式（4-17）的形式完全相同，只是其中的势函数 Φ 不同而已。

对非完整井，亦可用类似的方法推导出微分方程为：

$$\frac{\partial^2 \Phi}{\partial x^2}+\frac{\partial^2 \Phi}{\partial y^2}+\frac{\partial^2 \Phi}{\partial z^2}=\frac{1}{a}\frac{\partial \Phi}{\partial t}$$

或
$$\frac{\partial^2 \Phi}{\partial r^2}+\frac{1}{r}\frac{\partial \Phi}{\partial r}+\frac{\partial^2 \Phi}{\partial z^2}=\frac{1}{a}\frac{\partial \Phi}{\partial t}\tag{4-20}$$

2. 地下水向完整井非稳定流运动的基本方程式（泰斯公式）

（1）承压含水层定流量抽水时的 Theis（泰斯）公式

承压含水层中单个井定流量抽水的数学模型是在下列假设条件下建立的：

1）含水层是均质各向同性、等厚、侧向无限延伸，产状水平；

2）抽水前天然状态下地下水的水力坡度为零；

3）完整井定流量抽水；

4）含水层中水流服从达西（Darcy）定律；

5）水头下降引起的地下水从储存量中的释放是瞬时完成的。

在上述假设条件下，抽水后将形成以井轴为对称轴的下降漏斗，将坐标原点放在含水层底板抽水井的井轴处，井轴为 z 轴，如图 4-22 所示。根据假定，其初始和边界条件可表示为：

初始条件为：$\Phi(r、o)=\Phi_K=KMH$　当 $t=0$ 时；

边界条件为：

$$\left.\begin{aligned}&当\ r\to\infty \quad \Phi\to\Phi_K\\&\lim_{r\to o}\left(r\frac{\partial\Phi}{\partial r}\right)=\frac{Q}{2\pi}\end{aligned}\right\}当\ t>0\ 时$$

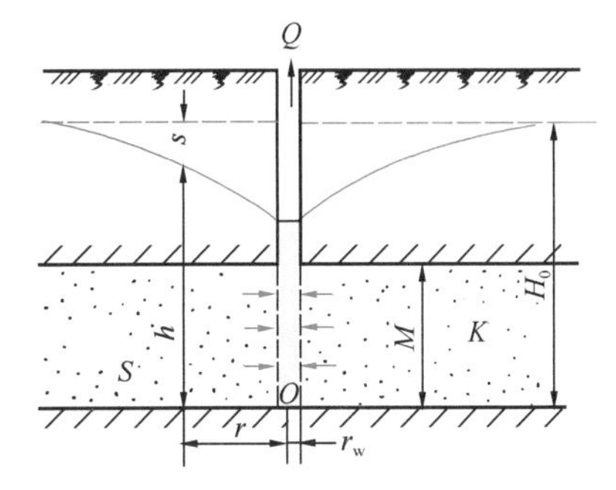

图 4-22　承压水完整井流

按照上述初始条件及边界条件，结合承压完整井微分方程，通过积分变换法可求得承压完整井非稳定流的基本方程式：

$$s=\frac{Q}{4\pi T}W(u) \tag{4-21}$$

式中　　s——当定流量 Q 抽水，在距井 r 处，t 时刻的水位降（m）；

$W(u)=\int_u^{\infty}\frac{e^{-u}}{u}\mathrm{d}u$——指数积分函数或称井函数。

$W(u)$ 也可用收敛级数表示，即

$$W(u)=-0.5772-\ln u+\sum_{n=1}^{\infty}(-1)^{n+1}\frac{u^n}{n\cdot n!}$$

$u=\frac{r^2}{4at}$——井函数自变量；

其他符号同前。

（2）潜水完整井非稳定流运动方程

潜水完整井单井抽水非稳定流运算模型可参照承压水完整井的方式进行一系列代换导出，其模型形式为：

$$s=H-\sqrt{H^2-\frac{Q}{2\pi K}W(u)} \tag{4-22}$$

公式中的符号同承压水完整井非稳定流计算公式。

为了便于计算，一般将 $W(u)$ 值制成专门表格（表 4-1）。已知含水层的压力传导系数或释水系数、导水系数，就可以计算开采区内某一时刻任一点的水位降深值；或预测开采区内某一点的不同时间的水位降深值。

指数积分函数也可用收敛级数表示，即：

$$W(u)=-0.5772-\ln u+u-\frac{u^2}{2\cdot 2!}+\frac{u^3}{3\cdot 3!}-\frac{u^4}{4\cdot 4!}+\cdots\cdots$$

当抽水时间 t 较长、$u\leqslant 0.01$ 时，其指数积分函数的表达式中，从第二项以后的各项绝对值很小，可忽略不计。实际工作中，常将式（4-21）及式（4-22）进行简化，即 $W(u)$ 只用前两项近似表示：

$$W(u) \approx -0.5772 - \ln u \approx \ln \frac{2.25at}{r^2}$$

这样基本方程（4-21）、方程（4-22）可简化为如下的通用公式：

$W(u)$ 函数表　　**表 4-1**

u	$W(u)$	u	$W(u)$	u	$W(u)$	u	$W(u)$
0	∞	0.020	3.3547	0.092	1.8987	0.42	0.6700
1×10^{-12}	27.0538	0.022	3.2614	0.094	1.8791	0.43	0.6546
2×10^{-12}	26.3607	0.024	3.1763	0.096	1.8599	0.44	0.6397
5×10^{-12}	25.4444	0.026	3.0983	0.098	1.8412	0.45	0.6253
1×10^{-11}	24.7512	0.028	3.0261	0.10	1.8229	0.46	0.6114
2×10^{-11}	24.0581	0.030	2.9591	0.11	1.7371	0.47	0.5979
5×10^{-11}	23.1418	0.032	2.8965	0.12	1.6595	0.48	0.5848
1×10^{-10}	22.4486	0.034	2.8379	0.13	1.5889	0.49	0.5721
2×10^{-10}	21.7555	0.036	2.7827	0.14	1.5241	0.50	0.5598
5×10^{-10}	20.8392	0.038	2.7306	0.15	1.4645	0.51	0.5478
1×10^{-9}	20.1460	0.040	2.6813	0.16	1.4092	0.52	0.5362
2×10^{-9}	19.4529	0.042	2.6344	0.17	1.3578	0.53	0.5250
5×10^{-9}	18.5366	0.044	2.5899	0.18	1.3098	0.54	0.5140
1×10^{-5}	17.8435	0.046	2.5474	0.19	1.2649	0.55	0.5034
2×10^{-8}	17.1503	0.048	2.5068	0.20	1.2227	0.56	0.4930
5×10^{-8}	16.2340	0.050	2.4679	0.21	1.1829	0.57	0.4830
1×10^{-7}	15.5409	0.052	2.4306	0.22	1.1454	0.58	0.4732
2×10^{-7}	14.8477	0.054	2.3948	0.23	1.1099	0.59	0.4637
5×10^{-7}	13.9314	0.056	2.3604	0.24	1.0726	0.60	0.4544
1×10^{-6}	13.2383	0.058	2.3273	0.25	1.0443	0.61	0.4454
2×10^{-6}	12.5451	0.060	2.2953	0.26	1.0139	0.62	0.4366
5×10^{-6}	11.6280	0.062	2.2645	0.27	0.9849	0.63	0.42880
1×10^{-5}	10.9357	0.064	2.2346	0.28	0.9573	0.64	0.4197
2×10^{-5}	10.2426	0.066	2.2058	0.29	0.9309	0.65	0.4115
5×10^{-5}	9.3263	0.068	2.1779	0.30	0.9057	0.66	0.4036
1×10^{-4}	8.6332	0.070	2.1508	0.31	0.8815	0.67	0.3959
2×10^{-4}	7.9402	0.072	2.1246	0.32	0.8583	0.68	0.3883
5×10^{-4}	7.0242	0.074	2.0991	0.33	0.8361	0.69	0.3810
1×10^{-3}	6.3315	0.076	2.0744	0.34	0.8147	0.70	0.3738
2×10^{-3}	5.6394	0.078	2.0503	0.35	0.7942	0.71	0.3668
5×10^{-3}	4.7261	0.080	2.0269	0.36	0.7745	0.72	0.3599
0.010	4.0379	0.082	2.0042	0.37	0.7554	0.73	0.3532
0.012	3.8573	0.084	1.9820	0.38	0.7371	0.74	0.3467
0.014	3.7054	0.086	1.9604	0.39	0.7194	0.75	0.3403
0.016	3.5739	0.088	1.9393	0.40	0.7024	0.76	0.3341
0.018	3.4581	0.090	1.9187	0.41	0.6859	0.77	0.3280

续表

u	W (u)	u	W (u)	u	W (u)	u	W (u)
0.78	0.3221	0.94	0.2429	2.0	0.0489	3.6	0.0062
0.79	0.3163	0.95	0.2387	2.1	0.0426	3.7	0.0055
0.80	0.3106	0.96	0.2347	2.2	0.0372	3.8	0.0048
0.81	0.3050	0.97	0.2308	2.3	0.0325	3.9	0.0043
0.82	0.2996	0.98	0.2269	2.4	0.0284	4.0	0.0038
0.83	0.2943	0.99	0.2231	2.5	0.0249	4.1	0.0033
0.84	0.2891	1.00	0.2194	2.6	0.0219	4.2	0.0030
0.85	0.2840	1.1	0.1860	2.7	0.0192	4.3	0.0026
0.86	0.2790	1.2	0.1584	2.8	0.0169	4.4	0.0023
0.87	0.2742	1.3	0.1355	2.9	0.0148	4.5	0.0021
0.88	0.2694	1.4	0.1162	3.0	0.0131	4.6	0.0018
0.89	0.2647	1.5	0.1000	3.1	0.0115	4.7	0.0016
0.90	0.2602	1.6	0.0863	3.2	0.0101	4.8	0.0014
0.91	0.2557	1.7	0.0747	3.3	0.0089	4.9	0.0013
0.92	0.2513	1.8	0.0647	3.4	0.0079	5.0	0.0011
0.93	0.2470	1.9	0.0562	3.5	0.0070		

承压水完整井：

$$s=\frac{Q}{4\pi T}\ln\frac{2.25at}{r^2} \tag{4-23}$$

潜水完整井：

$$s=H-\sqrt{H^2-\frac{Q}{2\pi K}\ln\frac{2.25at}{r^2}} \tag{4-24}$$

对于抽水井，当 $u\leqslant 0.01$ 时，可使用式（4-23）和式（4-24）简化公式进行计算，而实际上只要进行短时间抽水就可满足这个条件；对于观测井，尤其是距抽水井较远的观测井，当抽水时间较短时，不易满足 $u<0.01$ 的条件，所以一般规定观测井只要满足 $u\leqslant 0.05$ 时，亦可使用简化公式计算。

3. 地下水流向非完整井的非稳定流运动基本方程式

非完整井的微分方程式（4-20）同样不能直接用来进行计算，仍得按具体水文地质情况给出其初始条件及边界条件，然后解出非完整井的非稳定流运动基本方程式。

对于承压水非完整井：

$$Q=\frac{4\pi KM(H-h)}{W(u)+2\zeta\left(\frac{L}{M},\frac{M}{r}\right)} \tag{4-25}$$

对于潜水非完整井：

$$Q=\frac{2\pi K(H^2-h^2)}{W(u)+2\zeta\left(\frac{L}{M},\frac{M}{r}\right)} \tag{4-26}$$

式中 $\zeta\left(\frac{L}{M},\frac{M}{r}\right)$——井的不完整系数，它与过滤器进水部分长度（$L$），含水层厚度（$M$）及距井距离（$r$）有关，可由表 4-2 查得；

L——井的过滤器进水部分的长度（m）；

M——承压含水层厚度（m）；

H——初始水位（m）；

h——动水位至含水层底板的距离（m）；

r——距井中心距离（m）。

$\zeta\left(\frac{L}{M}, \frac{M}{r}\right)$ **数值表**　　**表 4-2**

L/M	M/r									
	0.5	1	3	10	30	100	200	500	1000	2000
0.05	0.00212	0.0675	1.15	6.30	17.70	39.95	47.00	63.00	74.50	84.50
0.1	0.00185	0.061	1.02	5.20	12.25	21.75	27.45	35.10	40.90	46.75
0.3	0.00148	0.0454	0.645	2.40	4.60	7.25	8.85	10.90	12.45	14.10
0.5	0.00085	0.0247	0.328	1.13	2.105	3.25	3.93	4.82	5.50	6.20
0.7	0.00027	0.0083	0.1185	0.44	0.845	1.335	1.62	2.00	2.29	2.50
0.9	0.00024	0.0008	0.0125	0.064	0.151	0.270	0.338	0.434	0.50	0.575

$\zeta\left(\frac{L}{M}, \frac{M}{r}\right)$表示因井的非完整性而产生的附加阻力，因为当 $M=L$ 时，$\zeta\left(\frac{L}{M}, \frac{M}{r}\right)=0$，则式（4-25）及式（4-26）就变成了完整井公式（4-21）和公式（4-22）。表 4-2 是按承压非完整井制成的，潜水非完整井的计算亦可应用，但应对 M、L 值进行修正：

$$M=H-0.5s$$

$$L=L_0-0.5s$$

式中　s——抽水时水位下降值（m）；

H——天然潜水位（m）；

L_0——天然潜水位至过滤器底端的距离（m）。

4.3.4　越流系统中地下水流向井的非稳定流运动

当在多含水层的承压水地区开采其中某含水层时，无论是稳定流抽水还是非稳定流抽水，其相邻含水层的水都可能越过相隔的弱透水层补给正在开采的含水层，如图 4-23 所示。当在含水层Ⅱ中抽水时，其上下相邻含水层（简称供给层或补给层）Ⅰ、Ⅲ将通过弱透水层向含水层Ⅱ进行垂直补给，称为越流补给，含水层Ⅱ称为越补含水层或主含水层。下面来介绍在非稳定流抽水时的越流补给计算。

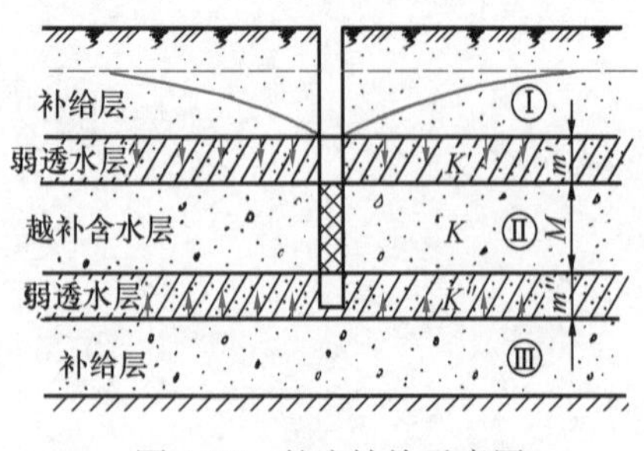

图 4-23　越流补给示意图

1. 第一类越流系统中地下水流向承压完整井的非稳定运动

（1）微分方程

1）假定条件

① 抽水影响范围内的含水层是多层、均质、等厚、各向同性、侧向无限延展。

② 上下隔水层是弱透水层，在主含水层中抽水时能产生越流补给。

③ 相邻补给层的水位在抽水过程中保持不变。

④ 水和含水层均为弹性体，储水量的释放是瞬时完成的。

⑤ 弱透水层的弹性储水量忽略不计。

2）微分方程

同无越流时的微分方程推导过程一样，可在距井一定距离内取一个微分柱体，再根据水量平衡原理来推导出有越流补给时的承压完整井非稳定流微分方程式：

$$\frac{\partial^2 \Phi}{\partial r^2}+\frac{1}{r}\frac{\partial \Phi}{\partial r}-\frac{\Phi}{B^2}=\frac{\mu^*}{T}\frac{\partial \Phi}{\partial t} \tag{4-27}$$

（2）计算公式

设边界条件为：

$$\begin{cases}\Phi(r,\ 0)=\Phi_k & 0\leqslant r<\infty \\ \Phi(\infty,\ t)=\Phi_k & t>0 \\ \lim\limits_{r\to o} r\dfrac{\partial \Phi}{\partial r}=\dfrac{\Phi}{2\pi} & \end{cases}$$

则可解出微分方程式（4-27）的解：

$$s=H-h=\frac{Q}{4\pi T}W\left(u,\ \frac{r}{B}\right) \tag{4-28}$$

式中　$s=H-h$ 为经过 t 时间后在距抽水井 r 处的水位下降值（m）；

$W\left(u,\ \dfrac{r}{B}\right)=\int_u^{\infty} e^{-y-\frac{r^2}{4B^2 y}}\cdot\dfrac{\mathrm{d}y}{y}$——第一越流系统的井函数；

$B=\sqrt{\dfrac{KM}{\dfrac{K'}{m'}+\dfrac{K''}{m''}}}$——越流系数，表示越流层补给量大小，$B$ 越大垂直补给量越小；

m'、m''——弱透水层的厚度（m）；

K'、K''——弱透水层的渗透系数（m/d）；

$u=\dfrac{r^2\mu^*}{4tT}$——井函数自变量；

r——计算点至抽水井的距离（m）；

μ^*——越补层的释水系数（无量纲）；

T——越补层的导水系数（m^2/d）；

t——抽水开始起计算的时间（d）。

根据式（4-28）可求得第一类越流系统中承压完整井抽水时任一时间 t，在距抽水井任意距离 r 处的水头降深值 s。

在实际工作中为了应用方便，已将越流系统的井函数 $W\left(u,\ \dfrac{r}{B}\right)$ 的级数表示式制成表格，见表 4-3。在计算时只要先求出 u 和 $\dfrac{r}{B}$ 值，则可在附表中查得 $W\left(u,\ \dfrac{r}{B}\right)$ 相应值。

2. 第二类越流系统中地下水流向承压完整井的非稳定流运动

第一类越流系统是假定弱透水层本身的储水量很小，可忽略不计。然而在某些情况下从弱透水层中释放出来的水量是相当大的，甚至是越流补给的主要来源，而上下含水层的垂直补给则可忽略不计，这就是第二类越流系统的主要水文地质特征。

$W\left(u, \frac{r}{B}\right)$函数表　　表 4-3

u \ $\frac{r}{B}$	0.01	0.015	0.03	0.05	0.075	0.1	0.15	0.2	0.3	0.4
0	9.4425	8.6319	7.2471	6.2285	5.4228	4.8541	4.0601	3.5054	2.7449	2.2291
10^{-4}	8.3983	8.1414	7.2122	6.2282	5.4227	4.8541	4.0601	3.5054	2.7449	2.2291
10^{-3}	6.3069	6.2766	6.1202	5.7965	5.3078	4.8292	4.0595	3.5054	2.7449	2.2291
0.01	4.0356	4.0326	4.0167	3.9795	3.9091	3.8150	3.5725	3.2875	2.7104	2.2253
0.02	3.3536	3.3521	3.3444	3.3264	3.2917	3.2442	3.1158	2.9521	2.5688	2.1809
0.03	2.9584	2.9575	2.9523	2.9409	2.9183	2.8873	2.8017	2.6896	2.4110	2.1031
0.04	2.6807	2.6800	2.6765	2.6680	2.6515	2.6288	2.5655	2.4816	2.2661	2.0155
0.05	2.4675	2.4670	2.4642	2.4576	2.4448	2.4271	2.3776	2.3110	2.1371	1.9283
0.06	2.2950	2.2945	2.2923	2.2870	2.2766	2.2622	2.2218	2.1673	2.0227	1.8452
0.07	2.1506	2.1502	2.1483	2.1439	2.1352	2.1232	2.0894	2.0435	1.9206	1.7673
0.08	2.0267	2.0264	2.0248	2.0212	2.0136	2.0034	1.9745	1.9351	1.8290	1.6947
0.09	1.9185	1.9183	1.9169	1.9136	1.9072	1.8983	1.8732	1.8389	1.7460	1.6272
0.1	1.8227	1.8225	1.8213	1.8184	1.8128	1.8050	1.7829	1.7527	1.6704	1.5644
0.2	1.2226	1.2225	1.2220	1.2209	1.2186	1.2155	1.2066	1.1944	1.1602	1.1145
0.3	0.9056	0.9056	0.9053	0.9047	0.9035	0.9018	0.8969	0.8902	0.8713	0.8457
0.4	0.7024	0.7023	0.7022	0. 7018	0.7010	0.7000	0.6969	0.6927	0.6809	0.6647
0.5	0.5598	0.5597	0.5596	0.5594	0.5588	0.5581	0.5561	0.5532	0.5453	0.5344
0.6	0.4544	0.4544	0.4543	0.4541	0.4537	0.4532	0.4518	0.4498	0.4441	0.4364
0.7	0.3738	0.3738	0.3737	0.3735	0.3733	0.3729	0.3719	0.3704	0.3663	0.3606
0.8	0.3106	0.3106	0.3105	0.3104	0.3102	0.3100	0.3092	0.3081	0.3050	0.3008
0.9	0.2602	0.2602	0.2601	0.2601	0.2599	0.2597	0.2591	0.2583	0.2559	0.2527
1.0	0.2194	0.2194	0.2193	0.2193	0.2191	0.2190	0.2186	0.2179	0.2161	0.2135
2.0	0.0489	0.0489	0.0489	0.0489	0.0489	0.0488	0.0488	0.0487	0.0485	0.0482
3.0	0.0130	0.0130	0.0130	0.0130	0.0130	0.0130	0.0130	0.0130	0.0130	0.0129
4.0	0.0038	0.0038	0.0038	0.0038	0.0038	0.0038	0.0038	0.0038	0.0038	0.0038
5.0	0.0011	0.0011	0.0011	0.0011	0.0011	0.0011	0.0011	0.0011	0.0011	0.0011
0	1.8488	1.5550	1.3210	1.1307	0.9735	0.8420	0.4276	0.2278	0.1247	0.0695
10^{-4}	1.8488	1.5550	1.3210	1.1307	0.9735	0.8420	0.4276	0.2278	0.1247	0.0695
10^{-3}	1.8488	1.5550	1.3210	1.1370	0.9735	0.8420	0.4276	0.2278	0.1247	0.0695
0.01	1.8486	1.5550	1.3210	1.1307	0.9735	0.8420	0.4276	0.2278	0.1247	0.0695
0.02	1.8379	1.5530	1.3207	1.1306	0.9735	0.8420	0.4276	0.2278	0.1247	0.0695
0.03	1.8062	1.5423	1.3177	1.1299	0.9733	0.8420	0.4276	0.2278	0.1247	0.0695
0.04	1.7603	1.5213	1.3094	1.1270	0.9724	0.8418	0.4276	0.2278	0.1247	0.0695
0.05	1.7075	1.4927	1.2955	1.1210	0.9700	0.8409	0.4276	0.2278	0.1247	0.0695
0.06	1.6524	1.4593	1.2770	1.1116	0.9657	0.8391	0.4276	0.2278	0.1247	0.0695
0.07	1.5973	1.4232	1.2551	1.0993	0.9593	0.8360	0.4276	0.2278	0.1247	0.0695
0.08	1.5436	1.3860	1.2310	1.0847	0.9510	0.8316	0.4275	0.2278	0.1247	0.0695
0.09	1.4918	1.3486	1.2054	1.0682	0.9411	0.8259	0.4274	0.2278	0.1247	0.0695
0.1	1.4422	1.3115	1.1791	1.0505	0.9297	0.8190	0.4271	0.2278	0.1247	0.0695

续表

u \ $\frac{r}{B}$	0.01	0.015	0.03	0.05	0.075	0.1	0.15	0.2	0.3	0.4
0.2	1.0592	0.9964	0.9284	0.8575	0.7857	0.7148	0.4135	0.2268	0.1247	0.0695
0.3	0.8142	0.7775	0.7369	0.6932	0.6476	0.6010	0.3812	0.2211	0.1240	0.0694
0.4	0.6446	0.6209	0.5943	0.5653	0.5345	0.5024	0.3411	0.2096	0.1217	0.0691
0.5	0.5206	0.5044	0.4860	0.4658	0.4440	0.4210	0.3007	0.1944	0.1174	0.0681
0.6	0.4266	0.4150	0.4018	0.3871	0.3712	0.3543	0.2630	0.1774	0.1112	0.0664
0.7	0.3534	0.3449	0.3351	0.3242	0.3123	0.2996	0.2292	0.1602	0.0104	0.0639
0.8	0.2953	0.2889	0.2815	0.2732	0.2641	0.2543	0.1994	0.1436	0.0961	0.0607
0.9	0.2485	0.2436	0.2378	0.2314	0.2244	0.2168	0.1734	0.1281	0.0881	0.0572
1.0	0.2103	0.2065	0.2020	0.1970	0.1914	0.1855	0.1509	0.1139	0.0803	0.0534
2.0	0.0477	0.0473	0.0467	0.0460	0.0452	0.0444	0.0394	0.0335	0.0271	0.0210
3.0	0.0128	0.0127	0.0126	0.0125	0.0123	0.0122	0.0112	0.0100	0.0086	0.0071
4.0	0.0037	0.0037	0.0037	0.0037	0.0036	0.0036	0.0034	0.0031	0.0027	0.0024
5.0	0.0011	0.0011	0.0011	0.0011	0.0011	0.0011	0.0010	0.0010	0.0009	0.0008

（1）第二类越流系统的假定条件

1）抽水影响范围内含水层是均质、等厚、各向同性、侧向无限延伸。

2）上下补给层的垂直补给量很小，可忽略不计，只有弱透水层垂直补给主含水层。

3）抽水过程中补给层水头保持不变。

4）水和含水层均为弹性体，储水量的释放是瞬时完成的。

（2）第二类越流系统的计算公式

在第二类越流系统中，由于含水层结构不同，可分别在各种情况下来推导其相应微分方程和计算公式，而且抽水时间很长和抽水时间很短的情况下计算公式也是不相同的。当弱透水层上下为另外两个含水层，抽水时间又很短的第二类越流系统可用下列公式进行计算：

$$s = H - h = \frac{Q}{4\pi T} H(u, B) \tag{4-29}$$

式中　$H(u, B) = \int_u^\infty \frac{e^{-y}}{y} \mathrm{erfc}\left(\frac{B\sqrt{u}}{\sqrt{y(y-u)}}\right) \mathrm{d}y$——第二越流系统井函数；

$u = \frac{r^2 \mu^*}{4tT}$——井函数自变量；

$$B = \frac{1}{4}\left(\sqrt{\frac{K'/m'}{T} \cdot \frac{\mu^{*\prime}}{\mu^*}} + \sqrt{\frac{K''/m''}{T} \cdot \frac{\mu^{*\prime\prime}}{\mu^*}}\right) r$$

$s = H - h$——在抽水延续 t 时间后距水井为 r 远处的水位降深值（m）；

H——主含水层自然水头高度（m）；

h——主含水层中经过 t 时间抽水之后距抽水井 r 处的水头高度（m）；

K'——主含水层上覆弱透水层的渗透系数（m/d）；

m'——主含水层上覆弱透水层的厚度（m）；

μ^*——主含水层释水系数；

$\mu^{*\prime}$——主含水层上覆弱透水层的释水系数；

K''、m''、$\mu^{*''}$——分别为主含水层下伏弱透水层的渗透系数、厚度及释水系数；

erfc（x）——误差函数的补函数；

其他符号同前。

根据式（4-29）可求得第二类越流系统中承压完整井抽水时任一时间 t，在距抽水井任意距离 r 处的水头降深值 s。

同样为了使用方便，也将函数 H（u，B）制成表格，计算时只要求出 u 和 B 则可在专用的表中查得相应的 H（u，B）值。

4.4　水文地质参数的确定

水文地质参数是表征含水层性质特征的重要参数，其数值的大小是含水层各种性能的综合反映。一般计算中，常采用的水文地质数有渗透系数、导水系数、释水系数、给水度、降雨入渗系数、影响半径、压力传导系数、越流系数等。

渗透系数 K 是表示含水层渗透性能的参数；

导水系数 T 是表示含水层导水能力大小的参数，其数值为含水层的渗透系数与厚度的乘积。

给水度 μ 是表示潜水含水层给水能力的参数，即饱水岩石在重力作用下，可自由流出的最大水体积与整个岩石体积之比值。

释水系数 μ^* 是指单位面积的承压含水层柱体，在水头降低 1m 时，释放的水体与柱体体积之比值。表示承压含水层的弹性释水能力的参数。

水位传导系数 $a=\dfrac{T}{\mu}$ 表示含水层中水位传导速度的参数。对于承压含水层为压力传导系数 $a=\dfrac{T}{\mu^*}$。

影响半径 R 是表示含水层补给条件的参数，综合地反映了含水层的规模、补给类型、补给能力。

越流系数 $\dfrac{K'}{m'}$ 是表示弱透水层在垂直方向上导水性能的参数。它是含水层上部或下部弱透水层的渗透系数 K 与弱透水层厚度的比值。

越流参数 B 是表示具有越流条件下的越流作用的参数。它和导水系数 T 与越流系数比值的平方根成正比。

补给系数 E 是表示含水层接受侧向、垂向补给能力的大小。

降雨入渗系数 a 是降水入渗是与降水量的比值。

水文地质参数是进行水文地质计算和合理开发利用地下水的重要依据，同时关系到水量评价结果的正确与否。如何准确确定水文地质参数，成为水文地质领域内重要的研究内容。

4.4.1　利用稳定流抽水试验计算水文地质参数

1. 单井稳定流抽水试验计算渗透系数 K

利用裘布依型稳定流公式进行渗透系数计算时，若没有观测孔而只能根据抽水井的出水量、水位下降等数据，则应消除抽水井附近产生的三维流、紊流的影响；特别是在抽水井水位下降值较大的情况下，最好采用下列消除渗透阻力的方法：

首先根据单井内水位下降值 s_w 与相应的出水量 Q 绘制出 Q-s_w 关系曲线，如图 4-24 所示，再按所得曲线类型选择适当的计算公式。

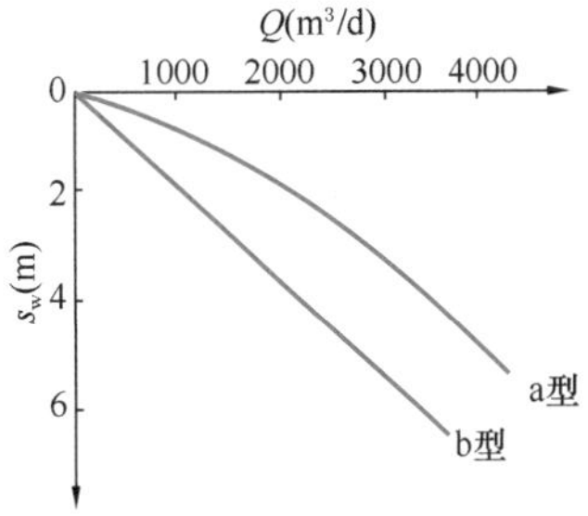

图 4-24 Q-s_w 关系曲线

(1) 当 Q-s_w（或 Δh_w^2）呈直线关系时，地下水运动为平面流，可直接采用下列公式计算。

1）承压水完整井：

$$K = 0.366\frac{Q(\lg R - \lg r_w)}{Ms_w} \tag{4-30}$$

2）潜水完整井：

$$K = 0.733\frac{Q(\lg R - \lg r_w)}{(2H - s_w)s_w} \tag{4-31a}$$

或

$$K = 0.733\frac{Q(\lg R - \lg r_w)}{H^2 - h_w^2} \tag{4-31b}$$

3）承压水非完整井：

$$K = 0.366\frac{Q}{Ms_w}\left[\frac{1}{2\alpha}\left(2\lg\frac{4M}{r_w} - A\right) - \lg\frac{4M}{R}\right] \tag{4-32a}$$

公式适用范围：$L > 0.3M$

或 $$K = 0.366\frac{Q}{Ms_w}\left(\lg\frac{R}{r_w} + \frac{M-L}{L}\cdot\lg\frac{1.12M}{\pi r_w}\right) \tag{4-32b}$$

公式适用范围：$M > 150r_w$；$\frac{L}{M} > 0.1$。

或 $$K = 0.366\frac{Q}{Ms_w}\left[\lg\frac{R}{r_w} + \frac{M-L}{L}\cdot\lg\left(1 + 0.2\frac{M}{r_w}\right)\right] \tag{4-32c}$$

公式适用范围：过滤器位于含水层的顶部或底部，抽水井直径不受限制。

4）潜水非完整井：

$$K = \frac{0.733Q}{\left[\dfrac{L + s_w}{\lg\dfrac{R}{r_w}} + \dfrac{2M_0}{\dfrac{1}{2\alpha}\left(2\lg\dfrac{4M_0}{r_w} - A\right) - \lg\dfrac{4M_0}{R}}\right]} \tag{4-33a}$$

公式适用范围：$\frac{L}{2} > 0.3M$。

或 $$K = \frac{0.733Q}{H^2 - h_w^2}\left(\lg\frac{R}{r_w} + \frac{\bar{h}_m - L}{L}\cdot\lg\frac{1.12\bar{h}_m}{\pi r_w}\right) \tag{4-33b}$$

公式适用范围：$\bar{h}_m > 150r_w$；$\frac{L}{\bar{h}_m} > 0.1$

或 $$K = \frac{0.733Q}{H^2 - h_w^2}\left[\lg\frac{R}{r_w} + \frac{\bar{h}_m - L}{L}\cdot\lg\left(1 + 0.2\frac{\bar{h}_m}{r_w}\right)\right] \tag{4-33c}$$

公式适用范围：过滤器位于含水层的顶部或底部。

上述式中　Q——抽水井的出水量（m^3/d）；

s_w——抽水井内的水位下降值（m）；

M——承压含水层的厚度（m）；

$M_0=H-s-\frac{L}{2}$；

$\bar{h}_m=\frac{H_m+h_m}{2}$——潜水含水层在自然情况下和抽水试验时的厚度的平均值（m）；

H_m——自然条件下潜水含水层的厚度（m）；

h_m——潜水含水层在抽水试验时的厚度（m）；

L——过滤器长度（m）；

r_w——抽水井半径（m）；

R——影响半径（m）。

【例 4-1】 某地区有一承压完整井，井半径为 0.21m，过滤器长度 35.82m；含水层为砂卵石，厚度 36.42m；影响半径为 300m，抽水试验结果为：

$$s_{w1}=1.00\text{m}\qquad Q_1=4500\text{m}^3/\text{d}$$

$$s_{w2}=1.75\text{m}\qquad Q_2=7850\text{m}^3/\text{d}$$

$$s_{w3}=2.50\text{m}\qquad Q_3=11250\text{m}^3/\text{d}$$

试求渗透系数 K。

【解】 根据三次抽水试验资料作 Q-s_w 关系曲线，如图 4-25 所示。

由于 Q-s_w 关系曲线呈直线，故可直接采用式（4-30）进行计算：

$$K=0.366\frac{Q(\lg R-\lg r_w)}{Ms_w}=0.366\times\frac{7850(\lg 300-\lg 0.21)}{36.42\times 1.75}=142.65\text{m/d}$$

因为 Q-s_w 是直线关系，所以可选用抽水试验中任意 s_w 与相应 Q 计算 K 值。

（2）当 Q-s_w（或 Δh_w^2）关系呈曲线关系时，抽水井壁及其附近含水层中，已产生三维紊流，不符合裘布依的基本假定条件，因此不能直接用稳定流公式进行计算。

为了消除三维流、紊流的影响，在计算时应采用消除阻力法。

首先绘制$\frac{s_w}{Q}$-Q 或$\frac{\Delta h^2}{Q}$-Q 关系曲线（Δh^2 是潜水含水层在自然情况下的水位 H 和抽水试验时的动水位 h_w 的平方差，即 $\Delta h^2=H^2-h_w^2$），如图 4-26 所示。若根据三次水位下降的 Q、s_w 值所做的承压水的$\frac{s_w}{Q}$-Q 或潜水的$\frac{\Delta h^2}{Q}$-Q 关系曲线呈直线时，则可将直线在纵轴上的截距 a 值代入公式进行计算，这种方法亦称为截距法。即用$\frac{1}{a}$代替式（4-30）、式（4-32b）、式（4-32c）中的$\frac{Q}{s_w}$；用$\frac{1}{a}$代替式（4-31b）、式（4-33b）、式（4-33c）中的$\frac{Q}{H^2-h_w^2}$，则可得：

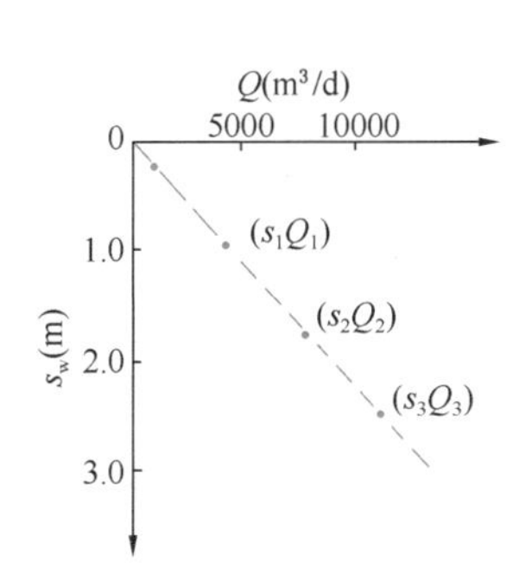

图 4-25　按抽水试验资料所作 Q-s_w 关系曲线

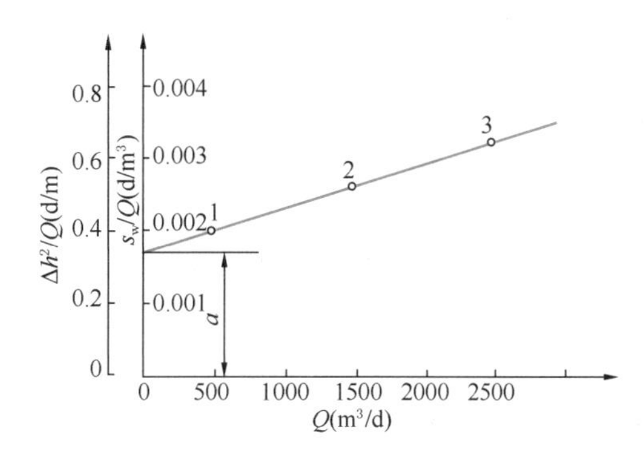

图 4-26　s_w/Q（或 $\Delta h^2/Q$）-Q 关系曲线

1）承压水完整井：

$$K=0.366\frac{\lg R-\lg r_w}{aM} \tag{4-34}$$

2）潜水完整井：

$$K=0.733\frac{\lg R-\lg r_w}{a} \tag{4-35}$$

3）承压水非完整井：

$$K=0.366\frac{1}{aM}\left(\lg\frac{R}{r_w}+\frac{M-L}{L}\cdot\lg\frac{1.12M}{\pi r_w}\right) \tag{4-36a}$$

或

$$K=0.366\frac{1}{aM}\left[\lg\frac{R}{r_w}+\frac{M-L}{L}\lg\left(1+0.2\frac{M}{r_w}\right)\right] \tag{4-36b}$$

4）潜水非完整井：

$$K=0.733\frac{1}{a}\left(\lg\frac{R}{r_M}+\frac{\overline{h}_m-L}{L}\cdot\lg\frac{1.12\overline{h}_m}{\pi r_w}\right) \tag{4-37a}$$

或

$$K=0.733\frac{1}{a}\left[\lg\frac{R}{r_w}+\frac{\overline{h}_m-L}{L}\cdot\lg\left(1+0.2\frac{\overline{h}_m}{r_w}\right)\right] \tag{4-37b}$$

式中符号及公式的适用范围同前。

【例 4-2】 某地一水源井，含水层为卵石层，上部被 37m 的黏土层所覆盖，含水层平均厚度为 30m，井直径为 380mm，过滤器长为 23.05m，位于含水层顶部，抽水试验观测数值如下：

$$s_{w1}=0.99\text{m}\qquad Q_1=4173\text{m}^3/\text{d}$$

$$s_{w2}=2.06\text{m}\qquad Q_2=7465\text{m}^3/\text{d}$$

$$s_{w3}=3.62\text{m}\qquad Q_3=11146\text{m}^3/\text{d}$$

影响半径为 700m，试计算含水层的渗透系数。

【解】 该井为承压非完整井根据以上三次降深的抽水试验作 Q-s_w 关系曲线，如图 4-27 所示。因 Q-s_w 关系曲线呈抛物线形，故再作 s_w/Q-Q 关系曲线，已呈直线关系，如图 4-28 所示，从图上可得 a 等于 1.85×10^{-4}。$\frac{M}{r_w}=\frac{30\text{m}}{0.19\text{m}}>150$；$\frac{L}{M}=\frac{23.05\text{m}}{30\text{m}}>0.1$；过滤器位于含水层的顶部，故选用公式（4-36b）进行计算：

$$K=0.366\frac{1}{aM}\left[\lg\frac{R}{r_w}+\frac{M-L}{L}\lg\left(1+0.2\frac{M}{r_w}\right)\right]$$

$$K=0.366\times\frac{1}{1.85\times10^{-4}\times30}\left[\lg\frac{700}{0.19}+\frac{30-23.5}{23.05}\cdot\lg\left(1+0.2\times\frac{30}{0.19}\right)\right]$$

$$=66\times[\lg3684+0.31\lg32.6]=266\text{m/d}$$

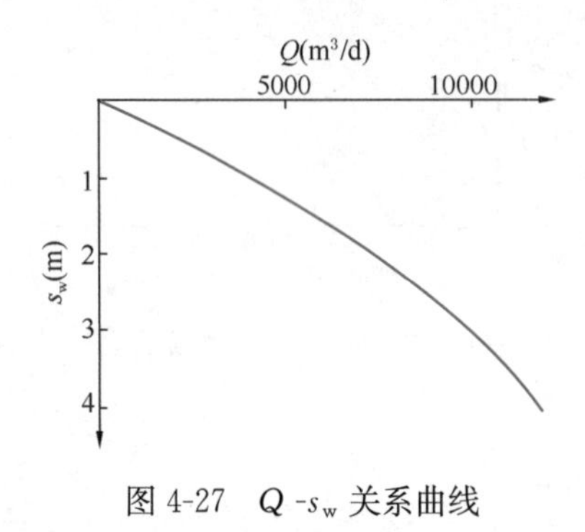

图 4-27　Q-s_w 关系曲线

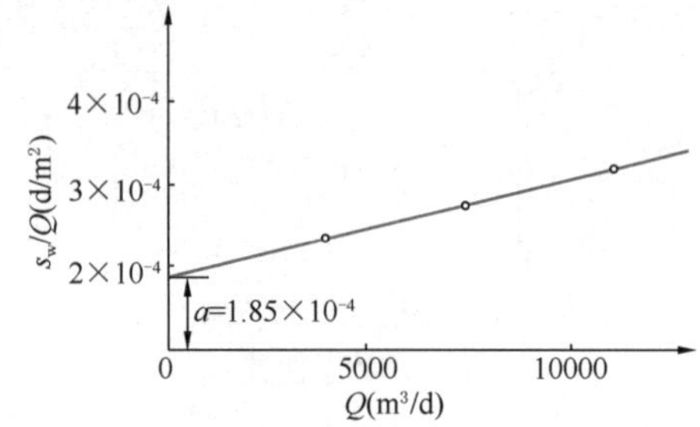

图 4-28　s_w/Q-Q 关系曲线

2. 带观测孔的单井稳定抽水试验计算渗透系数 K

单井稳定抽水，利用观测孔水位下降资料计算渗透系数，以往多采用裘布依—齐姆公式，计算结果发现距抽水井近者，其值偏小，反之则偏大。其主要原因是观测孔布置的位置，不适合公式的使用段，在近井区易受三维紊流等因素的影响，使井内水位产生附加下降，因而渗透系数偏小。当远离抽水井时，受边界条件的影响使渗透系数偏大。因此为了避免抽水井附近的三维紊流影响，最近观测孔距主井的距离一般为含水层厚度的一倍；最远的观测孔距第一个观测孔的距离不宜太大，以保证各观测孔内有一定的水位下降值，并使各观测孔的水位下降值在 s（Δh^2）-lg$r$ 曲线的直线段内，如图 4-29 所示。

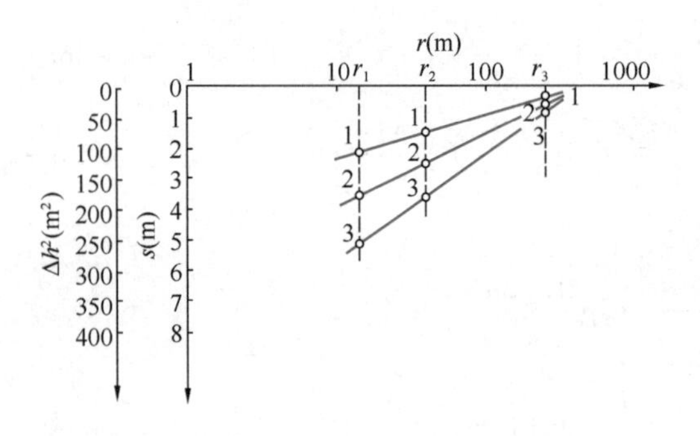

图 4-29　$s(\Delta h^2)$-lg$r$ 关系曲线

（1）单观测孔

承压水完整井：
$$K=\frac{Q}{2\pi M\ (s_w-s_1)}\ln\frac{r_1}{r_w}\tag{4-38}$$

潜水完整井：
$$K=\frac{Q}{\pi\ (\Delta h_w^2-\Delta h_1^2)}\ln\frac{r_1}{r_w}\tag{4-39}$$

式中　s_w——抽水井内水位下降值（m）；

s_1——观测孔内水位下降值（m）；

r_w——抽水井的半径（m）；

r_1——抽水井至观测孔的距离（m）；

Δh_w——抽水井内含水层自底板算水柱高（m）；

Δh_1——观测孔内含水层自底板算水柱高（m）。

（2）两个观测孔

承压水完整井：

$$K=0.366\frac{Q(\lg r_2-\lg r_1)}{M(s_1-s_2)}\tag{4-40}$$

潜水完整井：

$$K=0.733\frac{Q(\lg r_2-\lg r_1)}{\Delta h_1^2-\Delta h_2^2} \tag{4-41}$$

承压水非完整井（过滤器紧接含水层顶板，$L<0.3M$，$r_1=0.3r_2$，观测井和抽水井深度相等）：

$$K=\frac{0.16Q}{L(s_1-s_2)}\left[\operatorname{arsh}\frac{L}{r_1}-\operatorname{arsh}\frac{L}{r_2}\right] \tag{4-42}$$

潜水非完整井（抽水井过滤器被淹没）：

$$K=\frac{0.733Q(\lg r_2-\lg r_1)}{(s_1-s_2)(2s-s_1-s_2+L)} \tag{4-43}$$

式中 r_1、r_2——观测孔1、2分别距抽水井距离（m）；

s_1、s_2——主孔抽水时观测井1、2分别的水位下降值（m）；

L——过滤器长度（m）；

Δh_1^2、Δh_2^2——在 Δh^2-$\lg r$ 关系曲线的直线段任意两点的纵坐标值（m^2）。

其他符号同前。

【例 4-3】 某厂5号井的水文地质条件为：承压含水层厚30m，岩性为含砾石的中细砂层，局部地区夹粉土透镜体。沿5号井布置了两排观测井，一排为 A_1、A_2 两个观测孔；另一排为 B_1、B_2、B_3 三个观测孔。现将B排观测孔的记录数据列表见表4-4。

B排观测孔记录 **表 4-4**

下降次数	5号井				观 B_1		观 B_2		观 B_3	
	Q (m^3/d)	s_w (m)	r_w (m)	M (m)	r (m)	s (m)	r (m)	s (m)	r (m)	s (m)
1	1402	2.350	0.2	20	5.3	1.170	60	0.570	300	0.168
2	4088	7.435	0.2	20	5.3	3.518	60	1.860	300	0.482
3	5530	10.20	0.2	20	5.3	4.740	60	2.220	300	0.640

5号井的水文地质剖面如图4-30所示，试计算渗透系数 K。

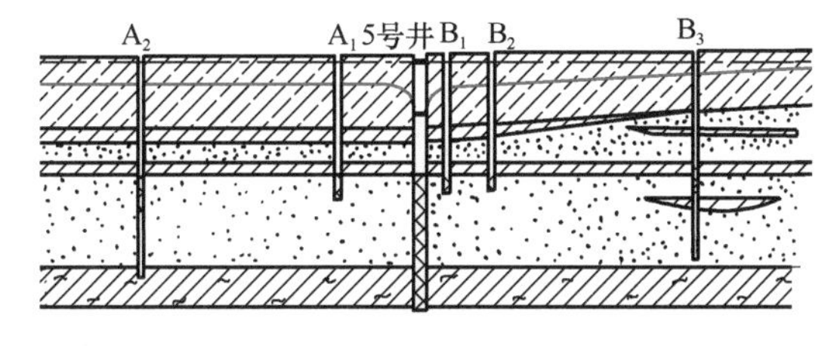

图4-30 5号井抽水试验水文地质剖面

【解】 根据观测资料首先绘制 s-$\lg r$ 曲线，如图4-31所示。

从图4-31中可以看出：s-$\lg r$ 曲线在 B_1、B_2、B_3 部位呈直线关系，说明此段属二维流区，所以可用式（4-40）进行计算：

$$K=0.366\frac{Q(\lg r_2-\lg r_1)}{M(s_1-s_2)}=0.366\times\frac{1402(\lg 60-\lg 5.3)}{20(1.17-0.57)}=45\text{m/d}$$

在缺少实测资料的情况下，可以参照经验值，见表4-5。

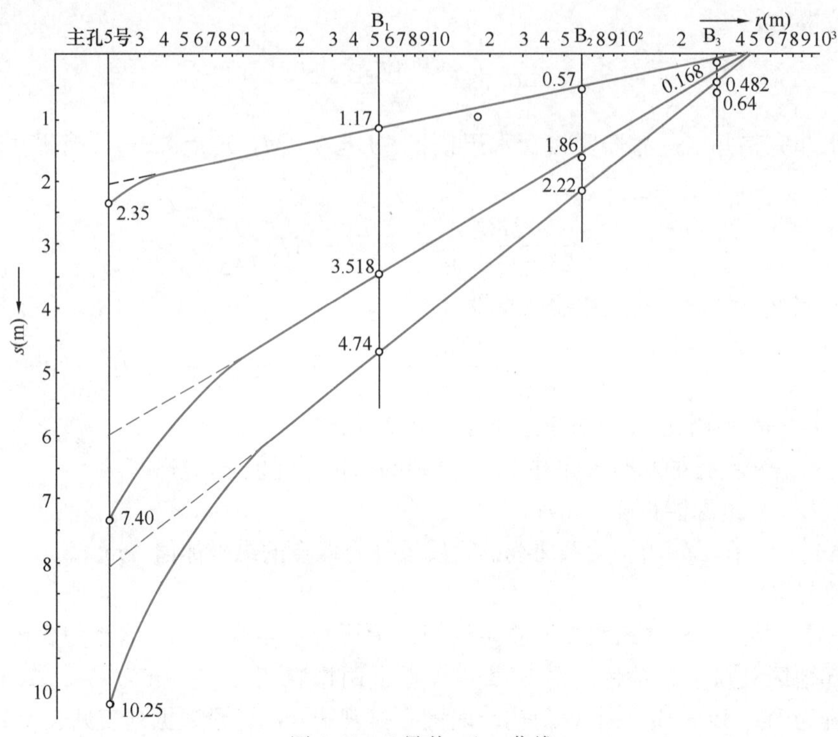

图 4-31　5 号井 s-lg$r$ 曲线

渗透系数经验值　　**表 4-5**

地　　层	地层粒径		渗透系数 K（m/d）
	粒　径（mm）	所占质量（%）	
黏土			近于 0
粉质黏土			0.1～0.25
黄土			0.25～0.5
粉土			0.5～1
粉砂	0.1～0.25	<75	1～5
细砂	0.1～0.25	>75	5～10
中砂	0.25～0.5	>50	10～25
粗砂	0.5～1.0	>50	25～50
极粗的砂	1～2	>50	50～100
砾石夹砂			75～150
带粗砂的砾石			100～200
漂　砾　石			200～500
圆砾大漂石			500～1000

从表 4-5 中选取地层的渗透系数时必须结合当地的水文地质条件，因为自然界松散岩层的颗粒级配情况是复杂多变的，而颗粒组成对渗透系数的影响很大。如：一般带粗砂的砾石其渗透系数值为 100～200m/d；而含有黏性土的粗砂砾石其渗透系数只有 50m/d 左右；但较均匀的砾石渗透系数都在 200m/d 以上。

3. 影响半径（R）的确定

裘布依公式是在特定条件下（抽水井位于岛状含水层中心位置）建立的。因此公式中的影响半径 R 亦有其特定的含意，即在距抽水井 R 处存在实际的定水头补给；R 表示实际的影响范围；R 处的水位下降值为零；R 值是不受抽水水位下降值 s 及抽水量 Q 影响的常数值。

生产实践表明，抽水的影响范围是随时间 t 的延长、流量 Q 的增加而扩大的，不可能将抽水的影响范围限定在一个"半径"内。同时，在天然条件下，降落漏斗多不对称，边界也不明显，单井抽水影响范围实际上不是一个圆，不能简单地用一个"半径"来确定。因此，影响半径的确定问题成为重要的研究内容。目前确定影响半径的方法主要有如下几种。

（1）无观测孔

1）不考虑地下水流向

潜水完整井：

$$\lg R = 1.366\frac{K(2H - s_w)s_w}{Q} + \lg r_w \tag{4-44}$$

承压水完整井：

$$\lg R = 2.73\frac{KMs_w}{Q} + \lg r_w \tag{4-45}$$

2）考虑地下水流向

① 承压含水层

地下水上游方向　$R_1 = r_w e^{a+1}$　(4-46)

地下水下游方向　$R_2 = r_w e^{a-1}$　(4-47)

地下水流向垂直方向　$R_3 = r_w e^{a}$　(4-48)

式中　r——抽水井半径（m）；

e——自然对数的底数；

$$a = \frac{2\pi KMs_w}{Q} = \frac{2\pi KM}{q}$$

M——含水层的厚度（m）；

Q——井的出水量（m^3/d）；

q——单位出水量（$m^3/(d\cdot m)$）；

s_w——水位下降值（m）。

从上述可知，抽水时井的降落漏斗为椭圆形，三者之间的关系为 $R_1 = 7.3R_2 = 2.7R_3$。

② 潜水含水层

$$R = r_w e^{B} \tag{4-49}$$

式中
$$B = \frac{\pi K(2H - s_w)s_w}{Q} = \frac{\pi K(2H - s_w)}{q}$$

③ 经验公式

承压含水层：　$R = 10 s_w\sqrt{K}$（集哈尔特公式）　(4-50)

潜水含水层：$$R=2s_w\sqrt{K}\ \text{（库萨金公式）} \tag{4-51}$$

式中　s_w——水位下降值（m）；

K——渗透系数（m/d）；

H——含水层的厚度（m）。

（2）单观测孔

1）承压含水层：$r_w \leqslant r \leqslant 0.178R$ 时

$$\lg R=\frac{s_w \lg r_1-s_1 \lg r}{s_w-s_1} \tag{4-52}$$

2）潜水含水层：

$$\lg R=\frac{s_w(2H-s_w)\lg r_1-s_1(2H-s_1)\lg r_w}{(s_w-s_1)(2H-s_w-s_1)} \tag{4-53}$$

式中　r_1——抽水井至观测孔之间的距离（m）；

s_1——观测孔内水位下降值（m）。

其他符号同上。

（3）两个或两个以上观测孔

1）承压含水层

$$\lg R=\frac{s_1 \lg r_2-s_2 \lg r_1}{s_1-s_2} \tag{4-54}$$

2）潜水含水层

$$\lg R=\frac{\Delta h_1^2 \lg r_2-\Delta h_2^2 \lg r_1}{\Delta h_1^2-\Delta h_2^2} \tag{4-55}$$

式中　s_1、s_2——在 s-$\lg r$ 曲线上任意两点的水位下降值（m）；

Δh_1^2、Δh_2^2——在 Δh^2-$\lg r$ 曲线上任意两点的纵坐标值（m^2）；

r_1、r_2——$s(\Delta h^2)$-$\lg r$ 曲线上，纵坐标为 s_1、s_2 或 Δh_1^2、Δh_2^2 的两点至抽水井的距离。

（4）图解法确定影响半径

1）浸润曲线外推法

在制图纸上，将主井抽水时，最大一次水位下降稳定后，测得的主井及各观测井的稳定水位绘在图上，以光滑的曲线按自然趋势连接，并外推使其与自然水位线相交于一点，该点至抽水井的距离，即为影响半径，如图 4-32 所示。

2）s-$\lg r$ 直线交汇法

此方法需观测孔不少于三个。在半对数纸上，按抽水井至观测孔距离标出抽水井、观测孔位置，然后根据抽水同一时刻测得的抽水井和观测孔的稳定水位，点在图上。其观测孔各点连线，应为直线，并将各条直线外推，与 r 轴交与一点，此点的值即为影响半径，如图 4-33 所示。

4.4.2　无越流含水层非稳定流抽水计算水文地质参数

无越流含水层非稳定流抽水，主要是为了确定含水层的导水系数 T、释水系数 μ^* 或

压力传导系数 a。常用的有试算法、配线法（也叫标准曲线对比法或量板法）、直线图解法、恢复水位法、直线斜率法等，以下介绍前四种方法。

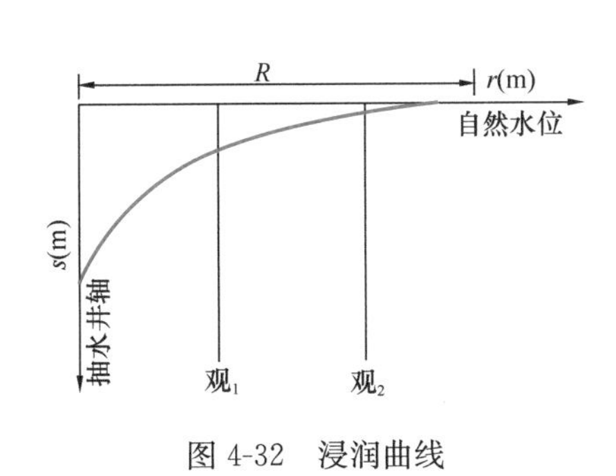

图 4-32　浸润曲线

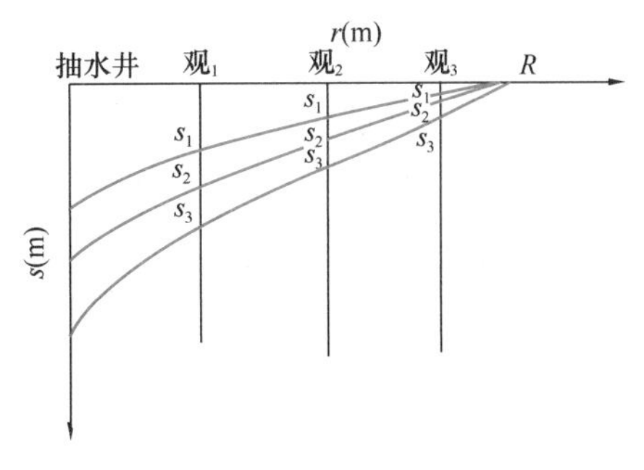

图 4-33　s-lg$r$ 曲线

1. 试算法

(1) 单个抽水井和单观测井

承压含水层抽水流量 Q 保持不变，取两个时段 t_1、t_2 及相应的观测井中的水位下降值 s_1、s_2，则有：

$$s_1=\frac{Q}{4\pi T}W(u_1)=\frac{Q}{4\pi T}W\left(\frac{r^2}{4at_1}\right)$$

$$s_2=\frac{Q}{4\pi T}W(u_2)=\frac{Q}{4\pi T}W\left(\frac{r^2}{4at_2}\right)$$

两式相除得：

$$\frac{s_1}{s_2}=\frac{W\left(\frac{r^2}{4at_1}\right)}{W\left(\frac{r^2}{4at_2}\right)} \tag{4-56}$$

式 (4-56) 中只有压力传导系数 a 是未知数，但由于它居于井函数之中，一般情况下提不出来，不能直接求解。通常采用试算的方法，根据经验给定一个 a 值，代入式 (4-56) 看能否满足，如果不满足就再另选一个 a 值直到满足为止。当给定一个 a 值之后，$u=\frac{r^2}{4at}$ 则为已知数，即可在表 4-1 中查得 W (u) 值，如果 $\frac{W\left(\frac{r^2}{4at_1}\right)}{W\left(\frac{r^2}{4at_2}\right)}$ 之比值等于 $\frac{s_1}{s_2}$ 时，则为满足。

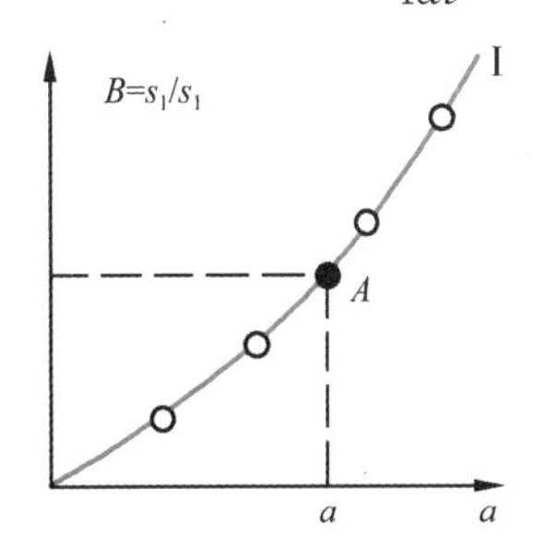

图 4-34　B-a 关系曲线

上述试算的过程还可以用作图的方法来代替，如图 4-34 所示。

设式 (4-56) 中 $\frac{s_1}{s_2}=B$，以 B 作为纵坐标，而横坐标为 a，给以任意的 a_1、a_2、a_3、…、a_n 值代入式 (4-56) 可得到相应的 B_1、B_2、B_3、…、B_n 值，把这些数值点在图 4-34 上，即可

得曲线Ⅰ，然后再根据实测的 $B_{实}=\frac{s_1}{s_2}$ 值，在曲线Ⅰ上确定 A 点，A 点在横坐标上的投影点就是所求的 a 值。

a 值确定后，可按下式计算导水系数 T：

$$T=\frac{Q}{4\pi s_1}W\left(\frac{r^2}{4\pi a t_1}\right) \tag{4-57}$$

如果没有观测井，亦可粗略地把抽水井本身当做观测井。

（2）两个观测井

在有两个观测井的情况下，可取任意同一时间 t 的两个观测井的 s_1、s_2 和 r_1、r_2 进行计算，这样得：

$$\frac{s_1}{s_2}=\frac{W\left(\frac{r_1^2}{4at}\right)}{W\left(\frac{r_2^2}{4at}\right)} \tag{4-58}$$

$$T=\frac{Q}{4\pi s_1}W\left(\frac{r_1^2}{4at}\right) \tag{4-59}$$

试算法有简明易懂、计算方便的优点。但由于观测的误差和抽水机械等原因使水位波动，则往往使计算结果不够准确。为了提高精度，充分利用全部观测资料，一般还可采用配线法（标准曲线对比法）、直线图解法以及恢复水位法等。

2. 配线法

通过实测（试验）曲线与理论曲线对比确定含水层水文地质参数的方法，又称标准曲线对比法、量板法或典型曲线法。

此方法可分为时间-降深配线法、降深-时间距离配线法及降深-距离配线法 3 种。当只有单观测井资料时应采用前两种配线法，若有两个以上观测井资料时，可采用降深-距离配线法。

（1）基本原理

承压完整井的非稳定流公式可表示为：

$$\begin{cases} s=\frac{Q}{4\pi T}W(u) \\ u=\frac{r^2}{4at}\text{ 变换形式为}\frac{t}{r^2}=\frac{1}{4a}\cdot\frac{1}{u}=\frac{\mu^*}{4T}\cdot\frac{1}{u} \end{cases}$$

两端同时取对数有：

$$\begin{cases} \lg s=\lg W(u)+\lg\frac{Q}{4\pi T} \\ \lg\frac{t}{r^2}=\lg\frac{1}{u}+\lg\frac{\mu^*}{4T} \end{cases}$$

上述两式右端的第二项在同一次抽水试验中均为常数，所以在双对数坐标系内，对于定流量抽水 s-$\frac{t}{r^2}$ 曲线和 $W(u)$-$\frac{1}{u}$ 标准曲线在形状上是相同的，只是纵横坐标平移了 $\frac{Q}{4\pi T}$ 和 $\frac{\mu^*}{4T}$ 的距离而已。将两条曲线重合，任选一匹配点，记下对应的坐标值，代入承压水完整井的非稳定流公式（Theis 公式）即可确定有关参数。此法称之为降深-时间距离配线法。

如果将 $u=\frac{r^2}{4at}$变换为 $t=\frac{1}{u}\cdot\frac{\mu^* r^2}{4T}$，取对数则变 $\lg t=\lg\frac{1}{u}+\lg\frac{r^2\mu^*}{4T}$。在双对数坐标纸上由实际资料绘制的 s-t 曲线，与 $W(u)$-$\frac{1}{u}$标准曲线有相同的形状。因此，如果只有单观测孔，这时 r 为定值，可以利用该孔不同时刻的降深值，在双对数纸上绘出 s-t 实际资料曲线和 $W(u)$-$\frac{1}{u}$标准曲线进行拟合，此法称为降深—时间配线法。

如果有 3 个以上的观测孔，可以取 t 为定值，利用所有观测孔的降深值，在双对数纸上绘出 s-r^2 实际资料曲线与 $W(u)$-u 标准曲线拟合，称为降深—距离配线法。

（2）计算步骤

1）在双对数坐标纸上绘制 $W(u)$-$\frac{1}{u}$的标准曲线。

2）在另一张模数相同的透明双对数纸上绘制实测的 s-t/r^2 曲线。

3）将实测曲线置于标准曲线上，在保持对应坐标轴彼此平行的条件下相对平移，直至两曲线重合为止（图 4-35）。

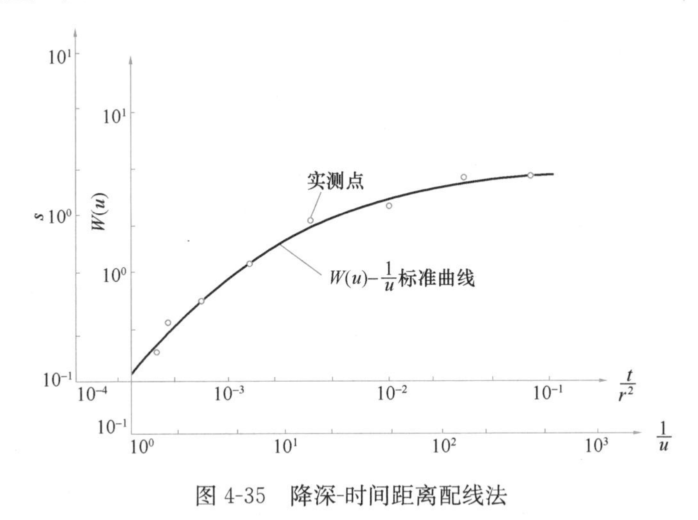

图 4-35　降深-时间距离配线法

4）任取一匹配点（在曲线上或曲线外均可），记录匹配点的对应坐标值：$W(u)$、$\frac{1}{u}$$s$ 和 $\frac{t}{r^2}$，代入 Theis 公式分别计算出有关参数。

$$\begin{cases} T=\dfrac{Q}{4\pi[s]}[W(u)] \\ \mu^*=\dfrac{4T}{\left[\dfrac{1}{u}\right]}\left[\dfrac{t}{r^2}\right] \end{cases}$$

同理，可利用降深-时间配线法求出有关参数，计算步骤与降深-时间距离配线法类似，如图 4-36 所示。

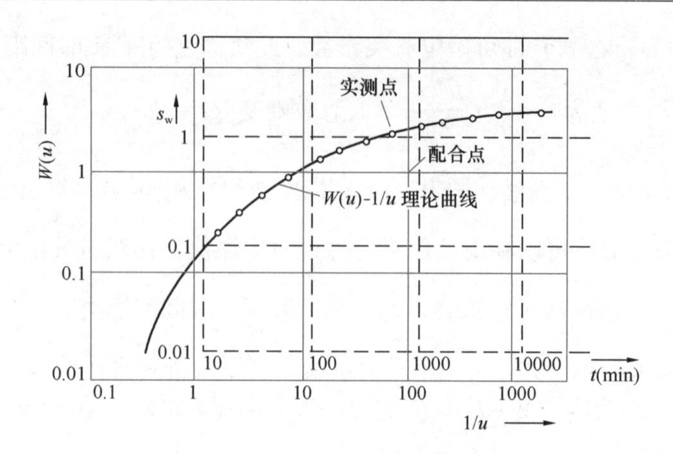

图 4-36　降深-时间配线法

配线法的最大优点是可以充分利用抽水试验的全部观测资料，避免个别资料的偶然误差，提高计算精度。但也存在一定的缺点，第一，抽水初期实测曲线常与标准曲线不符，其原因主要是推导公式时应用了一些假设，如假设储存量瞬时释放，而实际上总有个过程；此外，抽水初期涌水量不易稳定，与理论要求不符合。由此，非稳定抽水试验时间不宜过短。第二，抽水后期曲线比较平缓时，同标准曲线不容易拟合准确，常因个人判断不同引起误差。所以在确定抽水延续时间和观测精度时，应考虑所得资料能画出 s-t 或 s-$\frac{t}{r^2}$ 曲线的弯曲部分，便于拟合。如果后期实测数据偏离标准曲线，则可能是含水层外围边界的影响或含水层岩性发生了变化等。这就需要把试验数据和具体水文地质条件结合起来分析。

【例 4-4】 某机械厂供水井的深度 946m，观测资料见表 4-6，试根据观测资料用时间 t-水位下降 s 配线法计算含水层的水文地质参数。

某孔抽水试验资料　　**表 4-6**

观测时间				抽水孔	观测孔	
月/日	时	分	累计时间（min）	出水量（m³/h）	水位（m）	降深（m）
8/2	11	16		77.45	3.404	0
	16	0	285	77.45	3.455	0.051
9/2	8	0	1245	77.45	4.435	1.031
	16	0	1725	77.45	4.965	1.561
10/2	16	0	3165	77.45	6.495	3.091
11/2	8	0	4125	77.45	6.655	3.251
	16	0	4605	77.45	6.855	3.451
12/2	8	0	5565	77.45	7.250	3.846
	16	0	6045	77.45	7.425	4.021
	18	45	6210	停抽		

【解】 首先从井函数表 4-1 中选一批 u 与 $W(u)$ 的对应值，在双对数纸上绘制成 $\frac{1}{u}$-

$W(u)$现论曲线样板，如图 4-37 之实线。然后将实测数据点绘在透明双对数纸上，如图 4-37 之小圆圈，再套在理论曲线样板上，使大部分实测点落在曲线上，并保持纵横坐标轴互相平行，如图所示即为正确的位置。从配合点可以查出相应的 $W(u)$、$\frac{1}{u}$、s 及 t 值分别为：

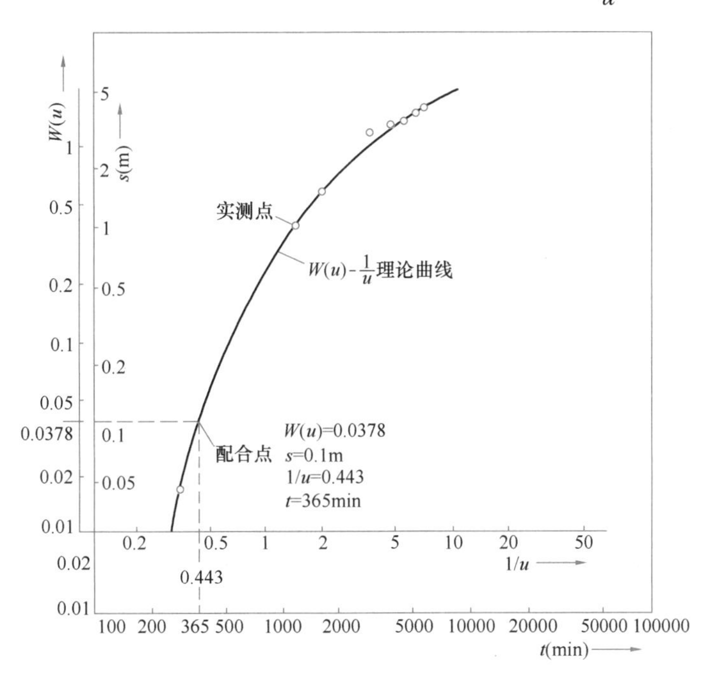

图 4-37　观测孔的 s-t 配线图

$$W(u)=0.0378$$

$$\frac{1}{u}=0.443$$

$$s=0.1\text{m}$$

$$t=365\text{min}$$

将以上数据代入下式，则得：

$$T=\frac{Q}{4\pi s}W(u)=\frac{21.5\times 86.4}{4\times 3.1416\times 0.1}\times 0.0378=56.4\text{m}^2/\text{d}$$

$$a=\frac{r^2}{4t}\cdot\frac{1}{u}=\frac{(1450)^2\times 0.443}{4\times\dfrac{365}{1440}}=9.18\times 10^5\text{m}^2/\text{d}$$

由于 $a=\frac{T}{\mu^*}$则

$$\mu^*=\frac{T}{a}=\frac{56.4}{9.18\times 10^5}=6.1438\times 10^{-5}$$

3. 直线图解法

根据近似公式（4-23），通过作图的方法求解，称为近似作图法或直线解析法。按照不同情况可有很多求解的方法，均在近似公式基础上进行的。重点介绍利用单个观测井的资料，确定含水层参数的方法。

（1）计算原理

如前所述，当非稳定流抽水观测井满足 $u \leqslant 0.05$ 时，承压完整井非稳定流的基本方程则可简化为：

$$s = \frac{2.3Q}{4\pi T}\lg\frac{2.25at}{r^2} = 0.183\frac{Q}{T}\lg\frac{2.25a}{r^2} + 0.183\frac{Q}{T}\lg t \tag{4-60}$$

分析上式可知：T、a、r、Q 在某一抽水过程中均为常数，因此 s-$\lg t$ 在半对数坐标中呈直线关系，故上式可变换为如下形式：

$$s = s_0 + m\lg t \tag{4-61}$$

式中　截距 $s_0 = 0.183\frac{Q}{T}\lg\frac{2.25a}{r^2}$

斜率 $m = 0.183\frac{Q}{T}$

由斜率 m 可解出 T 值：

$$T = 0.183\frac{Q}{m} \tag{4-62}$$

由截距 s_0 可解出 a 值：

$$s_0 = m\lg\frac{2.25a}{r^2}$$

则

$$a = 0.455r^2 \cdot 10^{\frac{s_0}{m}} \tag{4-63}$$

在具体计算时亦可用另一个更简便的式子来代替式（4-63）。从图 4-38 中可以看出：直线段的延长部分与横轴交于 t_0 点，即当 $s=0$ 时，$t=t_0$，将此条件代入式（4-60）则可得：

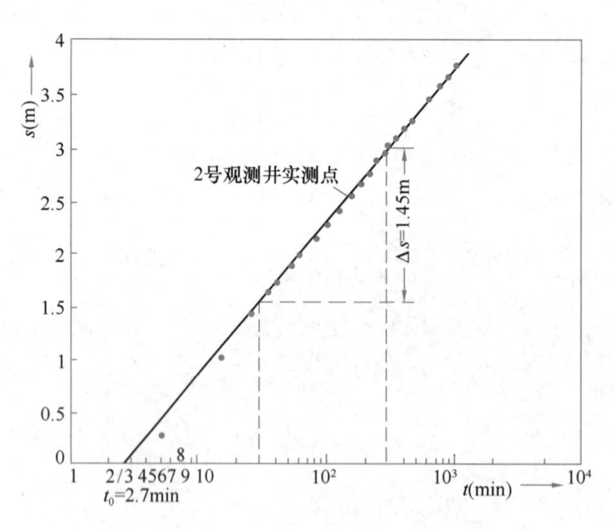

图 4-38　某厂 2 号观测井图解法分析图

$$\frac{0.183Q}{T}\lg\frac{2.25at_0}{r_2} = 0 \quad \frac{2.25at_0}{r_2} = 1$$

所以

$$a = 0.445\frac{r^2}{t_0} \tag{4-64}$$

显然可见式（4-64）比式（4-63）更简便一些。

（2）计算步骤

1）根据观测井资料在半对数格纸上作 s-t 图线（t 取对数尺度）。

2）将 s-t 图线的直线部分延长，交纵坐标得 s_0，交横坐标得 t_0。

3）求直线的斜率 m，由于 $\lg\dfrac{10t}{t}=1$，所以一个对数周期相应的降深 Δs 就是斜率 m，如图 4-38 所示。

4）用式（4-62）计算 T 值，用式（4-63）或式（4-64）计算 a 值。

【例 4-5】 某厂 14 号井在抽水过程中对距抽水井 43m 的 2 号观测井进行了观测，记录见表 4-7，试计算含水层的水文地质参数。

14 号井抽水试验资料　　　　表 4-7

观测时间				14 号抽水井	2 号观测井	
日/月	时	分	累计时间（min）	抽水流量（m^3/h）	水位（m）	降深（m）
8/6	13	30	0	60	42.01	0
		40	10	60	42.71	0.73
		50	20	60	43.32	1.28
	14	0	30	60	43.57	1.53
		10	40	60	43.76	1.72
		30	60	60	44.00	1.96
		50	80	60	44.18	2.14
	15	10	100	60	44.32	2.28
		30	120	60	44.43	2.39
	16	0	150	60	44.58	2.54
	17	0	210	60	44.81	2.77
	18	0	270	60	45.03	2.99
	19	0	330	60	45.14	3.10
	20	10	400	60	45.24	3.20
	21	0	450	60	45.30	3.26
9/6	0	15	645	60	45.51	3.47
	4	0	870	60	45.72	3.68
	6	0	990	60	45.81	3.77
	9	15	1185	停泵	45.89	3.85
		20	1195		45.64	3.60
		40	1210		44.49	3.45
	10	0	1230		44.17	3.13
		40	1270		43.79	2.75
	11	0	1290		43.67	2.63
		30	1320		43.55	2.51

【解】

(1) 根据不同时间 t 和相应的 s 作 s-t 曲线，如图 4-37 之小圆圈。

(2) 将直线延长交横坐标得 $t_0=2.7\text{min}$。

(3) 取 $t_1=30\text{min}$，$t_2=300\text{min}$，则斜率 m（Δs）$=1.45\text{m}$。

(4) 将 Q 及 m 代入式（4-62）得：

$$T=0.183\frac{Q}{m}=0.183\frac{60\times24}{1.45}=182\text{m}^2/\text{d}$$

将 r 及 t_0 代入式（4-64）得：

$$\alpha=0.445\frac{r^2}{t_0}=0.445\times\frac{43^2\times1440}{2.7}=4.38\times10^5\text{m}^2/\text{d}$$

$$\mu^*=\frac{T}{a}=\frac{182}{4.38\times10^5}=0.000415=4.15\times10^{-4}$$

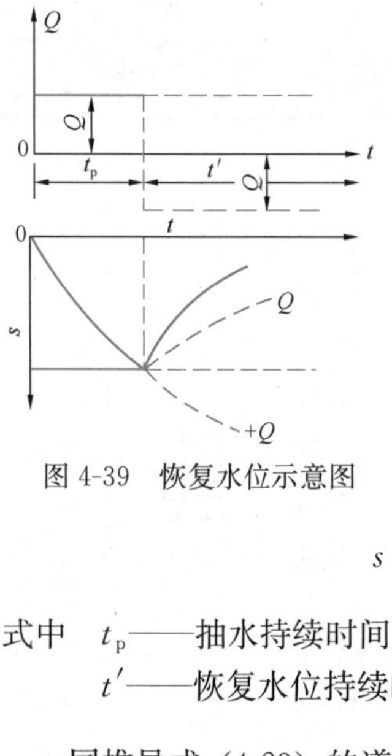

4. 恢复水位法

(1) 计算原理

假如某井以定流量 Q 进行抽水，持续进行了 t_p 时间之后停止抽水测定恢复水位，则时间 t_p 之后的剩余水位下降值 s，可以考虑为该井仍以流量 Q 继续抽水，并从停止抽水的时刻起有一个流量 Q 的注水井开始工作，这样正负流量相抵消，得到了停止抽水的效果，如图 4-39 所示。

图 4-39　恢复水位示意图

根据势的叠加原理，停止抽水后的剩余水位下降值（即在恢复水位过程中任一时间的水位下降值 s）可按公式（4-21）得到：

$$s=\frac{Q}{4\pi T}\left[W\left(\frac{r^2\mu^*}{4T(t_\text{p}+t')}-W\frac{r^2\mu^*}{4Tt'}\right)\right]\tag{4-65}$$

式中　t_p——抽水持续时间；

t'——恢复水位持续时间。

同推导式（4-23）的道理一样，当 $\frac{r^2\mu^*}{4Tt'}<0.05$ 时，式（4-62）亦可表示为近似式：

$$\begin{aligned}s&=\frac{Q}{4\pi T}\left[\ln\frac{2.25T(t_\text{p}+t')}{r^2\mu^*}-\ln\frac{2.25Tt'}{r^2\mu^*}\right]\\&=\frac{Q}{4\pi T}\ln\frac{t_\text{p}+t'}{t'}=\frac{0.183Q}{T}\lg\frac{t_\text{p}+t'}{t'}\end{aligned}\tag{4-66}$$

从上式可以看出：在半对数坐标系中 s 与 $\lg\frac{t_\text{p}+t'}{t'}$ 是呈直线关系。因此若在半对数坐标纸上以 s 为纵坐标，以 $\frac{t_\text{p}+t'}{t'}$ 为横坐标（即对数坐标），则可得到一条直线。如果取 $\lg\frac{t_\text{p}+t'}{t'}$ 为一个周期，相应的水位差为 Δs，则可得到求 T 的公式为：

$$T=\frac{0.183Q}{\Delta s}\tag{4-67}$$

以上的式（4-65）及式（4-66）只适用于抽水的非稳定流过程，如果停止抽水前水位已达到稳定流状态，则不适合选用此法。

（2）计算步骤

1）首先将观测记录的 s 与$\frac{t_p+t'}{t'}$的数据点绘在半对数纸上$\left(\frac{t_p+t'}{t'}\text{取对数坐标}\right)$，并连成直线。

2）如果直线不通过坐标的原点$\left(\text{理论上 } s\text{-lg}\frac{t_p+t'}{t'}\text{的直线是通过原点的}\right)$，应当校正至原点，其具体方法见下面的例子。

3）根据式（4-67）计算 T 值。

【例 4-6】 某水原井为承压完整井，从第四纪含水层中以固定流量 $Q=453\text{m}^3/\text{d}$ 进行抽水试验，抽至 25h 水位仍在连续下降（未达到稳定），然后停止抽水观测恢复水位，水位恢复情况参见表 4-8，试计算含水层的导水系数 T。

【解】 由于恢复水位资料是在水位尚未达到稳定的条件下测得的，因此可以采用式（4-66）进行计算。

（1）根据恢复水位数据制作恢复水位计算表，见表 4-8。

（2）按表 4-8 的 s 及$\frac{t_p+t'}{t'}$数据，点绘在半对数纸上，并连成直线，如图 4-40 所示。

（3）直线不通过原点，是由于停止抽水的时间不同而造成的，因此需要校正停止抽水的时间 t_p。

将直线上最下一点 A，平移至 A'。经移动后，点 A 的$\frac{t_p+t'}{t'}$由 14.1 变为 6.6。

再来确定修正后的停抽时间 t'_p。由于水位恢复延续时间 t'是固定的，故可按下式计算：

$$t'_p=6.6t'-t'$$

因 A'点的 $t'=115\text{min}$，故得：

$$t'_p=6.6\times115-115=644\text{min}$$

（4）根据修正后的 t'_p 值计算 t'_p+t'和$\frac{t'_p+t'}{t'}$，列成恢复水位计算修正表，见表 4-9。

恢复水位计算表　　表 4-8

抽水持续时间 t_p（min）	水位恢复延续时间 t'（min）	t_p+t'（min）	$\frac{t_p+t'}{t'}$	剩余水位降深 s（m）
1500	1	1501	1501	0.68
	2	1502	751	0.66
	3	1503	501	0.64
	4	1504	376	0.62
	5	1505	301	0.60
	10	1510	151	0.496
	15	1515	101	0.44
	20	1520	76	0.40
	25	1525	61	0.37
	30	1530	51	0.34

续表

抽水持续时间 t_p（min）	水位恢复延续时间 t'（min）	t_p+t'（min）	$\frac{t_p+t'}{t'}$	剩余水位降深 s（m）
1500	35	1535	43.8	0.322
	40	1540	38.5	0.318
	45	1545	34.4	0.30
	50	1550	31	0.30
	55	1555	28.3	0.298
	60	1560	26	0.288
	65	1565	24.1	0.28
	70	1570	22.4	0.274
	75	1575	21.0	0.262
	80	1580	19.75	0.258
	85	1585	18.65	0.254
	90	1590	17.66	0.246
	95	1595	16.8	0.24
	100	1600	16.0	0.236
	105	1605	15.30	0.228
	110	1610	14.64	0.226
	115	1615	14.10	0.22

恢复水位计算修正表　　**表 4-9**

修正后的抽水持续时间 t'_p（min）	水位恢复延续时间 t'（min）	t'_p+t'（min）	$\frac{t'_p+t'}{t'}$	剩余水位降深 s（m）
644	2	646	323.0	0.66
	3	647	215.7	0.64
	10	654	65.4	0.496
	15	659	43.9	0.44
	20	664	33.2	0.40
	55	699	12.7	0.298
	60	704	11.74	0.288
	65	709	10.90	0.28
	70	714	10.20	0.274
	75	719	9.59	0.262
	80	724	9.06	0.258
	85	729	8.58	0.254
	90	734	8.16	0.246
	95	739	7.78	0.24
	100	744	7.44	0.236
	105	749	7.13	0.228
	110	754	6.86	0.226
	115	759	6.60	0.22

(5) 重新在半对数纸上点绘 s 和 $\lg\frac{t'_{\mathrm{p}}+t'}{t'}$，并连成直线，如图 4-40 所示。

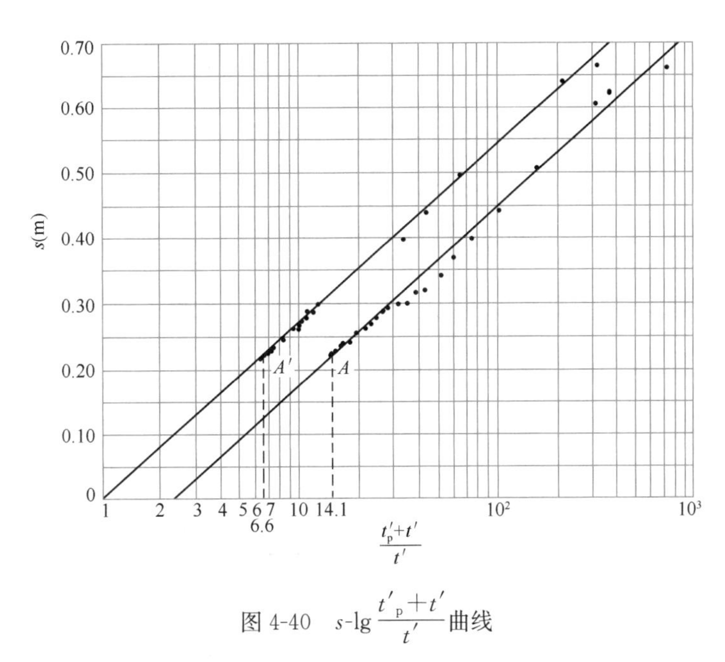

图 4-40 $s\text{-}\lg\frac{t'_{\mathrm{p}}+t'}{t'}$曲线

(6) 按式 (4-67) 计算导水系数 T。从通过原点的直线可知一个周期的数据为：

当 $$\lg\frac{t'_{\mathrm{p}}+t'}{t'}=1\text{ 时}\quad \Delta s=0.279\mathrm{m}$$

已知 $Q=453\mathrm{m}^3/\mathrm{d}$

则 $$T=\frac{0.183Q}{\Delta s}=\frac{0.183\times 453}{0.279}=297\mathrm{m}^2/\mathrm{d}$$

以上介绍的利用非稳定流抽水资料计算承压含水层水文地质参数的四种方法，对于利用潜水完整井及非完整井的非稳定流抽水资料计算水文地质参数亦是适用的，方法基本相同，只是要分别采用潜水完整井及非完整井的公式。

4.4.3 越流系统中水文地质参数的确定

越流补给的承压含水层的水文地质参数有：导水系数 T、释水系数 μ^*、越流系数 B 等。确定参数的方法很多，最常采用的是标准曲线对比法、拐点法等。下面重点介绍第一越流系统有关参数的几种求法。

1. 标准曲线对比法

(1) 计算原理

标准曲线对比法是从式 (4-28) 出发，即：

$$s=\frac{Q}{4\pi T}W\left(u,\ \frac{r}{B}\right)$$

$$u=\frac{r^2\mu^*}{4Tt} \tag{4-68}$$

将式 (4-28) 及式 (4-68) 改变为如下形式：

$$W\left(u, \frac{r}{B}\right)=\left[\frac{4\pi T}{Q}\right]s \tag{4-69}$$

$$\frac{1}{u}=\left[\frac{4T}{\mu^{*}}\right]\frac{t}{r^{2}} \tag{4-70}$$

从式（4-69）及式（4-70）两式可以看出：$W\left(u, \frac{r}{B}\right)$与$\frac{1}{u}$（或 u）的关系和 s 与 t（或 r^2）的关系是一致的，说明两者在双对数坐标系中的曲线形状是相同的。据此则可将井函数 $W\left(u, \frac{r}{B}\right)$及自变量 u、$\frac{r}{B}$各值列成函数表，并绘制成标准双对数曲线（即量板）。用实际观测的资料制成模数相同的双对数曲线，再用重叠法使两曲线达到最大的吻合。从相应的量板曲线上读出所需要的计算数值——$W\left(u, \frac{r}{B}\right)$、$u$ 及$\frac{r}{B}$值。

（2）计算步骤

1）在表 4-3 中选择一批 $W\left(u, \frac{r}{B}\right)$、$u$、$\frac{r}{B}$值制成理论标准曲线，如图 4-41 所示。

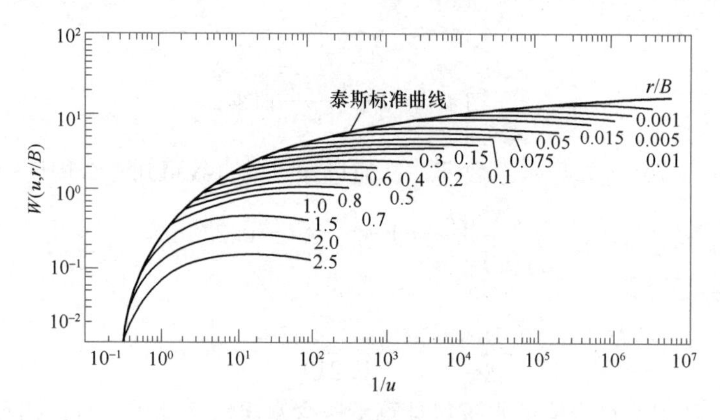

图 4-41　$W\left(u, \frac{r}{B}\right)$-$\frac{1}{u}$理论标准曲线

2）利用试验井的水位和时间实际观测资料，绘制与理论曲线比例相同的 s-t 试验曲线。

3）使上述两曲线重叠，并保持纵横坐标轴平行，找出两者吻合最好的量板曲线。

4）在重合的曲线上任取一点，读出相应的 s、t、$W\left(u, \frac{r}{B}\right)$及 u 值。

5）把以上各值代入式（4-28）及式（4-68）求 T、μ^* 值：

$$T=\frac{Q}{4\pi s}W\left(u, \frac{r}{B}\right) \tag{4-71}$$

$$\mu^{*}=\frac{4tTu}{r^{2}} \tag{4-72}$$

【例 4-7】　某抽水井位于河流阶地上，越流层为均匀的中粗砂承压含水层，平均厚度 33.26m；上部潜水层为细砂层，厚度 6m，两含水层之间夹一层弱透水的粉质黏土层，厚度 2m；当井抽水时，上部潜水通过弱透水层补给越流层，而潜水位保持不变；抽水井直径为 0.119m，出水量为 432m³/d，距抽水井 35.6m 的观测井水位观测资料见表 4-10，试求承压越流层的水文地质参数。

观测井水位观测资料 表 4-10

累计时间（min）	观测井水位降深（m）	累计时间（min）	观测井水位降深（m）
1	0.26	565	0.67
2	0.30	595	0.67
3	0.34	625	0.67
4	0.36	655	0.67
5	0.38	685	0.672
10	0.448	715	0.674
25	0.52	745	0.674
55	0.568	775	0.674
85	0.594	805	0.676
115	0.608	835	0.68
145	0.62	865	0.68
175	0.636	895	0.68
205	0.64	925	0.68
235	0.64	955	0.68
265	0.642	985	0.68
295	0.644	1015	0.68
325	0.652	1045	0.68
355	0.656	1075	0.68
385	0.656	1105	0.682
415	0.658	1135	0.684
445	0.662	1165	0.686
475	0.662	1195	0.69
505	0.664	1225	0.692
535	0.668	1255	0.692

【解】

（1）用表 4-3 的资料作理论曲线（计算时可查用表 4-3）。

（2）用表 4-10 的观测资料在透明双对数格纸上点绘 lg$s$-lg$t$ 关系曲线，如图 4-42 所示。

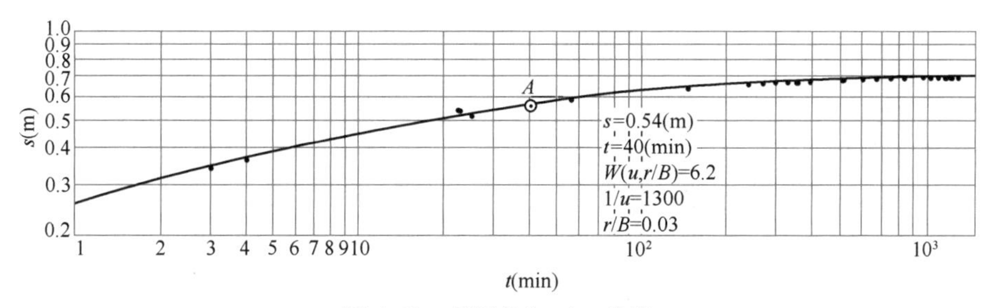

图 4-42 观测井 lg$s$-lg$t$ 曲线

（3）用图 4-42 与标准曲线叠合，使大多数点子都落在配合线上，结果得最佳配合线 $\frac{r}{B}=0.03$；选配合点 A，查得其对应的坐标为：$s=0.54\text{m}$，$t=40\text{min}$，$\frac{1}{u}=1300$，$W\left(u, \frac{r}{B}\right)=6.2$。

（4）根据式（4-71）计算导水系数 T：

$$T=\frac{Q}{4\pi s}W\left(u,\ \frac{r}{B}\right)=\frac{432}{4\times3.14\times0.54}\times6.2=393\text{m}^2/\text{d}$$

根据式（4-72）计算释水系数 μ^*

$$\mu^*=\frac{4tT}{r^2\cdot\frac{1}{u}}=\frac{4\times40\times393}{(35.6)^2\times1300\times1440}=2.65\times10^{-5}$$

越流系数
$$B=\frac{r}{\left(\frac{r}{B}\right)}=\frac{35.6}{0.03}=1186.67\text{m}$$

2. 拐点法

拐点法是利用第一越流系统条件下的 s-lg$t$ 曲线具有拐点这一特性来进行参数计算，为了应用方便，先将越流基本公式（4-28）改变为如下的形式：

$$s=\frac{Q}{4\pi T}\left[2K_0\left(\frac{r}{B}\right)-\int_q^{\infty}\frac{1}{t}\cdot e^{-\left(t+\frac{r^2}{4B^2}\right)}\cdot\text{d}t\right] \tag{4-73}$$

其中
$$q=\frac{r^2}{4B^2u}=\frac{at}{B^2} \tag{4-74}$$

$K_0\left(\frac{r}{B}\right)$——零阶二类虚宗量贝塞尔函数。

（1）计算原理

1）根据观测数据可建立 s-lg$t$ 关系曲线，如图 4-43 所示。按式（4-28）可求得任意点的斜率为：

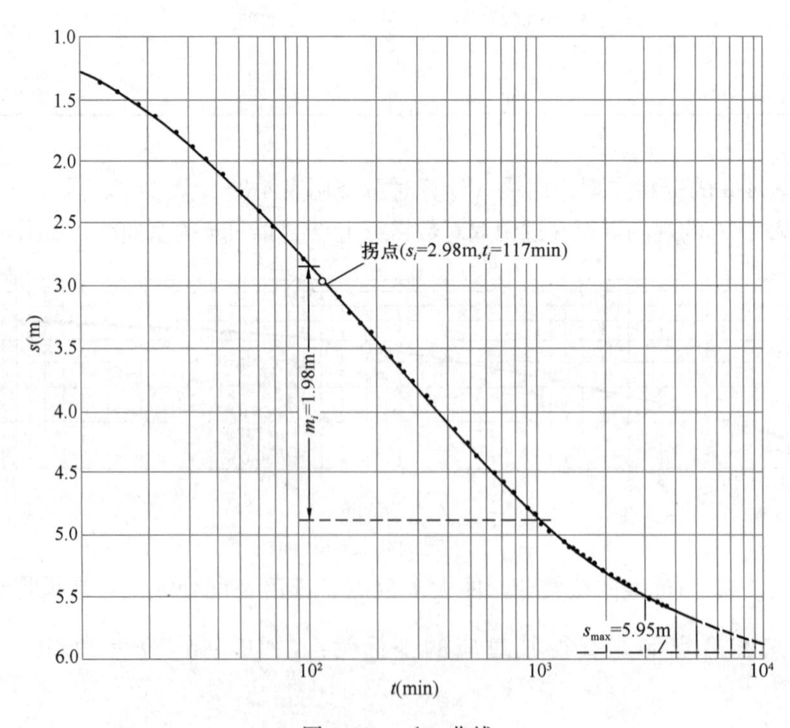

图 4-43　s-lg$t$ 曲线

$$m=\frac{ds}{d\lg t}=\frac{2.3Q}{4\pi T}e^{-\left(u+\frac{r^2}{4B^2u}\right)} \tag{4-75}$$

2）s-$\lg t$ 曲线上的拐点可通过 s 对 $\lg t$ 的二阶导数来确定，根据式（4-75）可得：

$$\frac{d^2s}{d(\lg t)^2}=\frac{(2.3)^2Q}{4\pi T}\cdot\frac{d}{d\ln t}\left[e^{-\left(u+\frac{r^2}{4B^2u}\right)}\right]$$

$$=\frac{(2.3)^2Q}{4\pi T}e^{-\left(u+\frac{r^2}{4B^2u}\right)}\cdot\left(u-\frac{at}{B^2}\right)$$

令 $$\frac{d^2s}{d(\lg t)^2}=0 \quad 由于\frac{(2.3)^2Q}{4\pi T}e^{-\left(u+\frac{r^2}{4B^2u}\right)}\neq 0$$

故 $$\left(u-\frac{at}{B^2}\right)=0$$

所以拐点处有：

$$u_i=\frac{r^2}{4at_i}=\frac{at_i}{B^2} \tag{4-76}$$

$$t_i=\frac{rB}{2a} \tag{4-77}$$

将式（4-77）代入式（4-76）则得：

$$u_i=\frac{at_i}{B^2}=\frac{r}{2B} \tag{4-78}$$

3）拐点 i 处的斜率 m_i，可用式（4-78）的 u_i 代入式（4-75）而得：

$$m_i=\frac{2.3Q}{4\pi T}e^{-\left(\frac{r}{2B}+\frac{r^2}{4B^2\cdot\frac{r}{2B}}\right)}=\frac{2.3Q}{4\pi T}e^{-\frac{r}{B}}$$

$$=0.183\frac{Q}{T}e^{-\frac{r}{B}} \tag{4-79}$$

4）建立拐点处降深 s_i 的方程式

先以式（4-78）的 u_i 代入式（4-28）得：

$$s_i=\frac{Q}{4\pi T}\int_{\frac{r}{2B}}^{\infty}\frac{1}{y}e^{-\left(y+\frac{r^2}{4B^2y}\right)}dy \tag{4-80}$$

再以式（4-78）的 u_i 代入式（4-74）可得：

$$q_i=\frac{r^2}{4B^2\cdot\frac{r}{2B}}=\frac{r}{2B} \tag{4-81}$$

然后将式（4-81）中 q_i 代入式（4-73），则得

$$s_i=\frac{Q}{4\pi T}\left[2K_0\left(\frac{r}{B}\right)-\int_{\frac{r}{2B}}^{\infty}\frac{1}{t}e^{-\left(t+\frac{r^2}{4B^2t}\right)}dt\right] \tag{4-82}$$

最后将式（4-80）和式（4-82）相加再除以 2 得：

$$s_i=\frac{Q}{4\pi T}K_0\left(\frac{r}{B}\right)=\frac{1}{2}s_{\max} \tag{4-83}$$

这就表明拐点处的降深恰好是最大降深的一半。

5）建立拐点 i 处降深 s_i 和斜率 m_i 之间的关系，从式（4-83）和式（4-79）的关系可知：

$$s_i=\frac{Q}{4\pi T}K_0\left(\frac{r}{B}\right)=\frac{m_i}{2.3}e5^{\frac{r}{B}}K_0\left(\frac{r}{B}\right)$$

则得到

$$2.3\frac{s_i}{m_i}=e^{\frac{r}{B}}\cdot K_0\left(\frac{r}{B}\right)=f\left(\frac{r}{B}\right) \tag{4-84}$$

（2）计算步骤

当只有一个观测孔时，可按下列步骤进行计算：

1）在半对数格纸上绘制实测的 s-t 曲线（时间 t 取对数尺度）。

2）用外推法确定最大降深 s_{max}。

3）根据式（4-84）计算拐点的降深值 s_i。

4）根据 s_i 值确定 s-lg$t$ 曲线上拐点 i 的位置，同时确定拐点处的 t_i。

5）作拐点 i 处的切线，并直接确定拐点处的斜率 m_i：

$$m_i=\frac{\Delta s}{1\text{个时间对数周期}}$$

6）按式（4-84）和表4-11计算出$\frac{r}{B}$值。

7）用$\frac{r}{B}$和 r 值计算 B 值。

8）用式（4-79）计算 T 值。

9）用式（4-77）计算 a 值。

【例4-8】 某承压完整井以定流量 $Q=8150m^3/d$ 抽取地下水，属第一越流系统补给，在距抽水井323m处观测井中的水位降深数据表示在图4-43中，试求参数 T、a 和 B。

【解】 按照 s-lg$t$ 曲线可找出有关数据：

（1）用外延法可确定 $s_{max}=5.95m$

（2）$s_i=\frac{1}{2}s_{max}=2.98m$

（3）从图4-43上可确定 $t_i=117min$

（4）由图4-43上可查出 $m_i=\frac{\Delta s}{1\text{个对数周期}}=1.98m$

（5）$f\left(\frac{r}{B}\right)=e^{\frac{r}{B}}K_0\left(\frac{r}{B}\right)=2.3\frac{s_i}{m_i}=2.3\times\frac{2.98}{1.98}=3.45$

从表4-11中查得：$\frac{r}{B}=0.041$，$e^{\frac{r}{B}}=1.042$

∴
$$B=\frac{r}{\left(\frac{r}{B}\right)}=\frac{323}{0.041}=7880m$$

（6）$T=0.183\quad\frac{Q}{m_i}e^{-\frac{r}{B}}=\frac{0.183\times8150}{1.98\times1.042}=721m^2/d$

函数 e^x、$K_0(x)$、$e^xK_0(x)$ 关系表 **表 4-11**

x	e^x	$K_0(x)$	$e^xK_0(x)$	x	e^x	$K_0(x)$	$e^xK_0(x)$
0	1.0	∞	∞	0.049	1.0502	3.1343	3.2918
0.010	1.0101	4.7212	4.7687	0.050	1.0513	3.1142	3.2739
0.011	1.0111	4.6260	4.6771	0.051	1.0523	3.0945	3.2564
0.012	1.0121	4.5390	4.5938	0.052	1.0534	3.0752	3.2393
0.013	1.0131	4.4590	4.5173	0.053	1.0544	3.0562	3.2226
0.014	1.0141	4.3849	4.4467	0.054	1.0555	3.0376	3.2062
0.015	1.0151	4.3159	4.3812	0.055	1.0565	3.0194	3.1901
0.016	1.0161	4.2514	4.3200	0.056	1.0576	3.0015	3.1744
0.017	1.0171	4.1908	4.2627	0.057	1.0587	2.9839	3.1589
0.018	1.0182	4.1337	4.2088	0.058	1.0597	2.9666	3.1437
0.019	1.0192	4.0797	4.1580	0.059	1.0608	2.9496	3.1288
0.020	1.0202	4.0285	4.1098	0.060	1.0618	2.9329	3.1142
0.021	0.1212	3.9797	4.0642	0.061	1.0629	2.9165	3.0999
0.022	1.0222	3.9332	4.0207	0.062	1.0640	2.9003	3.0858
0.023	1.0223	3.8888	3.9793	0.063	1.0650	2.8844	3.0719
0.024	1.0243	3.8463	3.9398	0.064	1.0661	2.8688	3.0584
0.025	1.0258	3.8056	3.9019	0.065	1.0672	2.8534	3.0450
0.026	1.0263	3.7664	3.8656	0.066	1.0682	2.8382	3.0319
0.027	1.0274	3.7287	3.8307	0.067	1.0693	2.8233	3.0189
0.028	1.0284	3.6924	3.7972	0.068	1.0704	2.8086	3.0052
0.029	1.0294	3.6574	3.7650	0.069	1.0714	2.7941	2.9937
0.030	1.0305	3.6235	3.7339	0.070	1.0725	2.7798	2.9814
0.031	1.0315	3.5908	3.7039	0.071	1.0736	2.7657	2.9693
0.032	1.0325	3.5591	3.6749	0.072	1.0747	2.7519	2.9573
0.033	1.0336	3.5284	3.6468	0.073	1.0757	2.7382	2.9455
0.034	1.0346	3.4986	3.6196	0.474	1.0768	2.7247	2.9340
0.035	1.0356	3.4697	3.5933	0.074	1.0768	2.7247	2.9340
0.036	1.0367	3.4416	3.5678	0.075	1.0779	2.7114	2.9226
0.037	1.0377	3.4143	3.5431	0.076	1.0790	2.6983	2.9113
0.038	1.0387	3.3877	3.5189	0.077	1.0800	2.6853	2.9002
0.039	1.0398	3.3618	3.4955	0.078	1.0811	2.6726	2.8894
0.040	1.0408	3.3365	3.4727	0.079	1.0822	2.6599	2.8786
0.041	1.0419	3.3119	3.4505	0.080	1.0833	2.6475	2.8680
0.042	1.0429	3.2879	3.4289	0.081	1.0844	2.6352	2.8575
0.043	1.0439	3.2645	3.4079	0.082	1.0855	2.6231	2.8472
0.044	1.0450	3.2415	3.3574	0.083	1.0865	2.6111	2.8370
0.045	1.0460	3.2192	3.3673	0.084	1.0876	2.5992	2.8270
0.046	1.0471	3.1973	3.3478	0.085	1.0887	2.5875	2.8171
0.047	0.0481	3.1758	3.3287	0.086	1.0898	2.5759	2.8073
0.048	1.0492	3.1549	3.3100	0.087	1.0909	2.5645	2.7976

续表

x	e^x	$K_0(x)$	$e^xK_0(x)$	x	e^x	$K_0(x)$	$e^xK_0(x)$
0.088	1.0920	2.5532	2.7881	0.38	1.4623	1.1596	1.6956
0.089	1.0931	2.5421	2.7787	0.39	1.4770	1.1367	1.6789
0.090	1.0942	2.5310	2.7694	0.40	1.4918	1.1145	1.6627
0.091	1.0953	2.5201	2.7602	0.41	1.5068	1.0930	1.6470
0.092	1.0964	2.5093	2.7511	0.42	1.5220	1.0721	1.6317
0.093	1.0975	2.4986	2.7421	0.43	1.5373	1.0518	1.6169
0.094	1.0986	2.4881	2.7333	0.44	1.5527	1.0321	1.6025
0.095	1.0997	2.4776	2.7246	0.45	1.5683	1.0129	1.5886
0.096	1.1008	2.4673	2.7159	0.46	1.5841	0.9943	1.5750
0.097	1.1019	2.4571	2.7074	0.47	1.6000	0.9761	1.5617
0.098	1.1030	2.4470	2.6989	0.48	1.6161	0.9584	1.5489
1.099	1.1041	2.4370	2.6906	0.49	1.6323	0.9412	1.5363
0.10	1.1052	2.4271	2.6823	0.50	1.6437	0.9244	1.5241
0.11	1.1163	2.3333	2.6046	0.51	1.6653	0.9081	1.5122
0.12	0.1275	2.2479	2.5345	0.52	1.6820	0.8921	1.5006
0.13	1.1388	2.1695	2.4707	0.53	1.6989	0.8766	1.4892
0.14	1.1503	2.0972	2.4123	0.54	1.7160	0.8614	1.4781
0.15	1.1618	2.0300	2.3585	0.55	1.7330	0.8466	1.4673
0.16	1.1735	1.9674	2.3088	0.56	1.7507	0.8321	1.4567
0.17	1.1853	1.9088	2.2625	0.57	1.7683	0.8180	1.4464
0.18	1.1972	1.8537	2.2193	0.58	1.7860	0.8042	1.4363
0.19	1.2093	1.8018	2.1788	0.59	1.8040	0.7907	1.4262
0.20	1.2214	1.7527	2.1408	0.60	1.8221	0.7775	1.4167
0.21	1.2337	1.7062	2.1049	0.61	1.8404	0.7646	1.4073
0.22	1.2461	1.6620	2.0710	0.62	1.8589	0.7520	1.3980
0.23	1.2586	1.6199	2.0389	0.63	1.8776	1.7397	1.3889
0.24	1.2713	1.5798	2.0084	0.64	1.8965	0.7277	1.3800
0.25	1.2840	1.5415	1.9793	0.65	1.9155	0.7159	1.3713
0.26	1.2959	1.5048	1.9517	0.66	1.9348	1.7043	1.3627
0.27	1.3100	1.4697	1.9253	0.67	1.9542	0.6930	1.3543
0.28	1.3231	1.4360	1.9000	0.68	1.9739	0.6820	1.3461
0.29	1.3364	1.4036	1.8758	0.69	1.9937	0.6711	1.3380
0.30	1.3499	1.3720	1.8526	0.70	2.0138	0.6605	1.3301
0.31	1.3634	1.3425	1.8304	0.71	2.0340	0.6501	1.3223
0.32	1.3771	1.3136	1.8089	0.72	2.0544	0.6399	1.3147
0.38	1.3910	1.2857	1.7883	0.73	2.0751	0.6300	1.3072
0.24	1.4050	1.2587	1.7685	0.74	2.0959	0.6202	1.2998
0.35	1.4191	1.2327	1.7498	0.75	2.1170	0.6106	1.2926
0.36	1.4333	1.2075	1.7308	0.76	2.1383	0.6012	1.2855
0.37	1.4477	1.1832	1.7129	0.77	2.1598	0.5920	1.2785

续表

x	e^x	$K_0(x)$	$e^xK_0(x)$	x	e^x	$K_0(x)$	$e^xK_0(x)$
0.78	2.1815	0.5829	1.2716	2.0	7.3891	0.1139	0.8416
0.79	2.2034	0.5740	1.2649	2.1	8.1662	0.1008	0.8230
0.80	2.2255	0.5653	1.2582	2.2	9.0250	0.0893	0.8057
0.81	2.2479	0.5568	1.2517	2.3	9.9742	0.0791	0.7894
0.82	2.2705	0.5484	1.2452	2.4	11.0232	0.0702	0.7740
0.83	2.2933	0.5402	1.2389	2.5	12.1825	0.0623	0.7596
0.84	2.3164	0.5321	1.2326	2.6	13.4637	0.0554	0.7459
0.85	2.3397	0.5242	1.2265	2.7	14.8797	0.0493	0.7329
0.86	2.3632	0.5165	1.2205	2.8	16.4446	0.0438	0.7206
0.87	2.3869	0.5088	1.2145	2.9	18.1742	0.0390	0.7089
0.88	2.4109	5.5013	1.2086	3.0	20.0855	0.0347	0.6978
0.89	2.4361	0.4940	1.2029	3.1	22.1980	0.0310	0.6871
0.90	2.4596	0.4867	1.1972	3.2	24.5325	0.0276	0.6770
0.91	2.4843	0.4796	1.1916	3.3	27.1126	0.0246	0.6673
0.92	2.5093	0.4727	1.1860	3.4	29.9641	0.0220	0.6580
0.93	2.5345	0.4658	1.1806	3.5	33.1155	0.0196	0.6490
0.94	2.5600	0.4591	1.1752	3.6	36.5982	0.0175	0.6405
0.95	2.5857	0.4524	1.1699	3.7	40.4473	0.0156	0.6322
0.96	2.6117	0.4459	1.1647	3.8	44.7012	0.0140	0.6243
0.97	2.6379	0.4396	1.1595	3.9	49.4025	0.0125	0.6166
0.98	2.6645	0.4333	1.1544	4.0	54.5982	0.0112	0.6093
0.99	2.6912	0.4271	1.1494	4.1	60.3403	0.0100	0.6022
1.0	2.7183	0.4210	1.1445	4.2	66.6863	0.0089	0.5953
1.1	3.0042	0.3656	1.0983	4.3	73.6998	0.0080	0.5887
1.2	3.3201	0.3185	1.0575	4.4	81.4509	0.0071	0.5823
1.3	3.6693	0.2782	1.0210	4.5	90.0171	0.0064	0.5761
1.4	4.0552	0.2437	0.9881	4.6	99.4843	0.0057	0.5701
1.5	4.4887	0.2138	0.9582	4.7	109.9472	0.0051	0.5643
1.6	4.9530	0.1880	0.9309	4.8	121.5104	0.0046	0.5586
1.7	5.4739	0.1655	0.9055	4.9	134.2898	0.0041	0.5531
1.8	6.0496	0.1459	0.8828	5.0	148.4132	0.0037	0.5478
1.9	6.6859	0.1288	0.8614				

(7) $\alpha=\frac{Br}{2t_i}=\frac{7880\times323}{2\times\frac{117}{1440}}=1.56\times10^7\,m^2/d$

以上标准曲线对比法和拐点法的计算都是按第一越流系统公式（4-28）进行的，对于第二越流系统的计算方法也完全相同，只要在第二越流系统公式（4-29）的基础上进行即可。

4.4.4　给水度和降水渗入系数的确定

1. 给水度的确定

如前所述，给水度μ是指饱和含水层在重力作用下排出水的体积与整个含水层的总体积之比值，是反映潜水含水层出水能力的参数。确定的方法有实验室法，野外现场试验法和经验数值法等。

（1）实验室法

砂类土给水度的测定：在一定容积的容器中倒入烘干的砂样，注水至饱和，然后让砂样里的重力水自由流出，所流出重力水的体积与饱水时的砂样体积之比即为砂样的给水度μ值。

（2）野外试验法

在野外可进行各种试验以确定含水层的给水度，如在观测孔注入示踪剂，抽水井进行定量抽水，记录抽水井中示踪剂出现的时间，则可用下式求得含水层的给水度μ：

$$\mu=\frac{Qt}{\pi(r_1^2-r_w^2)\overline{h}_m} \tag{4-85}$$

式中　t——示踪剂出现的时间（d）；

r_1——注剂井与抽水井的距离（m）；

r_w——抽水井的半径（m）；

$\overline{h}_m$——含水层的平均厚度（m）。

【例 4-9】 某水源地含水层为漂卵石层，厚度 12.6m，抽水井与投剂井均为完整井，距离为 7.77m，出水量为 1420m^3/d，抽水井半径为 0.15m，指示剂出现的时间为 4.75h（0.193d），求含水层μ值。

【解】 将以上数据代入式（4-85）则得：

$$\mu=\frac{1420\times0.193}{3.1416\times(7.77^2-0.15^2)\times12.6}=0.115$$

（3）经验数值法

在缺少实测资料的条件下，亦可参照表 2-7 中的常见松散岩石的给水度经验数值确定。

2. 降水渗入系数α的确定

降水渗入系数α是指降水渗入量与降水总量的比值。α值的大小取决于地表土层的岩性和土层结构、地形坡度、植物覆盖降水量和降水形式等，一般情况下，地表土层的岩性对α值的影响最显著。确定α值的方法有：动态观测法、经验数值法、现场测定法及经验公式法等，这里仅介绍动态观测法和经验数值法。

（1）动态观测法

以降雨为主要补给的潜水分布区，每次雨后地下水位都有显著的上升，然后由于各种消耗地下水位又逐渐下降。升高的地下水位反映了降雨渗入地层中的水量，即降雨渗入补给量$Q_{渗}$，而$Q_{渗}$和降雨量$Q_{雨}$都能通过每次降雨前后的地下水位的动态观测求得，二者之比值即为渗入系数α；

$$\alpha=\frac{Q_{渗}}{Q_{雨}}$$

而
$$Q_{渗}=\Delta h\cdot F\cdot\mu_{平均}$$
$$Q_{雨}=x\cdot F$$

故
$$\alpha=\frac{\Delta h\cdot\mu_{平均}}{x}\tag{4-86}$$

亦可用下式进行计算：

$$\alpha=\frac{\mu(h_{max}-h+\Delta h_1 t)}{x_1}\tag{4-87}$$

式中 $Q_{渗}$——降雨渗入补给量（m）；
$Q_{雨}$——降雨量（m）；
Δh——降雨后地下水位的升高值（m）；
F——计算渗入区的面积（m^2）；
$\mu_{平均}$——计算区内给水度的平均值；
x——观测时间内的降雨量（m）；
h——降雨前观测孔中的水柱高度（m）；
h_{max}——降雨后观测孔中的最大水柱高度（m）；
t——地下水位从 h 增大到 h_{max} 的时间（d）；
Δh_1——降雨前 t_0 日内地下水位的天然降速（m/d）；
μ——直接接受降雨渗入的地层的给水度；
x_1——在水位上升期间的降雨总量（m）。

（2）经验数值法

在缺少动态观测资料的条件下可以参照经验值确定，见表 4-12。

降水渗入系数 α 的经验值 **表 4-12**

地层名称	α 值	地层名称	α 值
粉质黏土	0.01～0.02	半坚硬岩石（裂隙较少）	0.10～0.15
砂质粉土	0.02～0.05	裂隙岩石（裂隙率中等）	0.15～0.18
粉砂	0.05～0.08	裂隙岩石（裂隙率较大）	0.18～0.20
细砂	0.08～0.12	裂隙岩石（裂隙率大）	0.20～0.25
中砂	0.12～0.18	岩溶化极弱的石灰岩	0.01～0.10
粗砂	0.18～0.24	岩溶化较弱的石灰岩	0.10～0.15
砂砾石	0.24～0.30	岩溶化中等的石灰岩	0.15～0.20
砂卵石	0.30～0.35	岩溶化较强的石灰岩	0.20～0.30
坚硬岩石（裂隙极少）	0.01～0.10	岩溶化极强的石灰岩	0.30～0.50

注：根据其他资料，此表数值可能偏小。

从表 4-12 可以看出，此种经验值仅仅考虑了地层岩性一个因素的影响，不可避免地会有一定的局限性。因此，在利用经验法确定 α 值时，还必须结合具体的地形、植物生长、降雨形式等因素综合考虑，才能取得正确的 α 值。

4.5　研究地下水运动的数值法和物理模拟方法

描述地下水运动的达西定律、裘布依公式和泰斯公式构成了地下水运动及有关水文地质参数确定和地下水量的运算的基本数学运算方法——解析法。前几节对解析法的基本内容及其适用条件给予了详细的论述。从中认识到，非稳定流理论的形成推动了地下水动力学的发展，解决了很多稳定流理论无法解决的水文地质问题。应该注意到，稳定流和非稳定流解析模型是在对所描述的水文地质条件进行一系列假定的条件下才能应用的，然而自然界的水文地质条件极为复杂，甚至是千变万化，含水层大多是非均质各向异性，含水层的厚度分布极不均匀，边界形状复杂而不规则，补给条件复杂。对于上述情况，用解析解则十分困难，有时甚至得不到具有任何意义的解。

数值法为研究这类问题开辟了新的途径，它能够使所考虑的数学模型更接近于实际的水文地质模型。尽管数值方法不能求得研究区域内任意地点任意时间的精确解，而只能求出区域内有限个点某些时刻的近似解，当近似程度能满足实际工作的精度要求，能较客观地描述研究区域流场状态时，这种近似解在解决实际问题时是可靠的。实际上，解析解在推导基本微分方程式时已对各种条件做了一定的简化和假定，定解条件本身也多少具有一定的近似性，因此从一定意义上讲，严格的解析解在处理实际问题时是近似的。

目前在地下水中应用的数值方法主要有：有限差分法、有限单元法、边界元法、配置法和特征线法。本节仅简要讨论有限差分法和有限单元法的基本原理，在地下水资源评价内容中，将详细讨论有限差分法的运算。

4.5.1　有限差分法

有限差分法就是把微分近似地用差分来代替，边界条件、初始条件也相应地进行代替，最后把定解问题化为一组代数方程组的求解问题。

在均质各向同性的含水层中，二维稳定流的基本方程是

$$\frac{\partial^2 h}{\partial x^2}+\frac{\partial^2 h}{\partial y^2}=0 \tag{4-88}$$

为了对节点网格中内部任意节点列出有限差分方程，必须用差分来代替二阶偏导数。首先考虑拉普拉斯微分方程式的第一项，函数 $h(x, y)$ 对 x 的偏导数重新定义为：

$$\frac{\partial h}{\partial x}=\lim_{\Delta x\to 0}\frac{h(x+\Delta x, y)-h(x, y)}{\Delta x} \tag{4-89}$$

利用多位数的计算机是不能使增量 Δx 趋近于零，但我们可以取 Δx 值为足够小，实际上 Δx 值可通过划分节点网格来确定。

令任意一节点的水头值为 y_0，可用台劳级数将函数 $h(x, y_0)$ 在点 (x_0, y_0) 处展开为如下形式：

$$h(x, y_0)=h(x_0, y_0)+(x-x_0)\frac{\partial h}{\partial x}(x_0, y_0)+\frac{(x-x_0)^2}{2}\frac{\partial^2 h}{\partial x^2}(x_0, y_0)+\cdots\cdots \tag{4-90}$$

若令 $x=x_0+\Delta x$（向前差商），并舍去一阶导数后的各项，可得到$\frac{\partial h}{\partial x}$的近似解为：

$$\frac{\partial h}{\partial x}(x_0, y_0)=\frac{h(x_0+\Delta x, y_0)-h(x_0, y_0)}{\Delta x} \tag{4-91}$$

舍去的台劳展开式的各项之和为有限差分近似解的舍位误差。

同样可用向后差商的方法，令 $x=x_0-\Delta x$ 代入方程（3-90）得到：

$$\frac{\partial h}{\partial x}(x_0, y_0)=\frac{h(x_0, y_0)-h(x_0-\Delta x, y_0)}{\Delta x} \tag{4-92}$$

为了得到$\frac{\partial h^2}{\partial x^2}$的近似值，我们可用向前差分的形式来表示$\frac{\partial h}{\partial x}$，然后列出二阶偏微分方程：

$$\frac{\partial^2 h}{\partial x^2}(x_0, y_0)=\frac{\frac{\partial h}{\partial x}(x_0+\Delta x, y_0)-\frac{\partial h}{\partial x}(x_0, y_0)}{\Delta x} \tag{4-93}$$

再把方程（4-92）向后差商的形式代入方程（4-93）中可得：

$$\frac{\partial^2 h}{\partial x^2}(x_0, y_0)=\frac{h(x_0+\Delta x, y_0)-2h(x_0, y_0)+h(x_0-\Delta x, y_0)}{(\Delta x)^2} \tag{4-94}$$

按照上述法则，我们可同样将偏微分式$\frac{\partial^2 h}{\partial y^2}$表达为：

$$\frac{\partial^2 h}{\partial y^2}(x_0, y_0)=\frac{h(x_0, y_0+\Delta y)-2h(x_0, y_0)+h(x_0, y_0-\Delta y)}{(\Delta y)^2} \tag{4-95}$$

对于矩形网格，若 $\Delta x=\Delta y$，将式（4-94）与式（4-95）相加在一起，可将拉普拉斯方程写为如下形式：

$$\frac{1}{(\Delta x)^2}[h(x_0+\Delta x, y_0)+h(x_0-\Delta x, y_0)+h(x_0, y_0+\Delta y)$$
$$+h(x_0, y_0-\Delta y)-4h(x_0, y_0)]=0 \tag{4-96}$$

如果令（x_0，y_0）为节点（i，j），式（4-96）可变换为如下形式：

$$h_{ij}=\frac{1}{4}(h_{i+1, j}+h_{i-1, j}+h_{i, j+1}+h_{i, j-1}) \tag{4-97}$$

式（4-97）即为稳定流的拉普拉斯方程转换为差分方程后化为的最简形式。

有限差分法也可以有效地应用于非稳定流问题的计算，例如用有限差分法对含水层的出水量进行预测。设有一个二维水平的承压含水层，厚度为 b，为求其出水量与承压水面变化间的关系，可将该含水层划分为一定的网络，每个单元都具有各自的水文地质特点和水头值，节点均位于单元的中心，节点的水头值即代表了整个单元的水头，如图 4-44（a）所示。其中个别单元可看成是汲取地下水的抽水井。

我们可任取一个内部单元来研究地下水径流特征及与周围四个相邻单元的关系。根据含水层在饱水状态下非稳定流的连续方程，流入任何单元的水量必须等于该节点储水量的增量对时间的变化率，参照图 4-44（b）可列出：

$$Q_{15}+Q_{25}+Q_{35}+Q_{45}=\mu^{*\prime}{}_5、\Delta x \cdot \Delta y \cdot b \cdot \frac{\partial h_5}{\partial t} \tag{4-98}$$

式中，$\mu^{*\prime}{}_5$ 是节点5的比释水系数$\left(\mu^{*\prime}=\dfrac{\mu^*}{M}\right.$，$\mu^*$ 为释水系数，M 为含水层厚度$\left.\right)$。

含水层中的任意单元都可写为类似的表达式，由达西定律可得：

$$Q_{15}=K_{15}\frac{h_1-h_5}{\Delta y}\cdot\Delta x\cdot b \tag{4-99}$$

若将含水层看成均质、各向同性，具有相同的透水性和储水性；并令任意单元都为正方形，即 $\Delta x=\Delta y$。将上述假设条件带入式（4-98）及式（4-99）中可得：

$$K\cdot b(h_1+h_2+h_3+h_4-4h_5)=\mu^*\cdot\Delta x^2\frac{\partial h_5}{\partial t} \tag{4-100}$$

等式右边对时间的导数可表示为：

$$\frac{\partial h_5}{\partial t}=\frac{h_5(t)-h_5(t-\Delta t)}{\Delta t} \tag{4-101}$$

式中 Δt 是时间步长，用来在时间上分化值模型。我们用 i、j、k 来标注图4-44（c）所示的节点，i、j 表示节点位置，K（$=0$，1，2，……）表示时间步长，则有：

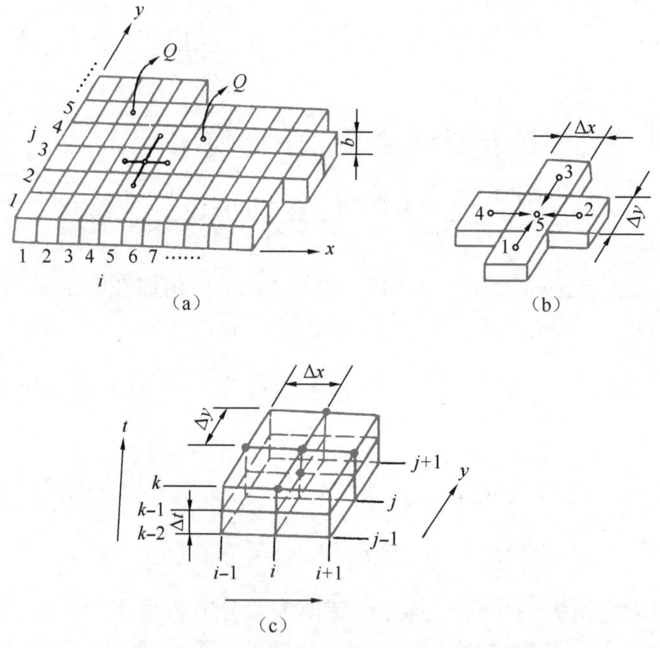

图4-44　二维水平承压含水层单元划分示意图

（a）含水层单元划分示意图；（b）内部任意单元与相邻单元关系；（c）时间步长划分示意图

$$\begin{aligned}&h_{ij-1}^k+h_{i+1,\ j}^k+h_{i-1,\ j}^k+h_{i,\ j+1}^k-4h_{ij}^k\\&=\frac{\mu^*\Delta x^2}{T\cdot\Delta t}(h_{ij}^k-h_{ij}^{k-1})\end{aligned} \tag{4-102a}$$

上式也可写成如下形式：

$$\left[\frac{\mu^*\cdot\Delta x^2}{T\cdot\Delta t}+4\right]h_{i,\ j}^k=A\cdot h_{i,\ j-1}^k+B\cdot h_{i+1,\ j}^k+C\cdot h_{i-1,\ j}^k+D\cdot h_{i,\ j+1}^k$$

$$+\frac{\mu^{*}\Delta x^{2}}{T\cdot\Delta t}\cdot h_{i,j}^{k-1} \tag{4-102b}$$

式中 A、B、C、D 为系数，此处 $A=B=C=D=1$。

式（4-102a）和式（4-102b）即为在均质、各向同性的承压含水层中内部节点（i，j）的有限差分方程。式中所出现的每个参数如：μ^{*}、T、Δx、Δt 都有确切的定义，它们作为有关项的系数其数值也是已知的。同样，前一个时间步长段的水头值 $h_{i,j}$ 也是已知的。采用上述的步骤和方法也可推导出边界上节点的有限差分方程以及含水层角落处和抽水井所处的节点处和差分方程式。各种场合和条件下节点的有限差分方程的表达式都与式（4-102）类似，只是各项前的系数不同。例如：对边界上的节点来说，某些系数就为零。

如果把含水层看成非均质和各向异性，各节点的差分方程式中不仅各项有不同的系数，而且各单元的 μ^{*}、T 值也不同。有限差分法运算可进一步地复杂化，可使单元呈矩形（$\Delta x\neq\Delta y$），或将各单元的面积划分得决然不同，尤其是在抽水井附近，由于水力坡度变化大，需将单元划分的较小。然而无论多复杂的运算都是立足于式（4-102）来列有限差分方程。若所研究的含水层中确立了 N 个节点，则必有 N 个有限差分方程式，对每个时段都有 N 个未知的水头值，将某个时段中已知的初始和边界条件带入所列的 N 个线性代数方程中，逐一解得各未知数的值，然而算出的结果又可作为初始条件来解下一个时间段所列出的方程组，依次类推。解有限差分方程的计算机程序越复杂，则含水层水动力特征就可被模拟的越形象、逼真。

4.5.2 有限单元法

有限单元法是采用“分片逼近”的手段来求解偏微分方程的一种数值方法。有限差分法的解区域是一系列的网格点。而有限元法则将解区域离散由许多小的、相互联系的亚区域组成，这些亚区域称为“单元”，它一般采用简单的形状（如三角形、四边形、矩形等）。这些单元集合起来，代表不同几何形状的解区域。

有限单元法求解地下水流场的步骤大体上可表示为：

（1）把求解的区域划分为一系列的数目有限的单元。单元的顶点叫作节点（或结点），单元与单元之间通过节点相互联系。这一过程称为“离散化”或“剖分”。三角剖分如图 4-45 所示。

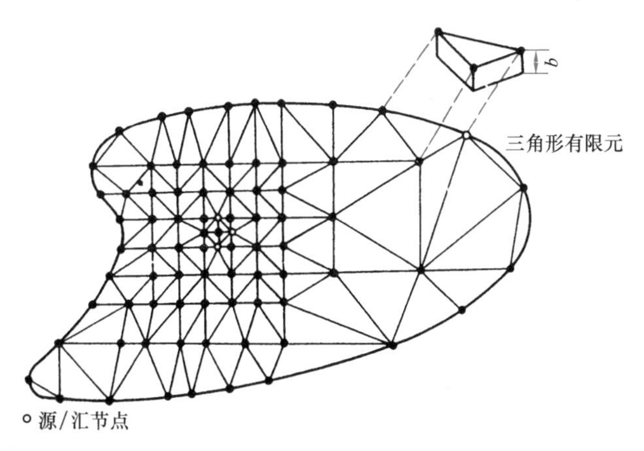

图 4-45　有限元三角剖分示意图

(2) 找出每一单元的节点变量之间的相互关系，建立一个“单元矩阵”。对于地下水运动计算问题称为“单元渗透矩阵”。单元矩阵可以通过两种方法建立，一种变分方法，另一种是伽辽金法。

(3) 把单元矩阵集合起来，形成一套描述整个系统的代数方程组。这个最终的方程组的系数矩阵称为“总矩阵”或“总渗透矩阵”。

(4) 把给定的边界条件也归并到总矩阵方程中去。

(5) 利用迭代法算求解线性方程组。

有限单元法的最大优点就是灵活性，可以适用各种复杂的边界形状和边界条件以及水文地质特征差异性大的含水层。

有限单元法的具体描述及计算方式参见有关的文献，在此不再详述。

4.5.3　物理模拟法

模拟法（指物理模拟）是用相似模型再现渗流动态和过程的实验方法。它能够模拟解析法难以求解的复杂问题。

利用物理模型再现地下水渗流区动态和过程的相似条件是原型和模型这两个系统中物理现象具有相似的数学模型。而相似的数学模型包括两个方面，微分方程的形式相同、定解条件的相似。

定解条件的相似主要包括几何相似，即在原型和模型的有限空间内，对应点的坐标或对应长度应满足固定的比值；时间相似，即原型和模型可以同步运行，但在渗流模拟中很少应用；参数相似，两个系统中的物理参数，必须保持线性关系；初值相似，两个系统中，对应物理量的初值，都应满足固定比值；边值相似，即在两个系统中，对应物理量及其导数在边界上分布的边值同样应当满足固定比值。当边值随时间变化时，还要保持边值的时间相似。

总之，在微分方程形式相同的情况下，所有的对应物理量保持固定比值，是原型和模型两个系统相似的充分和必要条件。相似的微分形式，相似的定解条件，可得出相似的解。正是利用模型的相似解，研究地下水的运动规律。

根据渗流现象和其他物理现象之间的相似性，对地下水的渗流进行物理模型的模拟研究，主要有砂槽模拟、电模拟、热模拟、窄缝槽模拟、薄膜模拟等。电模拟是较为成熟的一种模拟方式，其基本原理是地下水流在多孔介质中运动和电流在导电介质中的流动具有相似性，见表4-13。这种相似性为电模拟渗透水流奠定了基础。

渗透水流和电流的相似性　　**表4-13**

渗透水流	电流
水头（水位）H	电位 U
渗透系数 K	电导率（导电系数）$C=\frac{1}{\rho}$
渗透速度 V	电流密度 i
达西定律：$V=-K\frac{\partial H}{\partial S}$	欧姆定律：$i=-C\frac{\partial U}{\partial S}$
水头的拉普拉斯方程：	电位的拉普拉斯方程：

续表

渗透水流	电流
$\frac{\partial^2 H}{\partial x^2}+\frac{\partial^2 H}{\partial y^2}+\frac{\partial^2 H}{\partial z^2}=0$	$\frac{\partial^2 U}{\partial x^2}+\frac{\partial^2 U}{\partial y^2}+\frac{\partial^2 U}{\partial z^2}=0$
边界条件：	边界条件：
不透水层层面$\frac{\partial H}{\partial n}=0$	绝缘面$\frac{\partial U}{\partial n}=0$
n—垂直不透水层的法线方向	n—垂直绝缘面的法线方向
透水边界面：	导电面：
H=常数，或H为某一变化关系	U=常数，或U为某一变化关系
渗流通过的过水断面ω	电流通过的横断面F
渗流路径长度L	电流线长度L
水力坡度$J=\frac{H_1-H_2}{L}$	电场强度$E=\frac{U_1-U_2}{L}$
渗流量$Q=K\omega\frac{H_1-H_2}{L}$	电流量$I=CE\frac{U_1-U_2}{L}+\frac{U_1-U_2}{R}$ (电阻　$R=\frac{L}{CF}=\rho\frac{L}{F}$)
导水系数T	电阻的倒数$\frac{1}{R}$

应该注意到，随着数值方法的不断完善和电子计算机技术的不断发展，对于物理模拟方法产生了不小的冲击。目前数值模拟在一定程度代替物理模拟，尤其是代替电模拟在研究地下水运动规律方面得到了广泛的应用。另一方面，某些物理模拟方法和砂槽模拟、窄缝槽模拟等仍在水文地质的研究方面发挥不可替代的作用。

第5章　不同地貌区地下水的分布特征

地貌主要是指由于地球表面因内、外地质营力作用而产生的地形形态。地质营力作用的强度与方式及地表岩性条件是控制地貌形态的主要因素。地貌形态与岩性、构造以及空隙类型之间的成因联系，表明不同地貌单元及地貌形态应具有与其成因相同的地质和水文地质条件。河谷平原、山前倾斜平原、滨海平原、黄土平原等一系列地貌构成了具有主要供水水文地质意义的现代地质地貌特征。

不同的地貌单元及其地貌形态其岩性构造特征不同，即使同一地貌单元的不同的空间部位，岩性构造差异也十分显著。岩性、构造及地貌上的差异性造成构成地下水基本储存空间和运移通道的空隙的类型、空间分布状态、发育程度具有较大的差别，进而制约着地下水的补给、径流和排泄等循环的深度和广度，制约着地下水含水层的类型、空间展布和富水性。

从宏观的地貌单元划分和不同地貌形态的成因入手，研究不同地区地下水的形成与分布，将有利于在水文地质调查初期，掌握地下水储存运动空间和空隙类型、特征及其分布发育规律；确定水文地质单元的范围、含水层的组合与分布，以及汇水与补给条件；分析地下水的径流方向，排泄方式与排泄的位置。为不同地区地下水的找寻、勘探指引方向，为不同类型不同级别的供水水源的综合规划，提供依据与基础。

5.1　河谷平原区的孔隙水

5.1.1　河流的沉积作用和冲积层

冲积物指常年性河流地质作用所形成的松散堆积物。它由不同粒径冲积卵砾石、砂、砂质粉土、粉质黏土和黏土组成，磨圆度和分选性好于其他堆积物，其中砂和砂砾石层，只要补给条件有利，均可成为理想的含水层。为不同类型地下水供水水源之首选。

流域面积大的河流，跨越从山区到平原最终入海的不同地貌单元，在新构造运动的制约下，沿程水动力条件差别极大，呈现上游河段下蚀作用强，中游为侧向侵蚀，下游河段以堆积为主，形成冲积层不同的岩性与结构，造成从上游到下游，冲积物不断增厚、变细、分选性提高等规律。

1. 河流上、中游河谷的冲积层

在河流的上游山区河谷地段，处于新构造活动的相对抬升区，地形落差大，水流速度大，故主要表现为向下侵蚀，河谷呈V字形。河谷与河床的界线不清，堆积作用弱，少见较厚的堆积物。只有枯水时水量、流速都变小，粗大的碎屑物质（卵砾石、粗砂）才能在河湾的凸岸和河谷的开阔河段堆积下来，其上通常缺乏细粒黏土质的覆盖层。冲积层分布不连续，以卵砾石和粗砂为主，透水性好，因漫滩与阶地规模较小，含水层调控空间有限。

在河流中游的低山丘陵区，河谷加宽，呈 U 字形，处于新构造活动相对稳定阶段。以侧方侵蚀作用为主，河床内横向环流冲刷凹岸，使粗大的砂卵石被搬运到凸岸一边河底沉积下来，逐渐形成滨河浅滩。在洪水期滨河浅滩被淹没，沉积一些粉细砂和黏土物质，便形成了河漫滩下粗上细的二元结构，如图 5-1 所示。

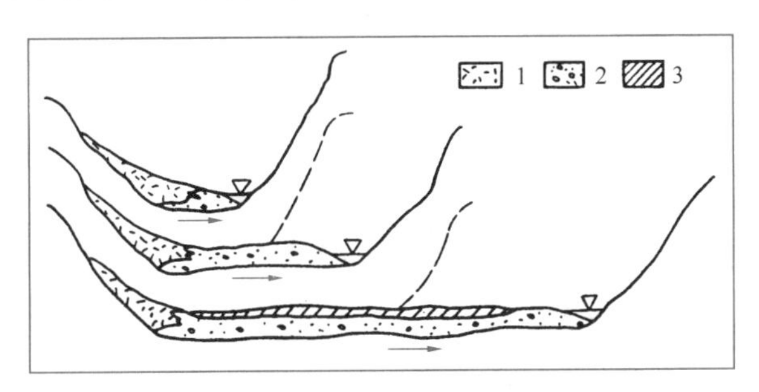

图 5-1　河漫滩及其二元结构的形成

1—坡积物；2—河床相冲积物；3—河漫滩相冲积物

2. 河流下游平原的冲积层

江河下游地区通常是新构造运动的沉降地带，有利于河流不断地堆积而形成冲积平原。大平原可宽达数百千米，与山前倾斜平原相连，可分为山前平原、中部平原和滨海平原，如图 5-2 所示。

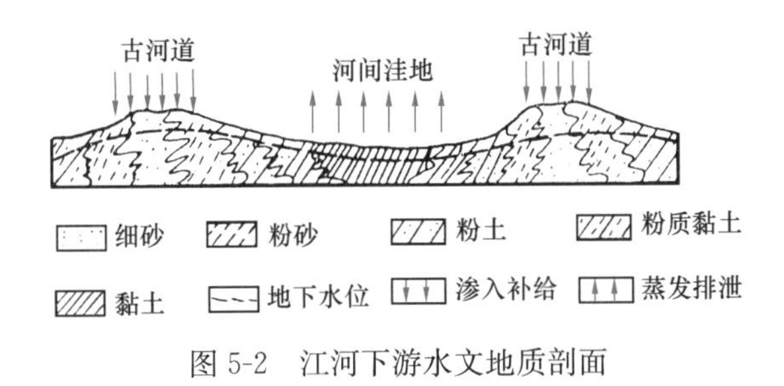

图 5-2　江河下游水文地质剖面

在河道附近堆积的物质比较有规律，沿水平方向粗细颗粒往往呈带状分布。靠近河道的地方，包括河漫滩和一级阶地一带，沉积物是透水良好的砂层，厚度也较大，是储存地下水的良好场所。远离河道的地方含水层逐渐变薄。

我国黄河下游的堆积比较特殊，由于黄河下游区河床高于地面（成为地上河），河道变浅，容易发生泛滥，两岸的泛滥堆积物往往高于河间地带，形成天然垅岗。在两侧先后形成数期泛滥带沉积，依次叠置在一起，在洪水主流线上沉积细砂，向两侧依次为粉砂、粉土、粉质黏土及黏土。在剖面上，古河床沉积和滨河泛滥堆积呈条带状，在河间地带则是湖沼相黏土淤泥物质，与滨河泛滥相的粉细砂呈水平交错过渡。如果河流改道到地势较低的河间洼地，就使沉积物在平面分布上发生变化，而在剖面上形成粗细相间的沉积韵律。一般砂层透镜体厚度最大处是该期河床位置所在。

3. 河流发展过程中的阶地沉积

阶地是分布在谷坡上的，一般不被河水所淹没的一些有陡坎的平台。阶地是新构造运动使地壳间歇性上升和河流作用的共同结果。当河流上游地区地壳相对上升时，使河流的垂向侵蚀增大，便在河谷中冲刷一条较狭的河床，在新河床的两侧便形成了阶地。地壳间歇性上升和下降就能形成多级的河岸阶地，如图5-3所示。

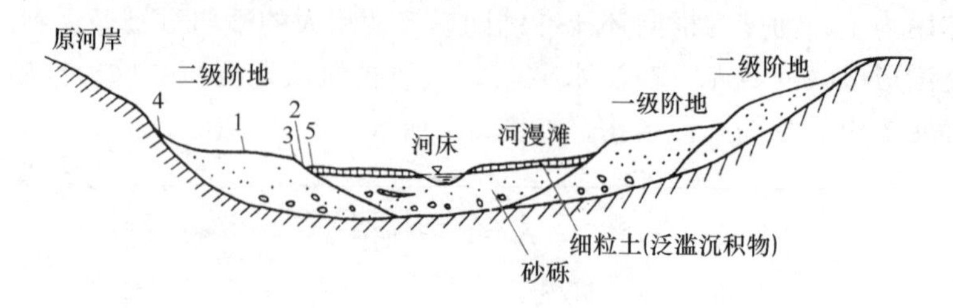

图5-3 河谷阶地横断面示意

1—阶地面；2—阶地陡坎；3—阶地前缘；4—阶地后缘；5—阶地坡脚

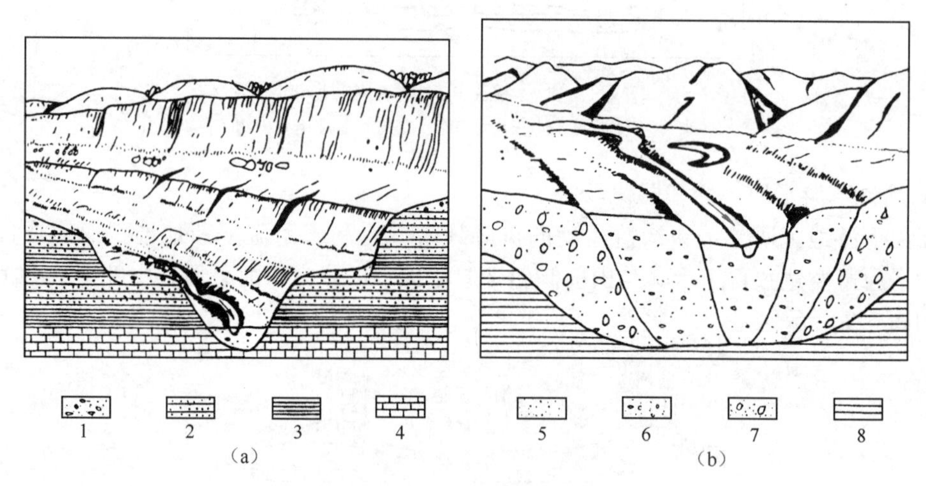

图5-4 侵蚀阶地及沉积阶地

(a) 侵蚀阶地；(b) 沉积阶地

1—冲积层；2—砂岩；3—页岩；4—石灰岩；5—河漫滩冲积层；

6—第一级阶地冲积层；7—第二级阶地冲积层；8—基岩

阶地主要有两种类型：一种是侵蚀阶地，如图5-4 (a) 所示，它的特征是阶面宽度不大，宽度变化却大，阶面明显地向下游方向倾斜，阶坡常为陡坎，基岩裸露，基本上没有或有很薄的冲积物，常见的是经过河水搬运的砾石，若有地下水储存量也很小；另一种是沉积阶地，如图5-4 (b) 所示，它的特点是沉积物较厚，基岩不出露，一般都埋藏有丰富的地下水，该类阶地多见于山前平原地区。

沉积阶地的结构一般类似河漫滩二元结构的特点，但常常较为复杂，在近陡坎地带常见到坡积物及冲积物的交互堆积。同一阶地上沉积物也有明显变化，前缘近河谷中部，沉积物较后缘厚，且粒度粗，透水性强，所以富水性也好；而后缘由于有坡积物交错沉积，黏土质增强，降低了透水性，同时沉积物粒度较细，故富水性较差。

5.1.2 河谷平原冲积层中的孔隙水

河谷冲积层构成了河谷地区地下水的主要孔隙含水层。河谷冲积物孔隙水的一般特征表现为：含水层沿整个河谷呈条带状分布，宽广河谷则形成河谷平原，由于沉积的冲积物分选性较好，磨圆度高，孔隙度较大，透水性强，常形成相对均质含水层，沿河流纵向延伸，横向受阶地或谷边限制。在垂直剖面上，含水层具二元结构，复杂结构也常为多个二元结构的组合。

河谷冲积层中的地下水，虽然有一些共同的特征，但由于在河流的上中游河谷及下游平原，冲积层的岩性结构、厚度等都不相同，因此冲积层中地下水的埋藏分布和水质、水量也有较大的差别。

1. 河流上游河谷冲积层中的孔隙水

河流上游的河谷比较狭窄，阶地和河漫滩不发育，往往在凸岸沉积有卵砾石层，透水性强、水质好，与河水关系密切，但含水层厚度不大，分布范围小，不连续，地下水水位季节变化大，仅可作为小型水源。

2. 河流中游阶地冲积层的孔隙水

在河流的中游，河漫滩和阶地较为发育。具有二元结构的河漫滩属最新堆积的冲积层，上部的细砂及黏性土相对为弱透水层；下部是中粗砂和砾石组成较强的透水层，埋藏有丰富的地下水，含水层在整体上可视为潜水，但下部砂砾层中的地下水具有一定的承压性。阶地孔隙水与河水具有密切的水力联系，接受大气降水、地表水和基岩地下水的补给。

丘陵山区在地质构造上处于相对抬升和下沉的连接部位，间歇性升降活动形成多层性结构，各层阶地的冲积层岩性、厚度差异极大，一般低阶地的供水条件最优越，尤其是一级阶地和漫滩，大多为单一冲积成因，粒粗分选好，与河水的关系密切，有利于补给，富水性与水质最好。在高阶地或阶地边缘，受其地质营力作用，使冲积物的成因复杂，常夹杂有坡积物或洪积物，造成细粒黏土质成分增多，不仅含水层透水性、富水性差，汇水条件和补给条件也不好。黄河兰州段形成了六级阶地，其中一级阶地沿黄河不连续分布，宽度小于500m，含水层最厚处达340m，下部为砂砾卵石层，上部为粉细砂；潜水埋深1～3m，透水性良好，渗透系数为40～100m/d，主要接受黄河水补给，历史上单井出水量可达4000～6000m^3/d，水质为HCO_3—Ca・Mg水，总溶解固体0.3g/L左右，兰州城市供水中的地下水多取自该阶地与河漫滩的含水层。二级阶地出露较广，阶面平坦，最宽可达4km多；该阶地含水层厚度变化大，由几米至20多米；渗透系数平均14m/d，潜水埋深在1～15m，不仅富水性远比一级阶地差，水质也不如一级阶地，总溶解固体已达1g/L。在四级阶地以上水量已小，水质差，已不能直接作为饮用水供水水源。

3. 下游平原冲积层孔隙水

下游平原地处新构造运动沉降带，堆积物厚而细，地面坡降缓，河流流速小，侧蚀作用增强，河床极不稳定。河道两侧依次堆积有：河床相、漫滩相、牛轭湖相、泛滥相与河间相等由粗变细的堆积物。由于河道的不断迁移袭夺和气候干湿变化造成的堆积物不断外扩（雨季）和内缩（枯季），使不同堆积物相互叠加；在垂向上，地壳的不断下降，造成堆积物后期盖前期，再冲刷再覆盖；同时，在平原形成的历史过程中，往往伴随有冰川、湖泊、海水等其他堆积作用。因此，平原堆积物的成分结构极其复杂。

由于大地构造、新构造运动、气候和上中游地区的岩性等条件的不同，我国各主要水系下游平原的水文地质条件各不相同，如长江、珠江、钱塘江下游平原，因第四纪以来地壳降陷较小，冲积层一般仅20～60m，有些地方还断续分布孤山和丘陵，堆积物以砂砾为主，渗透好，水量高，水质好；而降幅大的黄河下游冲积平原，堆积物最厚处达1400m，堆积物岩性复杂，由于流经黄土高原，岩性以粉细砂为主。渗透性差，除降雨补给外，其他补给条件相对较差。地下水储量大，但不易恢复，由于水循环交替条件差，底部往往还有咸水和盐水。

松嫩冲积平原，第四纪松散堆积物从上而下可分为 3 个层组，如图 5-5 所示。上层是由嫩江、松花江及其支流的冲积物所组成的河漫滩和一级阶地，含水层由上游到下游粒度、厚度和富水性逐渐变小；河漫滩宽 5～10km，在嫩江上游河漫滩砂层厚 20～37m，单位出水量 1.1～3.67L/(s·m)；而下游单位出水量减小到 0.25～1L/(s·m)。一级阶地宽达百余千米，在西部是砂砾石，单位出水量 2～4L/(s·m)；向东部下游方向变为细砂，单位出水量降为 0.5L/(s·m)。中部层组是冲积和湖积层的交错过渡，富水性差异很大，古冲积砂砾层透水性强，单位出水量 1～7L/(s·m)。湖泊相沉积中的含水层厚度不大，水量小。下部是冰水沉积的砂砾，由西向东粒度、厚度变小，单位出水量 1L/m·s 左右。

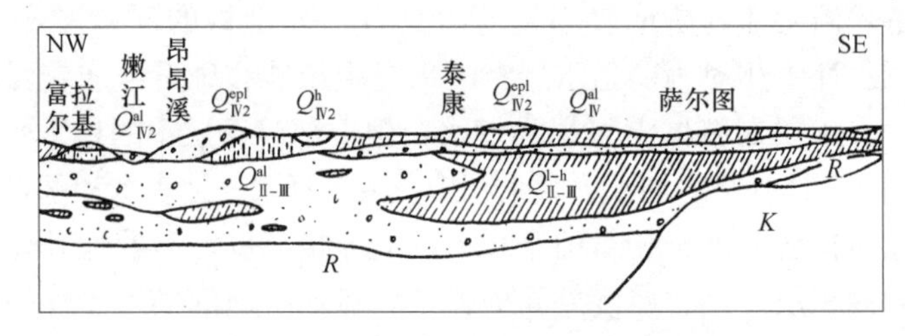

图 5-5　松嫩冲积平原第四纪地质剖面

古河道既是良好的储水空间，又是汇水、输水通道。含水层组通过古河道在水平方向上发生联系，在垂向上则有源于不同年代粗粒堆积物相互叠加的“天窗”联系。古河道分二类，一类是近代河道改道后在地表面下的古河道，在微地貌上，显示带状分布的洼地、湿地等残面形态，一般为潜水，有利于降雨的补给。同时，在河流改道点与地表水发生水力联系，接受补给。由于分布地形较高，潜水位埋深大，蒸发弱，以渗流为主，所以水量与水质良好；其两侧岩性变细，地势低，潜水位埋藏浅，蒸发强烈，矿化度高，地面常盐渍化，水量、水质差。另类古河道埋藏于平原下部早期堆积物中，沿水流方向呈带状分布，宽度和厚度有限，在剖面上呈舌状渗流体，构成承压水。

在平原地区开展供水水文地质调查时，首要的任务是从平原形成的地质历史环境条件出发，以河床相为重点，通过收集资料，分选平原不同成因堆积物的分布规律，并根据年代、成因、沉积额率和地下水水力特征等条件划分含水层组，其中对古河道的研究尤为重要。

5.2　山前倾斜平原冲洪积物孔隙水

山区与平原相接的地带，常由河流流出山口形成的冲积—洪积扇和山麓的坡积—洪积裙彼此相连，形成沿山麓分布的山前倾斜平原，虽然它与平原地带没有明显的分界，但无论在地下水的形成特点和分布埋藏规律方面，还是在水质、水量的变化方向都具有独特的规律。

山前倾斜平原的规模大小不等，宽由数千米甚至可达数十千米，长由数千米至数十千米，甚至可达数百千米。如我国大兴安岭、太行山、祁连山、天山、大青山、燕山、昆仑山—阿尔金山等山前地带都有一些大型山前倾斜平原。此外山区与山间盆地交界的山麓倾斜地带，其特征与大型山前倾斜平原相同，只是规模较小而已。

冲洪积扇构成了山前倾斜平原地下水含水层的主体，而洪积扇的形成是在特定的地貌条件下实现的。当洪流携带着粗细不匀，大小不等的颗粒物质流出山口后，由于地势突然开阔，地形坡度急剧变缓，水流就成为分散的漫流（扩散流），流速和流量也逐渐变小。水流因动能急剧降低，无力挟带原来大量的泥砂和石块，大量物质在山麓地带堆积，形成由山口向平原呈放射状展开的扇形近半锥体的堆积，故称洪积扇。其面积自数十平方千米到数千平方千米不等。山前倾斜平原就是由大小不等的洪积扇相连而成。图 5-6 是河北省西部太行山东麓的山前倾斜平原，从图上也可看出这一倾斜平原是由多个洪积扇组成的。

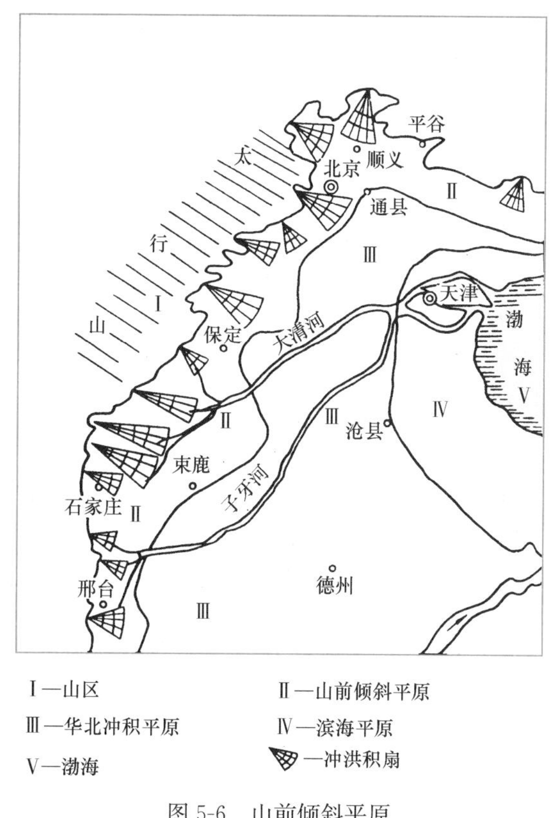

图 5-6　山前倾斜平原

应当注意的是：很多洪积扇的形成过程中，有经常性水流（河流）在同时作用，使暂时性水流的洪积物和经常性水流的冲积物间歇或混杂堆积，因此，很多洪积扇亦称为冲洪积扇。

洪积扇的形成是在特定的气候和地貌条件下实现的，反映了典型的洪积扇地貌特征，与其相应的洪积物分布规律之间的因果联系。当洪流携带粗细不匀、大小不等的碎屑物质流出山口后，因地势突然开阔，地形坡度急剧变缓，洪流顿呈粉砂的漫流（扩散流），流速和流量骤减。其中洪流在转化为分散流的过程中，其动能急剧降低，所携卵砾等粗粒物质首先沉积于山口附近的宽缓倾斜地带，此时洪流已由搬运作用转化为以堆积为主，随下游地势的不断趋缓和分散流的不断延伸、扩展，其动能不断衰减，堆积物的粒径越来越细，最后消能于地势更低缓的地方，没入平原。因此它与平原之间的界线不清。气候条件决定的洪积扇形成条件的典型性，是典型的洪积扇，还是冲洪积扇。

由山前分散流的水动力条件控制的洪积相堆积物，其空间分布规律：

在纵向上，沿山口到平原，堆积物呈由粗到细、分选性逐步提高的分布特征，通常可分为：上部砂砾带；中、下部砂砾与黏性土交错带；边部黏性土带。

在横向上，从扇脊中轴线到扇间洼地，堆积物不断变细。

在垂向上，表现为不同年代、不同成因（洪积、冲积、坡积）、不同规模（长、宽、厚）的洪积物上下迭叠、交错。其厚度取决于基底的古地形和新构造运动的强度与方式。如基底的隆起和凹陷，使堆积物厚度变化不一。此外，山前是新构造运动活跃地带，山区的不断抬升和平原的持续下降，造成堆积物的不断沉积。升降幅度越大，山前地带的堆积物越厚，如祁连山、大青山、天山的分布砂砾带厚达数百米，但纵向延伸不大，一般仅5～10km。若山前地带以阶梯状断块构造与平原相接时，其基底呈逐级下倾的构造形态，上部砂砾带厚度不大，却延伸较长，如大兴安岭东麓的砂砾带厚不足20m，纵向延伸却长达60km。

5.2.1　冲洪积扇中的地下水

冲洪积扇有一定的沉积规律，因此冲洪积扇中地下水的埋藏分布，在水位、水质、水量各方面都表现出相应的变化特点。

（1）上部砂砾石带：厚层砂砾石中有埋藏较深的潜水，直接受地表水和大气降水渗入补给；由于含水层透水性强、厚度大、径流条件良好，属于地下水的补给—径流带，水质好，水量大，单井出水量一般大于5～10L/s，如图5-7所示。

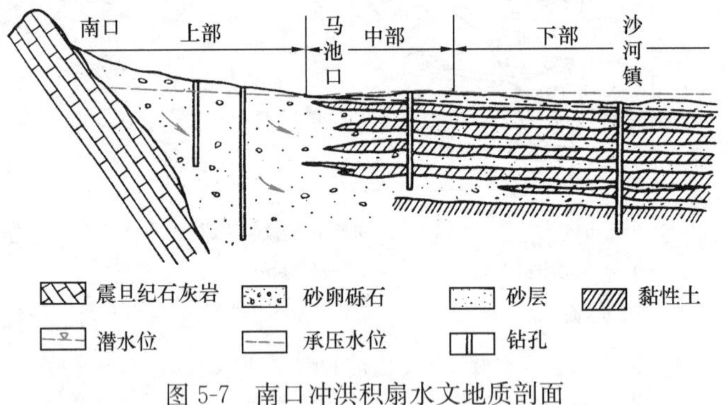

图5-7　南口冲洪积扇水文地质剖面

（2）中、下部粗细沉积交错过渡带：由于含水层粒度逐渐变细，厚度变小，使富水性降低，水力坡度也逐渐变小。水位埋藏则变浅，在扇的下部因黏性土沉积层的阻挡，水流受顶托上抬，水面逐步贴近地表，溢出成泉或形成湖泊、沼泽，此带中的潜水受到蒸发影响使总溶解固体的含量增大。在交错过渡带的潜水含水层以下，被稳定的黏性土层所覆盖的砂砾层中，埋藏的为承压水，水头向边部外围方向逐渐增大，在地形低洼部位可以自流。承压含水层通道也由较厚的单层向平原方向过渡为多层薄层，沉积物粒度变小，富水性也相对减小。承压水不易受到蒸发的影响，故地下水盐度不高。因此这一带地下水以浅部潜水溢出和深部储存承压水为特征。

（3）边部黏性土带：此带在岩性上主要为黏性土及细粉砂，地下水埋藏浅径流缓慢蒸发强烈，地下水含盐量较高，易出现土壤盐渍化。仅在有河流通过的两岸地带，出现盐含量相对较低的潜水。

我国南方冲洪积扇的水文地质条件的变化一般亦符合上述规律，只是南方雨量充沛，各带的水质变化不很明显，如四川岷、沱二江，冲洪积扇中潜水总溶解固体含量一般小于0.5g/L，仅在边缘部分有时可达0.7g/L。

山前倾斜平原是一系列冲洪积扇相互连接构成的，在需水量巨大并且集中开采的情况下，通常先要找出组成山前倾斜平原的各种洪积扇中最富水的冲洪积扇，然后在选定的冲洪积扇范围内进一步确定其富水部位。

北京位于山前倾斜平原之上，南口冲洪积扇位于北京的北面，扇宽10km、长20km，属中小型冲洪积扇，如图5-7所示。按水文地质特征分为：

上部：以砂砾卵石组成含水层，厚度在几十米以上，夹杂有少量黏性土，渗透系数在30～50m/d，地下水属潜水类型，水位埋深在10～60m，水力坡度在6‰左右，渗透条件较好。水量丰富、单井出水量可达5000m^3/d。为总溶解固体含量小于0.4g/L的淡水。

中部：含水层已逐渐过渡为砾含少量砾石和黏性土互层，透水性已较上部显著减小，渗透系数为5～10m/d。因弱透水层的出现，局部出现承压，但潜水位与承压水位相差不大；潜水埋深很小，在地形低洼处可溢出地表。水量也较上部变小，单井出水量为3000m^3/d。水力坡度减小到2‰左右，渗透条件变差。潜水总溶解固体含量已增至0.4～0.6g/L。

下部：岩性为粉质黏土、砂质粉土夹薄层粉细砂层。粉细砂的透水性更差，渗透系数为2～4m/d，单井出水量仅1000～2000m^3/d。潜水位埋深为1～3m，潜水总溶解固体含量增高到0.8g/L，水力坡度仅1‰左右，地下水运动更加迟缓。

5.2.2 山间盆地中的地下水

分布于构造断陷或拗陷的山间盆地，多数继承性构造而继续下降，由于沉降幅度不同，堆积物厚度由数十至数百米不等，盆地面积也由数十至数千平方千米不等。山间盆地的下部往往是河湖相沉积，上部则为河流相。其岩性变化的总趋势，一般由边山向盆地中心颗粒逐渐变细，厚度加大。基底急速下降阶段，在山间河流入湖地段，可形成以粗粒为主的河湖三角洲沉积，远离湖滨地区则为淤泥质黏土夹粉砂层；当基底下临趋缓，随沉积厚度的不断增大，山间河流可直接通过盆地流向下游，开始河流相沉积阶段，并在盆地入口端形成冲积层，在边山地区出现的前冲、冲积扇，其水文地质条件差异极大。在封闭较好的盆地里，地下水在盆地内部实际上处于无水平运动的停滞状态，加之水位埋深较小，蒸发强烈，因此潜水总溶解性固体含量每升可达数十克。

我国西北的吐鲁番、塔里木、伊犁、柴达木，河北的怀来、承德，山西的大同等都是典型的山间盆地。此外陕西的关中平原、山西的汾河平原、内蒙古的河套平原及北京的妫水河盆地等，虽不典型但都具有山间盆地的一些水文地质特征。

吐鲁番盆地是天山东部著名的断层盆地，盆地周边的山前地带由一系列冲洪积扇组成。年降水量仅几十毫米，最少到10～20mm；但地形有利于地下水聚集，盆地四周高山环绕，盆地内大部分地区在海拔500m以下，最低处在海平面下293m。在短距离内地形高差很大，给山区融雪水补给盆地深层承压水造成了极为有利的条件。盆地内地表以下 60～70m 分布承压水，水头高出地表 3m，自流井喷水量为 300m^3/d，总溶解固体含量为 0.2g/L。在这封闭的盆地内，由四周向中央潜水盐度增高很快，使土壤盐碱化，湖泊也为盐碱湖泊，如图 5-8 所示。

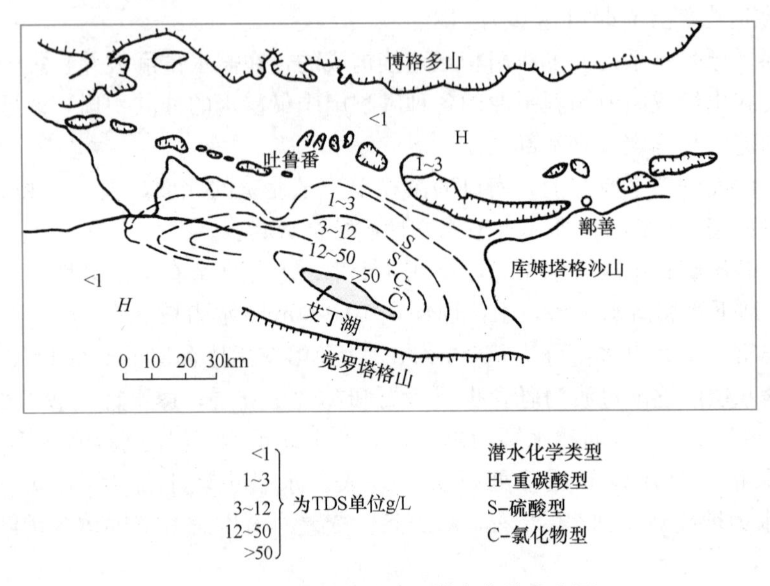

图 5-8　新疆吐鲁番盆地潜水化学成分图

5.3　黄土地区、沙漠地区、湖泊沉积地区、冰川堆积地区、滨海岛屿地区的地下水

5.3.1　黄土地区的地下水

我国黄土分布于甘肃东部、陕西中部和北部、山西等地的黄土高原及华北、东北地区的山前丘陵和波状平原。黄土是由风、水等的作用而搬运沉积的第四纪松散堆积物，厚度可达百米以上，主要由粉土颗粒组成。

1. 黄土含水层的基本特征

黄土层是非均质的、为裂隙和孔隙水的含水层。虽然黄土的给水度弱，但由于它在堆积过程中形成有各种孔洞和裂隙，为地下水的储存和运动创造了条件。孔洞和裂隙的发育由地表向深部逐渐减弱。

黄土层中具有多层含水层，上层为潜水（局部有上层滞水）；下层可能有承压含水层分布，厚度大、分布较稳定的古土壤或钙质层形成相对隔水层。黄土层中地下水的富水性取决于地形、裂隙发育程度等，一般洼地的富水性相对最好，而地形破碎，沟谷深切的地段最差。潜水埋深可达百米以上，水量一般都甚小。黄土层中地下水主要来自大气降水或洪水的渗入补给，水平径流很微弱。排泄方式主要是蒸发，其次是泉水溢出。

2. 黄土中地下水的埋藏形成

黄土层中的地下水主要赋存于宽缓的沟谷、塬面的洼地及丘间盆地。

黄土沟谷中地下水的埋藏在各段是极不相同的。上游沟脑段坡度陡，沟谷狭窄，地下水埋藏较深，很少见水质较淡的水。中游沟谷宽阔而平坦，地下水埋藏深度相对较浅，分布宽度也较大，优质的地下水往往在这一段形成。在下游的深切谷中，常有泉水在沟底出露，但由于地下水位浅而发生强烈盐渍化，因而水质很差。

黄土塬是黄土覆盖的位置较高、面积较大的平地，又称为黄土平台。黄土塬多具有双层结构，土覆盖土，下伏第四纪前期不同岩相或前第四纪地层，如图 5-9 所示。

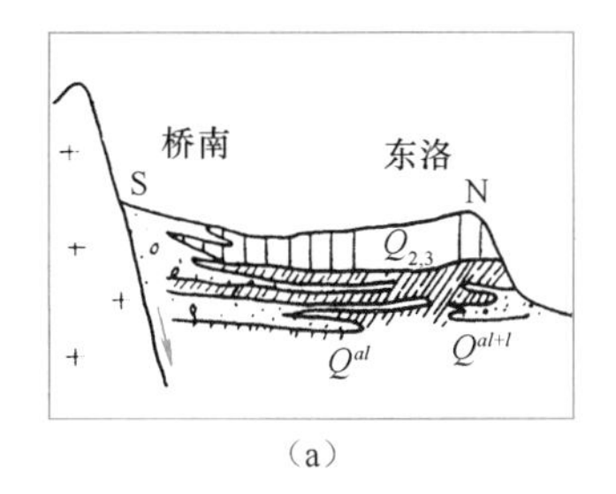

(a)

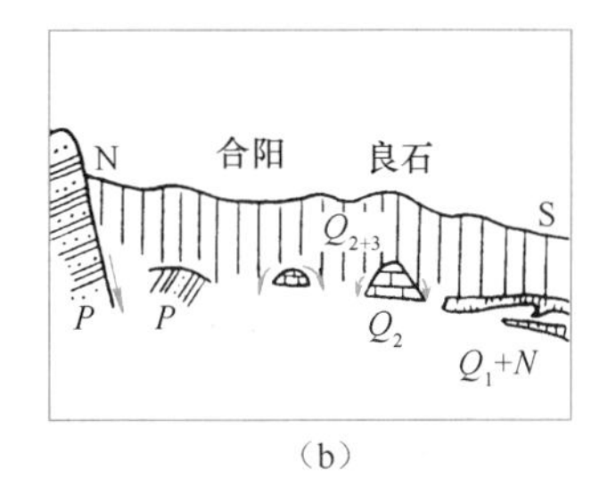

(b)

图 5-9 关中盆地黄土塬结构类型示意图

(a) 下伏洪积相的黄土台塬；(b) 下伏基岩的黄土台塬

塬面上低洼处地下水较富集，主要是由于降雨汇水条件好，渗入量大的缘故。如陕西关中地区黄土塬洼地水位一般埋深 10～20m，单位出水量为 0.4～1.86L/(m·s)，水量比周围塬面大 5～10 倍。另外有一些地段地形平坦，地面完整、水位埋藏浅，故富水性也较好。如陕西渭南丰原一带，地貌单元属下状洪积相的二级黄土台塬，其塬面较平坦，水位埋深 20～30m，单位出水量 0.054～0.34L/(m·s)；而相邻的一级黄土台塬地形破碎，水位埋深 50～70m，单位出水量仅 0.03L/(m·s) 左右。

由黄土梁、峁和丘间盆地组成的黄土丘陵区，地表沟壑纵横，支离破碎，水文地质条件极为复杂，某些地段还有不同程度的地方病。该区的地下水，特别是低盐度的淡水，主要赋存于一些无外泄水流的宽浅坳谷和沟头洼地，即所谓的丘间盆地之中。丘间盆地堆积有厚度不大的第四纪松散岩层，具有独立的水文地质单元，拥有独有的补给、径流和排泄地段。图 5-10 为甘肃省静宁县高庄掌形丘间盆地，其储水面积 0.4km^2，汇水面积 2.5km^2，排泄区泉的排泄量 0.99L/s。潜水埋深 7.03m，当钻孔内水位下降值为 10.97m 时，出水量为 145.84m^3/d。

黄土地区底部若下伏有洪积相、冲积相、湖积相等地层时，下伏含水层中常富存有水质好的承压水。例如宝鸡市黄土层底部有一层厚 2～30m 的冲积相砾石层（Q_1'），宝鸡市的供水有一部分取自该含水层。当黄土地区下伏基岩时，应在基岩的风化洼地或裂隙发育部位寻找富水地段。

黄土中含可溶盐较多，黄土分布区降雨较稀少，因此黄土中的地下水的总溶解固体（TDS）普遍较高。在最干旱的北部，黄土含可溶盐 0.5%～0.8%，地下水一般总溶解固体含量为 3～10g/L 的硫酸盐—氯化物水；相对湿润的南部，黄土含可溶盐少于 0.3%，地下水中的总溶解固体一般小于 1g/L 的重碳酸盐水。在同一地区，水的总溶解固体随径流途径增长而显著增高。

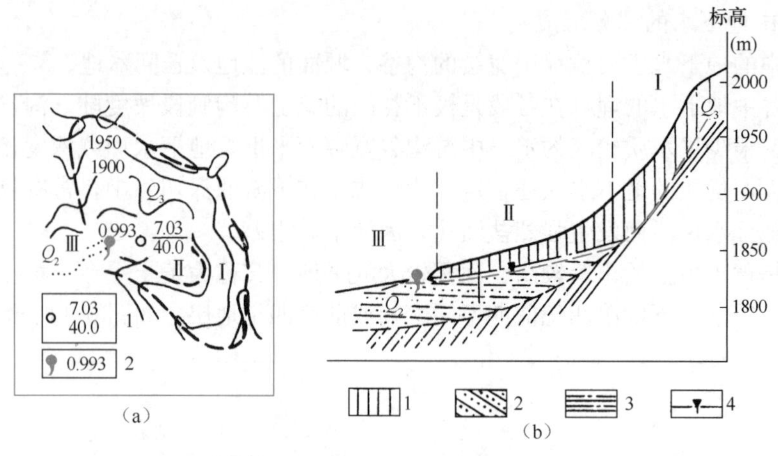

图5-10　高庄丘间盆地

(a) 平面图 1—机井$\frac{水位（m）}{井深（m）}$；2—泉，流量（L/s）

(b) 剖面图　1—黄土；2—砂质粉土；3—砂质泥岩；4—潜水面；Ⅰ—补给区；Ⅱ—径流区；Ⅲ—排泄区

5.3.2　沙漠地区的地下水

我国沙漠主要分布在西北及内蒙古等六个省、自治区，沙漠面积约占全国总面积的11%。这些地区气候极端干旱，年降水量一般在100mm以内，年蒸发量达2000～3000mm。这样的气候条件下，地表径流稀少，地下水资源贫乏。

在沙漠地区，尽管有蓄积地下水的良好条件，但由于缺乏补给来源，而仅成为可以透水而不含水的干岩层，或蓄积水以后，受到强烈的蒸发浓缩而成为咸水。在这种对地下水的形成普遍不利的条件下，仍然可以找到一些可利用的淡水，是人畜用水和工农业建设的宝贵资源。

1. 山前倾斜平原边缘沙漠中的地下水

沙漠地带边缘常与山前倾斜平原毗连，主要由洪积物组成。此区虽然气候干旱，不利于形成地表水。但高山冰雪融化，可补给地表水；没有冰雪时，一般山区的雨量较大，在雨季仍可形成洪流或季节性河流。山区河流流出山口后，大量渗入补给地下水。地下水位埋藏较深，受蒸发影响不大，水量一般丰富，水质较好。

2. 古河道中的地下水

沙漠地带，在沙丘之下有时埋藏有古河道，这些地方地势较低，有利于降水的汇集，而且古河道中岩性较粗，并向湖泊洼地伸延，径流交替条件较好，所以常有较丰富的淡水。例如内蒙古白音他拉附近的古河道，在地表还留有阶地陡坎和槽形洼地，带状分布的小型湖泊和沼泽，古河道带生长有喜水植物，地下水埋藏浅，水质好（图5-11），成为该区主要的供水水源地。

3. 大沙漠腹地的沙丘地区地下水

远离山的沙丘区：该区的沙漠中占面积较大，地下水的蒸发强烈，补给主要依靠地下水径流及凝结水。潜水的埋藏随沙丘的大小和形状而异，高大的沙丘下潜水埋藏较深，小沙丘下埋藏较浅；沙丘之间的洼地潜水埋藏更浅，但水质不好，大都是具有苦咸味的高矿化水。

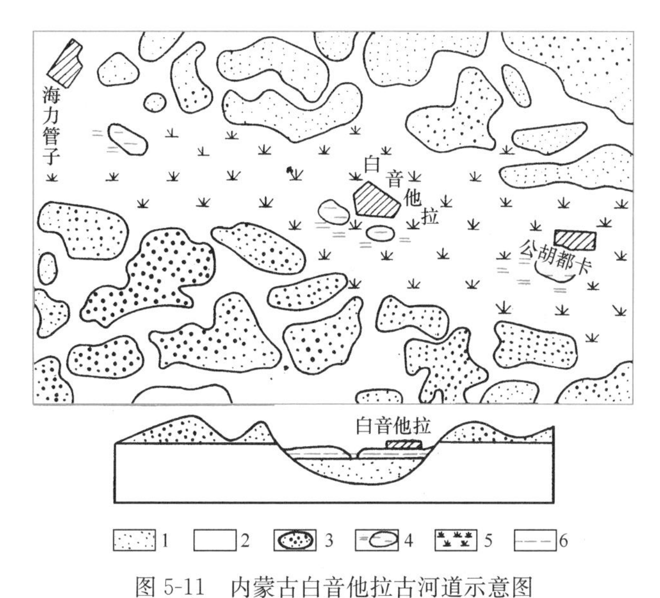

图 5-11 内蒙古白音他拉古河道示意图

1—砂；2—黏性土；3—沙丘；4—沼泽及湖泊；5—水草地；6—地下水位

沙漠中的承压水，往往埋藏在被覆盖的基岩或倾斜平原之中。有些沙漠广泛分布的盆地，在地质方面也是一个构造盆地，其中，中新生代的基岩常有承压水。例如新疆准噶尔盆地，属于封闭的中新生代岩层构成的承压水盆地，各时代的岩层中普遍蕴藏着地下水，第三纪岩层中的承压水水头高出地表 15～22m，单位出水量一般为 0.5～1.6L/s，地下水总溶解固体含量不超过 0.4g/L，水质属 HCO_3-Na 水。

5.3.3 湖泊沉积地区的地下水

大型湖泊沉积物的分布常呈环带状，从湖滨向湖中心，沉积物由砂类逐渐变为黏土类物质。当河流汇入湖泊时，所携带的粗碎屑物质（砂、砾等）在河口沉积下来形成三角洲，因此，湖泊沉积往往亦称为河湖沉积，三角洲通常是湖泊沉积地区的富水地段。

由于湖滨带及三角洲地带的沉积是在动水的环境下进行的，常呈砂与黏土的互层，在砂层中往往富水，也可形成承压水。例如山西运城盆地，第四纪沉积了 300m 以上的湖相为主的沉积物。当时较大的河流从北面和东北方向注入，形成有古河道及三角洲沉积，埋藏着丰富的地下水；而南部湖相黏土沉积发育，富水性很差。运城盆地的北面及东北面沉积物从上而下可分为四组，其中第三、四组夹有中细砂及粗砂层。第三组承压水头高出潜水位 3～5m，地形标高在 350m 以下的地区都可以自喷，自流量为 43.2～345m^3/d；第四组承压水头高出潜水位以上 5m，自流量为 43.2～1123m^3/d，总溶解固体含量约 1g/L，属 HCO_3-Ca • Na 水。

在湖泊中心的沉积物通常以淤泥质黏土、粉质黏土为主，夹一些薄层粉细砂、中细砂层或透镜体。砂层内地下水的补给条件不好，储量不大，且水中常有淤泥臭味，在干旱地区这样的含水层也只能作为小型水源。

在湖泊相沉积层中若没有理想的含水层时，则应注意其下伏其他类型沉积物的含水性，以便开采利用。如东北嫩江平原的湖积层下伏有冲积及冻水沉积的砂砾层，钻孔最大出水量达 5200～14400m^3/d。

湖泊沉积层往往被冲、洪积层或其他成因类型的松散岩层所覆盖，这种情况下确定湖泊相沉积必须依靠钻孔资料。

5.3.4　冰川堆积地区的地下水

在地质时期曾有过多次大规模的冰川活动，第四纪是地史上最大的一次冰川活动时期，我国南北方很大范围内都形成有冰川堆积物，有些成为富水性良好的含水层。

冰川在运动过程中，携带有大量岩石碎块、砾石、砂及黏土物质等，这些粗细不等的物质毫无分选地被冰川运送和堆积下来，成为冰碛泥砾。冰碛物的透水性极弱，除局部地区含有砂砾石透镜体外，基本上是不透水的。

若冰碛物被冰水再搬运、堆积而成冰水沉积物时，已经过了初步的磨圆和分选，原来的泥砾混合物已变成透水性好的砂砾层，并带有一般冲积物的特点，通常均含水、富水。冰碛泥砾和冰水砂砾一般都堆积在同一冰谷中，形成交错发育的山谷冰川堆积。例如东北诺敏河 U 形冰蚀谷中，冰川堆积物厚 30～40m，下部是不透水的冰碛泥砾层；其上部是含水的后期冰水砂砾层，渗透系数为 21～203m/d。

5.3.5　滨海岛屿地区的地下水

滨海平原地区通常是海相与陆相交错沉积的地带，其岩性一般为砂、砂质粉土、粉质黏土及含有较多有机质的淤泥。地下水的化学成分也具有大陆淡水与海洋咸水混合过渡的特征。在滨海平原的近海带，海水在水压作用下进入沿海的含水层中，与陆相沉积层中的低矿化淡水混合。由内陆向海洋方向咸水层逐渐增厚，地下水的总溶解固体含量逐渐增高，化学类型也呈现有规律的过渡。这种混合过渡因淡水不断地由地下径流得到补充而达到相对平衡，形成淡水与咸水之间的动平衡界面，如图 5-12 所示。当淡水补给量较大时，混合界面在平面上向海洋方向稍稍移动，而在垂直方向则向下移动；当淡水补给量较小时，则向相反方向移动。

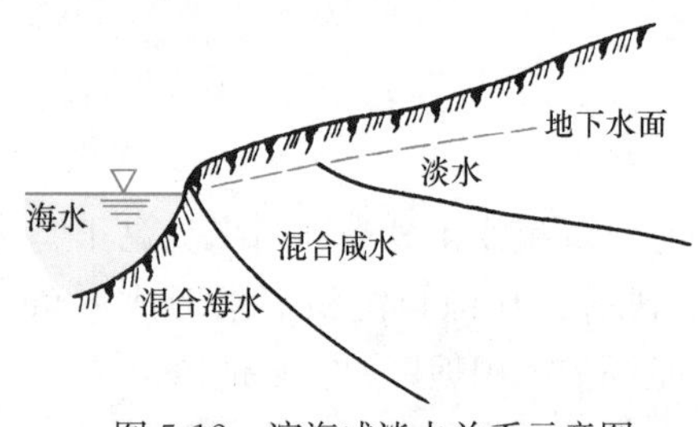

图 5-12　滨海咸淡水关系示意图

在滨海地区打井，必须要确定淡水层的分布范围和合理的开采方案，特别是开采层位和开采量，否则即使是在淡水层中取水的水井，由于海水入侵也会逐渐使水质变坏。滨海地区过量抽取地下水将会引起咸水向内陆入侵，使水质恶化，这种现象在美国、英国、日本等许多国家均已出现，并造成严重恶果。美国得克萨斯州加维斯郡地区，地下水位原先位于海面标高之上 14.4m，经过 10 年开采后水位下降了 30 多米，由于海水入侵的结果，厚达 500m 的淡水带大大减薄了。在加利福尼亚州，由于地下水位下降，海水入侵到沿海的 13 个含水层，并使数十万亩良田变为碱地。我国东部沿海一些地区也存在类似问题。为了防止海水入侵淡水层，目前国外普遍采用地下水回灌方法，把淡水注入承压含水层，造成淡水压力水墙，起到阻挡海水继续入侵的作用。我国上海、天津、杭州等地也已采用地下水人工回灌，并收到一定效果。

滨海地区的供水，应注意寻找和开采深部承压水，地下深处埋藏的承压水因补给来源较远，一般常为淡水。

上海地区第四纪海陆交替相松散地层厚达 300m 如图 5-13 所示。150m 以上为滨海相和河流三角洲相的黏性土层、砂层，夹有薄层的陆相黏土和细粉砂层；150m 以下是河流相砂砾层和湖相黏土层交替组成。根据第四纪覆盖层的水文地质特征，大体划分成一个潜水含水层和 5 个承压含水层。表层潜水和第一承压含水层因海水影响水质很差，很少开采利用。自东北向西南，下部承压含水层岩性由粗变细，厚度由大变小，出水量逐渐变小，TDS 由 0.5g/L 增高到 2～5g/L，水化学类型由 HCO_3 型变为 Cl-Na 型，这个分带现象与长江通过古河床补给有密切关系。第二、三承压含水层埋深在 75～150m，含水层厚 20～30m，水量大、水质好，为上海地区地下水主要开采层次，这两个含水层的开采量占各层总开采量的 85%以上。

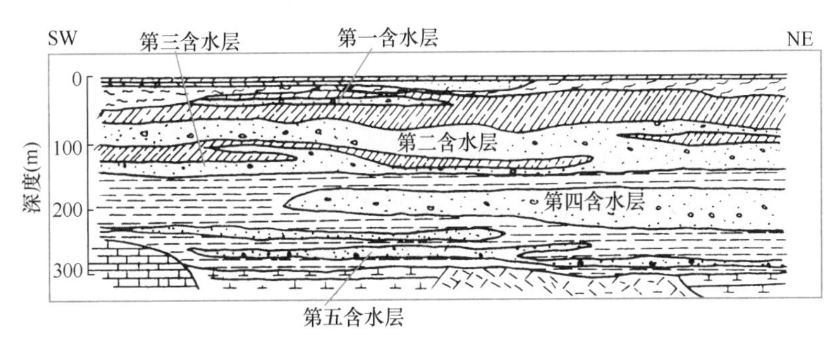

图 5-13 上海地区水文地质剖面示意图

天津、沧州以东的滨海地带，在地表以下 250～300m 之间有 3～4 个水质很好的承压含水层。

滨海地带的砂丘、砂带或砂岛上，砂层透水性好，使大气降水大部分渗入地下。淡水和咸水的混合在砂土中进行的相当缓慢，所以海水承受淡水的压力，相对密度较小的淡水居于咸水面之上，便形成了淡水透镜体。

滨海海底若下状有陆相沉积层时，也可能埋藏有承压的淡水层。例如雷州—海南向斜盆地，是由雷州半岛通过琼州海峡达海南岛北部，如图 5-14 所示。该盆地岩层为第三系和第四系下更新统的内陆湖盆沉积及海陆交替的泻湖相沉积，厚度大于 500m，岩层的倾

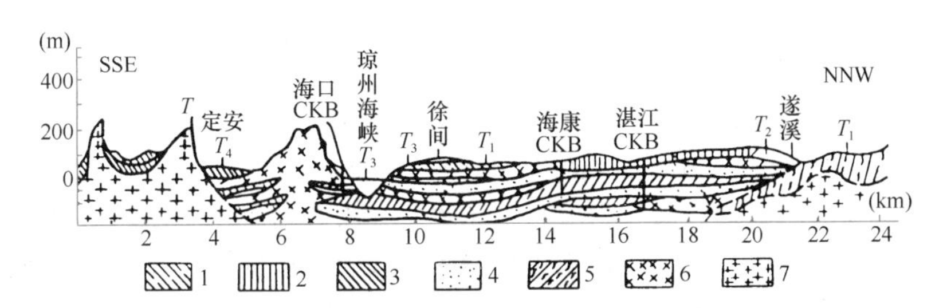

图 5-14 雷州—海南向斜盆地剖面

1—火山岩残积层；2—第四纪北海系；3—湛江系黏土；4—湛江系砂层；5—古生代变质岩；6—火山岩（主要为玄武岩；凝灰质砂岩）；7—中生代花岗岩；CKB—钻孔；T、T_1、T_2……—地质点

角一般在4°以内，构成了一个完整的自流盆地，在第四纪更新世之后才沉入海底。据勘探，500m深度内有5个承压含水组，总厚100～200m，水的总溶解固体不超过1.5g/L，雷州半岛附近海面上的钻孔测得的承压水水头可高出海平面几十米；在沿海岸一带地面标高小于5～10m的地方，单井自流量最大达3400m³/d。

5.4　山区丘陵区的裂隙水

储存并运移于裂隙岩石中的地下水，称裂隙水。

裂隙水主要受岩石裂隙发育特点的制约，其裂隙率比松散岩石的孔隙率要小1～2个数量级，岩石中裂隙大小悬殊，分布极不均，具方向性。矿山所见：巷道揭露充水的裂隙岩层时，不呈面状涌水，而是沿一定构造线方向和裂隙发育地段集中渗水或涌水，而其他方向和地段的水量很小，或大部干燥无水。所以非均质和各向异性以及出水量小，是裂隙水的基本特征。

裂隙水广泛分布于层状岩石地区的区域性构造裂隙中，形成层状（层控）裂隙水；在块状岩石地区，通常沿侵入岩接触带的成岩裂隙呈脉状分布，或以似层状分布于火山熔岩的成岩裂隙中，或保存于风化壳中，形成脉状似层状裂隙潜水。

一个地区，在地质历史过程中，由于经历多次构造变动，不同时期，不同成因的裂隙相互交切复合，大体上形成网络状裂隙导水系统，其基本特征在宏观上与多孔介质中的孔隙水相近，其统一的地下水位，属层流运动状态，因此可沿用传统的含水层概念，但应赋予非均质各向异性的内涵。

5.4.1　块状岩石分布区的裂隙地下水

具有块状结构的岩层如块状火成岩和块状变质岩，这类岩石致密坚硬，在其形成及后期构造变动作用下广泛分布有成岩裂隙，风化裂隙。另外不同期岩浆侵入及岩脉的穿插，使得块状结构岩石分布地区具备储存地下水的能力，条件适宜地区，可以发现具有一定供水能力的地下水水源。

1. 成岩裂隙发育地段的地下水

成岩裂隙是岩石在形成过程中由于固结、冷凝收缩等作用而形成的裂隙。这种裂隙多见于硬脆的岩浆岩中，而喷出岩又比侵入岩发育。特别是有些玄武岩，层面裂隙和垂直层面的柱状裂隙都很发育，这种成岩裂隙发育的玄武岩对供水有重大意义。成岩裂隙中埋藏的地下水常呈层状或似层状分布。

我国西南地区分布有大面积的二叠系玄武岩，自四川西部一直延续到云南中部，其中某些地区成岩裂隙较发育，出露地表时常埋藏有层状裂隙潜水；在云南的某些向斜构造中，该成岩裂隙发育层被覆盖又成为层状承压水，如阿直盆地中承压水头高出地表17m，钻孔单位出水量达0.8L/(s·m)。内蒙古自治区玄武岩分布面积也较大，其中第三系玄武岩往往构成熔岩台地，当下伏有隔水层时，在玄武岩中赋存有较丰富的地下水。美国檀香山城的供水，就是取自玄武岩层中的裂隙水，单井平均出水量为2160m³/d。

2. 风化裂隙发育地段的地下水

暴露在地表的岩石，在温度变化及水、空气、生物等风化营力作用下，形成风化裂隙。风化裂隙常在成岩与构造裂隙的基础上进一步发育，形成密集均匀、相互连通的裂隙网络。地下水在风化裂隙中的储存是以基岩风化裂隙带作为含水层，以其下部未风化的新鲜不透水岩石作为隔水底板，因此风化裂隙水一般为潜水；被后期沉积物覆盖的古风化壳，可赋存承压水。风化裂隙水的水量一般不大，但由于水位埋深浅、分布广，故对解决用水量不大的分散供水具有重要的意义。

风化裂隙发育地区储存地下水的最大特点是呈层状分布。风化裂隙一般发生在地表以下几米到几十米深度内的岩石风化壳中，常常构成统一的地下水面。地下水面埋深因地而异，一般山顶、山脊可达几十米，而山坡脚下往往只有几米，甚至成为泉水溢出地表，如图 5-15 所示。风化裂隙含水带向深部逐渐过渡到隔水的未风化岩石层，两者之间并没有明显的界限。

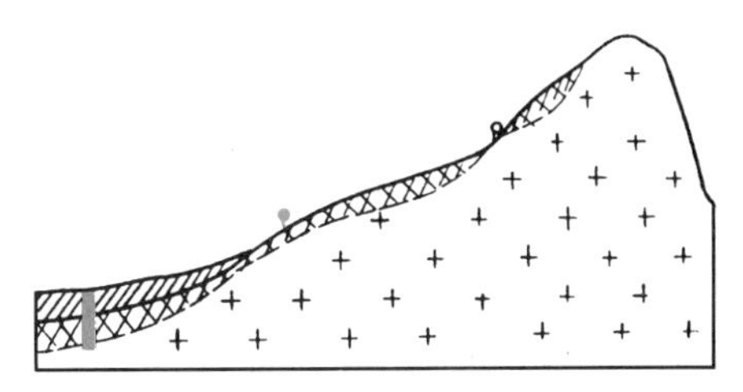

图 5-15 风化裂隙潜水和承压水示意图
1—未风化基岩；2—风化带；3—黏土；
4—暂时性泉；5—常年性泉；6—水井

风化裂隙水的埋藏和富水部位主要受岩性、地质构造和地形等因素的影响。硬脆性岩层分布地区，风化裂隙发育较多，分布也普遍，单井出水量一般不大。如青岛市许多厂矿用水均取用崂山花岗岩风化裂隙水，单井出水量仅 48～240m^3/d。岩石中的构造裂隙和成岩裂隙发育的深度和强度亦很大。如延安地区的基岩中，地下水就主要富集于河谷一带扭裂隙集中部位的风化壳中。地形对风化裂隙水的富集分布起着控制作用，在起伏平缓的风化剥蚀地形区（如丘陵谷坡坡脚和谷底），风化带比较发育且厚度大，地表水渗透和汇集条件又好，成为风化裂隙水的富集地段。而在起伏剧烈的侵蚀山区，陡坡与山脊的基岩风化带多被侵蚀掉，或保留部分弱风化带，不利于地下水的储存。

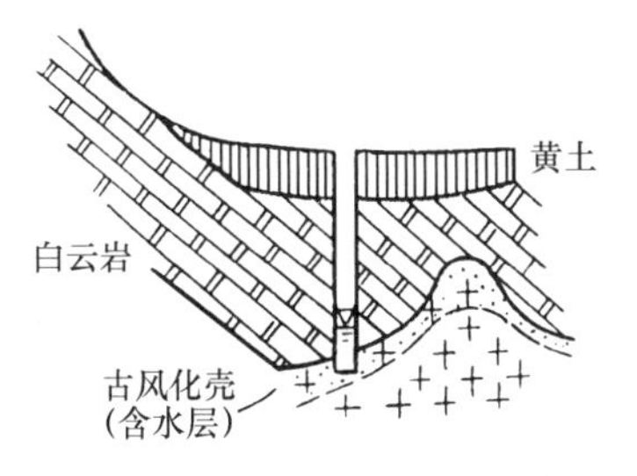

图 5-16 完满山区北庄村
花岗岩古风化裂隙储水示意

很多勘探资料说明，多数中生代和新生代形成的古风化裂隙带至今基本原样被掩埋在深部，常构成地下水含水层。因此，在寻找风化裂隙水时，应注意寻找古风化壳，如图 5-16 所示。

3. 侵入接触带中的地下水

脉状裂隙水沿侵入岩接触带或脉岩分布，在空间上不受岩层层面限制，可贯穿不同岩性、不同层位、不同时代的岩层。含水带与两侧围岩界线有的清楚，有的呈渐变状态。脉状裂隙水各向异性、非均质性明显。

侵入接触带储水机理：

（1）侵入岩的成岩裂隙主要分布于围岩接触面附近，呈垂直相交的三组裂隙系统，厚 50～100m 不等，呈区域性均匀分布，张开性好；同时也常在围岩中产生宽度不大的挤压肿胀裂隙。

（2）岩浆入侵围岩时，若产生硬化类型的围岩蚀变（硅化、碳酸盐化），使围岩接触带的岩性脆性化，在后期构造变动中易破碎变形，发育张开性裂隙。

（3）因接触带两侧岩石力学性质的差异，在后期构造变动中，易沿接触面产生相对滑动，形成构造裂隙密集带。

（4）当围岩富水性较差时，接触带的储水规模一般不大；反之，若围岩富水，侵入体则起拦截汇集地下径流的作用，在接触带上游形成相应规模的富水带。

因此，在侵入接触地区寻找地下水时，应首先划分出接触带的范围，在接触带中找寻裂隙密集带，并调查围岩的含水性，优先在具有一定补给来源的近期活动的接触带中进行勘察。

当侵入岩的产状为岩脉时，在水文地质中具有重要的意义。若围岩透水条件不好时，岩脉本身可以是储水的，如果围岩透水性能较好时，岩脉又可起到相对阻水作用，因而岩脉常被看做基岩地区寻找地下水的标志，称之为岩脉型储水构造。

由于各地区岩脉的岩性不一样，在经过同样的构造变动后所受的破坏及裂隙发育程度也会有差异。一般硬度和脆性较高的岩脉，如石英岩脉，伟晶岩脉等，在构造变动作用下裂隙非常发育，其本身富水性和导水性及脉壁富水性，都优于较软、易风化的煌斑岩脉和辉绿岩脉等。例如，福州某医院钻孔打在石英正长斑岩的岩脉和脉壁上，出水量为 $400m^3/d$；惠安某厂钻孔也打在这种岩脉及脉壁上，出水量达 $2000m^3/d$。在福建塔兜、西洋一带，出露煌斑岩脉和辉绿岩脉，分别侵入到较硬的片麻状花岗岩及中粒花岗岩中，在构造断裂相交处成井，出水量为 $136.3m^3/d$；成井在不与构造断裂相交，而是在岩脉和脉壁，其出水量仅 $10m^3/d$ 左右。

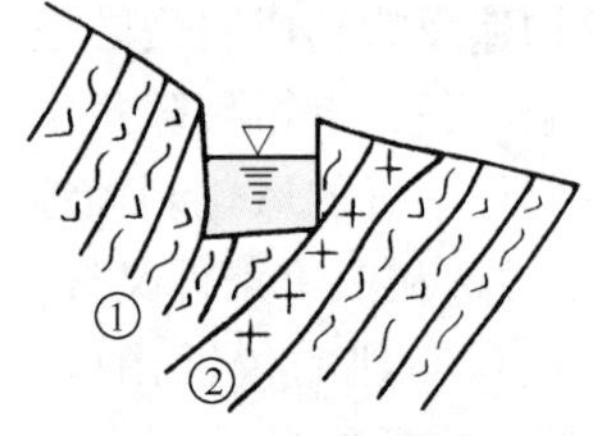

图 5-17　山东肥城市柳沟大口井地质剖面
①片麻岩；②岩脉

质地较软的岩脉虽然本身不含水，但却能成为阻水地质体，只要岩脉两侧裂隙发育就能储存地下水，有时还有泉水沿岩脉上升出露，特别是岩脉倾向的上盘储水更为理想。山东肥城市在岩脉与围岩接触带上打一直径 15m、深 16m 的大口井，出水量达 $1000m^3/d$，如图 5-17 所示。利用阻水岩脉作为找水标志时，岩脉宽度要大于 1m，长度不小于 200～300m；同时还要注意岩脉倾向与地形坡向的关系及汇水面积的大小。

当侵入岩的产状为脉岩时，其储水空间由脉岩形成过程中发育的张开性成岩裂隙与围岩接触带中的挤压裂隙组成。通常脆性脉岩抗风化能力强，地形上大多呈突出部位，因无充填具良好透水性，不仅自身是地下水储存的良好空间，其接触带还起到对围岩地下水的汇集作用；反之，柔性脉岩易风化，常被风化黏土充填，透水性弱，其富水性取决于围岩裂隙的发育径度。

5.4.2　层状岩石分布区的地下水

在坚硬的层状结构岩石分布区，由于构造应力作用的强度和岩层力学性质的不同，岩层本身形成不同的构造形态及裂隙和断裂系统。裂隙网络及断裂裂隙分布带构成了在层状坚硬岩层地区控制地下水形成与循环，以及地下水富集的控水构造。不同的构造形态，形成不同的含水岩层的空间展布及地下水埋藏类型。研究构造裂隙的发育规律，裂隙含水系统的基本特征及其形成机理，对揭示不同构造形态中地下水赋存、运动和富集至关重要。

1. 构造裂隙的发育规律及其影响因素

（1）岩石的物理力学性质

不同岩性的层状岩石，在构造应力作用下产生的构造形变和裂隙各异。脆性岩石（石英岩、砂岩、石灰岩等）表现为弹性形变和拉断破坏，产生的裂隙张开性好，导水能力强；塑性、柔性岩石（页岩、泥岩、千枚岩等）则呈塑性形变，以剪断破坏为主，形成闭裂隙和隐裂隙，缺少储存地下水的“有效裂隙”，故大多为相对隔水层。

此外，对于碎屑岩，还与胶结物性质及粒度结构有关。裂隙的张开性，钙质胶结好于硅质、泥质胶结，粗粒结构优于细粒结构。据云南二迭、三迭到陆相沉积岩的百余个抽水资料统计，一般中、粗粒砂岩的单位涌水量（q）为 0.013～0.084L/(s·m)；细、粉粒砂岩的 q 值仅为 0.0033～0.0055L/(s·m)，相差一个数量级。

（2）岩性组合与厚度

众多统计资料指出：在陆相沉积岩中，以大厚层砂岩为主的岩层，其富水性反而不如砂、泥岩石互层的岩层。表明岩性组合与厚度对层状含水层富水性具有显著影响。褶皱时，塑性泥岩多沿层面发生流变，导致夹于其间的脆性砂岩，受顺层拉引力而破裂，形成张裂隙（图 5-18）。

砂岩的单层厚度越大，其裂隙发育越稀疏，但裂隙宽度大，在同一裂隙岩层中打井时水量相差悬殊，矿山掘进时遇宽裂隙发生溃水，但其他的大部分地段涌水量小，甚至干燥无水；反之，脆性砂岩的夹层越薄，其抗拉能力越弱，裂隙越密集，但裂隙的宽度小，富水性弱，由于含水均匀，层控性强，是缺水山区理想的找水布井层位。

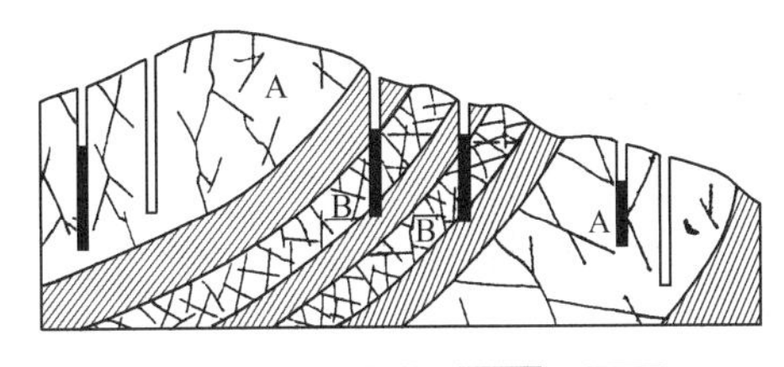

图 5-18　夹于塑性岩层中的脆性岩层裂隙发育受层厚的控制

1—脆性岩层；2—塑性岩层；3—张开裂隙；4—井及地下水位；5—无水干井；A—脉状裂隙水；B—层状裂隙水

此外，不同地层单元（组或统）中，脆性砂岩所占厚度的百分比也有影响。据四川盆地 17 个地区侏罗系上统砂、泥岩面层的 50 个钻孔资料，以及徐州、开滦等煤矿采矿资料的统计表明，脆性砂岩厚度所占百分比，分别介于 20%～60%以及 50%～70%之间时，是构造裂隙发育最佳岩性组合区段，钻孔出水量最大，矿坑溃水最多；反之，砂岩所占百分比小于 20%时，因所夹砂岩的单层厚度薄，裂隙普遍细小，易充填，且水交替条件差，故富水性弱；大于 60%或 70%时，则因砂岩的单层厚度大，裂隙发育稀疏，连通性差，不利于地下水储存和运动，钻孔揭露宽裂隙的机遇有限，而大部分地段的钻孔水量不大。

（3）构造应力

应力对裂隙性质与分布具有控制作用。与主要构造线方向一致或垂直的纵横节理、裂面粗糙，是张应力作用下形成的导水裂隙。其中纵张节理的张开性与延展性均优于横张节理。与主要构造线方向相交的扭节理，是受剪应力作用形成的，常呈 X 形的两组共轭分布，同一组节理的方向相互平行，裂面平整闭合，张开性差，多半不导水。另外，岩层褶皱时，位于褶皱轴及其他岩层层面不平整部位，因伸长应力作用而与层面脱开，形成导水的层面张裂隙；而褶皱的两翼，岩层层面因滑动形成扭裂隙，陡倾斜岩层的层面与压性结构面相近，层面裂隙具压扭性，一般闭合，不导水；缓倾斜岩层面裂隙，一般为张扭性，具张开性；近于水平的岩层，因层面滑动轻微，裂隙不发育，如图 5-19 所示。

在同一岩层中，应力集中部位的构造裂隙最发育，张开性与连通性好，如褶皱轴部，尤其是背斜轴部及其倾伏端，其次如岩层产状变化地段，弧形构造转折处，不同构造体系的复合部位，以及断裂构造影响带等。

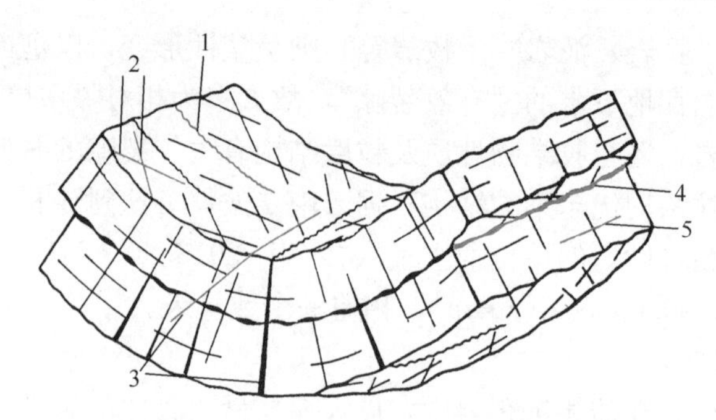

图5-19 层状岩石构造裂隙示意图

1—横裂隙；2—斜裂隙；3—纵裂隙；4—层面裂隙；5—顺层裂隙

（4）岩层埋藏深度

随岩层埋深的递增，地层围压力和地温不断上升，岩石塑性化程度增高，裂隙趋于闭合。通常裂隙的“有效含水深度”一般不超过200～300m，断裂带附近可达400～500m。

2. 裂隙含水系统

裂隙含水系统指在一定岩性构造条件下，大小不等、分布发育规律各异的不同裂隙按一定级次集合而成的，具有统一水力联系的不规则网络结构系统。按系统内不同裂隙的导、含水功能，可概括为：（1）穿切性裂隙：起导水作用。在有形的岩性构造条件下，穿切多个层次岩层，大多是与褶皱轴方向平行或垂直的纵向或横向张裂隙，常在不同厚度的脆性裂隙岩层中呈不同的似等间距分布，在应力集中部位可出现呈羽状分布的裂隙；（2）层内（控）裂隙：延伸限于某一岩性层位，它在粗粒碎屑岩中沟通粒间孔隙，在细粒碎屑岩中与微裂隙相通，主要由褶皱时顺层拉张力和层面滑动引起的各种低序次张性、张扭性小裂隙组成，在系统内起大范围储水空间作用；（3）层面裂隙，分布稳定，延伸广阔，具张开性，在系统中起穿切性裂隙和层内（控）裂隙之间连通的桥梁作用。

裂隙含水系统按其形成机理和分布规律，可概括为三大类，即：（1）“层控型”：主要受岩性制约，一般发育可塑性岩层所夹的薄层脆性岩层中，呈层状分布，供水布井的成井率高，适宜分散小型供水。在有利的岩性组合下，可在整个地层单元的脆性岩层中，形成具有统一水力联系的层控裂隙含水岩系；（2）“构控型”：发育于脆性岩层的应力集中部位，构成局部脉状分布的裂隙含水系统。在同一岩层中，有时可包含若干规模不等，相互缺乏水力联系，水位各不相同的脉状网络系统，规模较大者，成为较好的供水水源；（3）“复合型”：两者兼有之，从裂隙的连通性和渗透性看，可视为层状含水层；从富水程度看，最有意义的是其应力集中部位的构造裂隙富水带。

3. 层状裂隙水的特点

岩性控制的层状裂隙水的埋藏条件，地下水的分布总是与裂隙发育的层位相一致，其上、下边界相对隔水界面的控制，具有层控特征。由于层状岩石分布地区，透水与不透水的岩层常常相互交替并存，因此，构造裂隙水既有潜水，又多承压水或自流水。

总体上地下水径流呈不均匀的分散流，而局部构造部位则存在纵强横弱的集中径流。由于受不同裂隙的分布与方向的制约，局部流向通常与等水位线不垂直，表现出局部流与整体流不完全一致，有迂回绕流，甚至反向流等现象。

裂隙含水网络系统中的地下水流态，在总体上可视为与多孔介质中的层流运动相近。

由于裂隙水（包括集中径流带）的流量不大，根据裂隙介质径向流运动的实验资料，应属层流性质，即使出现局部的紊流运动，其紊流带的半径，在流量小于 3000m^3/d 时，也不超过 1.5m，在供水中裂隙水的单井出水量很少超过此值。

4. 不同构造形态中的层状裂隙水

（1）单斜岩层地区的地下水

由透水岩层和隔水岩层互层组成的单斜构造，在适宜的补给条件下，赋存地下水，称之为单斜储水构造。

单斜岩层曾受到较强烈的构造变动影响，使层面裂隙发生顺层错动，形成张开程度好，深度大、含水性好的层面构造裂隙，且裂隙分布广泛，常可构成区域性的裂隙含水层。单斜含水层能储水的构造条件是在深部被断层或侵入体所阻截，或者是裂隙向深部逐渐减弱成为弱透水层甚至不透水层。这样含水层在倾没端没有排泄区，地下水只能沿含水层走向排泄于最近的沟谷中。

单斜岩层地区的富水程度常和下述因素有关：

1）岩性组合关系：由于岩石力学性质的差异，硬脆性岩层在受到构造作用力后往往裂隙发育，易构成含水层。如山东下寒武系馒头组厚层页岩中所夹的薄层泥质白云质石灰岩具有较好的含水条件。

2）含水层在补给区应有较大的出露面积，以取得较多的补给水源。

3）倾斜较缓的含水层富水性较好。这主要因为在受到构造作用力时，较陡岩层的层面和压性结构面相近，层面裂隙较闭合，故富水性就不如倾斜较缓的岩层。根据我国某些地区经验，含水层倾角在 30°～60°的范围内储水性最佳。

单斜岩层的倾角若很小，以至接近水平岩层时，含水性都很弱，只有当扭性裂隙发育的条件下，在扭裂隙的密集带有可能找到富水部位。

（2）背斜构造地区的地下水

在背斜构造中，如既有透水岩层同时又有不透水层作为隔水边界，在地形上又有适宜的补给条件时，就能够储存地下水，也称为背斜储水构造。富水程度与富水部位主要取决于地表汇水入渗条件。

背斜构造的各个部位储水能力差异性明显。大型背斜：一般与山岭地形相吻合，分布于分水岭地区，地下水的补给以降水入渗为主，在向两翼运动过程中不断扩大入渗范围，其富水部位是获得最大补给面积的排泄区，而非背斜轴部。如河北省涞源县至保定市满城区为大型背斜，轴部岩层为片麻岩，有花岗岩体侵入，地下水较少。而两翼地下水较丰富，特别是满城区西部山区大面积分布的震旦系白云岩中地下水十分丰富，单井出水量为 1000～2400m^3/d，如图 5-20 所示。

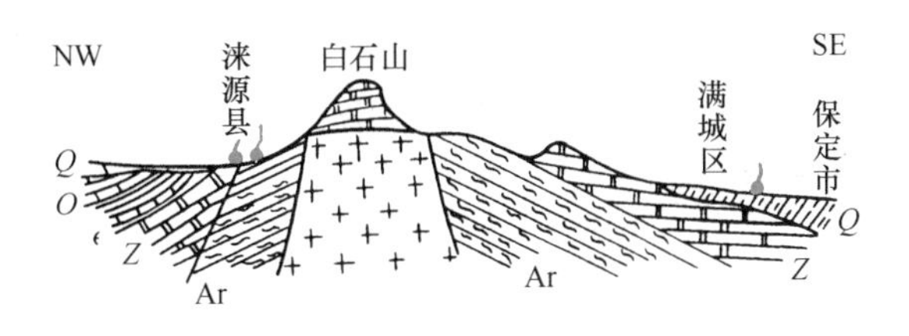

图 5-20 涞源-满城大型背斜剖面示意

但规模比较小的背斜轴部常不为山岭，因轴部纵向张裂隙较发育，故轴部反而被剥蚀成沟谷或盆地地形，往往形成良好的汇水和富水带。因此小背斜的轴部大多形成良好的富水带。北京山区的黄草洼，在背斜轴部出露的侵蚀泉涌水量达 2700m³/d，如图 5-21 所示。

背斜构造中另一个重要的富水部位是倾没端。因为在倾没处既有纵向张裂隙发育，又在地形上比较低洼，因而整个背斜构造形体中的地下水都沿着纵向张裂隙和层面裂隙向倾没端汇集。不管背斜规模大小，倾没端总是常常形成较好的富水带，该处也常有泉水出露，如图 5-22 所示。例如重庆附近的青木关背斜和中梁山背斜的倾没地段地下水都较丰富，位于青木关背斜排泄中心的姜家龙洞和丁家龙洞，其泉水流量每日可达数万立方米。河南新乡南北的辉县—焦作一带规模巨大的太行山南麓富水带，就与太行山隆起构造的向南倾伏有很大关系。

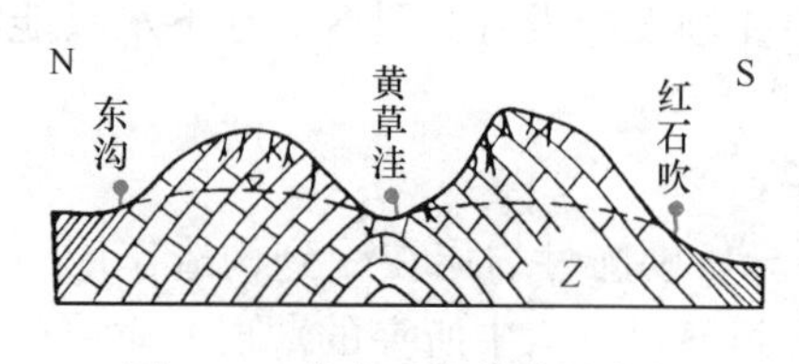

图 5-21　北京山区黄草洼背斜轴部富水带剖面示意

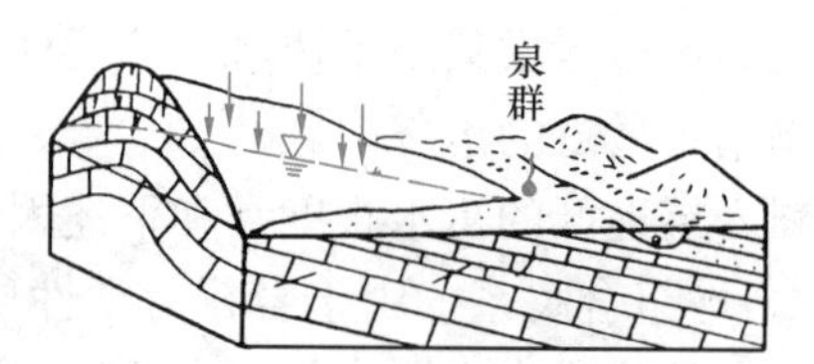

图 5-22　背斜构造倾没端富水带剖面

(3) 向斜构造地区的地下水

向斜构造中若分布有透水的裂隙岩层或溶洞发育的岩层，在其下又分布有不透水岩层作为隔水边界，而且含水层在地表出露部位有利于接受补给时，则地下水常在向斜的轴部或翼部富集，称为向斜储水构造。

大型向斜构造的构造形态常与盆地地形一致，且向斜轴部一般为宽阔平地。如果地下水径流是由两翼流向中心的“对称径流型”时，则在两翼的山区和轴部的平原交界处常为地下水的溢出带。这是因为两翼的主要含水层位在盆地中心（轴部）一般都埋藏较深，裂隙发育程度或岩溶作用都随着深度的增加而减弱，地下水向盆地中心深部的径流量也逐渐变小，故富水部位一般位于向斜翼部山区和平原交界处的地下水溢出带，以及裂隙发育的岩层产状变化地段和断层及其两侧的裂隙发育带，水动力条件表现为由无压水向承压水的过渡。

当大型向斜为“单向径流型”，即一翼为主要补给区，另一翼为排泄区，则富水带一般都分布在排泄翼上。这类向斜构造一般两翼高差较大，轴部常为山岭。如山西朔县的神头——洪寿山向斜构造就属于这种类型，如图 5-23 所示。

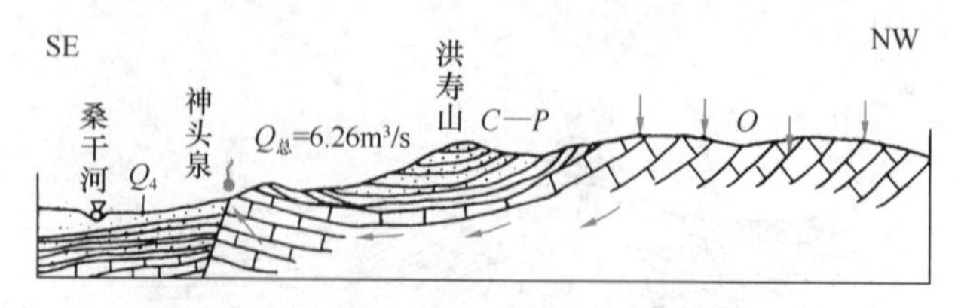

图 5-23　神头——洪寿山单向径流型向斜构造富水示意

中小型向斜构造的富水部位一般是在轴部。翼部因补给面积有限，故不易形成富水部位。轴部的富水性又与含水层埋藏深度、含水层出露条件、底部隔水层位置，地形条件等因素有关。当主要含水层埋藏深度不大，下部有较好的隔水层，两翼直接出露地表且宽度又大时，则轴部的富水性就好。

向斜构造中的含水岩层上覆有隔水盖层时，就可成为自流盆地，对轴部地下水的富集很有利。当无隔水盖层时，则成为潜水盆地或潜水向斜构造，一般都在轴部富水，若地表排水沟谷发育，容易造成地下水的分散流失。

5.4.3 构造断裂带发育地区的地下水

坚硬岩石在内外地质营力作用下会产生破裂，发生位移，形成破碎带。破碎带内裂隙发育，而断裂带两侧的未破裂的岩层是相对隔水边界，在适当的条件下断裂带内就可以储存地下水。这种储存地下水的断裂带也称为断裂型储水构造。国内外采矿工程发生的溃水事故中，约有90%以上与断层有关。大的断层穿切不同时期的地层，延伸数十千米以上，控制区域地下水资源的形成条件，其具有特殊的水文地质意义。在缺少的坚硬岩层地区，断层自身的含水性，使断层含水带成为重要的供水水源；但在可溶岩地区，断层自身的含水性并不最重要，因为它的储水空间有限，重要的是它的导水或阻水性，对岩溶发育规律和区域水文地质条件的影响。

导水断层常常集储水空间、集水廊道、导水通道的多重功能，在等水位线图上呈一定方向延伸的低水位槽，抽水时水位下降使逆流速，呈同步状，对周围地下水起集水廊道作用；在垂向上，它成为沟通剖面上各含水层之间水力联系的通道，可以使含水层与相对隔水层交互的沉积岩系，在宏观上具有相对统一的地下水位。

阻水断层可在岩溶等透水性好的含水层分布地区，常常其区域的控水作用。如：拦集区域地下径流，改变地下水的径流方向或排泄条件，并在迎水一侧形成富水带，很多大泉的形成常常与阻水断层有关；此外，它分割含水层，形成水文地质条件完全不同的次一级径流、排泄区，在岩溶地区一些封闭的径流迟缓区，也多与阻水断层有关。断层破碎带的导水性与富水性，取决于两盘岩性及断层的力学性质。

1. 压性断裂构造破碎带

压性断裂是岩石遭受强烈的水平挤压力使岩石破裂造成的。断裂带走向与压应力方向垂直，其规模一般较大，延伸方向较稳定。断裂带内的构造岩石一般为断层泥，糜棱岩化的破碎物质等组成。空隙较小，压性断裂带储水能力很差，往往具有较好的隔水性能。南京市的供水勘探过程中，曾在上坊——官塘压性断裂带上布置一深160m的钻孔，其中断层破碎带就占140多米，抽水试验结果；当降深26m时，出水量仅有14m^3/d。

但是规模较大的压性断裂，其挤压带两侧常存在一个旁侧裂隙发育带，在挤压带的隔水作用配合下，也可能成为有价值的富水带。断裂面两盘的岩石，由于破坏程度不同和补给来源的差异，富水性也有所不同，往往主动盘（一般为上盘）因断层面位移的牵引作用而松动、形变，形成与主干断裂斜交的扭节理、张节理和派生小断层，形成局部的含水带。此外，压性断层的尖灭端和舒缓状的平缓部位，均有可能含水，如图5-24所示。例如北京市平谷区南一压性断裂，在上盘成井（2号）深131m，水位埋深89m，当水位降深3m时出水量达2000m^3/d。而在下盘距断裂面较远地方成井（1号），深208m，水位埋深67m，当降深50m时出水量仅10m^3/d，如图5-25所示。

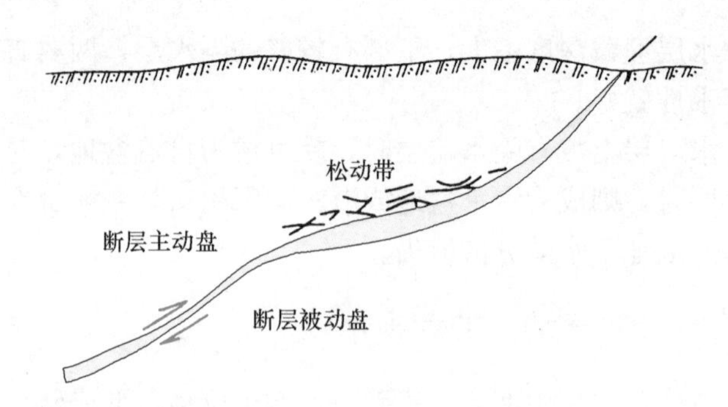

图 5-24　压性断层波形断面平缓段岩石松动带示意剖面图

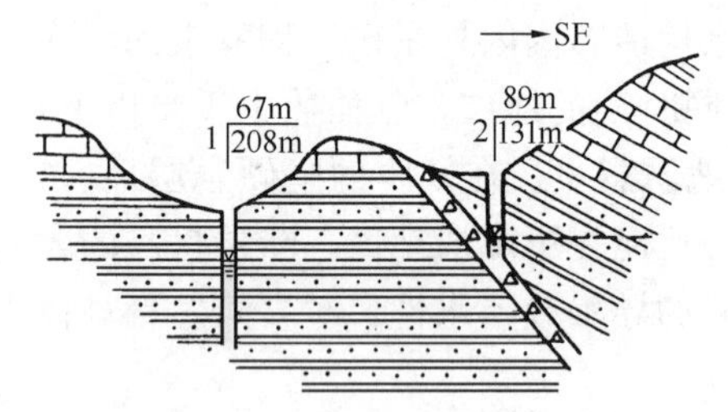

图 5-25　北京平谷区南 1 号 2 号井剖面图

压性断裂常使含水性不同的岩层接触，处于地下水补给一侧的含水层，当被压性断裂错断而与隔水岩层接触时，在接近断裂面的部位会有大量地下水汇集。另外在厚层脆性岩层中。小规模压裂面之间的岩体由于受上下断裂面力偶的作用，其间岩体的张扭性裂隙比较发育，可以构成较好的富水带。

2. 张性断裂破碎带

张性断裂破碎带是岩石受到拉伸应力作用而产生的破裂痕迹。与其他性质的断裂相比较，张性断层破碎带的构造角砾岩结构疏松，空隙率大，节理张开度大，但向两盘岩石中延伸范围不大，规模一般较小。由于破碎带由较为疏松的断层角砾充填，角砾大小不一，呈棱角状，这种结构特点使破碎带有较好的透水性。

两盘岩石在破碎带影响下裂隙发育，故容易受到风化剥蚀而成为地形上的沟谷或低地，为地下水补给和储存创造了有利条件，因此，只要补给条件较好时，在断层破碎带及两侧张裂隙密集处都富存地下水。河北省遵化市沙石峪村，坐落在震旦系白云岩上，有一张性断裂发育，在断层破碎带中和上盘打井数眼，如图 5-26 所示，井深 60～150m，单井出水量为 1440～1920m^3/d。

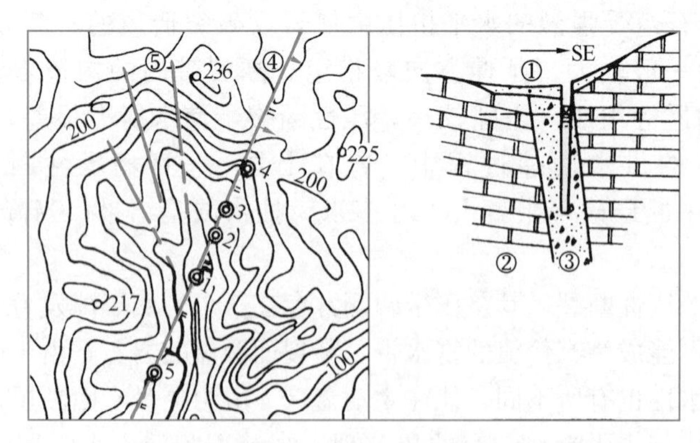

图 5-26　遵化市沙石峪大队机井平面剖面

①第四系松散层；②白云岩；③断层角砾石；④张性断裂；⑤辉绿岩脉

3. 扭性断裂破碎带

扭性断裂是在力偶或剪应力作用下形成的，其延伸方向多与岩层走向垂直或斜交，破碎带主要为细碎角砾岩或断层泥等，宽度一般不大，但平直、稳定，延伸较远。一般扭性断裂破碎带是隔水或略具透水性，在透水性较好的岩层中，它是相对隔水的；在透水性弱的岩层中，又可看成是微透水的。当扭性断裂规模较大时，断裂面两侧的硬脆岩层将会受到影响，常有平行于断裂面的扭裂隙和张裂隙伴生，有利于地下水的富集。广东某金属矿区的扭性断裂破碎带为宽 2～7m 之糜棱岩化的角砾岩，不富水，两侧 40～70m 范围内岩石较破碎，裂隙发育，导水性很好。

4. 压扭性断裂和张扭性断裂破碎带

岩石中纯具扭性的断裂并不多见，多数兼具有压性和张性特征，即为压扭性和张扭性断裂，其中以压扭性断裂居多，它们的含水性分别从属于压性和张性断裂的含水特征。

5.5 岩溶地区的地下水

储存和运动于可溶性岩石中的重力水称为岩溶水。在重力水对可溶岩的溶蚀过程中，伴随有冲蚀作用和重力崩塌，于是在地表形成独特的喀斯特地貌景观，并在地下形成大小不等的洞穴和暗河，所以也叫溶洞水或喀斯特水。

岩体内部各种溶蚀裂隙、洞穴及通道均是岩溶水的储存场所和运动空间，因此，与孔隙水相比，岩溶水具有独特的埋藏、分布和运动规律。岩溶水的流量、水位时空变化大，流动速度较大，多为集中排泄。

因此，岩溶的发育程度、分布规律，并结合补给条件寻找其富水部位。

5.5.1 岩溶发育的规律

1. 岩溶发育的基本条件

岩溶发育的基本条件可以归纳为：岩石的可溶性、透水性、水的侵蚀性和流动性四个方面。

岩石的可溶性是岩溶发育的内在因素。可溶岩包括石灰岩、白云岩、石膏及盐岩等，在我国分布最广泛的是石灰岩和白云岩，主要分布在我国南方及河北、山西等地，尤其是云贵高原和广西一带分布更为普遍。可溶岩的岩性越纯，含易溶组分就越多，岩溶也越发育。在同一地区，厚层质纯的石灰岩（化学成分以 $CaCO_3$ 为主）往往岩溶发育，而泥质石灰岩、硅质石灰岩分布的地段岩溶发育较弱。

但是只有当可溶岩透水时，水才能进入岩石内部进行溶蚀。对岩溶的发育来说，岩石的孔隙性或裂隙性是控制岩溶发育的另一个重要因素，特别是构造裂隙的意义最大。构造裂隙密集地段有利于地下水的活动，因而是岩溶最发育的地段。

碳酸盐在纯水中的溶解度很低，但是自然界的水中常含有 CO_2，能加速碳酸盐的溶解，这个化学反应过程如下：

$$CaCO_3 + CO_2 + H_2O \longrightarrow Ca(HCO_3)_2$$

即含有 CO_2 的水流在沿着石灰岩裂隙的运动中，可形成能溶于水的 $Ca(HCO_3)_2$ 被带走，使裂隙逐渐扩大成为溶洞。如果水流停滞，上述反应中的 CO_2 将逐渐消耗尽，使水的侵蚀能力降低以至消失，水中溶解的重碳酸盐趋于饱和，这样岩溶作用就不能再继续进行。可见当具备可溶岩和岩石透水这两个条件后，水的流动条件就成为决定岩溶发育程度的关键因素，地下水径流越强烈，侵蚀性 CO_2 含量越多，岩溶也越发育。

2. 地质构造对岩溶发育的控制作用

地质构造对岩溶的控制主要是因破坏了岩石的完整性，使岩石的渗透性能增加，提供了水与岩石接触的可溶机会，因而加强了岩溶发育程度。另一方面由于岩石透水性能沿构造的一定方向发生了变化，迫使地下水亦沿构造的一定方向运动，从而控制了岩溶发育范围和延伸方向，使岩溶的发育具有一定的规律性。

(1) 岩溶主要沿断裂带发育

断裂破坏了岩石的连续性和完整性，同时也加强了地下水的循环交替，所以在可溶岩分布地区若有断裂存在，岩溶就常沿着断裂发育。一般张性及张扭性断裂中岩溶是沿着断裂破碎带发育；压性及压扭性断裂中岩溶常在迎水一盘的裂隙密集带或主动盘发育；若断裂两侧岩性不一样，岩溶常在可溶性较强的岩石一侧发育。

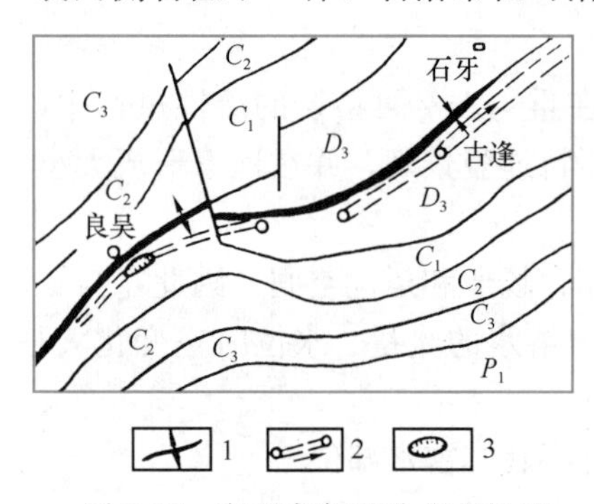

图 5-27　广西来宾石牙-良吴地下河沿背斜轴发育平面

1—背斜轴；2—地下河及流向；3—塌陷

(2) 岩溶常在褶曲轴部或平行于褶曲轴成带状发育

在褶曲形成过程中，由于应力集中于褶曲轴部，常形成纵张裂隙和X剪裂隙，有利于地下水的活动与储集，促使褶曲轴部岩溶发育，常可形成沿轴向发育的暗河，如图 5-27 所示。在背斜条件下，一般岩溶在浅部比深部发育；在向斜条件下岩溶常在轴部一定深度内强烈发育。褶皱紧密的线性褶曲，常使可溶岩与非可溶岩沿轴向呈条带状相间排列分布，因而岩溶也沿可溶岩成平行褶曲轴的带状分布。

(3) 构造体系及复合关系对岩溶发育的影响

构造体系主要控制着岩溶的空间分布规律，具体影响是通过各种结构面。山字形构造体系中，岩溶主要发育在前弧和反射弧地带，如广西山字形构造的弧顶在阳宾—黎塘一带，岩溶使整个地貌发生变化，发展为宽阔平原，只残留下零星的孤峰。广西中部地区的网格状暗河就是沿棋盘格式构造的两种扭面发育的。其他构造体系中旋扭构造的控制作用尤为突出，此外帚状构造、人字形构造等控制岩溶的空间分布规律也很明显。构造复合关系对岩溶发育及岩溶水富集的影响要比基岩裂隙水大得多，因复合部位加大了岩石的破碎，给岩溶发育创造了更为有利的条件。

5.5.2　岩溶含水系统

岩溶含水系统是在以裂隙系统为初始渗透条件的基础上，在重力作用下，经差异性溶蚀的“管道化”过程，形成的更不均匀的裂隙管道系统。在其形成过程中，常使同一岩层中相对独立的各裂隙系统连接成一个更大的系统，因此它的规模也更大。

岩溶含水系统的结构，在成因上与岩溶水形成过程中的补给与排泄，及由此形成的径流条件密切相关。在双重补给（局部洞穴灌入和大面积分散入渗）和集中排泄的制约下，形成了两种径流模式共存相融的径流格局，即①灌入式集中补给→管道流→集中排泄；②大面积入渗补给→管道周围裂隙系统分散流→管道流→集中排泄。同时，也造就了岩溶含水系统多级次的含水结构特征，即：①大尺寸的岩溶管道；②小尺寸的岩溶化裂隙系统；③大面积的原生孔隙和缝隙。上述不同成因和不等尺寸的各级次空隙，按一定的序次结合成具统一水力联系的裂隙——管道系统。

(1) 岩溶管道

岩溶管道是岩溶含水系统的主要部分，它反映了系统的富水程度。发育于含水系统的低势区，等水位线图上呈明显方向性的低水位槽，起“排水渠”作用，同时也是重要的储水空间。不同溶蚀类型的岩溶管道差异极大，北方为溶隙类、南方溶洞类、西南高原斜坡地带多暗河管道类。

1) 溶隙类管道：以溶隙为主，夹带小溶洞和蜂窝状溶孔等组成的“管道化”溶隙网络系统，如图 5-28 所示。

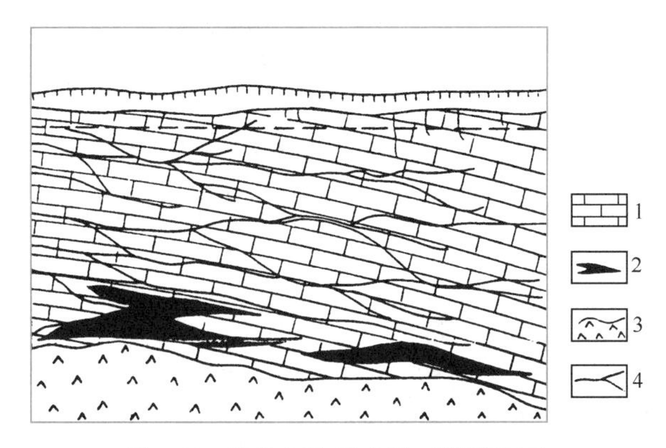

图 5-28 溶隙网络示意图（邯邢地区）

1—石灰岩；2—铁矿；3—岩浆岩；4—溶隙

它的排泄大多以几十到上百个分散泉眼组成的泉群，呈网状集中溢出地表。岩溶水在“管道化”溶隙网络中形成统一的强径流带，已知有的宽度可达 2～4km，（河北峰峰和村盆地）渗透性均匀，导水性强，导水系数大于 1 万～10 万 m^3/d，水力坡度平缓，常为万分之几。抽水时水位传递迅速，呈碟状近似同步下降，瞬时影响速度可达 1m/s 以上。连通性极好，供水时水井的成井率极高，甚至可达 100%。典型的溶隙类管道大多产生在以奥系石灰岩为主要含水层的大、中型向斜或单斜构造中。

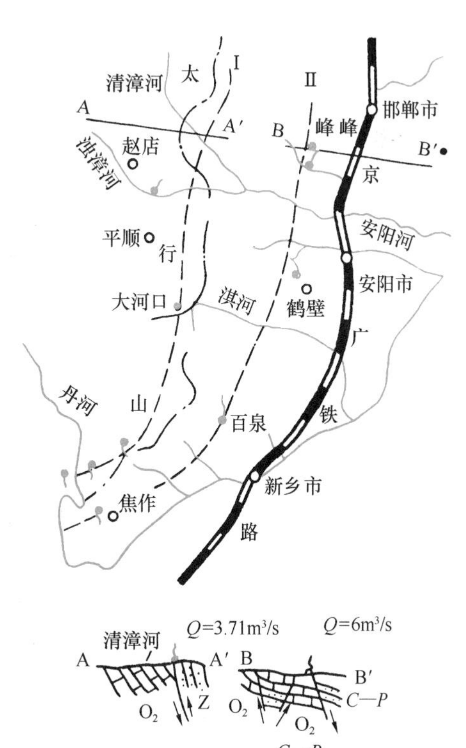

图 5-29 太行山南段东坡泉群分布图

太行山南段东坡泉群分布如图 5-29 所示。黑龙洞泉群在滏阳河源的 $2km^2$ 范围内出露大小泉眼 60 余处，总流量一般为 70 万 m^3/d，最大流量达 1000 万 m^3/d。北京玉泉山的玉泉、山西的晋祠泉均为主要来源于岩溶水的补给。另外，著名的辽宁金县的“海中龙眼”就是地下水通过石灰岩深部的溶洞向海底排泄而形成的。“海中龙眼”出现在金县城南的渤海水域里，泉眼距岸 170m，泉水直接从石灰岩的溶洞中流出，如图5-30所示。泉水流量为1万m^3/d，雨季可达$3m^3/s$。

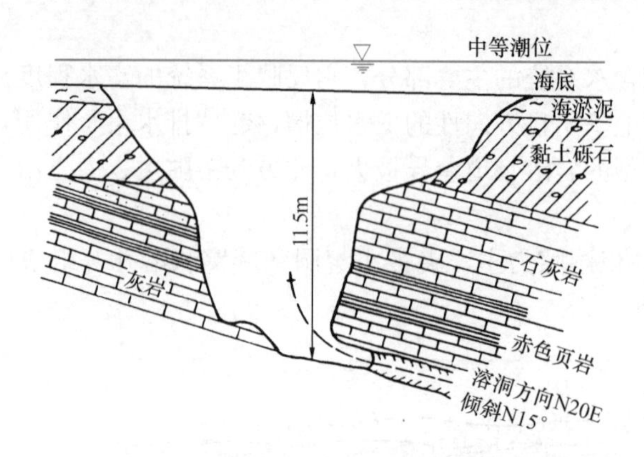

图5-30 辽宁金县“海中龙眼”剖面示意图

2）溶洞类管道：洞与洞之间并未形成一体，而以宽达溶蚀裂隙相连，如图5-31所示。

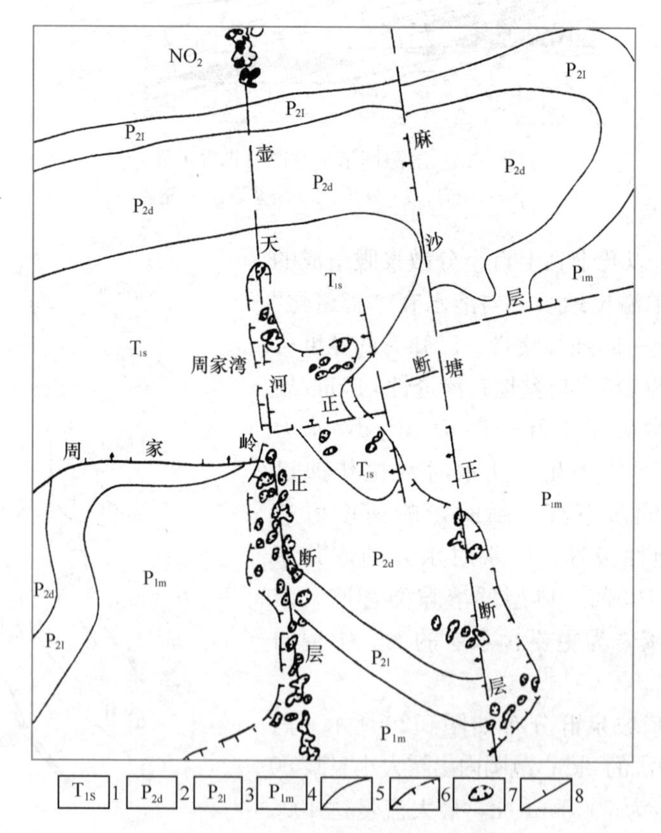

图5-31 壶天河一带地面塌陷洞分布与断层关系图

1—下三叠统大冶组；2—上二叠统大隆组；3—上二叠统龙潭组；4—下二叠统茅口组；5—地层界线；6—塌陷带界线；7—塌陷洞；8—断层线

由于溶洞发育不均一，溶洞的充填率高，（据粤、湘等11各矿区统计为41%～80%），溶洞之间靠的是裂隙联系，总的来说，其渗透阻力比溶隙类的大，因此水力坡度一般大于

1‰，渗透系数也比较小，导水系数很少超过 1 万 m^2/d，在抽水过程中也没有溶隙类那种同步等幅下降的情况。溶洞中的大量充填物在长期供水时可以发生运移、消失、造成地貌塌陷或沉降，因此溶洞类管道分布区的地质环境脆弱。

3）暗河类管道：呈不规则线状、梳状和树枝状，如图 5-32 所示。

沿裂隙或断层破碎带分布，表明它是在冲蚀作用大于溶蚀能力的条件下，裂隙被不断冲刷扩蚀的结果。暗河类管道主要发育在我国西南高原斜坡地貌部位的厚层质纯石灰岩中，石灰岩中生物碎屑含量高、粒粗、层理发育。由于它呈线状分布，钻孔能见率极低，抽水时影响范围狭窄，难以形成降落漏斗，暗河水的水力坡度大，流速快，动态极不稳定。

例如广西都安县地苏地下河系，如图 5-33 所示。这是由 1 条主流和 11 条较大支流组成的地下河系，总流程达 45km，地下河埋藏于地下 50～100m 深处，主流中游的地下通道相当于直径为 9～18m 的管道。地下河的总出口处枯水期流量为 $4m^3/s$，洪水期最大流量为 $390m^3/s$。该地年降雨量为 1700mm，几乎百分之百渗入补给地下河系；地下河系的主流顺着向斜谷地发育，80％的补给面积分布在主流西侧，所以大部分支流平行排列在主流西侧。如著名的云南六郎洞地下河，流量可达 $209m^3/s$。

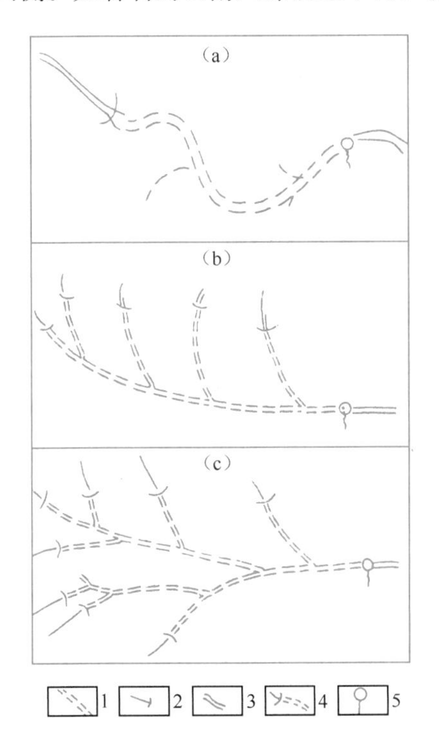

图 5-32 暗河平面展布的几种形态

(a) 线状暗河；(b) 梳状暗河；(c) 树枝状暗河

1—暗河；2—地表水流；3—河溪；

4—暗河入口；5—暗河出口

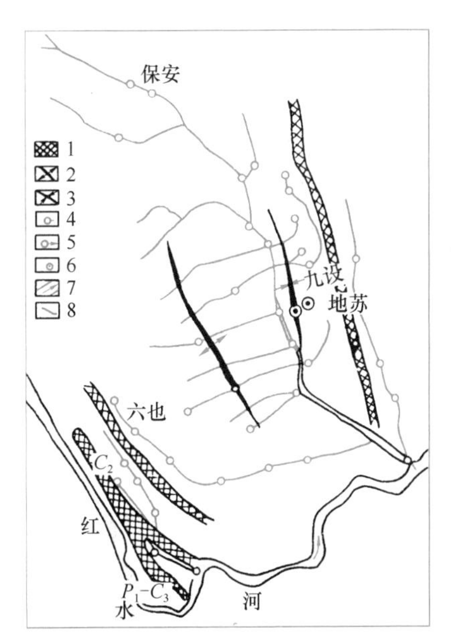

图 5-33 地苏地下河系发育示意

1—隔水层；2—背斜轴；3—向斜轴；4—地下河溢洪口；5—地下河出口；6—钻孔；7—地表河；8—地下河

(2) 岩溶化裂隙网络

由不同级次的构造裂隙组成，兼有储水空间和导水通道的双重作用，宽大者溶蚀显著，细小者溶蚀微弱，它吸纳广大面积上储水空间的水，通过裂隙网络按序次逐级汇集后，流入岩溶管道，在裂隙网络以外的广大面积上，往往是严重缺水地区。

(3) 原生孔隙与缝隙

根据岩溶泉流量衰减动态的研究，表明岩溶管道只占含水空间的不足 10%～20%，是可溶岩中的细小孔隙、缝隙（劈理等微裂缝）和裂隙网络系统组成主要含水空间。它的空隙虽小，但总容积大，由于渗透性差，才造成细水长流，使流速极快的暗河管道终年不枯，也使溶隙类大泉流量与多年前的降雨有关。

5.5.3　岩溶水的基本特征

1. 岩溶水补给与排泄特征

集中排泄与灌入式补给是岩溶水的主要特征之一，同时也存在大面积的入渗补给。灌入式补给形式南北各异，北方以可溶岩裸露区沟谷集中渗漏为主，其入渗率一般为来水量的 40%～50%，个别可达 80%以上。南方以地表洞穴和坍塌灌入为主，有时，雨季河水沿河段塌陷直接倒灌，如湖南水的铅锌矿，1983 年 6 月位于曾家溪的塌陷，河水倒灌量达 260 万 m^3，致使河流断流。

2. 岩溶水的径流特征

岩溶水流动通道由于空隙大小悬殊，渗透性差别极大，岩溶水的流态复杂多变。1941 年沃洛特用实验方法求得层流与紊流的临界速度，即与洞隙宽度大于 10～20cm 时，只要流速大于 86.4m/d 时，水流就属紊流状态。据资料北方溶隙类网络管道强径流带的实际流动为 10～50m/d，而暗河管道中的地下水流速均为数百至数千米每天之间，最大流速达 21225m/d（四川红岩煤矿—暗河），因此前者属层流，后者为紊流，而洞、隙类管道则较复杂，在溶隙和小溶洞中的水流，一般作层流状态，当进入大溶洞时，水流转为紊流状态，其间一定范围内存在层流与紊流的过渡状态。

岩溶在低势区的岩溶管道中，形成集中流的强径流带，同时也在广大范围内的溶隙网络中存在着分散流，它的流量虽小，但因吸纳大面积含水孔隙和缝隙中的储水，所以较稳定，是岩溶管道集中流的较为恒定的补给水源。

岩溶水可以是潜水，也可以是承压水。但是，在洞、隙连接的管道中，因通道断面在沿流程中变化大，造成潜水含水层中常因断面突然变小，使水流充满整个径流断面，而出现局部承压水流；同样，在微承压含水层中，也可能因通道断面变大而存在局部无压水流。

不同级次的含水空隙对边界补给作用的反应差别极大，管道中的水位反应迅速，而其周围裂隙网络则反应迟缓，这样，雨季管道中水位快速抬升，形成高出周围的高水位脊，造成管道中水流向周围扩散，出现与流场的总体径流趋势不相吻合的局部径流；旱季水流恢复正常，在管道分布位置恢复低水位的凹槽，重新吸纳来自周围裂隙网络中的汇流。

3. 岩溶水的动态特征

岩溶水动态与降雨以及岩溶系统的规模、结构、介质的空隙特征等因素关系密切。若有地表水渗漏时，还受水文因素的影响。我国南北岩溶水动态区别很大。北方岩溶区，在地质上，褶皱宽缓，储水构造规模大，岩溶系统的调蓄能力强，使排泄区的泉流量大多与 3～5 年前的降雨有关，其最大流量与最小流量的比值（流量不稳定系数）r 小于 1.5～2，属多年调节型的稳定动态类型。

南方岩溶地区，因褶皱运动较强烈，区域多小型褶皱，储水构造的规模小，岩溶系统的调控能力有限：加上南方降雨量大，地表切割强烈，水网密度大，地面天然洞穴和次生塌陷发育，灌入式补给所占比例大，径流距离短，水力坡大，流速快，因此泉水流量动态对降雨的反应敏捷，变化强烈，流量不稳定系数 r 大于 10～50，属不稳定季节变化动态类型。尤其是暗河类岩溶水，雨后泉流量的峰值，滞后降雨后数小时，因流速大，雨后数日内流量即大幅衰减，其流量不稳定系数 r 可超千，个别甚至超万，（湖南临武香花岭 $r=11360$）属极不稳定季节变化动态类型。

4. 岩溶水的分布特征

岩溶含水层的富水性总的来说是较强的，但是含水又极不均匀。因岩溶水并不是均匀地遍及整个可溶岩的分布范围，只埋藏于可溶岩的溶隙、溶洞之中，所以往往同一岩溶含水层在同标高范围内，或者同一地段，甚至相距几米，富水性可相差数十倍至数百倍。例如：在广西拔良附近进行水文地质勘探时，在石灰岩和白云岩分布区利用人工开挖的方法，两个点上都找到了丰富的集中涌出的地下水。一个点水位下降 8m 时出水量为 15600m^3/d；另一点水位下降 5.2m 出水量仍达 2600m^3/d，两点相距 1000m 左右。而在两点之间打的 7 个钻孔，降深大于 5m 时出水量都不到 40m^3/d，富水性之差达 60～360 倍。

岩溶发育是以水的流动为前提，雨水的流动性在很大程度上取决于当地侵蚀基准岩所控制的水循环条件。在裸露岩溶地区，岩溶水在水平方向的循环，从分水岭到河谷，表现为由垂直径流为主的补给过程，在侵蚀基准面的影响下，逐渐转化为水平运动为主的径流汇集与排泄过程，并以集中径流和排泄为其特点。因此，水流由分散流到集中流，在这一过程中，岩溶发育也随之加强。

在垂向上，厚层块状可溶岩分体地区，岩溶水循环条件的演变过程依次表现为：①垂向入渗带：相当于包气带，以垂向岩溶形态为主，起到雨水入渗通道作用，旱季干枯；②垂向与水平交替带：处于潜水位最高水位与最低水位之间，枯水期作垂向下渗运动，丰水期则呈水平运动，因此，垂向与水平岩溶形态并存；③水平循环带：位于最低潜水位以下的饱水带，以近于水平的运动，向河谷径流汇集，水交替积极，岩溶最发育，以水平岩溶通道为主，并在河谷底部由于河水流域压作用，造成局部地下水由下向上运动，在河底形成高角度向上的溶洞；④深部循环带：位于当地侵蚀基准面以下一定的深度，水流不受当地侵蚀基准面的影响，流向更低的基准面。由于循环途径漫长，水流运动迟缓，岩溶发育差。

岩溶的发育具有向深部逐渐减弱的规律，使含水层的富水性相应也具有强弱的分带性。昆明附近钻探结果说明，该地区石灰岩分布地段，深度不超过 100m 范围内地下水较丰富。武汉市附近分布有石炭、二叠及三叠系石灰岩，在 150m 以内岩溶较为发育，单井出水量一般为 500～1000m^3/d，个别达 2500m^3/d。

图 5-34 河谷地区岩溶水垂直分带现象示意
Ⅰ—干溶洞；Ⅱ—季节性存水的溶洞；
Ⅲ—常年存水的溶洞；Ⅳ—深部溶洞

岩溶水在河谷地区有较明显的垂直分带现象，如图 5-34 所示。包气带——主要发育垂向溶洞，下雨时为降水下渗的通道，有时出现上层滞水，旱季往往干枯；水位季节变动带——包括高水位与低水位之间的范围，垂直与水平溶洞都发育，旱季此带干枯，丰水期可充满潜水；饱水带——位于最低潜水位以下，主要发育水平溶洞，地下水在此带中水平运动较显著，水循环交替强烈，是开采利用的主要对象。该带埋藏的一般为潜水，当上部溶洞被充填或被不透水层所覆盖时，则可为承压水；深循环带——此带溶洞已很不发育，通常只有微小的溶孔，水量较小，交替迟滞。

上述分带现象的完整程度首选取决于裸露区可溶岩的厚度，其隔水底板不能高于当地侵蚀基准面，否则分带不可能完整；其次，在岩溶分带的形成过程中，地壳应保持长时期相对稳定状态，若地壳表现为多阶段的稳定与上升交替状态，将形成多层水平溶洞，其高程与各阶段的阶地相适应；若地壳持续上升，侵蚀基准面不断下降，则不可能产生明显的分带性。

在埋藏区，岩溶水循环条件随埋深的增加而趋弱，并呈现一定的分带性。上部水交替强烈，岩溶发育，岩溶形态以溶洞（南方）和连通性极强的网络溶隙（北方）为主，下部水交替变弱，以溶隙、溶孔为主，其岩溶发育下限各地变化极大，一般在埋深250m（南方）和300～400m（北方），但在断裂破碎带附近可达500～700m。

在开发利用岩溶水作为给水水源时，必须掌握垂直方向的分带规律。无论是岩溶潜水或岩溶承压水都有相当大的接受地表水补给能力，因此石灰岩裸露的山区不仅缺乏地表水，而且地下水露头也很少，常表现出严重的“缺水”景象。缺水有两种情况：一是地下水位埋藏很深，不易开采利用；二是地下径流条件极好，大都流失不易储存。岩溶水的水位、水量有明显季节性变化，而且变化幅度较大；一般TDS较低，多在0.5g/L以下，属HCO_3-Ca型，但易受污染，以岩溶潜水作为供水开采层位时尤其应注意水源地的水质保护。

5.6　地下热水的形成和开发

地球是一个庞大的热库，蕴藏着丰富的热能资源。地下水作为一种导热物质把地下热能源源不断地带到地表，成为天然的热水和蒸汽供人们使用。这种形成和储存地下热水的地质环境也称为异热型储水构造。地下热水以其较高的温度，独有的化学成分和气体成分区别于一般地下水。只有在一定地质条件下，地下水受到地球内部热能的影响才可形成温度不同的热水。地下水的温度随地区而异，一般温度高于20～25℃的地下水都可称之为地下热水。现在我国发现的地下热水露头已达2200余处，多数温度为25～60℃。我国台湾省屏东县有一处热泉，温度达140℃。在国外，太平洋沿岸阿拉斯加的卡特迈火山区，由地下喷出的热水和蒸汽温度可达645℃。

与前所述的地下水特征相比，地下热水具有许多独特之处，下面主要介绍地下热水的形成条件和分布规律。

5.6.1　地下热水的形成条件

如前所述，越向地球的深部温度越高，地壳范围内一般平均向下33m温度升高1℃。但这种温度的升高在地球各处差别很大，有的地方向下1000m才升高5℃，有的地方向下1000m则温度升高70～80℃，像这样地热增高率大于平均值的地区叫地热异常区。寻找这样的异常热区是热水水源勘探的首要任务。

在目前技术条件下，要想利用地下热能是通过地下水作为媒介把这种热能带上来。因此，异常热的地区还必须有地下水的储存。如果没有地下水，仅仅是几百米以下的岩石异常热，这种热能目前还无法利用。所以还应当了解一个地下热水的来龙去脉，如图 5-35 所示。

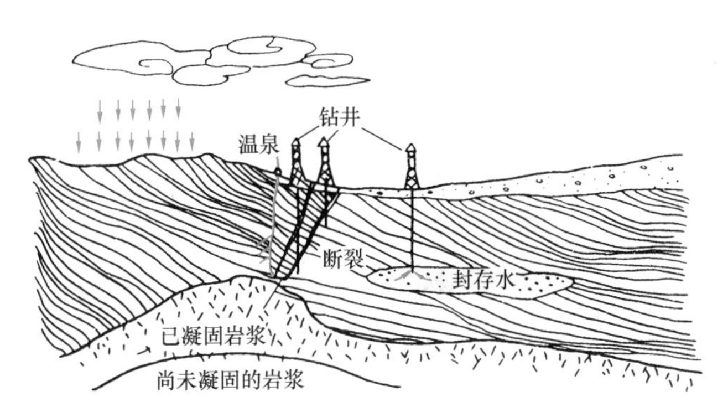

图 5-35　地下热水的形成和开发

大气降水沿着岩石的孔隙、裂隙作深部循环，径流到地下不同深度均可程度不等地被加热。如果水的交替和循环很缓慢，热水由深部上升到地表时，所获得的热量均已在上部岩层中扩散掉，流出地表的只是常温地下水。但若地下水循环到异热区，在不太深处即可被异热的岩石烘烤加热成高温热水或蒸汽，再能沿着某种通道（断裂、钻孔等）很快上升到地表，那么就能获得较高温度的水和汽。实际观测资料说明，大气降水经过深循环是地下热水的主要来源。此外，尚有两个数量不大的来源：埋藏水和原生水。埋藏水是古代海底饱含海水的巨厚沉积物固结成岩的时候，一部分古代海水被封存于沉积岩层中，随地壳运动下降到一定深度而被加热。原生水是岩浆侵入凝固时放出的水、汽，它的形成与岩浆活动和火山作用很密切。

我国温泉主要分布在广东、福建、台湾、江西、云南、四川、辽宁、陕西、山东、西藏等省区。根据广东省丰顺县钻井的结果：井深 800m，井底水温 103.5℃，井口水温 91℃，水头绝对压力为 1.65kg/cm^2，热水自流量为 1920m^3/d。河北省怀来县后郝窑钻井结果为：井深 50～100m，热水温度 70～90℃。北京火车站钻井结果为：井深 1000m，热水温度为 53℃。

温泉中有种奇特的高温间歇喷泉，每隔一定时间喷发一次热水和蒸汽混合物，景色十分瑰丽壮观。我国青藏高原分布有很多间歇喷泉，水温均在 80℃以上（相当于该地水的沸点）。雅鲁藏布江中游地区就有 40 余处间歇泉出露，其中一处间歇泉每次喷发后水面上便浮起大量煮熟了的鲜鱼，因此，这里有“死鱼河”之称。国外也有许多著名的间歇泉，美国黄石公园的“老实泉”，每 66min 喷发一次，每次历时 5min；新西兰的怀蒙谷曾有一个间歇泉享有过喷柱高度世界第一的盛誉——喷射高度达 450m。

5.6.2　地下热水的开发利用

1. 地下热水的普查与勘探

温泉的分布并不是杂乱无章的。总结我国温泉分布的规律可以清楚看出，温泉主要分布在地壳活动比较强烈的某些构造带附近。利用地质力学来寻找地下热水，已证明是卓有成效的。许多资料表明，我国地下热水分布总是与各种主要构造体系，特别是与新华夏、歹字形、山字形等构造体系的活动断裂构造形影相随。辽东半岛、山东半岛、天津市、东南沿海一带是我国地下热水分布较集中的地区，新华夏系的强大断裂带对这些地下热水的分布起着区域性的控制作用。青藏歹字形构造体系对西藏、青海、四川、云南等地的地下热水分布起着重要控制作用。淮阳山字形构造体系位于秦岭东段以南，横跨苏、皖、鄂三省，在其主要构造部位展布着一系列的温泉，温度一般为30～70℃，如图5-36所示。

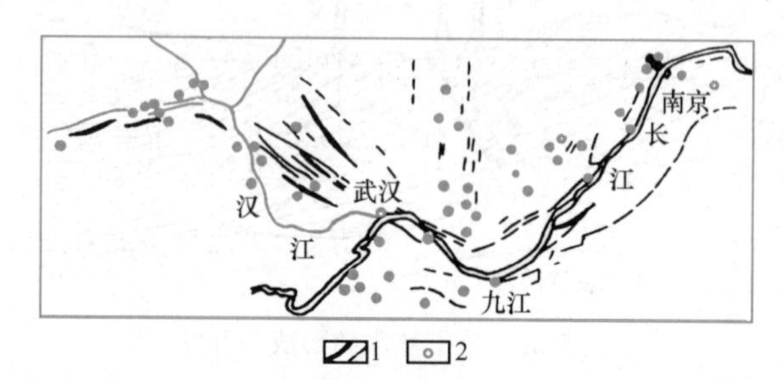

图5-36　淮阳山字形构造与温泉分布关系示意

1—构造形迹；2—温泉

寻找地下热水，主要是勘察出埋藏浅、水温高的地段。因此，在用地质力学方法寻找地下热水时，应当与普查地热异常现象、井孔温度测量、水化学调查和各种地球物理勘探方法结合起来，对各种资料综合进行分析后，就可在有希望的地区布置钻孔。我国许多辽阔的大平原地区，如华北平原、江汉平原、江淮平原等，地面上虽无温泉出露，但这些地区同样蕴藏着丰富的地下热水，只是埋藏较深罢了，江汉平原某井就揭露出97℃的热水。

2. 地下热水的利用

(1) 发电：在目前技术条件上，利用地热的主要途径是把地下热能转化为电能。地热发电可以说是当今除原子能发电站外，可获得大功率电能的另一种新能源。地热发电具有成本低廉、不用锅炉和燃料、不污染空气等优点。1970年12月在广东丰顺县建立了我国第一座试验地热电站，填补了我国地热发电的空白。河北怀来地热电站也在1971年国庆前夕开始运转，随后西藏羊八井及山东、江西、辽宁等地的地热电站又相继建成或正在兴建。国外，多数是在火山地区直接利用高温高压地下蒸汽发电，建成地热电站的有意大利、新西兰、冰岛、美国、日本等25个国家，总发电量达150多万千瓦。

(2) 供热取暖：我国开发的地下热水已经广泛用来作为工业及民用热供水。北京、天津、福建、山东等地把地下热水应用到纺织、造纸、制革等工业部门，节约了生产投资；天津、湖北、辽宁一些医疗和企事业单位利用地下热水进行取暖。称为“温泉城”的西藏错那市，有80%的居民使用温泉取暖。

(3) 农业生产：热水育秧和灌溉可以提高产量；北方一些地区利用当地的地下热水大搞温室来生产蔬菜；在孵化、冬季养鱼及其他副业生产方面也都已利用地下热水。国外综合利用地热较典型的国家是冰岛，这个接近北极圈的岛国地热资源相当丰富，首都雷克雅未克是世界上第一个实现了“天然暖气化”的城市，不仅家庭取暖和生活用水都利用高温热水汽，并且还建立了十几万平方米的温室，生产的蔬菜充分满足了国内需要。

（4）医疗和提取工业原料：地下热水中含有一些特殊的化学成分，对某些疾病（慢性病、皮肤病等）有良好的治疗效果。由地下热水中也可提取出某些微量元素和有价值的工业原料，如：溴、碘、锂、铷、铯、重水、硼酸、钾盐等。

我国拥有丰富的地热资源。随着科学技术的不断发展，将以新的技术方法开采和利用地热能源。这势必亦给给水排水工作者提出新课题：如热水水源的勘察，开采地下热水的深井设计，地下热水的水量计算，如何处理具有强烈腐蚀作用的热水汽等。

第6章　供水水质评价

供水水文地质的一项重要任务就是根据不同的供水目的，提供满足其用水水质要求的，具有一定水量保证的地下水源地。显然，地下水源地合理开发利用的前提就是对地下水资源从水质和水量上给予正确评价。就地下水资源的概念而言，只有水质符合要求的地下水量才是可以利用的地下水资源，也才能作为某一供水目的的地下水供水水源。因此，地下水的水质评价就成为供水水文地质勘察的重要任务之一。本章将结合地下水水质分类及其有关的水质指标，分别对饮用水、主要的工业用水、农田灌溉用水水质评价给予论述，目的是了解各种供水目的对水质的要求，在勘察工作中适当地分配取水样地点，有针对性地提出水质分析项目，作出正确的水质评价，提出恰当的水质防护和改良措施。

6.1　水质指标与水质分类

6.1.1　水质指标

组成地下水物质组分按其存在状态可分为三类：悬浮物质、溶解物质和胶体物质。悬浮物质是由大于分子尺寸的颗粒组成，它们靠浮力和黏滞力悬浮于水中。溶解物质则由分子或离子组成，它们被水的分子结构所支承。胶体物质则介于悬浮物质与溶解物质之间（图6-1）。

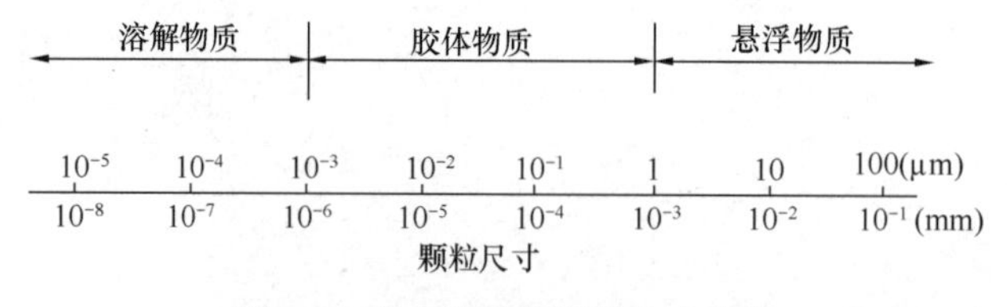

图6-1　水中物质按颗粒大小分类

仅仅根据水中物质颗粒大小还不能全面反映水的物理、化学和生物方面的性质。为了评价水质，必需建立水质和水质指标的概念。

水质是指水和其中所含的物质组分所共同表现的物理、化学和生物学的综合特性。各项水质指标则表示水中物质的种类、成分和数量，是判断水质的具体衡量标准。

水质指标项目繁多，总共可有上百种。它们可分为物理的、化学的和生物学的三大类。

1. 物理性水质指标

属于这一类的水质指标主要有：

(1) 感官物理性状指标，如温度、色度、嗅和味、浑浊度、透明度等。

(2) 其他的物理性水质指标，如总固体、悬浮固体、可沉固体、电导率（电阻率）等。

2. 化学性水质指标

(1) 一般的化学性水质指标，如 pH、碱度、硬度、各种阳离子、各种阴离子、总含盐量、一般有机物质等。

(2) 有毒的化学性水质指标，如：各种重金属、氰化物、苯系物类、多环芳烃、卤代烃、各种农药等。

(3) 氧平衡指标，如溶解氧（DO）、化学需氧量（COD）、生化需氧量（BOD）、总需氧量（TOD）等。

(4) 放射性水质指标如总 α 放射性、总 β 放射性等。

3. 生物学水质指标

生物学水质指标一般包括细菌总数、总大肠菌群数、各种病原细菌、病毒等。

6.1.2 水质分类

为了便于掌握地下水的性质特征，根据地下水的不同的物理化学性对其进行分类，提高水质评价的可操作性。不同地下水类别分述如下。

(1) 地下水按温度分类，见表 6-1。

地下水按温度分类表 **表 6-1**

类　别	非常冷的水	极冷的水	冷　水	温　水	热　水	极热的水	沸腾的水
温度（℃）	<0	0～4	4～20	20～37	37～42	42～100	>100

(2) 地下水按透明度分类，见表 6-2。

地下水透明度的分级 **表 6-2**

分　级	野外鉴别特征	分　级	野外鉴别特征
透明的	无悬浮物及胶体，60cm 水深可见 3mm 的粗线	混浊的	有较多的悬浮物，半透明状，小于 30cm 水深可见 3mm 的粗线
微浊的	有少量悬浮物，大于 30cm 水深可见 3mm 的粗线	极浊的	有大量悬浮物或胶体，似乳状，水深很小时也不能看见 3mm 的粗线

(3) 按气味强度分级，见表 6-3。

地下水的气味强度分级 **表 6-3**

等级	气味强度	说　明	等级	气味强度	说　明
○	无	没有任何气味	Ⅲ	显著	易于觉察，不加处理不能饮用
Ⅰ	极微弱	有经验辨识者能觉察	Ⅳ	强	气味引人注意，不适饮用
Ⅱ	弱	注意辨别时，一般人能觉察	Ⅴ	极强	气味强烈扑鼻，不能饮用

(4) 按总溶解固体含量分类，见表 6-4。

(5) 按照酸碱度分类，见表 6-5。

地下水按总溶解固体含量分类　　表 6-4

名　称	溶解性总固体（g/L）
淡　　水	<1
微 咸 水	1～3
咸　　水	3～10
盐　　水	10～50
卤　　水	>50

地下水按酸碱度分类　　表 6-5

名　称	pH
强酸性水	<5.0
弱酸性水	5.0～6.4
中 性 水	6.5～8.0
弱碱性水	8.1～10.0
强碱性水	>10.0

（6）地下水按硬度分类，见表 6-6。

（7）地下水按放射性分级，见表 6-7。

地下水按硬度分类　　表 6-6

名　称	硬度（以 $CaCO_3$ 计）（mg/L）
极软水	<75
软　水	75～150
微硬水	150～300
硬　水	300～450
极硬水	>450

地下水按放射性分级　　表 6-7

分　级	氡含量（em）	镭含量（g/L）
强放射性水	>300	$>10^{-9}$
中等放射性水	100～300	10^{-10}～10^{-9}
弱放射性水	35～100	10^{-11}～10^{-10}

由于不同用水目的对水质具有不同的要求，因此可以根据按不同物理化学性质对地下水的水质所进行的分类与分级，满足不同的供水要求。同时，也为地下水源地勘察过程中，水质状态的初步定位提供一定的依据。

6.2　地下水质量评价

为了了解地下水环境质量、确定地下水的供水水质状况，地下水质量评价是十分重要的内容。

6.2.1　地下水质量监测

地下水质量监测的目的是为了及时全面掌握地下水质量的动态变化特征，为地下水质量的准确评价和水资源的合理开发利用提供准确可靠的地下水质量资料。

地下水质量应定期监测，应在不同质量类别的地下水域设立水质监测网（点），监测频率不得少于每年两次（丰、枯期）。根据地下水的实际水质量状态，在重点地区（段），适当加密监测网（点）和监测频率。

地下水质量监测项目参照《地下水质量标准》GB/T 14848—2017 执行。

6.2.2　地下水质量标准与评价

《地下水质量标准》GB/T 14848—2017 将指标分为常规指标和非常规指标。地下水质量常规指标共 39 项，包括感官性状及一般化学指标、微生物指标、部分毒理学指标和放射性指标，见表 6-8；地下水质量非常规指标共 54 项，全部为毒理学指标，包括部分重金属和有机化学组分，具体参见《地下水质量标准》GB/T 14848—2017。

依据我国地下水质量状况和人体健康风险，参照了生活饮用水、工业和农业等用水质量要求，依据各组分含量高低将地下水质量划分五类。

Ⅰ类：地下水化学组分含量低，适用于各种用途。

Ⅱ类：地下水化学组分含量较低，适用于各种用途。

Ⅲ类：地下水化学组分含量中等，以《生活饮用水卫生标准》GB 5749—2022 为依据，主要适用于集中式生活饮用水水源及工、农业用水。

Ⅳ类：地下水化学组分含量较高，以农业和工业用水质量要求，以及一定水平的人体健康风险为依据，适用于农业和部分工业用水，适当处理后可作生活饮用水。

Ⅴ类：地下水化学组分含量高，不宜作为生活饮用水水源，其他用水可根据使用目的选用。

地下水质量常规指标及限值（GB/T 14848—2017）　　　　**表 6-8**

项目序号	标准值 类别 项目	Ⅰ类	Ⅱ类	Ⅲ类	Ⅳ类	Ⅴ类
1	色（铂钴色度单位）	≤5	≤5	≤15	≤25	>25
2	嗅和味	无	无	无	无	有
3	浑浊度（NTU）	≤3	≤3	≤3	≤10	>10
4	肉眼可见物	无	无	无	无	有
5	pH	6.5≤pH≤8.5			5.5≤pH<6.5 8.5<pH≤9.0	pH<5.5 或 pH>9.0
6	总硬度（以 $CaCO_3$ 计）(mg/L)	≤150	≤300	≤450	≤650	>650
7	溶解性总固体（mg/L）	≤300	≤500	≤1000	≤2000	>2000
8	硫酸盐（mg/L）	≤50	≤150	≤250	≤350	>350
9	氯化物（mg/L）	≤50	≤150	≤250	≤350	>350
10	铁（Fe）(mg/L)	≤0.1	≤0.2	≤0.3	≤2.0	>2.0
11	锰（Mn）(mg/L)	≤0.05	≤0.05	≤0.1	≤1.5	>1.5
12	铜（Cu）(mg/L)	≤0.01	≤0.05	≤1.0	≤1.5	>1.5
13	锌（Zn）(mg/L)	≤0.05	≤0.5	≤1.0	≤5.0	>5.0
14	铝（Al）(mg/L)	<0.01	≤0.05	≤0.2	≤0.5	>0.5
15	硫化物（mg/L）	≤0.005	≤0.01	≤0.02	≤0.10	>0.10
16	钠（mg/L）	≤100	≤150	≤200	≤400	>400
17	挥发性酚类（以苯酚计）(mg/L)	≤0.001	≤0.001	≤0.002	≤0.01	>0.01
18	阴离子表面活性剂（mg/L）	不得检出	≤0.1	≤0.3	≤0.3	>0.3
19	耗氧量（COD_{Mn} 法，以 O_2 计）(mg/L)	≤1.0	≤2.0	≤3.0	≤10	>10
20	硝酸盐（以 N 计）(mg/L)	≤2.0	≤5.0	≤20	≤30	>30
21	亚硝酸盐（以 N 计）(mg/L)	≤0.01	≤0.1	≤1.0	≤4.8	>4.8
22	氨氮（以 N 计）(mg/L)	≤0.02	≤0.1	≤0.5	≤1.5	>1.5
23	氟化物（mg/L）	≤1.0	≤1.0	≤1.0	≤2.0	>2.0
24	碘化物（mg/L）	≤0.04	≤0.04	≤0.08	≤0.5	>0.5
25	氰化物（mg/L）	≤0.001	≤0.01	≤0.05	≤0.1	>0.1

续表

项目序号	类别 标准值 项目	Ⅰ类	Ⅱ类	Ⅲ类	Ⅳ类	Ⅴ类
26	汞（Hg）（mg/L）	≤0.0001	≤0.0001	≤0.001	≤0.002	>0.002
27	砷（As）（mg/L）	≤0.001	≤0.001	≤0.01	≤0.05	>0.05
28	硒（Se）（mg/L）	≤0.01	≤0.01	≤0.01	≤0.1	>0.1
29	镉（Cd）（mg/L）	≤0.0001	≤0.001	≤0.005	≤0.01	>0.01
30	铬（六价）（Cr^{6+}）（mg/L）	≤0.005	≤0.01	≤0.05	≤0.1	>0.1
31	铅（Pb）（mg/L）	≤0.005	≤0.005	≤0.01	≤0.1	>0.1
32	三氯甲烷（μg/L）	≤0.5	≤6.0	≤60	≤300	>300
33	四氯化碳（μg/L）	≤0.5	≤0.5	≤2	≤50	>50
34	苯（μg/L）	≤0.5	≤1	≤10	≤120	>120
35	甲苯（μg/L）	≤0.5	≤140	≤700	≤1400	>1400
36	总大肠菌群（MPN/100mL或CFU/100mL）	≤3.0	≤3.0	≤3.0	≤100	>100
37	菌落总数（CFU/mL）	≤100	≤100	≤100	≤1000	>1000
38	总α放射性（Bq/L）	≤0.1	≤0.1	≤0.5	>0.5	>0.5
39	总β放射性（Bq/L）	≤0.1	≤1.0	≤1.0	>1.0	>1.0

地下水质量单指标评价，按指标值所在的限值范围确定地下水质量类别，不同类别标准值相同时，从优不从劣。如挥发酚类Ⅰ、Ⅱ类标准值均为0.001mg/L，若水质分析结果为0.001mg/L时，应定为Ⅰ类，不定为Ⅱ类。

在进行地下水质量评价时，除采用上述综合评价方法进行评价外，还可利用其他的评价方法，如综合指数法、模糊综合评判法等进行评价。在此不一一论述，请查阅有关的文献资料。

6.3 饮用水水质评价

饮用水的水质状况直接关系到人体健康，其安全与洁净就显得尤为重要。在供水之前以及饮用水供水水源地勘察过程中，从生理感觉、物理性质、溶解盐类含量、有毒成分及细菌成分等方面对地下水质进行全面评价与鉴定是十分必要的。为此各国针对各自不同的地理环境、人文环境及水资源状况，制订一系列符合各自用水环境的饮用水质标准，目的是保证饮用水的安全性和可靠性。表6-9、表6-10为我国所制定的《生活饮用水卫生标准》GB 5749—2022，涵盖微生物指标、毒理指标、感官性状和一般化学指标和放射性指标共四大类93项指标（不包括消毒剂常规指标）其中常规指标39项，扩展指标54项。下面将就饮用水的主要性质与组分含量要求与限定给予评价与说明。

水质常规指标及限值评价表 **表6-9**

项　目	指　　标	限　　值
微生物指标①	总大肠菌群（MPN/100mL或CFU/100mL）	不应检出
	大肠埃希氏菌（MPN/100mL或CFU/100mL）	不应检出
	菌落总数（CFU/mL）	100

续表

项目	指标	限值
毒理指标	砷（mg/L）	0.01
	镉（mg/L）	0.005
	铬（六价）（mg/L）	0.05
	铅（mg/L）	0.01
	汞（mg/L）	0.001
	氰化物（mg/L）	0.05
	氟化物（mg/L）	1.0
	硝酸盐（以N计）（mg/L）	10
	三氯甲烷（mg/L）	0.06
	一氯二溴甲烷（mg/L）	0.1
	二氯一溴甲烷（mg/L）	0.06
	二氯乙酸（mg/L）	0.05
	三溴甲烷（mg/L）	0.1
	三卤甲烷（三氯甲烷、一氯二溴甲烷、二氯一溴甲烷、三溴甲烷的总和）	该类化合物中各种化合物的实测浓度与其各自限值的比值之和不超过1
	三氯乙酸（mg/L）	0.1
	溴酸盐（使用臭氧时）（mg/L）	0.01
	亚氯酸盐（使用二氧化氯消毒时）（mg/L）	0.7
	氯酸盐（使用复合二氧化氯消毒时）（mg/L）	0.7
感官性状和一般化学指标	色度（铂钴色度单位）	15
	浑浊度（散射浑浊度单位）（NTU）	1
	臭和味	无臭味、异味
	肉眼可见物	无
	pH	不小于6.5，且不大于8.5
	铅（mg/L）	0.2
	铁（mg/L）	0.3
	锰（mg/L）	0.1
	铜（mg/L）	1.0
	锌（mg/L）	1.0
	氯化物（mg/L）	250
	硫酸盐（mg/L）	250
	溶解性总固体（mg/L）	1000
	总硬度（以 $CaCO_3$ 计）（mg/L）	450
	高锰酸盐指数，（以 O_2 计）（mg/L）	3
	氨（以N计）（mg/L）	0.5
项目	指标	指导值
放射性指标②	总α放射性（Bq/L）	0.5
	总β放射性（Bq/L）	1

① MPN表示最可能数；CFU表示菌落形成单位。当水样检出总大肠菌群时，应进一步检验大肠埃希氏菌；水样未检出总大肠菌群，不必检验大肠埃希氏菌。

② 放射性指标超过指导值，应进行核素分析和评价，判定能否饮用。

水质扩展指标及限值表　　**表 6-10**

项　目	指　标	限　值
微生物指标	贾第鞭毛虫（个/10L）	＜1
	隐孢子虫（个/10L）	＜1
毒理指标	锑（mg/L）	0.005
	钡（mg/L）	0.7
	铍（mg/L）	0.002
	硼（mg/L）	1.0
	钼（mg/L）	0.07
	镍（mg/L）	0.02
	银（mg/L）	0.05
	铊（mg/L）	0.0001
	硒（mg/L）	0.01
	高氯酸盐（mg/L）	0.07
	二氯甲烷（mg/L）	0.02
	1，2-二氯乙烷（mg/L）	0.03
	四氯化碳（mg/L）	0.002
	2，4，6-三氯酚（mg/L）	0.2
	七氯（mg/L）	0.0004
	马拉硫磷（mg/L）	0.25
	五氯酚（mg/L）	0.009
	六氯苯（mg/L）	0.001
	乐果（mg/L）	0.006
	灭草松（mg/L）	0.3
	百菌清（mg/L）	0.01
	呋喃丹（mg/L）	0.007
	毒死蜱（mg/L）	0.03
	草甘膦（mg/L）	0.7
	敌敌畏（mg/L）	0.001
	莠去津（mg/L）	0.002
	溴氰菊酯（mg/L）	0.02
	2，4-滴（mg/L）	0.03
毒理指标	二甲苯（总量）(mg/L)	0.5
	1,1-二氯乙烯（mg/L）	0.03
	1,2-二氯乙烯（总量）(mg/L)	0.05
	乙草铵（mg/L）	0.02
	1,4-二氯苯（mg/L）	0.3
	三氯乙烯（mg/L）	0.02
	三氯苯（总量）(mg/L)	0.02
	六氯丁二烯（mg/L）	0.0006
	丙烯酰胺（mg/L）	0.0005
	四氯乙烯（mg/L）	0.04
	甲苯（mg/L）	0.7

续表

项目	指标	限值
毒理指标	邻苯二甲酸二（2-乙基己基）酯（mg/L）	0.008
	环氧氯丙烷（mg/L）	0.0004
	苯（mg/L）	0.01
	苯乙烯（mg/L）	0.02
	苯并（a）芘（mg/L）	0.00001
	氯乙烯（mg/L）	0.001
	氯苯（mg/L）	0.3
	微囊藻毒素-LR（mg/L）	0.001
感官性状和一般化学指标	挥发酚类（以苯酚计）（mg/L）	0.002
	阴离子合成洗涤剂（mg/L）	0.3
	钠（mg/L）	200
	2-甲基异莰醇（mg/L）	0.00001
	土臭素（mg/L）	0.00001

6.3.1 饮用水对水的物理性质的要求

饮用水的物理性质应当是无色、无味、无嗅、不含可见物，这在生活饮用水水质标准中已有明确规定。其主要原因是不良的水的物理性质，直接影响人的感官对水体的忍受程度，同时它也反映了一定的化学成分。如：水中含腐殖质呈黄色，含低价铁呈淡蓝色，含高价铁或锰呈黄色至棕黄色，悬浮物呈混浊的浅灰色，硬水呈浅蓝色，含硫化氢有臭蛋味，含有机物及原生动物有腐物味、霉味、土腥味等，含高价铁有发涩的锈味，含硫酸铁或硫酸钠的水呈苦涩味，含钠则有咸味等，均可严重影响地下水的供水作用。

6.3.2 对饮用水中普通盐类的评价

水中溶解的普通盐类主要指水中的一些常见离子成分，如 Cl^-、SO_4^{2-}、HCO_3^-、Ca^{2+}、Mg^{2+}、Na^+、K^+、Fe^{2+}、Mn^{2+}、I^-、Sr^{2+}、Be^{2+}。它们多数是天然矿物，其含量在水中变化很大。它们的含量过高时会损及水的物理性质、使水过于咸或苦，以致不能饮用；过低时，人体吸取不到所需的某些矿物质，也会产生一些不良的影响。如在饮用水水质标准中规定饮用水中的硬度不得超过 450mg/L（以 $CaCO_3$ 计），但硬度太低，对人体也不宜，因此一般规定饮用水硬度的下限是 150mg/L（以 $CaCO_3$ 计），最好是在 180～270mg/L（以 $CaCO_3$ 计）范围。硫酸盐含量过高造成水味不好，同时还可引起腹泻，使肠道机能失调，一般认为硫酸根的含量应在 250mg/L 以下，尤其是在水中缺钙地区，硫酸盐含量低于 10mg/L 时易患大骨节病。锶和铍在天然水中一般含量很低。含量过高时可引起大骨节病、锶佝偻病和铍佝偻病。

6.3.3 对饮用水中有毒物质的限制

水中的有毒物质种类很多，包括有机的和无机的。目前，各国对有毒物质限定的数量各不相同，主要基于对有毒物质的毒理性的研究程度和水平。除了在饮用水水质标准中所限定的而外，仍有众多的有毒物质由于现有研究水平无法确认其毒理性水平而不能给出明确的限定指标。随着研究水平的不断提高，分析监测能力的不断加强与提高，越来越多的有毒物质的限定指标将在饮用水水质标准中体现出来。

我国的饮用水水质标准的常规指标和非常规指标中含有大量的毒理指标，这些物质在地下水中的出现，除少数是天然形成而外，大多数均为人为污染所造成的。就毒理学而言，这些物质对人体具有较强的毒性，以及强致癌性。各国在其饮用水水质标准中对此类物质的含量均严格限制。

6.3.4　对细菌学指标的限制

受生活污染的地下水中，常含有各种细菌、病原菌和寄生虫等，同时有机物质含量较高，这类水对人体十分有害，因此饮用水中不允许有病原菌和病毒的存在。然而由于条件的限制，对水中的细菌，特别是病原菌不是随时都能检出的，因此为了保障人体健康和预防疾病，以及便于随时判断致病的可能性和水受污染的程度。将细菌总数和大肠杆菌作为指标，测定水受生活及粪便污染的程度。

（1）菌落总数，指水在相当于人体温度（37℃）下经 24 小时培养后，每毫升水中所含各种细菌的总个数。饮用水标准规定每毫升水中细菌总数不得超过 100CFU。

（2）总大肠菌群，大肠菌群本身并非致病菌，一般对人体无害。但水中有大肠杆菌说明水体已被粪便污染，进而说明存在有病原菌的可能性。饮用水标准中规定不应检出。

应该注意到，饮用水标准是根据各个国家或地区的具体现实条件而制订的，是不断发展的，随着经济条件和卫生条件的提高，对饮用水水质的要求也越严格。所以评价的标准必须以最新标准和地方标准为依据，不符合饮用水标准的地下水源，是不允许作为直接饮用的供水水源。如果处理后能够满足饮用水水质的要求，仍可以间接作为饮用水供水水源。

6.4　饮用天然矿泉水水质评价

饮用天然矿泉水作为特殊的饮用水体具有广泛的医疗保健价值，同时又具有广泛的市场需求与经济价值。因此在地下水源勘察过程中，对于饮用天然矿泉水的水质评价占有十分重要的地位。同时作为特殊的给水水源给予应有的重视。本节仅对饮用天然矿泉水的水质评价标准及其有关指标作一简要说明。

饮用天然矿泉水是一种矿产资源，是来自地下深部循环的天然露头或经人工揭露的深部循环的地下水。它含有一定量的矿物盐、微量元素或其他成分，在一定区域未受污染并采取预防措施避免污染。在通常情况下，其化学成分、流量、温度等在天然周期波动范围内相对稳定。饮用天然矿泉水水质除满足《生活饮用水卫生标准》GB 5749—2022 的要求外，还应满足《食品安全国家标准饮用天然矿泉水》GB 8537—2018 所规定的特殊化学组分的界限指标。

关于饮用矿泉水的水质标准分述如下。

（1）饮用天然矿泉水的界限指标见表 6-11。

（2）感官要求：

1）色度：不超过 10 度，不得呈现其他异色。

2）浑浊度：不超过 1NTU。

3）嗅和味：无异嗅、无异味，具有本矿泉水的特征性口味。

饮用天然矿泉水的界限指标（mg/L） 表 6-11

项　目		指　标	项　目		指　标
锂	≥	0.2	硒	≥	0.01
锶	≥	0.2（含量在 0.2～0.4 时，水源水水温应在 25℃以上）	游离二氧化碳	≥	250
锌	≥	0.2	溶解性总固体	≥	1000
偏硅酸	≥	25.0（含量在 25.0～30.0 时水源水水温应在 25℃以上）			

注：凡符合上表各项指标之一者，可称为饮用天然矿泉水，但锶含量在 0.2～0.4mg/L 范围和偏硅酸含量在 25～30mg/L 范围，各自都必须具有水温在 20℃以上或水的同位素测定年龄在 10 年以上的附加条件，方可称为饮用天然矿泉水。

4）可见物：允许有极少量的天然矿物盐沉淀，无正常视力可见的外表异物。

（3）某些元素和组分的限量指标见表 6-12。

某些元素和组分的限量指标 表 6-12

项　目	指　标		项　目	指　标	
锑	0.005	mg/L	硒	0.05	mg/L
锰	0.4	mg/L	氟化物（以 F^- 计）	1.5	mg/L
镍	0.02	mg/L	耗氧量（以 O_2 计）	2.0	mg/L
溴酸盐	0.01	mg/L	^{226}镭放射性	1.1	Bq/L
铜	1.0	mg/L	挥发酚（以苯酚计）	0.002	mg/L
钡	0.7	mg/L	氰化物（以 CN^- 计）	0.010	mg/L
总铬	0.05	mg/L	总 β 放射性 Bq/L	1.5	Bq/L
银	0.05	mg/L	阴离子合成洗涤剂	0.3	mg/L
硼酸盐（以 B 计）	5.0	mg/L	矿物油	0.05	mg/L

（4）微生物指标见表 6-13。其标准与饮用水质标准相一致。

微生物指标 表 6-13

项　目	指　标	项　目	指　标
粪链球菌 CFU/250mL	0	铜绿假单胞菌（CFU/250mL）	0
大肠菌群（MPN/100mL）	0	产气荚膜梭菌（CFU/50mL）	0

6.5 工业用水水质评价

不同的工业生产对水质的要求各不相同，因此在水文地质调查过程中，应该在了解各种工业用途的水质要求的基础上，有重点地布置水质采样点，确定水质分析内容，并对水质作出正确的评价。本节将主要讨论锅炉用水、冷却水，以及纺织、制革、印染等企业生产用水水质要求。

6.5.1 锅炉用水的水质评价

在工业用水中，锅炉用水构成供水的基本组成部分。因此，对工业用水进行水质评价，应首先对锅炉用水进行水质评价。

蒸气锅炉中的水处在高温高压条件下，由于成垢作用、起泡作用和腐蚀作用等不良的化学作用，严重影响锅炉的正常使用。可见，在地下水源地勘察过程中，参照《工业锅炉水质》GB/T 1576—2018对于三种作用的影响程度的评价是十分必要的。

1. 成垢作用

水中所含部分离子、化合物在高温条件下可以相互作用而生成沉淀，依附于锅炉壁上形成锅垢，这种作用称之为成垢作用。锅垢不仅影响传热，浪费燃料，而且易使金属炉壁过热融化，引起锅炉爆炸。锅垢的成分通常有：CaO、$CaCO_3$、$CaSO_4$、$CaSiO_4$、$MgCO_3$、$Mg(OH)_2$、$MgSiO_3$、Al_2O_3、Fe_2O_3及悬浮物质的沉渣等。这些物质是由溶解于水中的钙、镁盐类及胶体的SiO_2、Al_2O_3、Fe_2O_3和悬浮物沉淀而成的。例如：

$$Ca^{2+} + 2HCO_3^- \longrightarrow CaCO_3 \downarrow + H_2O + CO_2 \uparrow$$

$$Mg^{2+} + 2HCO_3^- \longrightarrow MgCO_3 \downarrow + H_2O + CO_2 \uparrow$$

$MgCO_3$再分解，则沉淀出镁的氢氧化物：

$$MgCO_3 + 2H_2O \longrightarrow Mg(OH)_2 \downarrow + H_2O + CO_2 \uparrow$$

与此同时还可以沉淀出$CaSiO_3$及$MgSiO_3$，有时还沉淀出$CaSO_4$等，所有这些沉淀物在锅炉中便形成了锅垢。

锅垢的评价公式如下：

$$H_o = S + C + 72[Fe^{2+}] + 51[Al^{+3}] + 400[Mg^{2+}] + 118[Ca^{2+}] \quad (6\text{-}1)$$

式中 H_o——锅垢的总量（mg/L）；

S——悬浮物质量（mg/L）；

C——胶体质量（$SiO_2+Fe_2O_3+Al_2O_3$）（mg/L）；

$[Fe^{2+}]$、$[Mg^{2+}]$、$[Ca^{2+}]$——离子浓度（mmoL/L）。

式中的系数是按所生成的沉淀物摩尔质量计算出来的。

锅垢包括硬质的垢石（硬垢）及软质的垢泥（软垢）两部分。硬垢主要由碱土金属的碳酸盐、硫酸盐以及硅酸盐构成，附壁牢固，不易清除。软垢由悬浊物质及胶体物质构成，易于洗刷清除。因此，在对水的成垢作用进行评价时，还应对硬垢系数进行评价。其评价公式为：

$$H_n = SiO_2 + 40[Mg^{2+}] + 68([Cl^-] + 2[SO_4^{2-}] - [Na^+] - [K^+]) \quad (6\text{-}2)$$

$$K_n = \frac{H_n}{H_o} \quad (6\text{-}3)$$

式中 K_n——硬垢系数；

H_n——硬垢总量（mg/L）；

SiO_2——二氧化硅质量（mg/L）。

其他符号意义同前。

如果括号内为负值，可略去不计。

按式（6-2）、式（6-3）对水的硬垢能力进行评价，其评价指标见表6-14。

2. 起泡作用

起泡作用主要是指水沸时在水面上产生大量气泡的作用。如果气泡不能立即破裂，就会在水面以上形成很厚的极不稳定的泡沫层。泡沫太多时将使锅炉内水的汽化作用极不均匀和水位急剧地升降，致使锅炉不能正常运转。产生这种现象的原因是由于水中易溶解的钠盐、钾盐，以及油脂和悬浊物，受炉水的碱度作用发生皂化的结果。钠盐中，促使水起泡的物质为苛性钠和磷酸钠。苛性钠除了可使脂肪和油质皂化外，还促使水中的悬浊物变为胶体状悬浊物。磷酸根与水中的钙、镁离子作用也能在炉水中形成高度分散的悬浊物。水中的胶体状悬浊物增强了气泡薄膜的稳固性，因而加剧了起泡作用。

起泡作用可用起泡系数 F 来评价，起泡系数按钠、钾的含量计算：

$$F=62[Na^{+}]+78[K^{+}] \tag{6-4}$$

利用式（6-4）评价水的起泡程度及按其结果对水进行分类见表 6-14。

3. 腐蚀作用

由于水中氢置换铁使炉壁受到损坏的作用称为腐蚀作用。氢离子可以是水中原有的，也可以是由于炉中水温增高，从某些盐类水解而生成。此外，溶解于水中的气体成分，如氧、硫化氢及二氧化碳等也是造成腐蚀作用的重要因素。锰盐、硫化铁、有机质及脂肪油类，皆可作为接触剂而加强腐蚀作用的进行。温度增高以及增高后炉中所产生的局部电流均可促进腐蚀作用。炉中随着蒸气压力的加大，水对铜的危害也随之加重，往往在汽机叶片上会形成腐蚀。腐蚀作用对锅炉的危害极大，它不仅只是减少锅炉的使用寿命，尚有可能发生爆炸事故。

水的腐蚀性可以按腐蚀系数（K_k）进行定量评价。

对酸性水：

$$K_k=1.008([H^{+}]+3[Al^{3+}]+2[Fe^{2+}]+2[Mg^{2+}]-2[CO_3^{2-}]-[HCO_3^{-}]) \tag{6-5}$$

对于碱性水：

$$K_k=1.008(2[Mg^{2+}]-[HCO_3^{-}]) \tag{6-6}$$

按照式（6-5）或式（6-6）计算结果对水的分类指标见表 6-14。

一般锅炉用水水质评价指标 **表 6-14**

成垢作用				起泡作用		腐蚀作用	
按锅垢总量（H_o）		按硬垢系数（K_n）		按起泡系数（F）		按腐蚀系数（K_k）	
指标	水质类型	指标	水质类型	指标	水质类型	指标	水质类型
<125	锅垢很少的水	<0.25	具有软沉淀物的水	<60	不起泡的水	>0	腐蚀性水
125～250	锅垢少的水	0.25～0.5	具有中等沉淀物的水	60～200	半起泡的水	<0，但 $K_k+0.0503Ca^{+2}>0$	半腐蚀性水
250～500	锅垢多的水	>0.5	具有硬沉淀物的水	>200	起泡的水	<0，但 $K_k+0.0503Ca^{+2}<0$	非腐蚀性水
>500	锅垢很多的水						

为了更为全面地了解对锅炉能产生不良作用的地下水中的物质成分，以便在进行饮用水水质评价中确定地下水的适应性，将对锅炉用水起不良影响的各种物质成分列在表 6-15 中。

6.5.2 地下水的侵蚀性评价

地下水中含有某些化学成分时，对建筑材料中的混凝土、金属等有侵蚀性和腐蚀性。当建筑物经常处于地下水的作用时，则应对地下水的侵蚀性给予评价，以保证建筑物的安全性和使用寿命。

1. 地下水对混凝土的侵蚀作用

地下水的侵蚀性主要表现为地下水中的氢离子（H^{+}）、侵蚀性 CO_2、硫酸盐及弱盐基阳离子的存在对处于地下水位以下的混凝土和钢结构的腐蚀（或侵蚀）作用。其方式主要有分解性侵蚀、结晶性侵蚀和分解结晶性侵蚀。

对锅炉用水起不良影响的各种物质成分　　表 6-15

物质成分	成垢作用	起泡作用	腐蚀作用	物质成分	成垢作用	起泡作用	腐蚀作用
H_2			+	Mg $(ON_3)_2$			+
CO_2		+	+	$NaCO_3$		+	
$Ca(HCO_3)_2$	+	+		$NaSO_4$		+	
$Mg(HCO_3)_2$	+			NaCl		+	
$CaSO_4$	+			$NaHCO_3$		+	
$MgSO_4$			+	Na (OH)		+	
$CaSiO_3$	+			Fe_2O_3；Al_2O_3	+	+	
$MgSiO_3$	+			悬浮物	+	+	
$CaCl_2$			+	油　类		+	
$MgCl_2$			+	有机物		+	+
Ca $(NO_3)_2$			+	污　水		+	+

（1）分解性侵蚀

分解性侵蚀指酸性地下水对于氢氧化钙或碳酸盐的溶滤分解作用。如：

$$Ca(OH)_2+2H^+ \longrightarrow Ca^{2+}+2H_2O\text{(酸性侵蚀)}$$

$$CaCO_3+H_2O+CO_2 \longrightarrow Ca^{2+}+2HCO_3^-\text{(碳酸性侵蚀)}$$

（2）结晶性侵蚀

结晶性侵蚀指地下水中硫酸盐与混凝土反应，在混凝土空隙中形成石膏和硫酸结盐晶体的作用。如：

$$CaO \cdot Al_2O_3 \cdot 12H_2O+3CaSO_4 \cdot nH_2O \longrightarrow$$
$$3CaO \cdot Al_2O_3 \cdot 3CaSO_4 \cdot 30H_2O+Ca(OH)_2$$

结晶性侵蚀往往伴随着分解性侵蚀。

（3）分解结晶性侵蚀

分解结晶性侵蚀主要是地下水中弱盐基硫酸盐离子的侵蚀，即水中富含 Mg^{2+}、Fe^{2+}、Fe^{3+}、Cu^{2+}、Zn^{2+}、NH_4^+……，与混凝土发生反应，降低混凝土的力学强度。

对于侵蚀性的强度多以分项评价为主。事实上，水对于混凝土侵蚀是多因素影响下的综合作用结果。显然，只有利用综合评价才能正确确定侵蚀的综合作用效果。建设部和国家质量监督检验检疫总局联合发布《岩土工程勘察规范》GB 50021—2001（2009 年版）对于水及其周围环境对于混凝土的侵蚀性评价给予了明确的规定。

《岩土工程勘察规范》规定，在对混凝土侵蚀性进行综合评价时，除考虑水中的化学组分组成而外，还应考虑场地环境、气候、土层的渗透性等综合影响。关于场地环境，根据《岩土工程勘察规范》，大体上分为 3 个类别，分类结果见表 6-16。

表 6-17 和表 6-18 分别表示不同环境类别条件下，气候和土层的渗透性影响水对混凝土结构的腐蚀性评价。根据上述评价标准，可以对任何环境类别、气候和渗透性条件下地下水对混凝土的侵蚀强度进行评价。

1）腐蚀等级中，只出现有弱腐蚀，无中等腐蚀或强腐蚀时，应综合评价为弱腐蚀。

2）腐蚀等级中，无强腐蚀，最高为中等腐蚀时，应综合评价为中等腐蚀。

场地环境地质条件　　表 6-16

环境类别	场地环境地质条件
Ⅰ	高寒区、干旱区直接临水；高寒区、干旱区强透水层中的地下水
Ⅱ	高寒区、干旱区弱透水层中的地下水；各气候区湿、很湿的弱透水层湿润区直接临水；湿润区强透水层中的地下水
Ⅲ	各气候区稍湿的弱透水层；各气候区地下水位以上的强透水层

注：1. 高寒区是指海拔高度等于或大于 3000m 的地区；干旱区是指海拔高度小于 3000m，干燥度指数 K 值等于或大于 1.5 的地区；湿润区是指干燥度指数 K 值小于 1.5 的地区；
2. 强透水层是指碎石土和砂土；弱透水层是指粉土和黏性土；
3. 含水量 $w<3\%$ 的土层，可视为干燥土层，不具有腐蚀条件；
3A 当混凝土结构一边接触地面水或地下水，一边暴露在大气中，谁可以通过渗透或毛细作用在暴露大气中的一边蒸发时，应定为Ⅰ类；
4. 当有地区经验时，环境类型可根据地区经验划分；当同一场地出现两种环境类型时，应根据情况选定。

按环境类型水和土对混凝土结构的腐蚀性评价　　表 6-17

腐蚀介质	腐蚀等级	环境类别		
		Ⅰ	Ⅱ	Ⅲ
硫酸盐含量 SO_4^{2-} (mg/L)	微 弱 中 强	<200 250～500 500～1500 >1500	<300 500～1500 1500～3000 >3000	<500 1500～3000 3000～6000 >6000
镁盐含量 Mg^{2+} (mg/L)	微 弱 中 强	<1000 1000～2000 2000～3000 >3000	<2000 2000～3000 3000～4000 >4000	<3000 3000～4000 4000～5000 >5000
铵盐含量 NH_4^+ (mg/L)	微 弱 中 强	<100 100～500 500～800 >800	<500 500～800 800～1000 >1000	<800 800～1000 1000～1500 >1500
苛性碱含量 OH^- (mg/L)	微 弱 中 强	<35000 35000～43000 43000～57000 >57000	<43000 43000～57000 57000～70000 >70000	<57000 57000～70000 70000～100000 >100000
TDS (mg/L)	微 弱 中 强	<10000 10000～20000 20000～50000 >50000	<20000 20000～50000 50000～60000 >60000	<50000 50000～60000 60000～70000 >70000

注：1. 表中数值适用于有干湿交替作用的情况，Ⅰ、Ⅱ类环境无干湿交替作用时，表中硫酸盐含量数值应乘以 1.3 的系数；
2. 表中数据适用于水的腐蚀性评价，对于土的腐蚀性评价，乘以 1.5 的系数；单位以"mg/(kg 土)"表示；
3. 表中苛性碱（OH^-）含量（mg/L）应为 NaOH 和 KOH 中的 OH^- 含量（mg/L）。

3）腐蚀等级中，有一个或一个以上为强腐蚀性，应综合评价为强腐蚀。

2. 地下水对钢结构的腐蚀性评价

表 6-19 列出了水和土对混凝土结构中钢筋的腐蚀性评价。

按地层渗透性影响的水和土对混凝土结构的腐蚀性评价　　表6-18

腐蚀等级	pH		侵蚀性 CO_2（mg/L）		HCO_3^-（mmoL/L）	
	A	*B*	*A*	*B*	*A*	*B*
微	＞6.5	＞5.0	＜15	＜30	＞1.0	—
弱	5.0～6.5	4.0～5.0	15～30	30～60	1.0～0.5	—
中	4.0～5.0	3.5～4.0	30～60	60～100	＜0.5	—
强	＜4.0	＜3.5	＞60	—	—	—

注：1. *A* 是指直接临水、强透水层中的地下水；*B* 是指弱透水层中的地下水；强透水层是指碎石土和砂土；弱透水层是指粉土和黏性土；

2. HCO_3^- 含量是指水的TDS低于0.1g/L的软水时，该类水质 HCO_3^- 离子的腐蚀性；

3. 土的腐蚀性评价只考虑pH指标。评价其腐蚀性时，*A* 是指强透水土层，*B* 是指弱透水土层。

钢筋混凝土结构中钢筋的腐蚀性评价　　表6-19

腐蚀等级	水中的 Cl^- 含量（mg/L）		土中的 Cl^- 含量（mg/kg）	
	长期浸水	干湿交替	A	B
微	＜10000	＜100	＜400	＜250
弱	10000～20000	100～500	400～750	250～500
中		500～5000	750～7500	500～5000
强		＞5000	＞7500	＞5000

注：A是指地下水位以上的碎石土、砂土、稍湿的粉土，坚硬、硬塑的黏性土；B是指湿、很湿的粉土，可塑、软塑、流塑的黏性土。

6.5.3　其他工业用水对水质的要求

不同的工业部门对水质的要求不同。其中纺织、造纸及食品等工业对水质的要求较严。水的硬度过高，对于肥皂、染料、酸、碱生产的工业不太适宜。硬水妨碍纺织品着色，并使纤维变脆，使皮革不坚固，糖类不结晶。如果水中有亚硝酸盐存在时，使糖制品大量减产。水中存在过量的铁、锰盐类时，能使纸张、淀粉及糖出现色斑，影响产品质量。食品工业用水首先必须考虑符合饮用水标准，然后还要考虑影响质量的其他成分。

由于工业企业的种类繁多，生产形式各异，各项生产用水很难有一统一的用水标准，表6-20列出某些企业产品的生产用水的水质要求，具体行业、企业的用水水质参照相关水质标准执行。

某些企业产品生产用水对水质的要求　　表6-20

项目	造纸用水（高级纸）	人造纤维用水	纺织用水	印染工业用水	制革工业用水	制糖用水	制淀粉用水	造酒用水（啤酒）	黏胶纤维用水	胶片制造用水	备注
浑浊度（mg/L）	5	0	5	5	10	5	0		2	2	
色度（度）	5	15	10～12	10		10～20	10～20			2	
总硬度（以 $CaCO_3$ 计）	54	36	36	9	＜270	90	＜20	＜120	48	54	硬度妨碍染色使皮革柔性变坏
耗氧量（mg/L）	10	6		8～10	8～10	＜10	＜10	＜10	＜5		
氯（mg/L）				50	30～40	60	60	0.3	30		使皮革具吸水性，糖不易结晶

续表

项目	造纸用水（高级纸）	人造纤维用水	纺织用水	印染工业用水	制革工业用水	制糖用水	制淀粉用水	造酒用水（啤酒）	黏胶纤维用水	胶片制造用水	备注
硫酐（mg/L）				50	60～80	50	60		10		$CaSO_4$，Na_2SO_4 妨碍染色，制糖起不良影响
亚硝酐（mg/L）		0		0	0	0	0	5～25（NO_2）	0.002		N_2O_3 存在可使糖大量减产
硝酐（mg/L）		0		痕迹	痕迹	痕迹	0	0.3	0.2		
氨（以氮计 mg/L）		0		痕迹	0	0	0	0.5	0		
铁（mg/L）	0.05～0.1	0.2	0.25	0.1	0.1	0.1	0.5	<0.3	0.05	0.07	使染色物纸张起斑点、淀粉糖着色
锰（mg/L）	0.1		0.1	0.1	0.1	痕迹	0.05	<0.1			使染色物纸张起斑点、淀粉糖着色
碳酸（mg/L）							100				
硫化氢（mg/L）					1.0						
氧化钙（mg/L）							120				使淀粉灰分增多，Ca和Mg过多使纤维物变硬变脆
氧化镁（mg/L）							20				
硅酸（mg/L）	20							<50		25	
固形物（mg/L）	100		400		300～600	200～300	400～600	<500	80	100	
pH	7～7.5	7～7.5	7～8.5	7～8.5	6～8	6～7		6.5～7.8		6～8	碱水妨碍染色

6.6 农田灌溉用水水质评价

6.6.1 农田灌溉用水对水质的要求

灌溉用水的水质状况主要涉及水温、水的总溶解固体及溶解的盐类成分。同时，由于人类活动的影响，水的污染状况，尤其是水中所含的有毒有害元素的含量对于农作物及土壤的影响也不可忽视。因此，在农业生产过程中，农作物生长所需的基本水量和水质保证是实现农业发展的关键。可见农业用水，尤其是农业灌溉用水（占乡镇总需水量的近 70%～80%）在供水中占据十分重要的地位。农田灌溉用水水质评价成为供水水文地质的重要内容。

为了保护农田土壤、地下水源（防止灌溉水入渗，尤其是污灌水入渗污染地下水水源）以及保证农产品质量的要求，使农田灌溉用水的水质符合农作物的正常生产，促进农业生产，生态环境部、国家市场监督管理总局发布了《农田灌溉水质标准》GB 5084—2021，见表 6-21 和表 6-22，作为农田灌溉供水水质评价的依据。

农田灌溉水质基本控制项目标准值 GB 5084—2021　　**表 6-21**

序号	项　目	水　作	旱　作	蔬　菜
1	五日生化需氧量（mg/L）　≤	60	100	40[a]，15[b]
2	化学需氧量（mg/L）　≤	150	200	100[a]，60[b]
3	悬浮物（mg/L）　≤	80	100	60[a]，15[b]
4	阴离子表面活性剂(mg/L)　≤	5.0	8.0	5.0
5	水温（℃）　≤	35		
6	pH　≤	5.5～8.5		
7	全盐量（mg/L）　≤	1000（非盐碱土地区） 2000（盐碱土地区）		
8	氯化物（mg/L）　≤	350		
9	硫化物（mg/L）　≤	1.0		
10	总汞（mg/L）　≤	0.001		
11	总镉（mg/L）　≤	0.01		
12	总砷（mg/L）　≤	0.05	0.1	0.05
13	铬（六价）（mg/L）　≤	0.1		
14	总铅（mg/L）　≤	0.2		
15	粪大肠菌群数（MPN/L）　≤	40000	40000	20000[a]，10000[b]
16	蛔虫卵数（个/10L）　≤	20		20[a]，10[b]

注：[a] 加工、烹调及去皮蔬菜；[b] 生食类蔬菜、瓜类和草本水果。

农田灌溉水质选择性控制项目限值 GB 5084—2021　　**表 6-22**

序号	项　目　类　别	作　物　种　类		
		水　作	旱　作	蔬　菜
1	总铜（mg/L）　≤	0.5	1	
2	总锌（mg/L）　≤	2		
3	硒（mg/L）　≤	0.02		
4	氟化物（以F^-计）（mg/L）　≤	2（一般地区），3（高氟区）		
5	氰化物（以CN^-计）（mg/L）　≤	0.5		
6	石油类（mg/L）　≤	5	10	1
7	挥发酚（mg/L）　≤	1		
8	苯（mg/L）　≤	2.5		
9	三氯乙醛（mg/L）　≤	1	0.5	0.5
10	丙烯醛（mg/L）　≤	0.5		
11	硼（mg/L）	1（对硼敏感作物），2（对硼耐受性较强的作物）， 3（对硼耐受性强的作物）		
12	总镍（mg/L）	0.2		
13	甲苯（mg/L）	0.7		
14	二甲苯（mg/L）	0.5		
15	异丙苯（mg/L）	0.25		
16	苯胺（mg/L）	0.5		
17	氯苯（mg/L）	0.3		
18	1，2-二氯苯（mg/L）	1.0		

续表

序号	项 目 类 别	作 物 种 类		
		水 作	旱 作	蔬 菜
19	1，4-二氯苯（mg/L）	0.4		
20	硝基苯（mg/L）	2.0		

6.6.2 农田灌溉用水水质评价

根据《农田灌溉水质标准》GB 5084—2021，灌溉用水的水温应适宜，不超过35℃。实际上，我国北方和南方不同农作物区对水温的要求也有所差别。在我国北方以10～15℃为宜，在南方水稻生长区以15～25℃为宜，过低或过高的灌溉水温对农作物生长都不利。

水中所含盐类成分也是影响农作物生长和土壤结构的重要因素。对农作物生长而言，最有害的是钠盐，尤以$NaHCO_3$危害为最大，它能腐蚀农作物根部，使作物死亡，还能破坏土壤的团粒结构；其次是氯化钠，它能使土壤盐化变成盐土，使农作物不能正常生长，甚至枯萎死亡。

水中含盐分的多少和盐类成分对作物的影响受许多因素的控制，例如气候条件、土壤性质、潜水位埋深、作物种类以及灌溉方法等。

对于灌溉水质的总体评价，过去我国比较常用的是苏联的灌溉系数（K_a）评价法。多年来，我国在对豫东地区的主要农作物和水质状况研究的基础上，提出盐度和碱度的评价方法，确定灌溉地下水的盐害、碱害和综合危害。可作为灌溉地下水水质评价的参考。

同时还应注意到，由于近几年来水体的工业污染严重，灌溉水中有毒有害的微量金属等元素含量升高，利用这部分水体进行农田灌溉时，尽管不产生上述的盐害、碱害或盐碱害，但有毒元素在农作物中的积累，已对农作物的产品质量及人体健康造成极大的危害，这种危害是潜在的、长期的。因此，在进行农田灌溉用水水质评价时，不仅要对可能造成的盐害、碱害或盐碱害进行细致的评价与说明。同时还应特别注意有毒微量元素的危害，严格控制灌溉用水的水质，保证农作物的产品质量。

第 7 章　供水水文地质勘察

7.1　概　　述

供水水文地质勘察的目的是为国民经济有关部门的水源地设计和建设提供所需要的供水水文地质资料。供水水文地质勘察或地下水源勘察成果为给水设计提供依据，因此给水排水专业人员不仅应具备水文地质基本知识，而且还应掌握水源勘察的基本方法。

我国地下水源的勘察设计工作涉及如下三种情况：

（1）勘察部门进行过勘察工作，勘察资料基本上可以满足设计要求。

（2）尚未开展勘察工作，而且水文地质条件比较复杂，需要设计人员协助用水单位向勘察部门提出勘察要求。

（3）没有开展专门的勘察工作，但有零散的水文地质资料，而且水文地质条件比较简单或用水量不大，可不进行全面的勘察工作，设计所需要的依据可由设计人员通过收集资料和现场调查取得。

在地下水源勘察开始之前的准备工作中，应收集下列水文地质资料：

（1）专门的水文地质勘察资料：了解拟开采地下水的地区是否进行过供水水文地质勘察工作。通常专业的水文地质单位对城市及工矿附近地区进行过供水水文地质勘察工作。

（2）综合性水文地质普查资料：针对较大的区域，利用水文地质测绘，配合少量的钻探、物探工作，对区域水文地质条件开展调查工作。我国已开展了综合性水文地质普查，其资料尽管不能直接作为设计的依据，但对拟开采地下水地段的水文地质规律认识可提供重要线索。

（3）地质普查及矿产勘察报告中的水文地质资料：在普查找矿和矿区的勘察工作中，一般都有一些个别水点（民井、泉等）的调查资料以及矿区水文地质条件的论述。这种资料对分析研究一个地区的水文地质条件也会有重要的参考价值。

7.1.1　供水水文地质勘察的任务

（1）查明勘察区水文地质条件，选择与确定供水水源地；

（2）根据不同用水要求，全面评价地下水水量与水质；

（3）提出取水构筑物选择与布置的科学和合理的技术经济方案；

（4）对地下水资源的合理开采利用和保护提出具体建议和措施。

7.1.2　勘察工作的内容与程序

水文地质勘察工作应根据城镇、厂矿企业的不同特点和不同发展方向，因地制宜开展工作。针对我国许多城镇在地下水开采过程中，水文地质条件发生了很大变化，勘察工作应按动态特征有所不同。对于地下水动态基本受自然因素控制的未开采区和少量开采区，应按一般要求有步骤分阶段进行供水水文地质勘察工作，包括水文地质测绘、物探、钻探、抽水试验和地下水动态观测等；对于地下水动态主要受开采因素控制，并出现与地下水开采有关环境地质问题的开采区，应视情况分别确定工作内容，包括开采现状、补给条件、边界条件、水质污染等调查工作，以及与开采有关的环境地质问题调查、勘察与试验，地下水动态与均衡观测等。

勘察工作程序是指从接受任务、确定工作方案、编制勘察纲要、野外作业、资料整理、提交报告到检查验收和质量评定等整个过程。必须按照其程序依次进行，才能达到预期效果。

7.1.3 勘察阶段的划分

供水水文地质勘察，是从开发利用观点出发，对地下水赋存规律的认识过程，必须由浅入深分阶段进行。勘察阶段划分又必须与规划、设计阶段相适应。供水水文地质勘察通常分为初勘、详勘和开采三个基本阶段。

1. 初勘阶段

初勘阶段主要任务是确定水源地具体位置。通过水文地质勘察，在查明水文地质条件基础上，对可能利用的水源进行初步的质与量的评价，加以比较和论证，确定拟建水源地空间位置与分布，为给水工程初步设计和详细勘察提供依据。

2. 详勘阶段

详勘阶段主要任务是在拟建水源地及其取水建筑物范围内进行勘探及试验工作，以便全面地评价地下水资源，并提出合理开采方案，为给水工程施工图设计——取水构筑物类型、布置方式提供资料依据。

3. 开采阶段

在水源地投产后，当需要查明扩大利用水源的可能性，以及水量减少、水质恶化和不良环境地质现象等的原因，为合理开采和保护地下水资源，以及水源地的改、扩建设计提供依据。

鉴于水文地质条件、研究程度、用水要求和规模的差别很大，直接影响勘察工作的内容与深度，因此关于勘察阶段的划分，要遵循按阶段勘察的基本原则，又要因地制宜，有一定的灵活性。对于水文地质条件复杂或大型水源地，应按照“三阶段”进行勘察；对水文地质条件简单，需水量不大，研究程度较高，或具有可比拟的相似水源地时，勘察阶段可以简化或合并，以节省工作量和缩短工期。

7.1.4 允许开采量与取水量要求

允许开采量是经勘察或经开采验证，在当前经济、技术、环境许可条件下能够从含水层中开采的地下水量，是供水设计的主要指标，也是水文地质勘察的主要目的。允许开采量的精度是随着勘察阶段的发展而不断提高的。根据水文地质条件研究程度、动态观测时间的长短、计算数据与参数的精度、计算方法与公式的合理性、补给的保证程度等方面，允许开采量的精度分为A、B、C、D、E共5级。

《城镇给水排水技术规范》GB 50788—2012 规定了地下水源地取水量安全性的要求。地下水源取水量必须小于允许开采量。经过详细的水文地质勘察，科学评价地下水资源，合理确定地下水允许开采量，避免盲目开采。

除确保开采量外，关注与开采量有关的开采年限问题。要求在开采期间不发生水泵吊泵、水质恶化和地面沉降、塌陷等环境地质问题。

7.2　水文地质测绘

7.2.1　水文地质测绘的目的和任务

水文地质测绘是供水水文地质勘察的基本方法之一，也是水源勘察的基础。因此，应遵循先测绘后勘探的勘察原则。

水文地质测绘的目的是：通过野外的实际观测与调查，了解岩性、构造、地貌以及水文、气象与地下水的关系，通过综合分析研究，揭示地下水的形成，分布与富集规律，初步查明勘察区的水文地质条件，对地下水作为供水水源的可能性作出初步评价，为进一步布置勘探工作提供依据。

水文地质测绘的任务是：

（1）查明勘探区地质、地貌、水文、气象的基本特征；

（2）确定各时代地层的岩石含水性质，地下水类型，划分含水层与隔水层，选择供水目的层，判明供水目的层与其他含水层间的关系；

（3）阐明区内地下水补给、径流、排泄的地质、地貌条件及地下水动态一般特征；

（4）评价含水层的富水性与区内地下水资源概况，及其开采条件；

（5）初步阐明区域地下水化学特征及其形成条件，调查地下水污染等相关环境地质情况。

7.2.2　水文地质测绘的方法

水文地质测绘一般是在比例尺大于或等于测绘比例尺的地形、地质图基础上进行的。当无相应比例尺的地质图时，应在水文地质测绘的同时进行地质测绘。测绘的比例尺应与勘察阶段相适应。一般初勘采用 1/5 万～1/2.5 万，详勘采用 1/1 万或更大的比例尺。

水文地质测绘的范围，取决于工程的要求及水文地质条件。一般应包括所研究含水层的补给区在内的完整水文地质单元。

水文地质测绘的基本工作方法，主要是通过野外填图来完成。工作初期应从研究调查区内有代表性的控制剖面开始，以便统一认识、统一工作方法，确定重点调查问题，验证设计。野外对各种现象的观察，主要是通过观测点和连接各点的观测线进行的。首先，是合理地布置观测路线，用来控制测区的地质、地貌与水文地质条件；另外，正确地选择观测点，通过观测点深入分析研究有代表性的地质、地貌、水文地质现象，并进行描述、测量和编录，把每个观测点上及其沿线的各种实际资料和测定的各种界线确切地标记在地形、地质底图上。由点及线，由线及面的最终完成水文地质测绘工作。

观测路线的布置应沿地质、地貌、水文地质条件变化最大方向，以获得最佳效果。如山区，垂直地层、构造线走向，穿越补给区和排泄区，沿沟谷等地下水露头较多的地段；平原区，垂直现代河谷和古河道，沿地貌变化最大方向；山前，沿冲洪积扇轴方向穿越补给带和泄出带；在水文地质条件变化不明显的平原和沙漠地区，也可按网状平均布置。

观测点应布置在地质、地貌、地下水变化最大的或具代表性的地段。如地层、地貌界线，断层、裂隙密集带，褶皱轴线，岩浆岩与围岩接触线，泉、井、钻孔、矿井、暗河出入口，地表水与地下水联系密切地段，以及岩溶形态、滑坡、盐渍化、沼泽化等物理地质现象发育的典型地段。

观测点的密度、观测路线的长度，应按规范“对不同比例尺测绘精度的要求”执行。

水文地质测绘的成果是以文字报告和图件表示的。基本图件应包括：实际资料图、地质图、第四纪地质图、地貌图、地下水等水位线图、地下水水化学图及综合水文地质图等。

整个水文地质测绘应划分为：准备工作，野外调查，室内整理 3 个阶段，有序地进行。各阶段的中心工作分别是：设计、野外编录和成果编制。抓好各阶段的中心工作，是质量的保证。这一工作方法与思路也适用于整个水文地质勘察。

7.2.3 水文地质测绘的内容

1. 地质调查

地质调查是整个水文地质测绘的基础。岩石是地下水的含水介质，构造控制了地下水埋藏、运移与富集，因此，既要遵循地质测绘的一般要求与方法，如从实测地质标准剖面入手等，又应强调水文地质观点，其主要内容有：

（1）区内各地层的岩性、构造、产状、厚度、成因、时代、层序组合、接触关系及其空隙特征，透水性与富水性；

（2）区内大地构造体系及其控水规律，褶皱与断裂构造的基本特征，分布范围与富水部位；

（3）野外节理裂隙形态、力学性质、充填情况、延伸方向与长度的测量统计，分析不同地层和构造部位的裂隙特征及其富水性。

2. 地貌、第四纪沉积物调查

地形、地貌特征是内外营力综合作用的结果，它反映了地质构造与近代沉积物之间的内在成因联系，控制着地下水的埋藏分布与补给排泄。第四纪沉积物是地下水分布活动的重要场所，是供水的重要目的层。因此是水文地质测绘的重要内容。

（1）各地貌单元的形态、成因、年代和分布规律；地形与岩性、构造的内在联系；地貌结构对地下水分布、埋藏、循环、富集的影响。

（2）各类第四纪沉积物的分布、成因、时代与岩性，结构、构造、厚度及其透水性和富水性。

（3）新构造运动的基本特征及其对第四纪沉积物、地貌条件与地下水的影响。

3. 地下水露头的调查

地下水露头（泉、井）是认识地下水及其含水层的“窗口”。因此，水文地质测绘时要求在观测点中占一定的比例。

（1）调查泉水出露的位置、标高及与当地侵蚀基准面的相对高差；泉在出露处的地质构造和涌出地面的特征；找出泉水的补给含水层；了解泉水类型、温度、流量及随季节性变化情况；并取水样作物理性质、化学成分的分析，确定有无医疗价值等。

（2）调查井的位置、标高、深度、结构、形状及口径；结合地层剖面确定井的取水层位置、厚度和岩性等；测量水温、水位，并选择有代表性的井做简易抽水试验和取样分析；调查水位、水量的季节变化等。

4. 水文、气象调查

降水是地下水主要补给源。地表水与地下水之间存在着密切的水力联系，它们控制了地下水的补给与排泄条件，并影响地下水的动态特征，也是水资源综合利用和实施地下水人工补给的重要条件。

（1）调查地表水的性质、位置、分布范围、水位、流量、水质与动态变化；地表水切割的地形、岩性、地质构造特征及与地下水的补给排泄关系等。

（2）收集降水量、蒸发量、气温、相对湿度等历年的气象资料。

5. 地下水化学调查

地下水化学特征是补给、径流等水文地质条件的综合反映，同时也是水质评价的依据，因此是测绘的重要环节之一。

（1）对区内具代表性的地下水露头与地表水进行水质分析。简分析水样的取样密度，应不少于水文地质观测点总数的40%；全分析和专门性分析水样的密度，不少于简分析总量的20%。

（2）根据水分析结果，解析地下水化学成分的变化规律、分布及其形成条件；分析地下水中天然有害组分的含量及其成因。

（3）按照国家各类用水水质标准，进行水质评价。

（4）进行地下水污染调查，包括地下水中的主要污染物及其分布特征，污染程度和范围，污染原因及污染源。

6. 地下水开发利用现状调查

调查的内容主要包括：

（1）开采井的分布位置、井深、井的结构、取水层位的岩性与厚度、开采形式（连续开采与季节开采）、开采量与开采动态。

（2）查明开采漏斗中心的水位、漏斗面积与形状；了解漏斗中心水位的下降速度与幅度。

（3）了解地下水开采对水质的影响，以及其他不良环境地质现象，如地面沉降、地面塌陷、海水入侵等。

7.2.4　不同地区水文地质测绘的特点

我国地域辽阔，地质、地貌条件复杂，地下水形成条件各异，供水水文地质测绘既要遵循一般的原则与要求，又应针对不同地区地下水形成条件，着重调查其富水规律富水部位。

1. 山前冲洪积扇地区

山前平原地区，松散沉积物、地貌与地下水之间的成因联系，主要反映在由山区向平原的水平分带规律上，包括冲洪积扇的形态、分布范围，扇间洼地的分布特征，不同部位的含水层结构特征及地下水埋深、水质、水量的变化规律。上游山区与冲洪积扇的接触性质，山区基岩的岩性与山口以上的汇水面积，以判断松散沉积物的沉积厚度，山区地下径流与地表径流对冲洪积扇地下水的补给；下游冲洪积扇溢出带的位置、溢出状态与溢出量，并圈定冲洪积扇的范围，判断其水资源量。

2. 山间河谷及冲洪积平原地区

第四纪地质、地貌与地下水之间的成因联系主要反映在垂直古、今河流的水平分带上，河谷阶地与古河道是调查重点，包括阶地的时代、阶地沉积物特征，阶地的结构与类型，阶地的分布高度与范围；古河道的变迁，分布规律与岩性特征及其补给排泄条件。此外，在平原地区还应注意沉积物的垂向变化，不同含水层组地下水的类型、水质、水量的变化及其相互之间的补给关系。调查深部承压水的富水性及其开采条件。

3. 滨海地区

滨海地区包括滨海平原、河口三角洲和沿海岛屿。在海相沉积物和潮汐作用的影响下，地下水的水质变化复杂，查明咸淡水的分布范围及其彼此间的关系，寻找淡水透镜体是测绘的主要任务。调查中应注意海水中淡水泉分布出露条件与流量，分析其成因与补给来源。

在第四纪沉积物广泛发育的滨海平原和河口三角洲地区，应研究第四系地层的岩性与成因，地下水的赋存条件，淡水含水岩层的分布规律。调查承压淡水层的埋藏条件。

在沿海城镇、港口和井灌区，要调查地下水过量开采引起的海水入侵问题。

4. 黄土地区

根据黄土地区地下水的形成条件，调查重点：一是调查黄土地层岩性结构的地下水赋存条件，如黄土中所夹粉土、礓石层与砂砾石层的分布埋藏条件，黄土中柱状节理、溶隙、溶蚀孔洞等的发育特征，以及下伏岩层的含水性；二是调查黄土地貌形态，特别是切割密度与切割深度，对地下水补给与径流条件的控制。

此外在咸水、苦水及地方病分布区，要调查咸水苦水的成因与分布范围，寻找淡水透镜体，研究地方病与水土的关系。

5. 沙漠地区

沙漠地区的测绘应当查明：河道（近代河道与古河道）、潜蚀洼地和砂丘、草滩、湖岸、天然堤等的分布及其与地下淡水层的分布关系；喜水植物的分布与地下水埋藏深度及和化学成分的关系；被砂丘覆盖的淡水层和近代河道两侧的淡水层的分布等。

6. 基岩山区

基岩山区岩性、构造、地貌等条件复杂，在地下水形成的诸因素中，地质构造往往起主导作用，因此研究地质构造的控水规律，在基岩山区测绘中具重要意义。

（1）碎屑岩分布区

着重调查区域地层不同岩性、结构、厚度的裂隙发育特征。不同类型、性质的地质构造及其不同构造部位的裂隙发育规律，发育强度；结合井、泉地下水露头评价不同地层的含水性与富水性及其富水地段。

(2) 可溶岩分布区

应查明碳酸盐岩建造的岩石成分、岩性、结构、可溶岩和非可溶岩的组合特征与岩溶发育的关系；地质构造、地形地貌、侵蚀基准面对岩溶水动力条件的控制作用。在此基础上，在南方岩溶地区应着重调查地下暗河水系的特征；在北方岩溶地区应重点调查强径流带的分布与岩溶大泉的出露分布规律及其动态特征。

(3) 岩浆岩与变质岩分布区

岩石风化壳具普遍意义，应查明不同岩性、结构、地貌与构造条件下风化壳的发育厚度及其富水性。同时注意调查侵入岩的侵入接触带与构造断裂带的富水性；在玄武岩等喷出岩分布区，应着重调查其成岩裂隙与孔隙的发育特征，台地分布规模与岩层的厚度。

7.2.5　遥感技术在水文地质测绘中的应用

水文地质遥感是以各类遥感数据为基础，通过遥感图像反映的地貌、地层岩性、地层构造、水文地质要素等信息的解译提取，获取调查研究区水文地特征。遥感技术主要依据电磁波理论，在空中的一定距离，用遥感仪接收地表各种目标物反射和发射的各种波谱信息，经过多光谱成像和红外成像技术，提供各种遥感图像，大大提高了像片对地质的解译能力，具有快速、高效、低成本、高精度等优点。按照遥感数据记录的电磁波波谱段，水文地质遥感方法主要为可见光—反射红外遥感、热红外遥感和微波遥感。我国水文地质测绘中广泛选用多波段卫星图像和航空像片，并取得了一定成果。

1. 多波段卫星图像和航片的应用

卫星图像和航片主要适用于中小比例尺水文地质测绘。按照像片的色调、形态、花纹、地貌、水系等判别标志，进行岩性、构造、地貌和第四系地质解译，效果很好。

卫星图像对判译地层岩性、区域断裂浅层地下水富水地段、水文地质边界特征、充水断裂带，第四系沉积物成因类型，新老冲洪积扇与新老阶地叠置等非常适用。

利用航片能解决岩溶水的补给、径流、排泄条件；扇形地的岩性分带，扇前溢出带的范围与古河道的位置；在干旱地区，判别各种沙丘、盐渍土、沼泽湿地、构造洼地、泉水露头等水文地质现象。

2. 热红外成像的应用

中、远红外扫描成像适用于比例尺较大的水文地质测绘。从像片上可清楚显出河、渠的渗漏点或渗漏段，正确判别地下水的补给源和补给地段；可直接判别泉点和地下水溢出带；古河道、低阶地、构造洼地的富水地段；埋深较浅的富水断裂带；滨海区海水入侵地段与范围；各种构造形迹的含水、阻水性质，对于地热调查效果尤为显著。

7.2.6　核技术在水文地质测绘中的应用

这里主要介绍同位素技术的应用。由于同位素技术可在复杂的水文地质条件下(如复杂的第四系沉积物地区和多排泄点的岩溶水地区)，判别诸如各含水层和不同排泄点地下水的成因、补给来源等复杂的水文地质问题，对含水系统和岩溶水系统的划分，提供了可能性，大大提高了复杂条件下水文地质模型的精度，因此已广泛应用于复杂大型供水工程的水文地质勘察中。下面对水文地质调查中常用的同位素及其作用简述如下：

（1）利用稳定同位素^{2}H—^{18}O判别地下水的成因与补给源，查明地表水与地下水的补、排关系，含水层之间的越流问题。

（2）利用放射性同位素^{3}H和^{14}C测定地下水的年龄。

（3）利用人工放射同位素^{3}H、^{51}Cr、^{60}Co、^{82}Br、^{131}I、^{137}Cs等，确定岩溶通道的分布与连通情况，测定地下水流速；测定包气带中水分的运移，估算入渗补给率；在井、孔中测定水文地质参数等。

7.3 水文地质物探

地球物理勘探（简称物探）是水文地质工作中十分重要的手段，在水文地质勘察中起着重要作用。以被测的地质体与围岩的物性差异（电性、磁性、弹性波、放射性、重力、热等）为基础，探测和识别地质体，提供地下含水体的信息，包括厚度、埋深等。提供地质体的地球物理场的变化特征，包括电场、电磁场、温度场等。通过地球物理场的变化特征分析，结合地质、水文地质条件，判断地下水的富水与补排关系。水文地质物探具有效率高、成本低、速度快等优点。在综合水文地质勘察中，一般应遵循在水文地质测绘基础上，先物探后钻探的勘探程序。物探方法也因其探测精度受到各种自然与人为因素的干扰以及成果的多解性与地区性的局限，其探测成果常需经过钻探的校核。物探的方法众多，在水源勘察中广泛应用的是电阻率法。下面着重介绍电阻率法的基本原理，以及电测深法、电测剖面法和电测井法在水源勘察中的应用。

7.3.1 电阻率法的原理及其在地下水源勘察中的应用

以不同岩矿的电阻率差异为基础，建立人工电流场。通过研究地电断面，查明地质构造或解决水文地质问题。

电阻率法包括电测深和电剖面。应用条件包括：探测对象与其周围介质有一定的电阻率差异；探测对象的厚度与其深度比较要足够大，并有一定延伸；地形起伏不大，接地良好；表层电性均匀，无强大游散电流或电性屏蔽层存在；应用电测深法进行分层探测时，地下电性层层次不多，电性标志层稳定，被探测岩层的倾角一般小于20°；用电测剖面法，被探测地质体的倾角越大，异常越明显。

1. 岩石的电阻率

物理学中导体的电阻$R=\rho\frac{L}{S}$（L是导体的长度；S是它的断面面积）。式中的比例常数ρ，与导体的性质有关，称之为该导体的电阻率。

电阻率ρ是用来表示各种物质导电性能的参数，它表示电流通过长度为1m、截面积为$1m^2$的物质时所受的电阻，单位为欧姆·米（Ω·m）。

电阻率ρ和电阻R是两个不同的概念，必须区别开来。电阻率与导体的性质和物理状态有关，因此是一种物性常数；电阻率的数值定量地表示了物质的导电性，电阻率越大，导电性越差；电阻率越小，则导电性越好。而电阻R除与导体的性质和物理状态有关外，还与导体的形状、大小及电流在导体中的分布情况有关。电法勘探就是依据岩石电阻率值的不同来区分岩石种类的。

岩石的电阻率与许多因素有关，主要受矿物成分、空隙多少、湿度和富水程度、温度等的影响。

当岩石中含有大量良导电矿物（如：石墨、磁铁矿、方铅矿等）时，岩石的电阻率就主要由电导率高的矿物含量的多少所决定。但自然界中分布广泛的重要造岩矿物——石英、云母、长石、方解石等的电阻率都很高，达 $10^6\Omega\cdot m$ 以上，在电测找水中，常遇到的沉积岩和部分岩浆岩正是由这类高电阻率的主要造岩矿物所组成的。所以常见的岩石处于干燥状况时都具有高电阻率，矿物成分就对电阻率的影响意义不大。

但当岩石的空隙中含有一定的水分，而水中又溶有盐分时，就使得水分成为良导电的物质而存在于岩石的空隙中。地下水所含化学成分类型及含盐量的大小对电阻率值的影响见表7-1。

从表7-1中可看出，地下水电阻率与总溶解固体（TDS）关系很密切，尤其在TDS含量不大的数值区间内（每升千分之几至十分之几克）受到的影响特别显著，TDS含量略增高，电阻率就会大大降低，而与所溶解盐分的种类关系不大。地下水TDS含量变化范围很大，一般淡水的TDS含量为0.1g/L，而卤水可大于50g/L，因此，地下水的电阻率亦变化很大，一般为0.5～50Ω·m。

溶液电阻率值表 **表7-1**

总溶解固体(g/L)	地下水电阻率(Ω·m)			
	NaCl	KCl	$MgCl_2$	$CaCl_2$
纯水	2.5×10^5	2.5×10^5	2.5×10^5	2.5×10^5
0.010	5.11×10^2	5.78×10^2	4.38×10^2	4.83×10^2
0.100	5.52×10	5.87×10	4.56×10	5.03×10
1.000	5.83	6.14	5.06	5.56
10.000	6.57×10^{-1}	6.78×10^{-1}	6.14×10^{-1}	6.60×10^{-1}
100.000	8.09×10^{-2}	7.76×10^{-2}	9.36×10^{-2}	9.30×10^{-2}

在岩石的空隙中因含有良导电的地下水，大大改变了岩石的导电性能。当电流通过岩石时，岩石的电阻可看成是由岩石本身的电阻 $R_{岩}$ 和地下水的电阻 $R_{水}$ 组成并联线路的总电阻，根据并联的原理，电流绝大部分经由 $R_{水}$ 通过，由于 $R_{岩}$ 远大于 $R_{水}$，则岩石电阻基本上由 $R_{水}$ 所决定。温度同岩石的电阻率也有关，但在电测找水中所涉及的深度不大，温度变化较小，一般可将温度的影响忽略。所以在影响岩层电阻率的诸因素中，岩石的富水程度和地下水的TDS含量起着决定性的作用。例如松散岩石孔隙度大且饱含高含量的TDS的地下水时，则它的电阻率一定很低；如果胶结的很致密，几乎不含地下水时，其电阻率可高达1000Ω·m以上。常见几种岩石的电阻率见表7-2。各种岩石的电阻率都有一较大的变化范围，这是因为自然条件下，不同地区各种岩石的孔隙性、含水量、地下水的TDS含量变化较大的缘故。最后还需强调一点：当岩石的湿度在零到百分之十范围内变动时，电阻率随湿度的增加下降得最急剧，当湿度继续增大时，电阻率的变化则缓慢得多，对于湿度较小的火成岩具有重大意义。

常见岩石电阻率值 表 7-2

岩石名称	电阻率变化范围 (Ω·m)	岩石名称	电阻率变化范围 (Ω·m)
岩浆岩	$5\times10^2\sim9\times10^4$	砾石	$2\times10\sim2\times10^3$
石灰岩	$5\times10^2\sim6\times10^3$	砂层	$1\sim1\times10^3$
硅质岩石	$1\times10^2\sim1\times10^3$	黏土	$1\sim2\times10$

平原地区的电测找水经常是在第四纪沉积层中进行，第四纪松散岩石的电阻率变化规律是：由于岩石的颗粒越粗、孔隙越大，透水性就好，地下水循环也迅速，TDS含量一般较低，因而电阻率就高；透水性不好的岩石，TDS含量一般较高，所以电阻率就低。即：砾石、粗砂的电阻率较高；中细砂次之；黏土最低。

山区的电测找水经常在坚硬的岩石中进行，坚硬岩石的电阻率变化规律是：岩浆岩的电阻率一般高于沉积岩；致密岩石的电阻率都高于松散或破碎（节理、断裂发育）且含水的岩石。

2. 测定岩层电阻率的原理

测定岩层的电阻率通常使用四极对称装置，如图7-1所示。AB是一对供电极，MN是一对测量电极，AB，MN对称于中心点0（称为测点）。

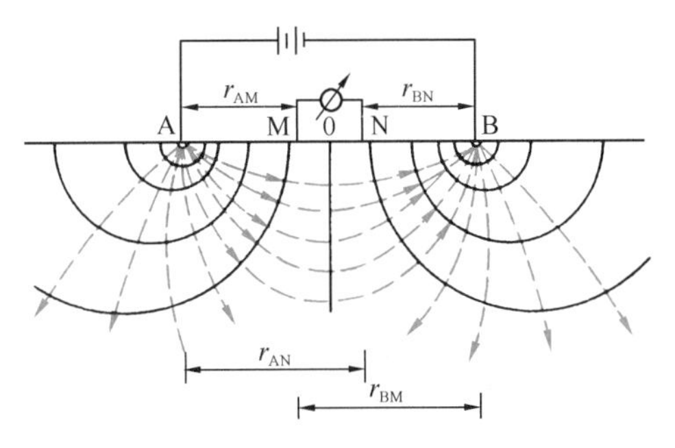

图7-1 四极对称装置示意图

假定地下岩层的电阻率是均匀的、各向同性，就可把岩层看成是理想的、半无限的均匀介质来研究。点电源A置于地表上，由A流出的电流为I，则岩层内距离A点为r的任意点P的电流密度、电场强度、电位分别为：

$$j_{p}=\frac{I}{2\pi r^{2}}\qquad E_{p}=\frac{\rho I}{2\pi r^{2}}\qquad U_{p}=\frac{\rho I}{2\pi r}$$

电流由正极A电极流入地下，再从负极B流回电源，如果A点电流I为正，则B点电流为$-I$，由电位叠加原理可知，M点的电位等于A电极在M点所产生的电位与B电极对M点所产生的电位之代数和，即：

$$U_{M}=\frac{\rho I}{2\pi r_{AM}}+\frac{\rho(-I)}{2\pi r_{BM}}=\frac{\rho I}{2\pi}\left(\frac{1}{r_{AM}}-\frac{1}{r_{BM}}\right)$$

式中 r_{AM}、r_{BM}——分别为M点距A和B电极的距离。

同理，A、B供电极在N点产生的电位为：

$$U_{N}=\frac{\rho I}{2\pi r_{AN}}+\frac{\rho(-I)}{2\pi r_{BN}}=\frac{\rho I}{2\pi}\left(\frac{1}{r_{AN}}-\frac{1}{r_{BN}}\right)$$

因此，当A、B极供电时，在MN两点间所产生的电位差ΔU_{MN}为：

$$\Delta U_{MN}=U_{M}-U_{N}=\frac{\rho I}{2\pi}\left(\frac{1}{r_{AM}}-\frac{1}{r_{BM}}-\frac{1}{r_{AN}}+\frac{1}{r_{BN}}\right)\qquad(7\text{-}1)$$

由式（7-1）可得电阻率ρ为：

$$\rho=\frac{\Delta U_{MN}}{I}\cdot\frac{2\pi}{\frac{1}{r_{AM}}-\frac{1}{r_{BM}}-\frac{1}{r_{AN}}+\frac{1}{r_{BN}}}$$

令：

$$K=\frac{2\pi}{\frac{1}{r_{AM}}-\frac{1}{r_{BM}}-\frac{1}{r_{AN}}+\frac{1}{r_{BN}}}$$

则有：

$$\rho=K\cdot\frac{\Delta U_{MN}}{I} \tag{7-2}$$

K 为装置系数，也称为电极距离系数，它仅与电极间的相互位置有关，其单位为米。各电极位置一定时，K 为定值。

这样只要测出供电电流 I，同时在 MN 电极间测出电位差 ΔU_{MN}，根据各电极间的相互距离计算出系数 K，即可用公式（7-2）计算出岩层的电阻率 ρ。

3. 视电阻率的概念

在推导公式（7-1）时，曾假定地下岩层是半无限的均匀介质，而实际上地下岩层是由不同岩性的多层岩石组成，在垂直和水平方向上岩性均会变化，在同一岩层的不同位置上电阻率也会有差异。所以在实际自然条件下进行测量时，若按公式（7-2）来计算岩层的电阻率，其计算结果就不会是某一岩层的真正电阻率，也不是各岩层电阻率的平均值，而是电场作用范围内所有岩层综合影响的结果，称之为视电阻率 ρ_s。它与下列几个因素有关：

（1）岩层在地下的分布状况（各层的厚薄、形状、埋藏深浅等）；

（2）各岩层的电阻率；

（3）供电电极与测量电极的装置形式和装置大小，以及与不均匀岩层的相对位置。

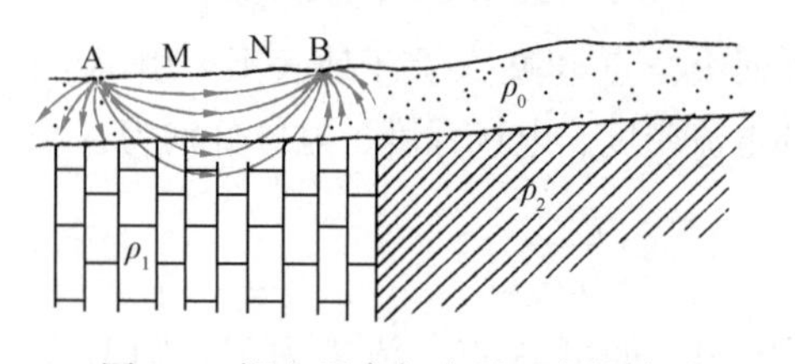

图 7-2　视电阻率与岩层组合的关系

为进一步说明这个问题，下面来讨论一个比较简单的地质条件下所测得的视电阻率。

图 7-2 表示松散岩层下伏有两层不同电阻率的岩层，其电阻率分别为 ρ_1 和 ρ_2，松散岩层电阻率为 ρ_0，且已知 $\rho_1>\rho_0>\rho_2$。当测量的地点距 ρ_1 和 ρ_2 分界面较远，而且 AB 两极的距离相对松散岩层厚度又较小时，电流绝大部分会在松散岩层中流过，ρ_1 层的影响很小，此时测得的视电阻率 ρ_s 接近电阻率 ρ_0 值。但 AB 距离足够大时，A 电极流出的电流，不仅要通过 ρ_0 层，而且也会流入 ρ_1 层，但 $\rho_1>\rho_0$，所以 ρ_1 层就要显示排斥电流流入的作用，而迫使电流多从上部 ρ_0 层流回 B 极。因此，ρ_0 层的电流密度就要比不存在 ρ_1 层时的电流密度大，因而算出的视电阻率 ρ_s 也要比不存在 ρ_1 层时要大，即此时 $\rho_1>\rho_s>\rho_0$，也就是说测得的 ρ_s 是受到下伏岩层 ρ_1 和上覆的 ρ_0 层综合影响的结果，同理，在 ρ_2 上测定时，测得的 ρ_s 将小于 ρ_0 这是因为 $\rho_0>\rho_2$，ρ_2 层有吸引电流流入的作用，使得通过 ρ_0 层中的电流密度比不存在 ρ_2 层时要小。当 AM NB 装置跨于 ρ_1 层和 ρ_2 层分界面，或接近分界面时，则所测得的视电阻率 ρ_s 将是这 3 层岩层综合影响的结果。

4. 电探深度与供电电极距的关系

实践表明：AB 电极间的电流大部分都集中在靠近地表附近的范围内，随着深度的增加，电流密度则减小，在地下深度 h=AB 处的电流密度仅为地表电流密度的 10%；当深度 h=3AB 时，电流密度已接近于零，所以在地面上要勘探地下深度等于 3 倍 AB 处的地质情况是不可能的。不过地下电流密度随深度的分布，决定于供电电极 AB 距离的大小，随着 AB 的增大，地下深处电流密度也相应地增大，换言之，AB 距离越大，勘探深度越大。实际在野外工作中，条件较好时，勘探深度 h 一般只是$\frac{AB}{2}$，若下部有高电阻率的岩层时，勘探深度 h 将减小到$\frac{AB}{5}$，甚至仅$\frac{AB}{20}$。

5. 电阻率法在水文地质勘察中的应用

电阻率法在水文地质勘察中最适宜于查明以下问题：

(1) 覆盖层的厚度，隐伏的古河床和掩埋的冲洪积扇的位置；

(2) 断层、裂隙带、岩脉等的产状和位置，含水层的宽度及厚度；

(3) 寻找岩溶裂隙水，查明裂隙含水层的分布，确定岩溶发育的主导方向和浓度，圈定富水地段。在有利的条件下，可以寻找埋藏 200～300m 以下的岩溶裂隙水；

(4) 确定孔隙含水层的分布、埋深、厚度；

(5) 高含盐量地下水和咸水、淡水的分布范围，寻找淡水透镜体；

(6) 暗河的位置和隐伏岩溶的分布；

(7) 永冻土层下限的埋藏深度，探查地下热水资源等。

7.3.2 电测深法的原理及其应用

电测深法就是在地表同一测点上，从小到大逐渐改变供电电极之间的距离，进行视电阻率测量来研究从地表到深部岩层的变化情况。根据供电极 AB 和测量电极 MN 排列形式的不同，又分为四极对称测深、三极测深、轴向偶极测深等，而较常用的是四极对称测深。这里只介绍此方法的原理。

如前所述，由地表向地下供电时，地下电流密度的分布及电流流入地下的深度，直接决定于供电电极 A 和 B 之间的距离，当增大供电电极距 AB 时，电流流入地下的深度也就增大，而深处地层变化也将反映到所测得的视电阻率 ρ_s 值上。当地下是由不同电阻率的岩层构成时，用大小不同的供电电距所测得的电阻率是一系列数值不同的视电阻率 ρ_s。这些 ρ_s 值不仅是随着供电电极距的变化而变化，同时也随着各种岩层真电阻率的不同而相异，电极距长时反映深部岩层性质，电极距短时反映浅部岩层的性质，所以电测深法就能探明某一测点从浅到深岩层沿垂直方向的变化情况。若取供电电极距的一半$\left(\frac{AB}{2}\right)$作为横坐标，$\rho_s$ 为纵坐标，将应用不同电极距所测得的 ρ_s 值绘在双对数坐标纸上，把这些点连起来就得出电测深曲线，如图 7-3 所示。如果供电电极距比 h_1 小得很多时，所测取的 ρ_s 与 ρ_1 的差别很小；当供电电极距远远超过 h_1 时，ρ_s 曲线出现渐近线，ρ_s 值逐渐接近并最后等于 ρ_2 值。因此，由图 7-3 可以求出：上层真电阻率为 ρ_1，厚度为 h_1；下层真电阻率为 ρ_2，厚度为 h_2。同理，如果有 3 层以上不同岩层时，则会在 ρ_s 曲线上出现 3 段以上的起伏，同样可以在曲线上确定出各层的真电阻率值及其厚度，按照真电阻率值查表可得知相对应的岩石名称。

如北京市顺义地区有潮白河冲洪积扇，分布着黏性土、砂卵石等，黏土、粉质黏土、粉土的电阻率小于 35Ω·m，砂的电阻率为 35～50Ω·m，砂卵石电阻率在 100Ω·m 左右。根据以上各种岩石电阻率的差异，利用电测深法圈定了砂卵石层的分布范围和厚度。

以后的钻探结果证明电测深的成果可靠，如图 7-4 所示。

7.3.3　电测剖面法

电测剖面法是电阻率法的另一种方法，基本原理与电测深法一样，其区别在于：电测深法是在同一测点上用一系列不同长度的电极距进行 ρ_s 值测量，以了解地层沿垂直方向的变化；而电测剖面法则是保持供电电极距，并使 AMNB 之间的相对位置固定不变（即探测深度不变）的情况下，沿一定方向移动装置进行 ρ_s 测量，所得的曲线反映了地层沿水平方向的变化。按供电电极与测量电极排列形式的不同，电测剖面法可分为：四极对称剖面法、联合剖面法、偶极剖面法、中间梯度测量法等很多类型，现以四极对称剖面法为例，简述其基本原理。

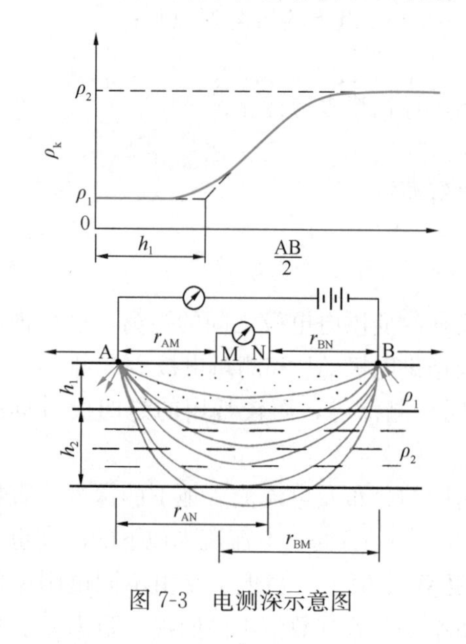

图 7-3　电测深示意图

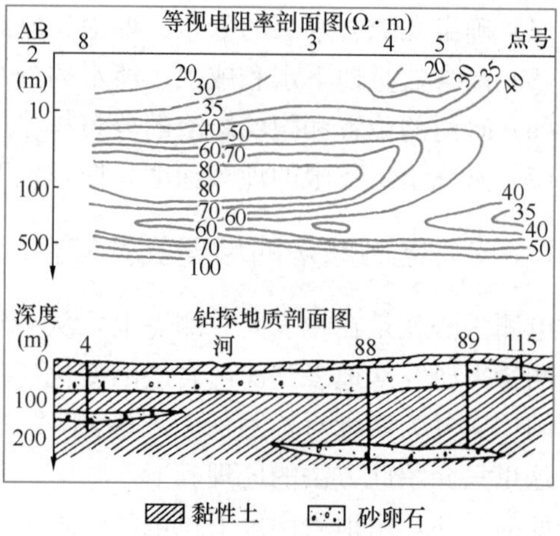

图 7-4　顺义附近等视电阻率剖面与钻探地质剖面对比图

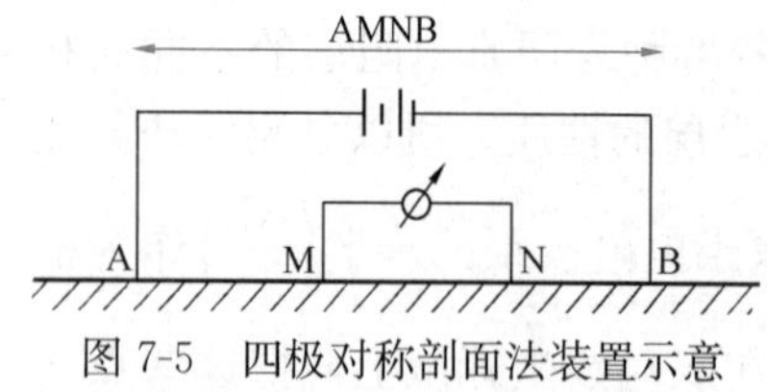

图 7-5　四极对称剖面法装置示意

四极对称剖面法的装置如图 7-5 所示，供电电极 A 和 B、测量电极 M 和 N，对称分布于测点的两边，四个电极的相对距离固定不变，此时 K 值就为一常数。沿着一条测线移动装置，在不同测点上进行观测，便可得到一系列 ρ_s 值。以测点间的距离为横坐标，ρ_s 值为纵坐标，绘制出的曲线就是该测线的 ρ_s 剖面图，它反映该测线上与供电电极距 $\frac{AB}{2}$ 相对应的勘探深度内，地层沿水平方向的变化情况。

图 7-6 即为实测的一条古河道剖面图。古河道被砂砾石充填，砂砾石电阻率为 ρ_1，厚度为 h；下部是隔水的黏土层，电阻率为 ρ_2，且 $\rho_1>\rho_2$。当选用的 $\frac{AB}{2}$ 所相应的勘探深度大于 h 时，由左向右进行观测：在 1 号点处，由供电电极 A、B 通入地下的电流将很快穿过 ρ_1 层进入 ρ_2 层，此时 ρ_s 值也较低；当装置移动到 2 号点时，因在其附近 ρ_1 层加厚，流入地下的电流不仅受 ρ_2 层的吸引，同时也受到附近高电阻层 ρ_1 的影响，而 ρ_1 层较 ρ_2 层对电流处于较主导地位，故 ρ_s 值变大，曲线由低而平的状态开始升高；到达 3 号点时，

ρ_1 层增加到最厚，此时流入地下的电流绝大部分分布在 ρ_1 层，所测得的 ρ_s 值也达最大值，ρ_s 曲线出现极大点；当装置再向右移动时，高阻的砂砾石层厚度逐渐减小，ρ_1 层的作用逐渐弱下来，而底层及侧旁的 ρ_2 层对电流的吸引作用逐渐加强，使 M、N 间电流密度下降，所测得的 ρ_s 值逐渐减小，ρ_s 曲线也逐渐下降，并保持 ρ_s 值介于 ρ_1 与 ρ_2 之间。所以此时在电测剖面线上，古河道能以相对的高阻异常反映出来。

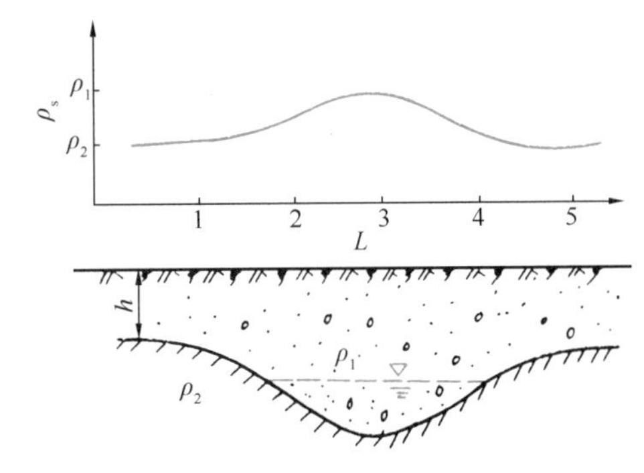

图 7-6　四极对称剖面电测曲线与古河道剖面对比图

在实际工作中电测剖面法常与电测深法相结合，用来追踪和圈定集水古河道或冲洪积扇的砂卵石分布范围；寻找基岩裂隙含水带或石灰岩岩溶的含水带；查明断层位置；划分淡水和咸水界线；确定松散地层的厚度（或基岩的埋藏深度）等。电测剖面法的优点是工作效率高，取得资料快，缺点是不能进行定量的解释，所以必须与电测深法配合运用。

图 7-7 是电测深与电测剖面相结合圈定岩溶发育带的例子。湖南韶山附近石灰岩广泛分布，浅层地带无地下水储存，用水比较紧张，这个地区岩溶发育带埋藏较深，一般在 100～300m 以下，分布规律不清楚。无岩溶发育的石灰岩地段电阻率高达 800～5000Ω·m，但岩溶发育地段的电阻率只有几十欧米。根据这种差异在全区进行了电测深和电测剖面相结合的物探找水工作，结果在高电阻率的石灰岩中圈定出了几条低电阻率的异常带（当 $AB=680\text{m}$ 时，视电阻率小于 300Ω·m 的地区）。后来的钻探结果表明，在几个主要的异常带上都找到了较丰富的地下水，其中 7 号、14 号等钻井的出水量在 $1000\text{m}^3/\text{d}$ 以上，5 号钻井的出水量甚至高达 $5000\text{m}^3/\text{d}$ 以上。岩溶地下水的开发利用改变了韶山附近的缺水面貌。

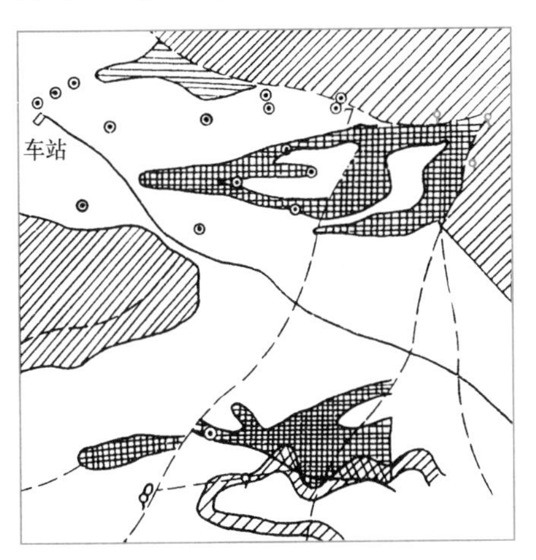

图 7-7　湖南省韶山附近电法寻找岩溶地下水成果示意图

1—石灰岩分布地区；2—砂岩、页岩分布地区；3—断层；4—泉水；5—电测推测岩溶地下水的富水区；6—钻孔及其编号

7.3.4　电测井法

为了确定井下各含水层的位置、厚度、划分咸淡水层、估计含水层的含盐量，一般常采用电测井的方法。电测井是在凿井过程中，特别是在含水层呈多层分布且水质变化很大的地区经常使用。根据电测井的资料能合理地开发利用良好的含水层，正确地指导下管（安装过滤器）成井工作。此外，电测井还可用来检查已成井的漏水或井管破裂位置等。

电测井的工作原理是利用仪器并通过电缆把下井装置（如电极系统）送入管井中进行测量。在电缆从井底向上提升的过程中，用仪器记录各地层的电阻率变化曲线，称视电阻率曲线，如图 7-8 所示。电测井的资料如有钻孔资料作校正，就会取得更好的效果。

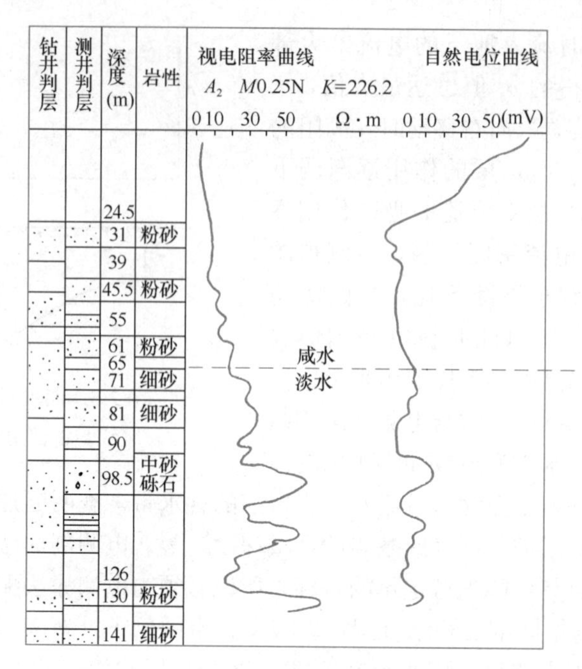

图 7-8　管井的电测井曲线和水文地质解释

7.4　水文地质钻探

水文地质钻探是勘察和开采地下水的重要手段。通过钻探可以更直接而且较准确地了解含水层的埋藏深度、厚度、岩性、分布情况、水位和水质等，并验证测绘与物探的成果；利用钻井进行抽水试验、注水试验，从而确定含水层的富水性和水文地质参数（渗透系数、导水系数、给水度、释水系数、水位传导系数、补给系数及越流系数等）；地下水动态的长期观测工作亦大都是通过钻孔进行的。

7.4.1　水文地质钻探的要求

（1）钻孔口径：水文地质钻孔中需要进行抽水试验的钻井口径一般较大，因为它应满足过滤器口径与过滤器外部填砾厚度的要求。目前一般对口径的要求是：勘探抽水井的过滤器骨架管的内直径，在松散地层中，一般应大于 200mm；在基岩地层中，一般应大于 100mm。抽水试验观测孔过滤器骨架管的外直径，一般不大于 75mm。对于探采结合的生产井，应按供水井的要求决定其钻探口径，一般采用的过滤器口径比勘探抽水井大，在中细砂层中常用 300mm，在砂砾卵石层中用 350～400mm。

（2）钻孔深度：应根据不同的目的、结合生产要求和技术条件来确定钻孔深度，原则上应揭穿当地具有供水意义的全部含水层。基岩中应穿过破碎带；岩溶地区最好以揭穿岩溶（溶洞、溶孔、溶蚀裂隙等）发育带为宜。

（3）钻进冲洗液要求：为了防止泥浆堵塞含水层的空隙，保证获得较准确的水文地质资料，在钻进过程中应尽量采用清水钻进。如果采用泥浆钻进的方法时，应注意掌握好泥浆的质量，并在终孔后进行认真地洗井，实践证明采用活塞和空压机联合洗井可得到良好的效果。

当钻进有供水意义的含水层时，绝对不允许用黏土块直接代替泥浆护壁。

(4) 孔斜要求：应能满足提水设备的下入，并保证正常运行为原则，一般100m内不应大于1.5度。

(5) 简易水文地质观测：在钻进过程中需要观测初见水位、稳定水位及水的温度；应记录提钻前和下钻前的水位；记录钻进中冲洗液的消耗情况；记录岩心采取率；描述岩心的裂隙和溶蚀现象；此外，在钻进中与水文地质有关的其他现象也应记录，如钻具的坠落、井壁塌陷、气体的逸出等。简易水文地质观测的目的是确定含水层的位置。

(6) 止水要求：为了分别了解各个含水层或防止不同水质含水层间发生水力联系，在下管时应做好管外止水工作，在下管后抽水之前应做好管内止水工作，并确保止水位置正确。止水段的隔水层厚度不应小于5m。通过压力差检查法（注水提水法和泵压法）和食盐扩散检查法进行止水质量检查。具体参见相关手册和规范。

(7) 取样要求：为了掌握钻井过程中的地层变化，确定含水层和隔水层的分布，在钻进的过程中必须每隔一定的间距采取岩心或岩样。在非含水层中每进3～5m取1次，含水层中宜每2～3m取1次，变层时应加取1次，所取岩心或岩样应加以详细的编录分析。土样的筛分试验工作，在厚度大于4m的含水层中，每4～6m取1个；当含水层厚度小于4m时，只取1个。对钻进的主要含水层应分别采取水样，若含水层厚度很大或水质在垂直方向上有明显变化时，则应在不同深度按一定间隔取水样。

(8) 洗井要求：在钻井过程中除人为地使用泥浆外，岩粉及黏性土的存在都会有自然造浆作用，所以在终孔后，抽水试验之前，必须进行洗井工作，彻底清除井内泥浆，破坏井壁泥皮，抽出渗入含水层中的泥浆和细小颗粒，使过滤器周围形成一个良好的人工滤层，以增加井孔涌水量。洗井的方法目前采用最多的是空气压缩机洗井和活塞洗井。洗井的具体要求是水清砂净，出水量应接近设计要求或连续两次单位出水量之差小于10%；含砂量在粗砂层地区为1/50000以下；在中细砂层地区为1/200000以下。

7.4.2 水文地质钻探孔布置的原则

1. 基本原则

如前所述，水文地质钻探的特点是成本昂贵、周期性长、投入人力物力较多等，因此，在使用钻探手段时所布置的钻孔必须严格控制，布置钻孔所遵循的基本原则是：

(1) 在布孔之前应尽量收集和研究工作地区的水文地质资料，当已有资料不能满足要求时，应进行必要的水文地质测绘和物探工作，以便为布置钻孔提供地质依据。

(2) 钻孔的布置应遵循以线为主、点线结合原则，达到全面控制水文地质条件的目的。勘探线一般以垂直地质、水文地质条件最大变化方向为主，以最小工程量宏观控制含水层和蓄水构造的基本结构与地下水的补给、径流、排泄条件。点的布置既要考虑满足勘探线宏观控制的要求，具有代表性，又要满足解决特殊问题的需要。因此在勘探线控制不到的地方，可布置个别勘探孔。在详勘阶段勘探孔的布置还应满足地下水资源评价时不同数学模型的“建模”要求。采用数值模拟方法时，在宏观控制的前提下，应重点控制边界的水量交换和含水层内部的水量分配，以满足数值模拟对边界和参数分区概化的要求。

(3) 每一个钻孔的布置应有明确的目的与作用，并尽可能做到一孔多用，探采结合，后者对中小企业小型供水来说，尤为重要。

（4）勘探线和钻孔的数量，应根据水文地质条件的复杂程度，满足不同勘察阶段对水文地质条件的控制与资源评价精度的要求。整个钻探工程量的使用，切忌平均化，应着重控制主要含水层的富水部位。

（5）在实施过程中，应根据所获得的资料，及时进行综合研究、验证设计的合理性，若发现问题，应及时修改设计，包括勘探线与勘探孔的布置及数量。

（6）在野外确定钻孔具体位置时，应在不影响取得全部资料的前提下，尽量考虑交通、供水、供电、排水等施工条件。

2. 不同地区的布孔特点

水文地质钻孔的布置，既要遵循上述布孔的基本原则，又要按照不同地区的水文地质特点因地制宜。如：第四系沉积物地区，地貌反映沉积物的成因及其富水规律，是布孔的主要依据，基岩山区地质构造是控水的主导因素，寻找控水构造及其富水部位是布孔的主要方向。

（1）山前冲洪积扇地区

主要勘探线应平行冲洪积扇轴，控制冲洪积扇的水平分带结构。然后在其上部的富水地段，根据水源地规模与不同勘察阶段要求，垂直冲洪积扇轴（或地下水流向）布置一至数条辅助勘探线，控制富水地段的分布及其富水性。图7-9为包头市供水水源，在大青山南麓的昆独仑河冲洪积扇勘探时的勘探线布置情况，1-1勘探线沿冲洪积扇的轴部布置，平行于地下水流向，主要为了解地层岩性、含水层厚度、水位埋深、富水性和水质变化规律；2-2及3-3勘探线均布置在冲洪积扇的中上部，垂直于地下水流向，这样利于查明含水层的横向变化情况，以便计算地下径流补给量和选择合理的开采地段。

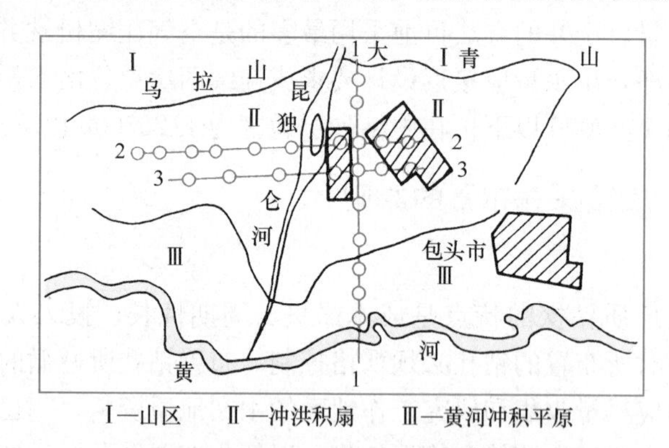

图7-9　包头市供水勘察钻孔布置图

（2）山间河谷地区

主勘探线应垂直地表水横切各级阶地布置，控制各阶地含水层的分布与埋藏条件，并沿主要含水层分布的阶地走向布置辅助勘探线。在傍河取水时，应沿河漫滩与低阶地的走向布置辅助勘探线，控制含水层的分布规律与傍河取水的效果。

（3）冲洪积平原地区

该地区地貌特征的变化不大，地下水流向大体上与河流流向一致，故勘探线的布置主要应垂直河流与古河道。在冲积平原的中下游地区可采用勘探网格控制全区含水层的水平与垂直方向的变化。

(4) 滨海地区

为了控制含水层的分布埋藏条件，划分咸淡水分界面，勘探线应垂直海岸线与主要入海河流方向布置。

(5) 基岩山区

地下水分布的不均匀性是基岩山区的主要特点。基岩含水层的含水性与富水性取决于岩石的化学成分、矿物成分、岩性结构、厚度诸因素。作为供水目的层，可溶岩优于非可溶岩，结构松散、原生孔隙裂隙发育的碎屑岩与喷出岩优于坚硬致密的岩浆岩、变质岩。各种岩层的富水部位受到地质构造控制，位于构造裂隙密集带和岩溶发育带。因此，在根据岩性确定供水目的层的前提下，控制不同构造类型的富水部位是基岩山区水文地质钻探的主要方向。

在非可溶岩地区，风化壳与断裂构造具普遍的供水意义。若以风化裂隙水作为供水水源，勘探线可沿河谷向分水岭方向布置，着重控制河谷两侧与构造裂隙发育的低洼地段。对断裂构造应根据其力学性质与被切割岩层的岩性，着重控制张性断裂带与压性断裂带两侧及其尖灭段的张性裂隙发育段。在碎屑岩分布区，勘探线应垂直向斜或背斜以及单斜岩层的走向。着重控制其背斜倾没端，向斜核部浅埋区，以及主要断层的裂隙发育带。在岩浆岩、变质岩分布区，勘探线应垂直侵入体与岩脉，主要目的是控制侵入岩与围岩的接触带，以及接触变质强烈带。在玄武岩分布区，勘探线沿火山口到台地边缘方向布置，控制玄武岩蓄水构造的空间展布特征，并着重控制玄武岩厚度大，分布广、裂隙气孔发育地段。

在可溶岩地区，水动力条件制约岩溶水的形成与富集，因此勘探线应从补给区到排泄区方向布置，并在毗邻排泄区的中下游地段增加辅助勘探线，加密控制其富水部位。辅助勘探线的布置，应视蓄水构造与地形的关系：若为正地形，应控制位于下游埋藏区的蓄水构造；如为负地形，其构造控水作用削弱，岩溶水强径流带的分布受地表水文网的渗漏段控制，辅助勘探线应垂直地表水文网的走向。地表水的强渗漏段、可溶岩与非可溶岩的接触带、潜水与承压水的过渡带、断裂与地垒构造、背斜轴部尤其是背斜倾伏端均是辅助勘探线上钻孔应着重控制的富水地段。在暗河水系分布区，钻孔应着重控制地下暗河的分布。

7.5 抽水试验

抽水试验是水文地质勘察中的重要环节，随着勘察阶段的深入，其在整个勘察中所占的相对密度与地位也随之突出。抽水试验的主要目的是 (1) 确定抽水井 (孔) 的特性曲线和实际涌水量，评价含水层的富水性，推断和计算井 (孔) 的最大涌水量和单位涌水量。(2) 确定水文地质参数，为评价地下水资源、预测矿坑涌水量、确定矿坑疏干排水方案等提供依据。(3) 查明地表水与地下水，以及含水层之间的水力联系。(4) 为取水工程设计提供必要的水文地质数据。

7.5.1 抽水试验类型

抽水试验的类型很多，见表 7-3。其基本类型有：单孔抽水、多孔抽水、群孔干扰抽水与试验性开采抽水等四类。此外，根据抽水孔的结构分为完整井抽水和非完整井抽水；按地下水流向抽水孔的运动性质分为稳定流抽水和非稳定流抽水；用于多层含水层的分层抽水；在厚层含水层中的分段抽水；以及用于揭露区域性含水层或蓄水构造的区域性大型抽水试验等。生产时，根据不同目的的要求，采用不同类型的抽水试验。现将生产中常见的抽水试验基本类型简述如下。

抽水试验方法分类表　　　　**表 7-3**

<table>
<tr><th>分类依据</th><th>抽水试验类型</th><th colspan="2">亚　类</th><th>主要用途</th></tr>
<tr><td rowspan="3">Ⅰ按井流理论</td><td>Ⅰ-1 稳定流抽水试验</td><td colspan="2"></td><td>(1) 确定水文地质参数 K、H (r)、R；
(2) 确定水井的 Q-S 曲线类型：
① 判断含水层类型及水文地质条件；
② 下推设计降深时的开采量</td></tr>
<tr><td rowspan="2">Ⅰ-2 非稳定流抽水试验</td><td colspan="2">Ⅰ-2-1 定流量非稳定流抽水试验</td><td rowspan="2">(1) 确定水文地质参数 μ^*、μ、K'/m'（越流系数）、T、a、B（越流因素）、$1/a$（延迟指数）；
(2) 预测在某一抽水量条件下，抽水流场内任一时刻任一点的水位下降值</td></tr>
<tr><td colspan="2">Ⅰ-2-2 定降深非稳定流抽水试验</td></tr>
<tr><td rowspan="4">Ⅱ按干扰和非干扰理论</td><td rowspan="2">Ⅱ-1 单孔抽水试验</td><td rowspan="2">按有无水位观测孔</td><td>Ⅱ-1-1 无观测孔的单孔抽水试验</td><td>同Ⅰ</td></tr>
<tr><td>Ⅱ-1-2 带观测孔的单孔抽水试验（带观测孔的多孔抽水试验；带观测孔的孔组抽水试验）</td><td>(1) 提高水文地质参数的计算精度：
① 提高水位观测精度；
② 避开抽水孔三维流影响。
(2) 准确求解水文地质参数；
(3) 了解某一方向上水力坡度的变化，从而认识某些水文地质条件</td></tr>
<tr><td rowspan="2">Ⅱ-2 干扰抽水试验</td><td rowspan="2">按试验目的规模</td><td>Ⅱ-2-1 一般干扰抽水试验</td><td>(1) 求取水工程干扰出水量；
(2) 求井间干扰系数和合理井距</td></tr>
<tr><td>Ⅱ-2-2 大型群孔干扰抽水试验</td><td>(1) 求水源地允许开采量；
(2) 暴露和查明水文地质条件；
(3) 建立地下水流（开采系件下）模拟模型</td></tr>
<tr><td rowspan="2">Ⅲ按抽水试验的含水层数目</td><td colspan="2">Ⅲ-1 分层抽水试验</td><td colspan="2">单独求取含水层的水文地质参数</td></tr>
<tr><td colspan="2">Ⅲ-2 混合抽水试验</td><td colspan="2">求多个含水层综合的水文地质参数</td></tr>
</table>

(1) 单孔抽水试验：即只在一个孔内进行抽水，做一至三次水位下降，可求得钻孔的出水量与水位下降的关系以及含水层的富水性，渗透性。单孔抽水试验多在初步勘探阶段进行，用于对水文地质条件起控制作用的地段；或者是用于含水层埋藏深度较大以及在基岩地区进行勘探时施工困难地段。

(2) 多孔抽水试验：即在一个钻孔内进行抽水，而抽水孔的周围又布置有一个或若干个观测孔。多孔抽水除测定含水层的水文地质参数外，还可了解影响范围、下降漏斗形态与变化，确定合理的井距及地下水与地表水之间的水力联系等。

观测孔的布置应以抽水孔为中心，分别垂直和平行地下水流向排列。根据含水层的均匀性和生产的具体要求，观测孔的排数可由一排至四排，如图 7-10 所示。每一排上各观测孔之间的距离应当是距抽水孔越近距离越小，以便控制下降漏斗的形状变化。

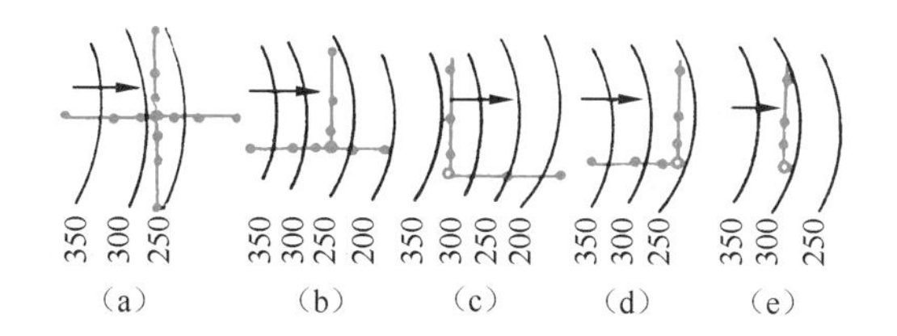

图 7-10 带观测孔的单井进行抽水试验时观测孔的布置示意图

(a) 四排观测孔；(b) 三排观测孔；(c) 二排观测孔（为供水目的）；(d) 二排观测孔（为排水目的）；(e) 一排观测孔；图中小圆圈为抽水井；小黑点为观测孔

(3) 群孔干扰抽水试验：是在两个或两个以上的井孔中同时抽水，用来了解区域水位下降与总开采量的关系，进而评价地下水的允许开采量及确定合理的开采方案等。由于该类型试验比较复杂，成本高，故多用于详勘和开采阶段。

(4) 试验性开采抽水：一般在开采阶段进行。这种抽水试验通常需要投入较多的人力物力，而且工期较长，因此，只有在下列条件下才进行：勘察区为深层承压水，补给量不易查清，评价地下水开采量有困难；进行的勘察工作量较少，又缺乏地下水长期动态观测资料，因而对开采过程中的允许开采量还不能作出准确评价时，可通过开采性抽水试验，取得水文地质参数，确定抽水井的实际出水量，作为评价允许开采量的依据。

开采抽水试验应在枯水期进行，而且使各抽水井的总水量接近于需水量。抽水延续时间的确定是：当抽水时下降漏斗的水位如能达到稳定，则抽水不宜少于 1 个月，如果达不到稳定，则抽水宜延续到下一个补给期。

7.5.2 抽水井的一般构造和抽水设备

1. 抽水井的一般构造

抽水试验工作大多数是通过钻孔进行的，从抽水试验的角度，简单地介绍一下抽水孔的基本构造及其作用。

抽水孔的构造如图 7-11 所示。井室位于最上部，用以保护孔口和安装抽水设备等；井管是为了保护井壁不受冲刷，防止不稳固岩石的塌落和隔绝不良水质的含水层；过滤器与井管直接连接，它可看做是井管的进水部分，同时可防止含水层中的颗粒大量涌入孔内；人工填砾是为了保护井孔、扩大进水面积和减少水流阻力；沉砂管位于井管最下端，用以沉积进入井内的砂粒，一般长度为 2～4m，或更长一些；人工封闭物是为了防止地表污水污染地下水而进行的回填，一般用黏土或水泥。

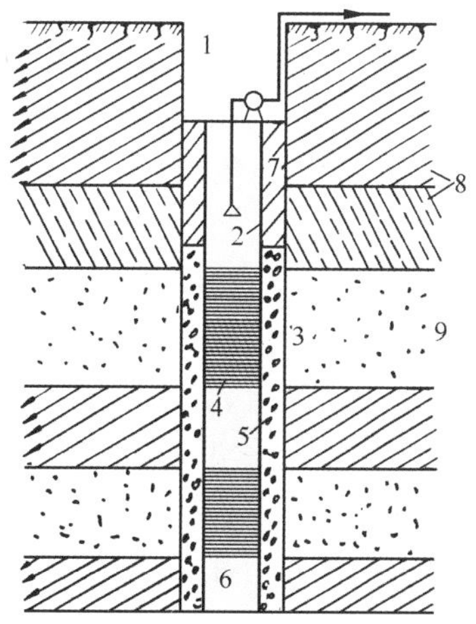

图 7-11 抽水孔构造

1—井室；2—井壁管；3—井壁；4—过滤器；5—人工填砾；6—沉砂管；7—人工封闭物；8—隔水层；9—含水层

2. 抽水设备及量测工具

应当根据抽水井的出水量、地下水位埋深、井径以及设计水位下降值来选用合理的抽水设备。

(1) 卧式离心泵：该类型泵具有许多优点，如：构造简单、体积小、装卸方便、输水量大、出水均匀、能输送含砂之水、调节抽水落程方便以及抽水成果精度高等，因此，卧式离心泵是勘察抽水试验中经常使用的设备。但它亦有吸程较小的缺点，一般吸程为6～7m，所以卧式离心泵多用于水量大、水位埋藏较浅的地区。

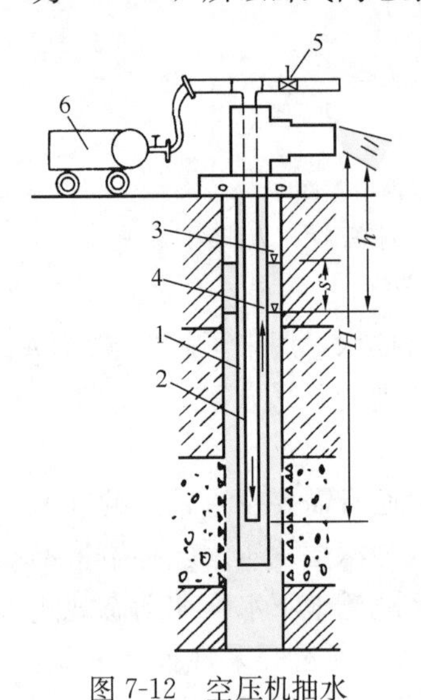

图7-12　空压机抽水（同心式安装）
1—出水管；2—空气管；3—自然水位；4—动水位；5—放气阀门；6—空气压缩机

（2）立式深井泵：该类型泵的型号很多，可分为电动机在地面的深井泵和电动机浸没在动水位之下的深井潜水泵。立式深井泵共同的特点是扬程很高，适用于动水位埋藏较深的地区，且出水均匀，效率较高；其缺点是抽水费用较大，特别是电动机在地面的深井泵。深井泵不宜抽吸含泥砂的地下水，井的出水量小于深井泵的规定出水量时亦不能使用，加之安装拆卸不方便，因此，在深水位地区进行短时间抽水常用空压机代之。

（3）空气压缩机（空气扬水机）：空压机抽水的原理是将压缩的空气沿进气管送入井内并压入水中，使出水管下端充满气水混合物，由于气水混合物的相对密度小于水的相对密度，所以出水管的水面可以上升到一定高度而流出管外，如图7-12所示。当抽水的高度越大时，气水混合物的相对密度越小，则空气消耗量亦越大。

由于空压机抽水有设备简单、安装及拆卸方便、不受地下水位埋深限制，可以抽取含泥砂地下水等优点，所以在水文地质勘察中被广泛使用，不仅用于抽水试验，而且还用于洗井冲砂。空压机抽水的缺点是：工作效率低、动力费用高、出水不够均匀、动水位变化幅度较大。

测量地下水的水量和水位的工具较多，但大都比较简单，如测量水量的量水桶、水表、三角堰和孔板流量计等；测量地下水位的测钟和电测水位计等。

井中的水位测量本来很简单，但是当井上安装抽水设备之后，井管与吸水管之间的空隙很小，尤其是当动水位较深时测量比较困难，目前生产中广泛采用的是电测水位计，如图7-13所示。这种水位计比较简单，可以临时安装，用一小型电流计（安培计）和1.5V电池组成电路的两端，一端接在井管上，一端下入井内，当接触器与水面接触后，因水的导电而使电路闭合，电流计上的指针就会微微转动，然后测量下入井内电线的长度，则可得知水位的深度。但由于安培计价格稍贵、携带亦不方便，因此，人们设计了各种袖珍水位计，用手电筒的小灯泡或氖灯等来代替安培计。此外，近年来生产多种自动水位测量设备，根据实际需要，选择适宜的设备进行井中水位测量。

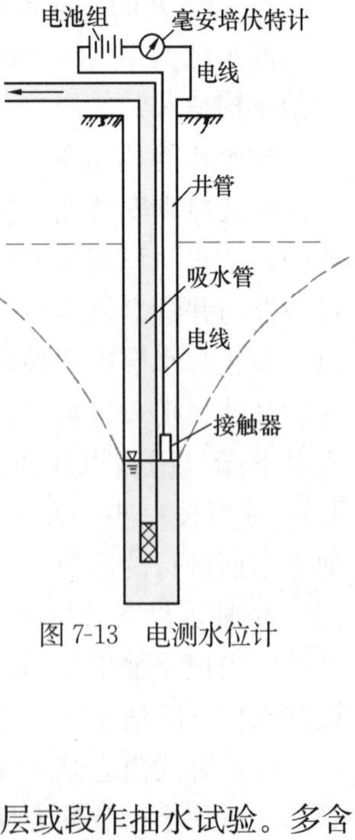

电池组　毫安培伏特计　电线　井管　吸水管　电线　接触器

图7-13　电测水位计

7.5.3　抽水试验的技术要求

1. 稳定流抽水试验

（1）抽水试验层次及试验段的确定：一般要选择富水性最好的层或段作抽水试验。多含水层地区应做分层抽水试验，只有在含水层很薄或不易分层的情况下，才可做几个层在一起的混合抽水试验。但在水质差别较大的沿海或岛屿地区，需要进行分层或分段抽水试验。

（2）抽水试验井中水位下降值和下降次数的确定：水文地质勘察中的抽水试验一般都应进行三次水位降深，只有当水位下降很大而出水量很小，或是水位下降很小而出水量很大，或者进行开采抽水试验时，才可做1～2次的最大水位下降。三次水位下降（落程）之间应均匀分配，如最大的一次为s_0，则三次落程应分别等于：

$$s_1=\frac{1}{3}s_0 \quad s_2=\frac{2}{3}s_0 \quad s_3=s_0$$

在抽水设备和允许流速可能的条件下，下降值越大越好，最好接近甚至大于将来开采条件下的水位下降值。

在各次水位下降的抽水试验中，吸水管口的安装深度应当相同。

在基岩中抽水落程应由大到小，以利于含水层中的细小颗粒再一次被冲洗并排出孔外；在松散地层中抽水则应由小到大，以免孔壁坍塌和由于抽水过猛造成过滤器堵塞。

（3）抽水稳定标准和稳定延续时间的确定：抽水过程必须保持均匀性和连续性。在稳定流抽水的延续时间内，抽水井中的动水位、出水量和时间的关系曲线只能在一定的范围内波动，不能有水位持续上升或下降、水量持续增多或减少的现象。用水泵抽水时，水位允许波动范围不大于3～5cm；用空压机抽水时，水位波动范围不超过10～15cm，出水量波动范围不超过正常水量的10%；当用深井泵抽水时，水位波动范围不超过10cm，出水量波动范围不大于正常出水量的5%；带观测孔的抽水试验，应以最远的观测孔水位波动不超过2～3cm为稳定。

在抽水井中的动水位、出水量都稳定后的抽水阶段，叫稳定延续时间。抽水试验有一段稳定延续时间，是保证抽水试验质量的重要因素，因当抽水井中的动水位、出水量稳定之后，还需要等待下降漏斗曲面亦完全稳定。在地下水量丰富、渗透条件良好的卵砾石及粗砂含水层分布地区，漏斗曲面稳定的快，可稳定延续8h；在地下水量不大、补给条件较差的中细、粉砂地区，漏斗曲面稳定的较慢，稳定延续时间一般要求16h；在基岩裂隙水分布地区则应稳定延续24h。

对于多孔抽水，以最远的观测孔稳定后再延续2h为宜。

（4）抽水试验中的测量要求：自然水位的取得必须是在抽水试验之前，当连续观测三次数字相同或4h内水位相差不超过2cm时，才可认为是自然水位。

动水位和出水量的观测时间间隔：在抽水试验开始时每5min、10min、15min、20min、25min、30min各观测一次，以后则每隔30min或1h观测1次，直到抽水试验结束。

抽水试验结束后，恢复水位的观测时间间隔应当在1min、2min、3min、4min、6min、8min、10min、15min、20min、25min、30min各观测一次，以后每隔30min观测1次。

2. 非稳定流抽水试验

（1）抽水延续时间的确定：非稳定流抽水延续时间，常按s-lg$t$曲线来判断。当曲线出现拐点后趋近于稳定水平状态时，则可结束抽水试验工作，如图7-14所示。当s-lg$t$不出现拐点而呈直线下降、动水位不稳定时，则抽水延续时间应根据试验目的适当延长。不过根据实践经验，非稳定流抽水延续时间不需要太长，卵石含水层中抽水需要2～3h；砾

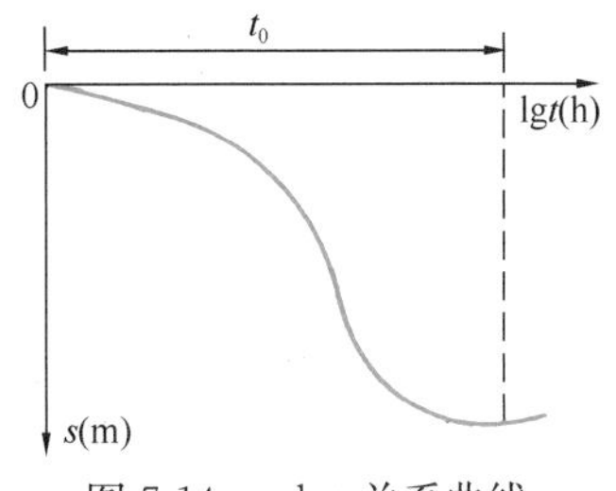

图7-14　s-lg$t$关系曲线

石 4～6h；含砾粗砂及粗砂 8～15h；中细砂 10～24h；粉细砂 15～32h。

(2) 抽水试验中的测量要求：为了绘制 s-lg$t$ 曲线，抽水试验初应加密观测，即按 1min、2min、3min、4min、6min、8min、10min、15min、20min、25min、30min 各观测一次，以后每隔 30min 观测 1 次。

在非稳定流抽水的过程中，抽水井的出水量必须保持不变。

7.5.4　抽水试验方法举例

抽水试验的类型很多，方法亦不完全相同，下面仅利用单井稳定抽水求渗透系数 K 为例，说明抽水试验的基本方法。

如图 7-15 (a) 所示，某勘探井井深 37m，自然水位 4m，上部 21m 为粗砂层，下部 21～35m 为砂砾石层，再下是不透水的基岩，井管直径为 0.2m 的铸铁管，8.7～35m 为过滤器，其外填有 100mm 厚的砾石层，35～37m 处为井底沉砂管。采用卧式离心泵做抽水试验，经过三次稳定抽水降深其结果如下：

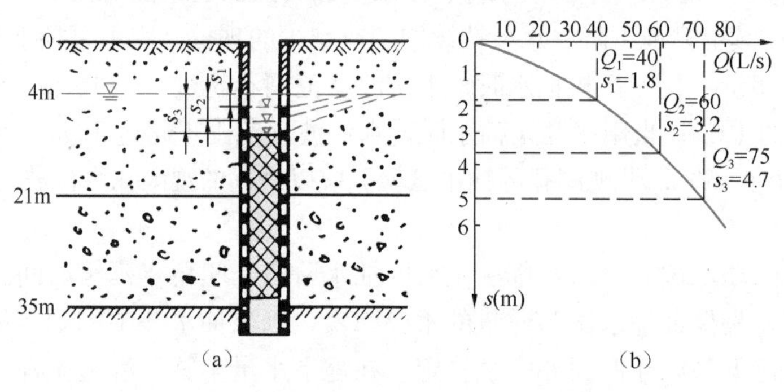

图 7-15　单井抽水试验与 Q-s 曲线

(a) 单井抽水试验示意图；(b) Q-s 关系曲线

$s_1=1.8$m　$Q_1=40$L/s$=3456$m^3/d　　稳定延续 8h

$s_2=3.2$m　$Q_2=60$L/s$=5184$m^3/d　　稳定延续 8h

$s_3=4.7$m　$Q_3=75$L/s$=6480$m^3/d　　稳定延续 16h

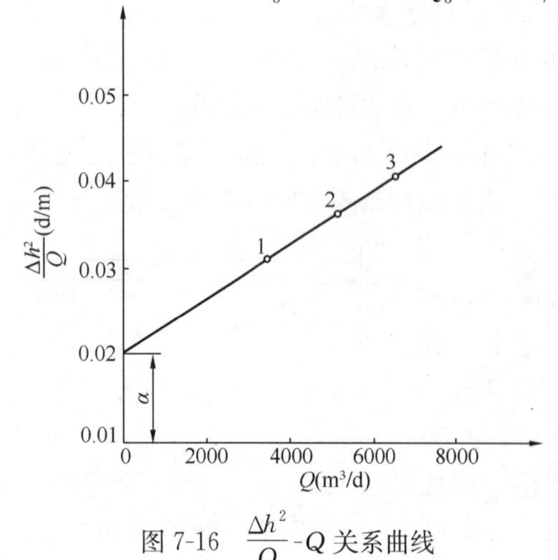

图 7-16　$\frac{\Delta h^2}{Q}$-Q 关系曲线

根据以上抽水资料，先绘制其 Q-s 关系曲线，如图 7-15 (b) 所示。

抽水井附近产生的紊流、三维流，应当采用消除阻力法进行修正。

由于抽水井是潜水完整井，故绘制其 $\frac{\Delta h^2}{Q}$-Q 关系曲线，如图 7-16 所示。

三次水位下降的 $\frac{\Delta h^2}{Q}$-Q 关系曲线呈直线，则根据直线在纵坐标上的截距得 $a=0.02$d/m。

将 a 代入潜水完整井稳定流计算公式进行计算，并取抽水影响半径的经验值 $R=300$m，

则可解出 K 值：

$$K=0.733\frac{\lg R-\lg r}{a}$$

$$=0.733\frac{\lg 300-\lg 0.1}{0.02}=127\text{m/d}$$

7.5.5 抽水试验资料的现场整理与分析

在抽水过程中必须及时地对抽水资料进行整理，绘制出水量与水位下降关系曲线、出水量与时间关系曲线、动水位与时间关系曲线以及水位恢复曲线等。现以出水量——水位下降关系曲线为例进行分析研究：

根据抽水试验资料绘制出的 Q-s 曲线，常有以下几种形式，如图 7-17 所示。

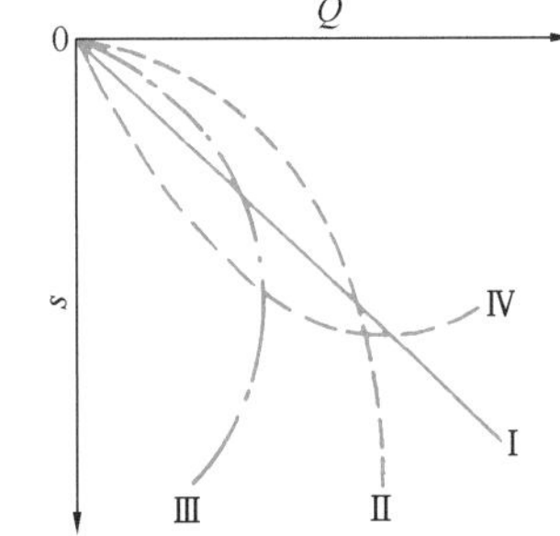

图 7-17 Q-s 曲线的各种类型

曲线Ⅰ——一般情况下表明地下水具有承压性，因承压水符合直线渗透规律；但如果水位下降较大，或含水层富水性较弱，补给条件较差时，承压水亦可能成为曲线形；

曲线Ⅱ——在一般情况下表明地下水是没有承压性的潜水，符合抛物线渗透规律；但如果水位下降小，或含水层的富水性强，补给条件好时，潜水亦可成为直线形；

曲线Ⅲ——表明地下水源不足，没有充足的补给来源，抽水时主要消耗的是地下水的固定储存量；当过滤器被堵塞或井壁坍塌时，亦可出现这种现象；

曲线Ⅳ——表明抽水试验时，测量中有错误或洗井工作未做好，致使单位出水量在抽水过程中逐渐增大，这种资料不能应用，必须重新进行抽水试验，但亦有人认为这种现象是由于抽水时吸水管口伸入到过滤器下半部，并有三维流造成的损失时而出现的一种正常现象。

7.6 地下水动态观测

地下水动态是指地下水的水位、水量、水温及水质（化学成分和气体成分）在各种因素综合影响下随着时间而有规律的变化。研究地下水的动态是为了掌握它的变化规律和预测它的变化方向。

7.6.1 影响地下水动态的因素

为全面地和综合地研究地下水动态，首先应当了解在时间和空间方面改变着地下水性质的各种自然因素和人为因素，区别主要影响因素和次要影响因素，以及各个因素对地下水动态的影响特点和影响程度。

影响地下水动态的因素很复杂，可以概括为两大类：自然因素和人为因素。自然因素包括气候、气象、水文、地质、土壤以及生物等；人为因素包括修建水利工程（如水库等)、地下水开采以及人工回灌和人为的污染等。

1. 气候及气象因素

气候一般是呈较稳定的、有规律性的周期变化，它影响着地下水的动态，造成地下水位多年的周期性变化。如地球表面气候的分带性，对潜水区域性动态规律的形成影响很大。

气象因素的特点是不仅有一定的周期性，而且变化迅速，因此，它可以引起地下水动态的迅速变化。例如暴雨和冰雪融化能造成潜水位的急剧上升和改变泉水的流量。气象变化的周期性，可分为多年的、一年的和昼夜的，这些变化亦直接影响着地下水动态，特别是对浅层地下水，表现得更加明显，是地下水位、水量、化学成分等随时间呈规律性变化的主要原因。如气象因素的多年周期规律，使得主要接受大气降水补给的地下水亦呈现多年变化的趋势。

地下水的季节变化目前研究的最多，亦是最有现实意义的。在气象季节变化的影响下，地下水呈季节变化的特征是：地下水位、水量、水质等一年四季的变化与降水、蒸发、气温的变化相一致。一年内地下水位有一个最高水位和一个最低水位，参见图 7-18。

气象因素中，又以大气降水、蒸发、气温与地下水动态的关系最为密切。如气温的变化会引起潜水的物理性质、化学成分和水动力状态的变化，因为温度的增高会减少潜水中溶解的气体数量和增大蒸发量，从而也就增大了盐分的浓度。另外温度增高之后能减小水的黏滞性，因而减小了表面张力和毛细管带的厚度。

2. 水文因素

由于地表水体与地下水常常有着密切的联系，因而地表水流和地表水体的动态亦必然直接地影响着地下水的动态。由于水文因素本身在很大的程度上是受气候及气象因素影响的，因此，可根据它对地下水动态作用时间的不同，分为缓慢变化和迅速变化两种情况。缓慢变化的水文因素改变着地下水的成因类型，迅速变化的水文因素使地下水的动态出现极大值、极小值以及随时间而改变的平均值的波状起伏。如近岸地带的潜水位随地表水体的变化而升降，距离越近变化幅度越大，落后于地表水位的变化时间亦越短；而距地表水体越远，其变化幅度越小，落后时间越长。

近岸地带地下水动态的变化还表现在水温、水化学成分等方面。

3. 地质因素

地质因素对地下水动态的影响比较复杂，涉及范围亦较广，影响比较明显的有地震、滑坡及崩塌等因素。因为地震会使岩石产生新裂隙和闭塞已有裂隙，则会形成新的泉水出现和已有泉水的消失，地震引起的断裂位移、滑坡和崩塌还能根本改变地下水的动力状态。当含水层受震动时，会使井、泉水中的自由气体的含量增大。正因为地震因素能引起地下水动态的变化，从而为利用地下水动态预报地震创造了条件。

4. 人为因素

人为因素包括了各种取水构筑物的抽取地下水、矿山排水和水库、灌溉系统、回灌系统等的注水。这些活动都会直接引起地下水动态的变化。人为因素比自然因素的影响要大，而且快，但影响的范围一般较小。

7.6.2 地下水动态观测点的选择和布置原则

地下水动态观测应选择有代表性的水点（如泉、井等）做观测点，一般以新打井为宜，最好不要利用生产井做观测点，以免引起观测值的误差，观测井的深度对承压水应揭露含水层3～6m，对潜水应在最低水位以下3～6m为原则。应将数个观测点连成观测线，每个地区应由观测线组成观测网。根据观测目的和水文地质条件的不同，观测点的布置亦应有所区别：

（1）为查明地下水与地表水体间水力联系的观测线，应垂直于地表水体的边岸；

（2）为查明各含水层之间的水力联系，观测孔应分层布置；

（3）为查明污染源对水源地的影响，观测孔要布置在污染源地与水源地之间，并呈直线排列；

（4）为了解已建水源地地下水漏斗变化的情况，应在水源地周围呈放射状布置几排观测孔；

（5）为查明两个水源地的互相影响时，应在两水源地之间布置一排观测孔；

（6）为控制一个水文地质单元，观测线要沿着水文地质条件变化最大的方向；

（7）在水文地质条件复杂的地区，或集中开采地下水的地区，观测点布置密一些；在水文地质条件简单的大平原区，则可少布置一些。

7.6.3 地下水动态观测的内容

地下水观测的内容包括测定地下水的水位、水温、泉的涌水量、采取水样测定地下水化学成分的变化。在地下水集中开采地区还应观测固定井的流量变化。

水位、水温的测量一般是5～10d一次，取水样做化学成分分析是每月或一季度一次，每到雨季或外界其他因素发生剧变时刻应加密观测。

如果需要进行地下水均衡计算时，需要与水文、气象观测配合，进行降水、补给、蒸发、渗入等项目的观测。

7.6.4 地下水动态观测资料的整理

地下水动态观测资料应及时整理并绘制成各种图表，定期进行分析研究，一般情况下每年要对观测成果编写一次年度报告。整理的成果、图表有：

（1）动态观测卡片，每一个观测孔（井）都建立一套卡片档案。记录该孔的编号、标高、位置、建立时间、任务、孔的结构、深度，规格等情况。

（2）每个观测孔（井）的动态曲线：将每次观测记录的水位、水量、化学成分等资料，绘制成地下水动态曲线，如水位历时曲线、水量历时曲线等。

（3）动态综合曲线：根据观测区水文地质特征和对每个观测点地下水动态曲线的分析，可选择有代表性的观测点，绘制该点的地下水动态综合曲线，如图7-18所示。

地下水动态综合曲线应当包括动态曲线和影响地下水动态的主要因素的变化曲线。根据综合曲线就可以分析地下水动态与影响因素在时间上的关系。

（4）各观测线的水文地质剖面图：包括地质剖面图、地下水位曲线和化学成分剖面图等。

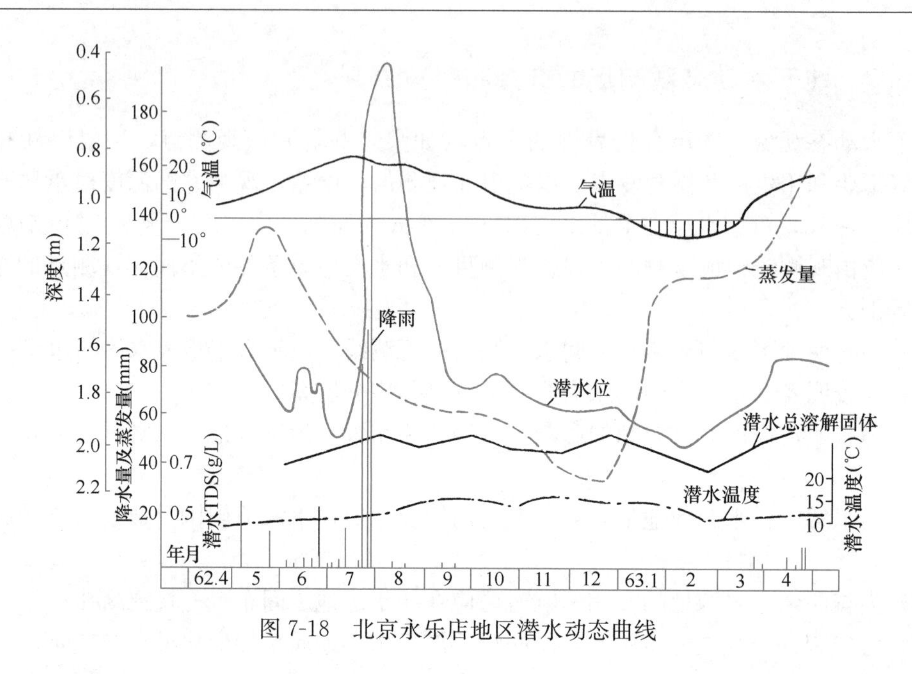

图7-18　北京永乐店地区潜水动态曲线

（5）不同时期的地下水等水位线图（或等水压线图）、主要离子组分含量等值线图等。当勘察工作结束后，应将地下水动态观测工作移交给生产部门继续进行。

7.7　地下水资源评价

地下水“储量”和“资源”两词，分别来自矿产地质学和水文学。各国的概念并不完全相同。我国20世纪50年代和60年代，曾广泛采用地下水储量的概念。20世纪70年代中期开始逐渐采用“地下水资源”来代替“地下水储量”，以反映地下水的系统性和可恢复性。地下水资源是指存在于地下，具有利用价值的地下水量的总称。而地下水资源评价是对地下水水量和水质时空分布和开发利用条件的科学、全面分析和评价。查明地下水水质和水量是供水水文地质勘察的主要任务之一。在水质满足要求前提下，地下水资源评价的核心是确定一定技术经济条件下，科学、合理的地下水可开采量，预测地下水的开采动态。

7.7.1　地下水资源的分类

国内外学者为了研究地下水资源形成的基本规律和它的利用价值，对地下水资源进行了多方面的研究，提出了各种分类的方法。如20世纪40年代苏联的普洛特尼柯夫引用矿产地质学的储量概念，提出了地下水储量的四分法，即：静储量、调节量、动量以及开采储量等四大储量，在我国五六十年代曾被普遍引用。后来，把有补给保证的地下水储量称之为资源，并将“储量”和“资源”的概念同时应用。在此背景下，1973年苏联宾德曼等提出了地下水储量和资源分类法。法国采用储量与资源并用的概念，将储量的开采部分称为资源，提出了地下水储量和资源的分类法。美、日等国则着重地下水的开采资源研究。

我国地下水资源分类方案很多，有的将地下水资源分为天然资源和开采资源的二分法；有的则考虑地下水补给、径流、排泄过程，将地下水资源分为补给量、储存量和消耗量的三分法。

1.《供水水文地质勘察规范》GB 50027—2001 中的分类

(1) 补给量

补给量是指在天然或开采条件下，单位时间内进入含水层的水量，包括地下水的流入、降水入渗、地表水渗入、越流补给、人工补给等。

(2) 储存量

储存量是指储存于含水层内重力水体积。分为潜水含水层的容积储量和承压含水层的弹性储量。

(3) 允许开采量

允许开采量是指采用经济合理的取水构筑物，从含水层中取出的地下水水量，并在整个开采利用地下水的过程中满足下列条件：

a. 通过技术经济合理的取水构筑物，在整个开采期内水量不会减少动水位不超过设计要求；

b. 水质、水温的变化应保持在允许范围之内；

c. 不发生地面沉降、塌陷等不良的环境地质问题；

d. 不影响相邻水源地的正常开采。

2.《地下水资源储量分类分级》GB 15218—2021

中华人民共和国国家标准《地下水资源储量分类分级标准》GB 15218—2021 中，将地下水资源储量分为：储存量、补给量与可开采量三类。可开采量是补给量和储存量的一部分。允许开采量是可开采量的一部分。

按照《地下水资源储量分类分级》规定，地下水储存量、补给量不分级。根据供水水文地质勘察阶段、水文地质条件调查和地下水资源研究程度、开采技术经济条件等要素，允许开采量分为：验证的、探明的、控制的、推断的、预测的共五级，分别对应 A、B、C、D、E 五级精度，见表 7-4。

地下水资源储量分类分级表 **表 7-4**

储量分类		储量分级及精度				
		查明资源（允许开采量）			潜在资源（允许开采量）	
		验证的	探明的	控制的	推断的	预测的
储存量	可开采量	A	B	C	D	E
补给量						

A 级：开采阶段的允许开采量。用于水源地合理开采以及改建、扩建工程设计，水源地水文地质图的比例尺为 1∶1 万或 1∶2.5 万。要求掌握连续三年以上开采动态观测资源，具有解决水源地具体问题所进行的专门研究和试验成果，如对地下水允许开采量进行系统的多年水均衡计算，相关分析和评价；对开采过程中的环境地质问题进行的专题研究；对经济条件的评价等。

B 级：是水源地勘探阶段提交的允许开采量，作为水源地及其具体工程建设设计的依据，水源地水文地质图的比例尺为 1∶1 万或 1∶2.5 万。要求对通过详查或已选定的水源地，进一步布置勘探工程和水文地质试验。根据一个水文年以上的地下水动态观测资料和互群井抽水试验或试验性开采抽水试验，结合不同开采方案和枯水年组合系列，对允许开采量进行对比计算，预测地下水开采期间地下水水位、水量、水质的变化；评价水源地的允许开采量，提出并论证最佳开采方案，预测可能出现的环境地质问题，评价开采的经济条件。

C级：是水源地详查阶段提交的允许开采量，用于水源地及其主体工程的可行性研究，水文地质图比例尺一般为1∶2.5万或1∶5万。在需水量明显小于允许开采量的情况下，也可作为水源地建设设计的依据。要求根据带观测孔的抽水试验和枯水期半年以上地下水动态观测资料，结合开采方案初步计算允许开采量，论证拟建水源地的可靠性，评价可能出现的环境地质问题，建议合理的开采方案和开采量。

D级和E级：分属普查和地质调查阶段提交的允许开采量。分别用于水源地规划设计和可行性研究，对地下水允许开采量只要求概算。

7.7.2　地下水资源的评价内容及评价原则

1. 地下水资源的评价内容

(1) 地下水水量评价

应根据地下水资源形成的特征和需水量的要求，确定开采利用地下水的方案，评价开采的稳定性，论证允许开采量，以及地下水资源的补给保证程度。

(2) 地下水水质评价

要按照不同用水户的水质要求，对地下水的物理性质和化学成分的评价，并且要论证当地下水开采利用之后地下水水质的变化趋势。在水质可能发生明显变化的情况下，开展地下水水质变化趋势预测。

(3) 开采技术条件的评价

要计算在整个开采利用地下水资源的过程中，地下水位的最大下降值是否满足开采区内各点最大的水位下降允许值。

(4) 开采后评估

要阐明在开采利用地下水资源之后，由于区域地下水下降对生态和环境的影响，以及可能产生的环境地质问题，提出开采利用地下水资源时是否需要特殊的防护措施等。

2. 地下水资源的评价原则

(1) 运用地下水与大气水、地表水相互转化的规律进行水量评价

在自然界中地下水与大气水、地表水是相互联系、相互转换的统一水体，在长期的水循环过程中已形成了特有的自然平衡状态，一旦地下水被开发利用，则会破坏原有的平衡状态，在一定的开采条件下逐步建立新的平衡，而这种新的平衡一般总是朝着有利于开采方面转化，譬如，当地下水与地表水有水力联系时，就应当计算在开采条件下地表水对地下水新增加的补给量；还有，当开采之后地下水位下降，会使蒸发量减少，而且有利于大气降水的渗入，使大气降水更多地转化为地下水资源，减少了地表径流量。但是，若地下水位下降太大时，则反而不利于大气降水的渗入补给。

(2) 充分发挥储存量的调节作用

在含水层厚度较大的地区，而且是以大气降水渗入为主要补给时，则可充分利用大气降水周期性的特点，发挥储存量的调节作用，采用枯水期（年）“借”用和丰水期（年）进行补偿的方法，以达到充分开采利用地下水资源的目的。

（3）水质、水量统一评价

如前所述，地下水资源就是指符合一定水质标准要求的水量（地下水水质主要是指化学成分和水温），因此，在进行地下水资源评价时必须是水量、水质同时考虑。因为国民经济各部门对水质、水量的要求各有不同，若有水质不符合其要求的地下水，即使水量很大亦没有利用价值；反之亦然，若水质符合要求，但水量很少，亦不能满足生产要求。

（4）技术、经济、环境综合考虑的原则

地下水资源评价必须综合考虑技术、经济、环境三个方面的利弊，要求确定的开采量和开采方案，既有良好的技术经济效益，又使开采带来的负面影响降到最低限度，具有合理的环境效益。

7.7.3 地下水资源的补给量和储存量

1. 地下水资源的补给量

补给量应考虑天然补给量和开采补给量两个方面。在开采地下水地区可以只计算天然状态的补给量；而在集中开采地下水的区域内，由于补给量发生了较大的变化，则一定要计算在开采条件下的补给量，它包括天然补给要素发生变化形成的新的补给量，亦包括各项人工补给的地下水量。由于改变了地下水的天然水力条件，即水力坡度的加大，引起河水渗入增加，水位下降引起越流的加剧和蒸发减少以及泉水溢出量减小等，都会使含水层的补给量增加，如图7-19所示。当具有较多资料时还应分别计算枯水期（年）、丰水期（年）的补给量。各项补给量的计算方法如下：

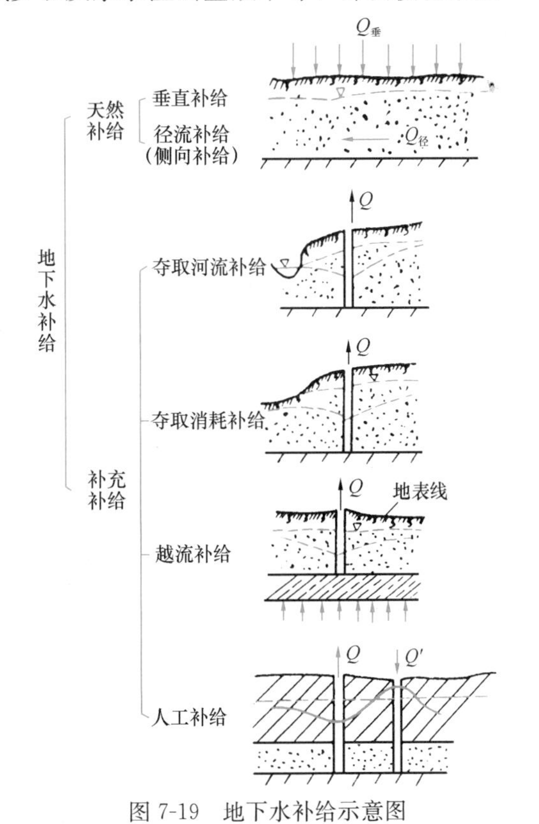

图7-19 地下水补给示意图

（1）综合补给量

在某些地区各个单项补给量不易分别计算，但能测得地下水的各项排泄消耗量 $Q_{排}$（E、Q_y、Q_j、Q_K）和储存量的变化值，此时则可根据水均衡原理利用均衡方程式解出综合补给量（$Q_{补}$）：

$$Q_{补}=E+Q_y+Q_j+Q_K\pm\Delta W/365 \tag{7-3}$$

即

$$Q_{补}=Q_{排}\pm\frac{\Delta W}{365} \tag{7-3a}$$

式中 $Q_{补}$——地下水日补给量（m^3/d）；

E——地下水日均蒸发量（m^3/d），可通过蒸发地段上、下游地下水径流量之差值得知；

Q_y——地下水日均溢出量（m^3/d），可由实测得知；

Q_j——流出计算地段的地下水径流量（m^3/d），可由计算地段下游断面测得；

Q_K——日均开采量（m^3/d），实测可得；

ΔW——地下水储存量的年变化值（m^3），通过动态观察可算出（当年储存量小于上年者取负值，反之取正值）。

（2）降水渗入补给量

对于浅层地下水资源大气降水渗入补给是主要的补给形式，一定区域内补给量的计算可用下式：

$$Q_{降}=\alpha \cdot P \cdot F/365 \tag{7-4}$$

式中　$Q_{降}$——日均降水渗入补给量（m^3/d）；

α——年均降水渗入系数；

P——年均降水量（m/a）；

F——接受渗入的含水层面积（m^2）。

由式（7-4）可见，降水渗入系数 α 值是计算降水渗入补给量的重要参数。可用式（7-5）或式（7-6）求得。

对于地下水位埋藏较浅的平原区及山间盆地的冲积平原区，用

$$\alpha=\frac{\mu \cdot \sum\Delta h}{P} \tag{7-5}$$

式中　$\mu \cdot \sum\Delta h$ 为年内各次降水渗入补给地下水量总和，符号意义见式（4-86）。

对于埋藏深度较大、山前侧向径流较强、开采后自然回升干扰较大的山前平原区，则可采用水量平衡法

$$\alpha=\frac{Q_{采}-Q_{侧}-Q_{田}\pm\mu F \cdot \Delta h'}{P \cdot F} \tag{7-6}$$

式中　$Q_{采}$——地下水开采量（m^3/a）；

$Q_{侧}$——地下水侧向年补给量（m^3/a）；

$Q_{田}$——灌溉年渗入补给量（m^3/a）；

$\mu F \cdot \Delta h'$——储存量的变化量，$\Delta h'$为均衡期内地下水位年度幅（m）。

不同岩性、不同的地下水位埋深以及不同的降水量 α 值都不尽相同，见表7-5。

华北平原不同岩性多年平均降水入渗补给系数汇总表　　**表7-5**

岩性	雨量(mm)	地下水埋深(m)						备注
		1～2	2～3	3～4	4～6	>4	>6	
黏土	450～550	0.10	0.4	0.15		0.3		
	550～650	0.12	0.15	0.16		0.15		
	>650							
粉质黏土	450～550	0.11	0.16	0.15～0.17	0.14	0.17	0.13	
	550～650	0.13	0.16～0.21	0.20	0.20	0.20	0.20	
	>650		0.25	0.24	0.21		0.21	
粉土	450～550	0.12	0.19～0.26	0.19～0.21	0.16	0.20	0.16	
	550～650	0.14	0.21～0.32	0.23～0.28	0.26	0.23	0.25	
	>650		0.36	0.31	0.28		0.27	
粉土与粉	450～550	0.11	0.29	0.20		0.20		

续表

岩性	雨量(mm)	地下水埋深(m)						备注
		1～2	2～3	3～4	4～6	>4	>6	
质黏土互层	550～650	0.14	0.21～0.23	0.22		0.22		
	>650							
细粉砂	450～550	0.15	0.22～0.37	0.23～0.33	0.30	0.23	0.29	
	550～650	0.17	0.23～0.37	0.25～0.35	0.32	0.24	0.30	
	>650		0.33	0.28	0.25		0.23	
砂砾石①	450～550		0.60	0.57	0.56		0.55	
	550～650		0.66	0.64	0.63		0.62	
	>650		0.69	0.67	0.66		0.66	

① 主要分布于北京山前平原永定河与潮白河冲积扇。

由表 7-5 可以看出，降水渗入系数 α 值与地下水位埋深的关系是，在一般情况下，地下水位埋藏较浅时，α 值随着埋深的增加而增大，而当埋深大于 3～4m 时，则 α 值又随着埋深的增加而减少。这种变化规律是受包气带水分垂直分布的动态特征和降水入渗补给机理决定的。目前仍处于试验探索阶段，各家提出的经验数值都不尽相同。

（3）地下径流流入补给量（侧向补给量）

从相邻区流入开采区的地下水侧向补给量可直接用达西断面流量公式进行计算，即

$$Q_{侧}=K \cdot i \cdot \omega \tag{7-7}$$

式中 $Q_{侧}$——侧向补给量（m^3/d）；

K——含水层的渗透系数（m/d）；

i——地下水水力坡度；

ω——过水断面的面积（m^2）。

如果计算断面很长，而且含水层的透水性能、厚度以及水力坡度均有明显变化时，则可分段进行计算，然后加以叠加。

在岩溶地区地下水流入量常用地下径流模数法确定，实践证明这种计算方法较为准确。因岩溶地区的地下暗河发育，常形成地下河系，地下径流通过各级溶隙汇集到地下暗河各支流，然后再归属到地下暗河主流。因此，不同时期直接在暗河总出口测得的流量即为该地区在某时间的地下水径流量，若已得知地下河系的汇水面积，即可求出某时间内全区的地下径流模数 M：

$$M=\frac{地下暗河总出口流量}{地下河系总补给面积}[m^3/(s \cdot km^2)]$$

地下河系各个地段的地下径流量 Q' 即可根据全区径流模数 M 与各地段的径流面积 F′ 求出：

$$Q'=M \cdot F'$$

【例 7-1】 广西都安县地苏地下河系总出口流量为 $4m^3/s$，全区地下水汇水面积为 $1000km^2$。则：

$$M=\frac{4m^3/s}{1000km^2}=0.004m^3/(s \cdot km^2)$$

得知 M 后，就可求出各地段的地下径流量，由表 7-6 可见，计算结果与实测流量是接近的。

地苏地下径流实测值与计算值对比　　表 7-6

位　置	地下径流模数 [$m^3/(s\cdot km^2)$]	补给面积 (km^2)	计算流量 (m^3/s)	实测流量 (m^3/s)	准确度 (%)	备　注
大化风翔	0.004	155	0.62	0.68	91	实测值是由抽水试验所得最大涌水量
六也百加	0.004	60	0.24	0.20	83	
地苏南江	0.004	65	0.26	0.20	77	
地苏拉棠	0.004	18	0.072	0.08	90	
万良百光	0.004	14	0.056	0.06	92	
大化达悟	0.004	14	0.176	0.155	88	

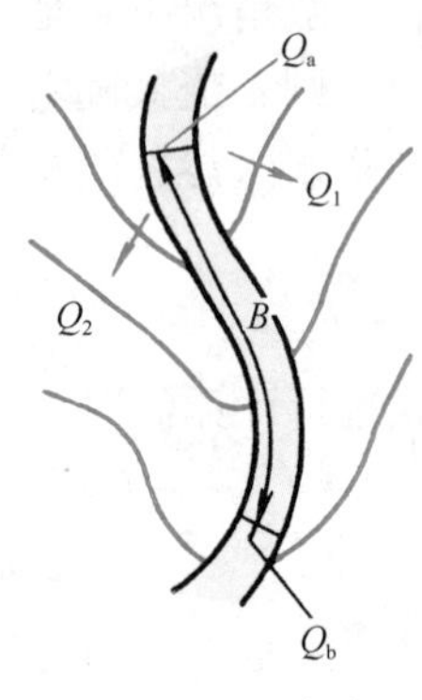

图 7-20　河水渗漏补给地下水示意图

地下径流模数的数值大小有地区性及季节性变化，如地苏地下河系，枯水期最小为 0.004，洪水期最大为 0.5，相差 125 倍。因此，在利用地下径流模数计算地下径流量时，要考虑补给条件的变化。

（4）河水渗入补给量

如前所述，当开采的含水层与地表河水有密切联系时，除考虑地表河水的天然渗漏外，更要注意到在开采条件下，使大量的地表河水转化为地下水所增加的开采补给量。如果供水井的补给来源以河水渗透补给为主时，则应以开采条件下河水渗透补给量作为论证开采量保证程度的主要依据。

河水的渗漏补给量可直接测量开采区上下游河流的断面流量而得，如图 7-20 所示，即

$$Q_s = Q_a - Q_b \tag{7-8}$$

式中　Q_a——河流上游断面流量（m^3/d）；

Q_b——河流下游断面流量（m^3/d）。

在实际情况下，由于河流两岸的开采条件不同，则河水对两岸的渗漏补给量亦不同，即

$$\begin{cases} Q_1 = KI_1BH \\ Q_2 = KI_2BH \end{cases} \tag{7-9}$$

由上式亦可得到：

$$\frac{Q_1}{Q_2} = \frac{I_1}{I_2}$$

则

$$Q_1 = Q_2\frac{I_1}{I_2} \tag{7-10}$$

由于 $Q_1 + Q_2 = Q_a - Q_b$，则 Q_1 和 Q_2 还可表示为

$$Q_2 = (Q_a - Q_b)\frac{I_2}{I_1 + I_2}$$

$$Q_1 = (Q_a - Q_b)\frac{I_1}{I_1 + I_2}$$

于是河流的渗漏补给量为：

$$Q_s = Q_1 + Q_2 = (Q_a - Q_b)\left(\frac{I_1}{I_1 + I_2} + \frac{I_2}{I_1 + I_2}\right)$$

（5）越流补给量

相邻含水层的垂直越流补给量，可按式（7-11）进行计算：

$$Q_{越} = K_1 F_1 \frac{H_1 - h}{M_1} + K_2 F_2 \frac{H_2 - h}{M_2} \tag{7-11}$$

式中 $Q_{越}$——越流补给量（m^3/d）；

K_1、M_1——开采层上部弱透水层的垂直渗透系数（m/d）和厚度（m）；

K_2、M_2——开采层下部弱透水层的垂直渗透系数（m/d）和厚度（m）；

H_1、H_2——与开采层相邻上、下含水层的水位（m）；

F_1、F_2——越流面积（m^2）；

h——开采含水层的水位或开采漏斗的平均水位（m）。

以上各种补给量的计算都应按天然状态和开采条件下两种情况分别进行。如在开采条件下补给量显著增大时，亦可只计算开采条件下的补给量。

2. 地下水资源的储存量的计算

（1）容积储存量

潜水或承压水含水层的容积储存量为：

$$W_c = \mu V \tag{7-12}$$

式中 W_c——容积储存量（m^3）；

μ——含水层的给水度；

V——含水层的体积（m^3）。

（2）弹性储存量

承压含水层的弹性储存量为：

$$W_c = F\mu^* h \tag{7-13}$$

式中 F——越流面积（m^2）；

μ^*——承压含水层的释水系数；

h——承压含水层自顶板算起的压力水头高度（m）。

7.7.4 地下水资源允许开采量的评价

1. 地下水资源允许开采量评价方法选择的依据

目前国内外用于评价地下水允许开采量的方法不下十余种，然而在实际工作中只能结合水源地开采的动态类型选用相适应的方法。一般集中开采的供水水源地，按其动态特征可分为稳定型、调节型和疏干型三种类型。

（1）对于稳定型水源地

这类水源地的特点是：地下水资源能够直接地、长期稳定地获得地表水或地下水的渗入补给，亦包括能够袭夺含水层外部地表水和地下水的地区。在具备上述条件下，当水源地开采之后，随着水源地内水位的下降和降落漏斗的扩大，则可使开采补给量大幅度地增加和排泄量随之减少。从而达到开采条件下的开采量与补给量的平衡。在合理开采的过程中，地下水的动态趋于稳定状态。

这类水源地允许开采量的评价，一般情况下可根据井的布置、边界条件和水力性质等采用稳定流公式计算即可获得较准确的结果。对于一些需水量不大，而地下水补给量又较丰富的地区，则可用试验推断法确定允许开采量。对于泉水或暗河作为水源时，其允许开采量可通过天然和人工露头测得流量并结合其动态资料进行确定。

(2) 对于调节型水源地

这类水源地的特点是：依靠储存量的调节作用来弥补非补给时期的消耗量，所消耗的储存量能在补给期内很快得到补偿。可见这类水源地允许开采量的大小主要取决于储存量的大小和补给的可能性。

评价这类水源地允许开采量的最佳方法是"补偿疏干法"。对于分布面积不大而厚度较大的含水层，当开采期储存量起到调节作用时，亦可采用资源平衡法、开采试验法或降落漏斗法来确定允许开采量，并论证丰水期补偿的可能性。

(3) 对于疏干型水源地

此类水源地的特点是：距补给区较远或埋藏稍大的承压含水层地区，这种地区由于增加的开采补给量和减少的天然消耗量不能满足开采量的要求，则使得储存量逐年消耗，如不采取人工补给措施，这种水源地终将开采枯竭。当然水源地亦并非不可以开采，但要计算在一定的开采期间内，不超过设计降深时的允许开采量。

根据此种水源地的动态特征，其允许开采量的评价方法应当采用"非稳定流法""数值法"和"开采试验法"。

下面对几种主要的允许开采量评价方法进行简要的介绍。

2. 应用解析法评价允许开采量

解析法是利用井流公式进行地下水资源计算的常用方法。对于条件比较简单，考虑因素较少的单井水流模型，一般都可求得其解析解，如稳定型水源地可得到裘布依解析解，非稳定流水源地则可得到泰斯解析解。利用解析解评价允许开采量的步骤为：

(1) 拟定开采方案

根据需水量的要求和技术经济条件的可能，设计出一个拟开采水量和允许的水位降深值，并拟定一个布井方案。

(2) 处理边界条件

因为解析解大多数是在无限边界条件下求得的，而实际上只有抽水时间较短，抽水影响尚未到达边界时，才符合无限边界的假定。用来处理边界较好的方法是映射法。

映射法适合于直线补给边界和直线隔水边界。映射的原理是把边界的影响用虚构井（抽水井或注水井）来代替，即假设边界不存在，而在边界的另一边和实际抽水井对称的位置上存在一个流量（抽水量或注水量）与实际井完全等同的虚构井（抽水井或注水井），边界条件的影响就等于这个虚构井的影响。

两个以上的边界可将含水层约束成各种形式，如两个会聚的边界使含水层成为楔形；两个平行的边界使含水层成为无限条形延伸形；而两个平行边界与第三个边界相交为直角时，则会形成半无限长条形；四个相交成直角的边界还可使含水层成为矩形等。在上述各种条件下，抽水井必须连续映射。

对于楔形含水层。虚构井的数目可按式（7-14）计算：

$$N_i = \frac{360°}{\theta} - 1 \tag{7-14}$$

式中　N_i——抽水井映射所得虚井的数目；

θ——边界的夹角。

由式（7-14）可知，映射法所设计的楔形夹角 θ 要能除尽 2π。当然，如果楔形的边界都是补给边界或隔水边界时，θ 要能除尽 π；如果一个为补给边界，另一个为隔水边界时，则 θ 要能除尽 $\frac{\pi}{2}$。总之，映射是有条件的。图 7-21 举出几种会聚边界映射的情况。

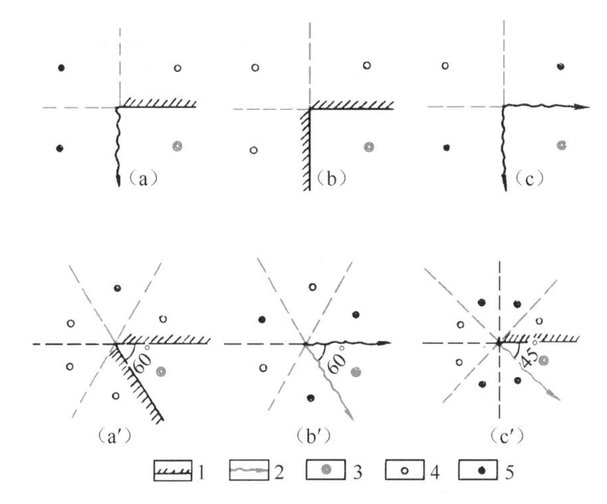

图 7-21　矩形和楔形含水层映射的几种典型情况

1—隔水边界；2—补给边界；3—实际抽水井；4—虚构的抽水井；5—虚构的注水井

当两个边界彼此平行时，则要进行无限多次映射，详见图 7-22，不过，在实际工作中，只要经过若干次映射，能满足计算需要时，则可停止映射。

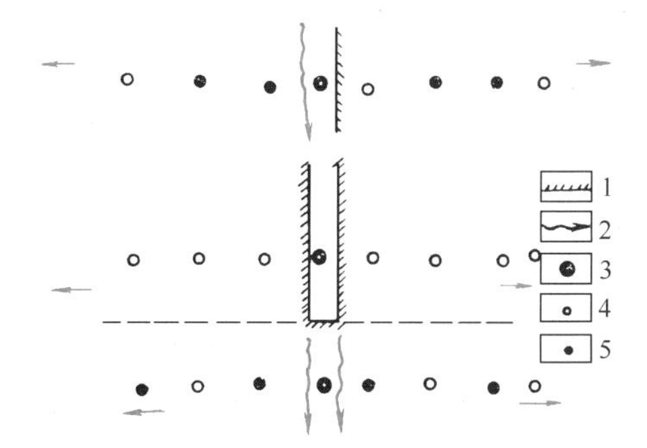

图 7-22　平行边界时的映射情况

1—隔水边界；2—补给边界；3—实际抽水井；4—虚构抽水井；5—虚构注水井

（3）井群干扰计算

当水源地的抽水井经映射后，必然成为有若干个井组成的井群形式，所以应当进行井群的干扰计算。干扰计算要根据含水层的性质是承压还是潜水含水层；抽水时动态特征是稳态还是非稳态，分别选用相应的数学模型的解析解。

承压含水层：

稳态：

$$s = 0.366Q\frac{\lg R - \lg r}{MK} \tag{7-15}$$

非稳态：

$$s = \frac{1}{4\pi T}QW(u) \tag{7-16}$$

潜水含水层：

稳态：

$$Q=1.36K\frac{(2H-s)s}{\lg R-\lg r} \tag{7-17}$$

非稳态：

$$s=H-\sqrt{H^{2}-\frac{Q}{2\pi K}W(u)} \tag{7-18}$$

式中　s——距抽水井距离为 r 处的水位降深（当 r 等于井的半径时，s 为抽水井中的降深）；

其他符号同前。

由于方程（7-15）和方程（7-16）是线性的，则可直接应用叠加原理，即认为某一点在井群抽水时所产生的降深等于各井分别抽水时在该点的降深之和。于是井群抽水时的降深可按式（7-19）或式（7-20）计算：

$$s=\sum_{i=1}^{n}s_{i}=0.366\sum_{i=1}^{n}Q_{i}\frac{\lg R_{i}-\lg r_{i}}{M_{i}K_{i}} \tag{7-19}$$

$$s=\sum_{i=1}^{n}s_{i}=\frac{1}{4\pi T}\sum_{i=1}^{n}Q_{i}W(u_{i}) \tag{7-20}$$

式中　s_i——各井分别抽水时在某点的降深；

Q_i——各井分别抽水量（对于映射的抽水井水量取正值；对于映射的注水井水量取负值）；

其他符号同前。

对于式（7-17）和式（7-18），由于是非线性的，故不能直接进行叠加，一般得要用势函数使之变成线性方程后再进行叠加。

（4）审核、调整布井方案

井群干扰计算之后，将其结果与设计的总水量、控制点的降深要求进行比较，看其是否符合设计要求，若不符合，则应改变布井方案甚至调整水量重新进行计算，直到满足要求为止。

3. 应用数值解法评价允许开采量

数值算法是按分割近似原理，用离散化方法将求解非线性的偏微分方程问题，转化为求解线性代数方程问题，摆脱了解析解在求解中的种种严格理想化要求，使数值法能灵活地应用于解决各种非均质地质结构和复杂不规则边界条件问题。因此，数值法主要用于水文地质条件复杂的大型水源地的允许开采量计算。数值解法的基本原理就是把本来在时间上和空间上连续的函数离散化，以求得函数在有限节点上的近似值。用数值解法评价允许开采量，就是要求得有限节点在有限时刻的水位近似值 $\widetilde{H}$，只要 $\widetilde{H}$ 能逼近于水头真值 H，则可达到评价允许开采量的目的。数值解法有差分法和有限元法，下面仅介绍差分法。

（1）地下水二维流动的微分方程及差分网格的划分

对于承压含水层：

$$\frac{\partial}{\partial x}\left(T\frac{\partial H}{\partial x}\right)+\frac{\partial}{\partial y}\left(T\frac{\partial H}{\partial y}\right)=\mu^{*}\frac{\partial H}{\partial t}+W \tag{7-21}$$

式中 W 为单位时间、单位面积上的垂向补给量和消耗开采量（补给量取负值，消耗开采量取正值）。

对于潜水含水层：

$$\frac{\partial}{\partial x}\left(Kh\frac{\partial H}{\partial x}\right)+\frac{\partial}{\partial y}\left(Kh\frac{\partial H}{\partial y}\right)=\mu\frac{\partial H}{\partial t}+W \tag{7-22}$$

显然式（7-22）为一非线性偏微分方程，一般难于求解，不过当抽水时水位降深 s 比含水层厚度 h 小得很多时，则可近似地认为 $T=Kh$ 等于常数，于是可把式（7-22）线性化为：

$$T\left(\frac{\partial^2 h}{\partial x^2}+\frac{\partial^2 h}{\partial y^2}\right)=\mu\frac{\partial H}{\partial t}+W \tag{7-23}$$

为便于差分格式的建立，先把研究区域划分成为矩形网格，如图7-23所示。其中 Δx 和 Δy 为空间步长，Δt 为时间步长。网格的交点（x_i，y_j，t_n）称为网格的节点。节点的顺序编号是：x 方向编号为 i，y 方向编号为 j。时段的编号用 n，n 时段开始时刻为 $n\Delta t$，终了时刻为（$n+1$）Δt。因此，在节点（i、j）处 n 时段开始时刻的水头为 $H_{i,j}^{n}$，终了时刻的水头为 $H_{i,j}^{n+1}$。在节点（i、j）与节点（i，$j+1$）之间的平均导水系数用 $T_{i,j+\frac{1}{2}}$ 表示，余类推。差分法计算的目的就是要求出近似值 $\widetilde{H}$（x_i，y_j，t_n）以逼近真值 H（x_i，y_j，t_n）。

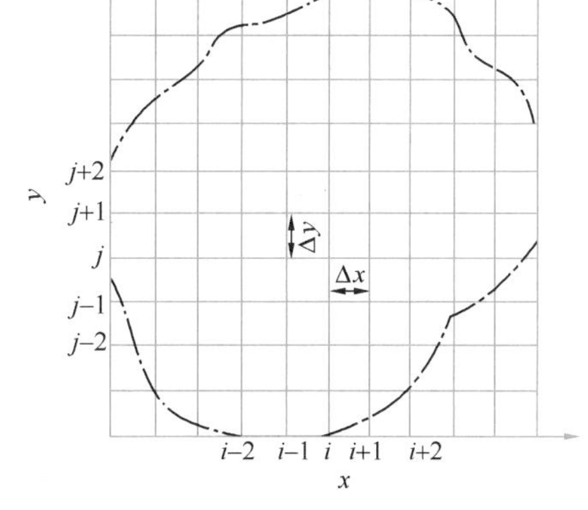

图7-23 矩形网格的划分及其编号

（2）差分格式的建立

1）显式差分格式

显式差分格式是差分格式中最简单的一种，其特点是将微分方程式左端各项的水头取时段开始时的水头值，现以承压含水层的二维流为例，其显式差分格式的各项表示为：

$$\frac{\partial}{\partial x}\left(T\frac{\partial H}{\partial x}\right)\approx\frac{T_{i+1/2,j}}{\Delta x}\left(\frac{\widetilde{H}_{i+1,j}^{n}-\widetilde{H}_{i,j}^{n}}{\Delta x}\right)-\frac{T_{i-1/2,j}}{\Delta x}\left(\widetilde{H}_{i,j}^{n}-\frac{\widetilde{H}_{i-1,j}^{n}}{\Delta x}\right)$$

$$\approx T_{i-1/2,j}\frac{\widetilde{H}_{i-1,j}^{n}-\widetilde{H}_{i,j}^{n}}{\Delta x^2}+T_{i+1/2,j}\frac{\widetilde{H}_{i,j}^{n}-\widetilde{H}_{i-1,j}^{n}}{\Delta x}$$

$$\frac{\partial}{\partial y}\left(T\frac{\partial H}{\partial y}\right)\approx T_{i,j-1/2}\frac{\widetilde{H}_{i,j-1}^{n}-\widetilde{H}_{i,j}^{n}}{\Delta y^2}+T_{i,j+1/2}\frac{\widetilde{H}_{i,j+1}^{n}-\widetilde{H}_{i,j+1}^{n}}{\Delta y^2}$$

$$\frac{\partial H}{\partial t}\approx\frac{\widetilde{H}_{i,j}^{n+1}-\widetilde{H}_{i,j}^{n}}{\Delta t}$$

将上述三式代入式（7-21）中，则得：

$$T_{i-1/2,j}\frac{\widetilde{H}_{i-1,j}^{n}-\widetilde{H}_{i,j}^{n}}{\Delta x^2}+T_{i+1/2,j}\frac{\widetilde{H}_{i+1,j}^{n}-\widetilde{H}_{i,j}^{n}}{\Delta x^2}+T_{i,j-1/2}\frac{\widetilde{H}_{i,j-1}^{n}-\widetilde{H}_{i,j}^{n}}{\Delta y^2}$$

$$+T_{i,j+1/2}\frac{\widetilde{H}_{i,j+1}^{n}-\widetilde{H}_{i,j}^{n}}{\Delta y^2}=\mu_{i,f}^{*}\frac{\widetilde{H}_{i,j}^{n+1}-\widetilde{H}_{i,j}^{n}}{\Delta t}+W_{i,j}^{n+1/2} \tag{7-24}$$

由式（7-24）可见，如果要求任意一点（i，j）在 $n+1$ 时刻的水头近似值 $H_{i,j}^{n+1}$，只要将与（i，j）相邻的四个节点及（i，j）点本身在 n 时刻的水头代入式（7-24）即可求得。

如果含水层是均质的，则

$$T_{i+(1/2),j}=T_{i-(1/2),j}=T_{i,j+(1/2)}=T_{i,j-(1/2)}=T$$

并且取 $\Delta x=\Delta y$，又不考虑垂直方向上的交换量 $W_{i,j}$，则式（7-24）可简化为：

$$\widetilde{H}_{i,j}^{n+1}=\frac{T\Delta t}{\mu^*(\Delta x)^2}\left[\widetilde{H}_{i+1,j}^{n}+\widetilde{H}_{i-1,j}^{n}+\widetilde{H}_{i,j+1}^{n}+\widetilde{H}_{i,j-1}^{n}-4\widetilde{H}_{i,j}^{n}\right]+\widetilde{H}_{i,j}^{n} \tag{7-25}$$

若令 $T\Delta t/\mu^*$ $(\Delta x)^2=\lambda$ 则式（7-25）又可简化为：

$$\widetilde{H}_{i,j}^{n+1}=\lambda\left[\widetilde{H}_{i+1,j}^{n}+\widetilde{H}_{i-1,j}^{n}+\widetilde{H}_{i,j+1}^{n}+\widetilde{H}_{i,j-1}^{n}\right]-(4\lambda-1)\widetilde{H}_{i,j}^{n} \tag{7-26}$$

显式格式的稳定条件是：

$$\frac{T}{\mu^*}\left[\frac{1}{(\Delta x)^2}+\frac{1}{(\Delta y)^2}\right]\Delta t\leqslant\frac{1}{2} \tag{7-27}$$

当 $\Delta x=\Delta y$ 时，则式（7-27）变为：

$$\lambda=\frac{T\Delta t}{\mu^*(\Delta x)^2}\leqslant\frac{1}{4} \tag{7-28}$$

为了满足上列条件，时间步长 Δt 必须取很小，即

$$\left.\begin{aligned}&\Delta t\leqslant\frac{1}{2\left[\frac{1}{(\Delta x)^2}+\frac{1}{(\Delta y)^2}\right]}\cdot\frac{\mu^*}{T}\\ \text{或}\quad&\Delta t\leqslant\mu^*(\Delta x)^2/4T\end{aligned}\right\} \tag{7-29}$$

从式（7-29）可知，当 T 较大而 μ^* 较小时，则 Δt 往往要取得很小，计算工作量就会大大增加。

2）隐式差分格式

隐式差分格式和显式差分格式不同之处在于，式（7-21）左端各项的水头取时段终了时刻的水头值，即 $n+1$ 时刻的水头值，于是可以得类似于式（7-24）的公式：

$$\begin{aligned}&T_{i-(1/2),j}\frac{\widetilde{H}_{i-1,j}^{n+1}+\widetilde{H}_{i,j}^{n+1}}{(\Delta x)^2}+T_{i+(1/2),j}\frac{\widetilde{H}_{i+1,j}^{n+1}-\widetilde{H}_{i,j}^{n+1}}{(\Delta x)^2}+T_{i,j-(1/2)}\times\frac{\widetilde{H}_{i,j-1}^{n+1}-\widetilde{H}_{i,j}^{n+1}}{(\Delta y)^2}\\&\quad+T_{i,j+(1/2)}\frac{\widetilde{H}_{i,j+1}^{n+1}-\widetilde{H}_{i,j}^{n+1}}{(\Delta y)^2}=\mu_{i,j}^*\frac{\widetilde{H}_{i,j}^{n+1}-\widetilde{H}_{i,j}^{n}}{\Delta t}+W_{i,j}^{n+(1/2)}\end{aligned} \tag{7-30}$$

从式（7-30）中可见，只有 $\widetilde{H}_{i,j}^{n}$ 是已知数，而有五个 $n+1$ 时刻的水头值是未知数，因此对于式（7-30）无法单独求解，必须对所有内节点和边界条件的节点都列出方程，形成一个线性代数方程组，联合求解。

3）交替方向隐式差分格式（ADI法）

上述两种差分格式的缺点是，显式差分格式虽然简单，但它是有条件稳定的；隐式差分格式是无条件稳定的，但计算工作量很大。这里将要介绍一种既是无条件稳定的，又便于计算的差分格式，即交替方向隐式差分格式。

此种方法的特点是在一个步长内分为两步进行，即从 n 时刻到 $n+1$ 时刻中间增加了一个过渡时刻 $n+1/2$，首先从 n 时刻的水头算出 $n+1/2$ 时刻的水头，此时 x 方向的水头

取隐式，y 方向的水头取显式，沿 x 方向逐行进行计算，当整区域 $n+1/2$ 时刻的水头全部算出之后，再由 $n+1/2$ 时刻的水头计算 $n+1$ 时刻的水头，此时 y 方向的水头取隐式，x 方向的水头取显式，沿 y 方向逐列进行计算，直到整个区域 $n+1$ 时刻的水头全部算出。这样先逐行后逐列地在平面上交替使用隐式差分格式进行计算，则可计算出任意时刻各节点的水头值。

由 n 时刻计算 $n+1/2$ 时刻水差头时，采用下式

$$\begin{aligned}&\frac{T_{i-(1/2),j}}{(\Delta x)^2}\widetilde{H}_{i-1,j}^{n+(1/2)}-\left[\frac{T_{i-(1/2),j}}{(\Delta x)^2}+\frac{T_{i+(1/2),j}}{(\Delta x)^2}+\frac{Z_1\mu_{i,j}^*}{\Delta t}\right]\widetilde{H}_{i,j}^{n+(1/2)}+\frac{T_{i+(1/2),j}}{(\Delta x)^2}\widetilde{H}_{i+1,j}^{n+(1/2)}\\&\quad=-\frac{T_{i,j-(1/2)}}{(\Delta y)^2}\widetilde{H}_{i,j-1}^{n}+\left[\frac{T_{i,j-(1/2)}}{(\Delta y)^2}+\frac{T_{i,j+(1/2)}}{(\Delta y)^2}-\frac{Z\mu_{i,j}^*}{\Delta t}\right]\widetilde{H}_{i,j}^{n}\\&\quad\quad-\frac{T_{i,j+(1/2)}}{(\Delta y)^2}\widetilde{H}_{i,j+1}^{n}+W_{i,j}^{n+(1/4)}\end{aligned}\tag{7-31}$$

由 $n+1/2$ 时刻计算 $n+1$ 时刻水头时，用下式

$$\begin{aligned}&\frac{T_{i,j-(1/2)}}{(\Delta y)^2}\widetilde{H}_{i,j-1}^{n+1}-\left[\frac{T_{i,j-(1/2)}}{(\Delta y)^2}+\frac{T_{i,j+(1/2)}}{(\Delta y)^2}+\frac{Z\mu_{i,j}^*}{\Delta t}\right]\widetilde{H}_{i,j}^{n+1}\\&\quad+\frac{T_{i,j+(1/2)}}{(\Delta y)^2}\widetilde{H}_{i,j+1}^{n+1}\\&=-\frac{T_{i-(1/2),j}}{(\Delta x)^2}\widetilde{H}_{i-1,j}^{n+(1/2)}+\left[\frac{T_{i-(1/2),j}}{(\Delta x)^2}+\frac{T_{i+(1/2),j}}{(\Delta x)^2}+\frac{Z\mu_{i,j}^*}{\Delta t}\right]\widetilde{H}_{i,j}^{n+(1/2)}\\&\quad-\frac{T_{i+(1/2),j}}{(\Delta x)^2}\widetilde{H}_{i+1,j}^{n+(1/2)}+\widetilde{H}_{i,j}^{n+(3/4)}\end{aligned}\tag{7-32}$$

假如介质是均质的，T 和 μ^* 为常数，且取 $\Delta x=\Delta y$，又不考虑垂向交换量 W，则上两式可简化为

$$\begin{aligned}&\lambda\widetilde{H}_{i-1,j}^{n+(1/2)}-(2\lambda+2)\widetilde{H}_{i,j}^{n+(1/2)}+\lambda\widetilde{H}_{i+1,j}^{n+(1/2)}\\&=-\lambda\widetilde{H}_{i,j-1}^{n}+(2\lambda-2)\widetilde{H}_{i,j}^{n}-\lambda\widetilde{H}_{i,j+1}^{n}\end{aligned}\tag{7-33}$$

$$\begin{aligned}&\lambda\widetilde{H}_{i,j-1}^{n+1}-(2\lambda+2)\widetilde{H}_{i,j}^{n+1}+\lambda\widetilde{H}_{i,j+1}^{n+1}\\&=-\lambda\widetilde{H}_{i-1,j}^{n+(1/2)}+(2\lambda-2)\widetilde{H}_{i+1,j}^{n+(1/2)}-\lambda\widetilde{H}_{i+1,j}^{n+(1/2)}\end{aligned}\tag{7-34}$$

式（7-31）～式（7-34）中只有左端包括有三个未知数 $\widetilde{H}_{i-1,j}^{n+(1/2)}$、$\widetilde{H}_{i,j}^{n+(1/2)}$、$\widetilde{H}_{i+1,j}^{n+(1/2)}$ 或 $\widetilde{H}_{i,j-1}^{n+1}$、$\widetilde{H}_{i,j}^{n+1}$、$\widetilde{H}_{i,j+1}^{n+1}$，右端全部为已知数，因此皆为三对角线方程组，可用追赶法求解。

（3）边界条件的处理

如前所述，边界条件分为两类：

对于已知水头的第一类边界，可令边界节点的水头值等于已知水头。

对于已知流量的第二类边界，有

$$T\frac{\partial H}{\partial n}=q\tag{7-35}$$

如果 y 方向取和边界平行，则 x 方向为边界的法线方向，于是式（7-35）可改写为

$$q \approx T\frac{\Delta H}{\Delta x} \tag{7-36}$$

有时边界节点正好位于 j 行 i 列，此时可假想边界外还有 $i+1$ 列节点，于是有下列关系

$$\widetilde{H}_{i+1,j}-\widetilde{H}_{i-1,j}=\frac{q\cdot 2\Delta x}{T} \tag{7-37}$$

如果为隔水边界，则 $q=0$，式（7-37）变为：

$$\widetilde{H}_{i+1,\ j}=\widetilde{H}_{i-1,\ j}$$

（4）潜水含水层的处理

在介绍上述差分格式时，是以承压含水层的线性方程为例的，对于潜水含水层的非线性偏微分方程，可有以下3种处理方法：

1）把潜水含水层的偏微分方程线性化。如前所述，当含水层厚度很大，而抽水降深不太大时，可把 $T=Kh$ 当作常数，则可把式（7-22）线性化为式（7-23），这样就可以采用类似于承压含水层的方法进行差分计算。

2）采用显式差分格式。则式（7-22）可写成为：

$$\begin{aligned}\widetilde{H}_{i,j}^{n+1}=\frac{\Delta t}{\mu_{i,j}}\Bigg[&K_{i-1/2,j}\frac{(\widetilde{H}_{i-1,j}^{n}-h_{i-1,j})+(\widetilde{H}_{i,j}^{n}-h_{i,j})}{2}\cdot\frac{\widetilde{H}_{i-1,j}^{n}-H_{i,j}^{n}}{(\Delta x)^{2}}\\&+K_{i+1/2,j}\frac{(\widetilde{H}_{i+1,j}^{n}-h_{i+1,j})+(\widetilde{H}_{i,j}^{n}-h_{i,j})}{2}\cdot\frac{\widetilde{H}_{i+1,j}^{n}-H_{i,j}^{n}}{(\Delta x)^{2}}\\&+K_{i,j-1/2}\frac{(\widetilde{H}_{i,j-1}^{n}-h_{i,j-1})+(\widetilde{H}_{i,j}^{n}-h_{i,j})}{2}\cdot\frac{\widetilde{H}_{i,j-1}^{n}-H_{i,j}^{n}}{(\Delta y)^{2}}\\&+K_{i,j+1/2}\frac{(\widetilde{H}_{i,j+1}^{n}-h_{i,j+1})+(\widetilde{H}_{i,j}^{n}-h_{i,j})}{2}\cdot\frac{\widetilde{H}_{i,j+1}^{n}-H_{i,j}^{n}}{(\Delta y)^{2}}\\&+H_{i,j}^{n}-\frac{W_{i,j}^{n+(1/2)}\Delta t}{\mu_{i,j}}\Bigg]\end{aligned} \tag{7-38}$$

采用式（7-38）时应当满足式（7-27）的要求。

3）采用双重叠代法。先假设含水层的厚度与 T 都是不变的，用ADI法算出各节点的水位，完成一次迭代。再用算出来的水位即修正含水层的厚度，再用ADI法计算水位，这样反复计算，直到两次迭代之间的水位差值小于允许误差时为止。

4. 评价允许开采量的其他方法

这类方法在我国应用很广，而且不少方法都是我国水文地质工作者在大量实践基础上提出来的，经生产实践的检验是行之有效的，下面对几种主要的方法进行介绍。

（1）水量均衡法

水量均衡法是区域性地下水资源评价的最基本方法。因为大区域内水文地质条件比较复杂，用其他地下水动力学方法评价区域内允许开采量常有较大的困难，而采用水量均衡法则相对简单和切实可行，当然用这种方法评价的结果比较粗略。而且此方法主要适用于地下水埋藏较浅，地下水的补给和消耗条件比较单一地区，如山前冲洪积平原和岩溶地区等。

水均衡法的基本原理是，对于一个含水层（组）来说，在补给和消耗的不平衡发展过

程中任一时间的补给量和消耗量之差，应等于含水层（组）中水体积的变化量。水量均衡法的第一步就是划分均衡区。基于地下水资源评价的目的和要求，在区域地下水资源评价中，应从地下水含水系统边界作为均衡区边界；局部评价则尽可能选择天然边界为计算边界。然后确定均衡期，一般以水文年或大水文周期作为均衡期。在此基础上，确定均衡要素，建立均衡方程。据此，开采条件下的水量均衡方程式如下：

$$\mu F\frac{\Delta h}{\Delta t}=(Q_{\mathrm{T}}-Q_{\sigma})+(W-Q_{\mathrm{K}}) \tag{7-39}$$

式中 $\mu F\frac{\Delta h}{\Delta t}$——单位时间内含水层中水体积的变化量（$m^3$）；

μ——含水层的平均给水度；

F——含水层分布的面积（m^2）；

Δt——计算时间或称均衡期（a）；

Δh——在 Δt 时间内含水层水位的平均变幅（m）；

$Q_{\mathrm{T}}-Q_{\sigma}$——含水层的流入量（$Q_{\mathrm{T}}$）和流出量（$Q_{\sigma}$）之差（$m^3/a$），$Q_{\sigma}$ 还包括泉水排泄量；

$W-Q_{\mathrm{K}}$——在垂直方向上含水层的补给量（W）和消耗量（Q_{K}）之差（m^3/a）；

$$W=Q_1+Q_2+Q_3-Z$$

Q_1——平均降水渗入量（m^3/a）；

Q_2——平均地表水渗漏量（m^3/a）；

Q_3——平均的越流补给量（m^3/a）；

Z——平均潜水蒸发量（m^3/a）；

Q_{K}——预测的开采量（m^3/a）。

在开采条件下，Δh 往往是负值，式（7-39）可改写为：

$$Q_{\mathrm{K}}=(Q_{\mathrm{T}}-Q_{\sigma})+W-\mu F\frac{\Delta h}{\Delta t} \tag{7-40}$$

由式（7-40）可以看出，一个含水层的区域开采量是由侧向补给量、垂直补给量和开采过程中含水层的疏干量三部分组成的。这三个量的确定可按前述方法确定。

（2）试验推断法

试验推断法亦称 Q-s 曲线外推法。在地下水资源丰富地区，常因抽水设备的限制，抽水量或水位降深达不到设计要求，只能在小于开采量的条件下抽水。于是，就不能用抽水结果直接评价允许开采量，但可根据长期稳定抽水资料推断允许开采量。因为不论是单孔还是群孔，其稳定抽水量和稳定水位下降之间，存在着一定的函数关系。试验推断法，就是根据这种函数关系用外推法求出设计降深下的开采量。可分下列 3 步进行：

1）鉴别 Q-s 曲线类型

通过抽水试验取得的 Q-s 关系曲线，可能有 3 种类型，即抛物线型、指数型和对数型。可用曲度值 n 判别其类型，即

$$n=\frac{\lg s_2-\lg s_1}{\lg Q_2-\lg Q_1} \tag{7-41}$$

式中 n——曲度值（无量纲）；

s_1、s_2——分别为两次抽水时的水位下降值（m）；

Q_1、Q_2——分别为两次抽水时的抽水量（m^3/d）。

$n=1$ 时为直线；$1<n<2$ 时为指数曲线；$n=2$ 时为抛物线；$n>2$ 时为对数曲线。如果 $n<1$ 则表示抽水资料有误。

2）曲线方程中各参数的确定

① 抛物线型方程参数的确定

抛物线型的方程为：

$$s=aQ+bQ^2 \tag{7-42}$$

式中 s——设计水位降深值（m）；

Q——设计水位下降时相应的出水量（m^3/d）；

a、b——系数，可按两次降深抽水试验资料求得。

$$a=\frac{s_1Q_2-s_2Q_1}{Q_1Q_2^2-Q_2Q_1^2} \tag{7-43}$$

$$b=\frac{s_1Q_2-s_2Q_1}{Q_2Q_1^2-Q_1Q_2^2} \tag{7-44}$$

当有两次以上抽降资料时，可按最小二乘法求得。

$$a=\frac{\Sigma s-b\Sigma Q}{N}$$

$$b=\frac{N\Sigma s\cdot Q-\Sigma s\Sigma Q}{N\Sigma Q^2-(\Sigma Q)^2}$$

式中 Q、s——同次抽水的水量和水位降；

N——降深次数。

② 指数型方程参数的确定

指数型方程的形式为：

$$Q=a\sqrt[b]{s}$$

或

$$\lg Q=\lg a+\frac{1}{b}\lg s \tag{7-45}$$

式中 a、b 为系数，两次降深可用式（7-46）、式（7-47）确定：

$$\lg a=\lg Q_1-\frac{1}{b}\lg s_1 \tag{7-46}$$

$$b=\frac{\lg s_2-\lg s_1}{\lg Q_2-\lg Q_1} \tag{7-47}$$

当有两次以上抽降资料时，可按最小二乘法求得：

$$\lg a=\frac{\sum\lg Q-b\sum\lg s}{N}$$

$$b=\frac{N\sum\lg Q\lg s-\sum\lg Q\sum\lg s}{N\sum(\lg s)^2-(\sum\lg s)^2}$$

其他符号同上。

③ 对数型方程参数的确定

对数型方程的形式为：

$$Q = a + b\lg s \tag{7-48}$$

式中　a、b 为系数，两次降深抽水试验资料求得：

$$a = Q_1 - b\lg s_1 \tag{7-49}$$

$$b = \frac{Q_2 - Q_1}{\lg s_2 - \lg s_1} \tag{7-50}$$

当有两次以上抽降资料时，可按最小二乘法求得：

$$a = \frac{\sum Q - b\sum \lg s}{N}$$

$$b = \frac{N\sum Q\lg s - \sum Q\sum \lg s}{N\sum (\lg s)^2 - (\sum \lg s)^2}$$

其他符号同上。

3）根据设计水位下降值推算允许开采量

当上述各方程的参数确定之后，只要给定一个设计水位代入式（7-42）或式（7-45）或式（7-48），即可推算出相应的出水量。但实践表明设计水位下降值并不能任意给定，必须符合下列原则：

对于式（7-42），设计水位下降值 $s \leqslant (1.75 \sim 2.0) s_{max}$，（$s_{max}$ 为抽水试验时的最大水位下降值）；

对于式（7-45），设计水位下降值 $s \leqslant (1.75 \sim 2.0) s_{max}$；

对于式（7-48），设计水位下降值 $s \leqslant (2.0 \sim 3.0) s_{max}$。

在实际工作中应特别注意的是，降深段落不同时，曲线的类型亦不同。

（3）开采试验法

在某些地区，如裂隙发育的基岩地区和岩溶地区等，水文地质条件复杂，补给源一时不易查明，如果要急于确定允许开采量时，则只能采用开采试验法（或称开采抽水法），即打勘探开采井，按照（或接近于）设计开采水位下降值和设计开采量进行抽水试验，直接或间接地评价允许开采量。这种方法对潜水和承压水、新旧水源地都适用，但不宜用于大型水源地。

具体步骤如下：

完全按照开采条件抽水，最好在干旱季节进行，延续一至数月，抽水结果可能出现两种现象：

1）在长期抽水过程中，水位达到设计水位下降后一直保持稳定状态，而且出水量亦大于或至少满足需水量要求；停抽后，水位又很快恢复到原始水位。以上情况表明出水量仍然小于开采条件下的补给量，所以开采量有保证，是允许的。

2）在长期抽水过程中，水位达到设计水位下降后并不稳定，一直持续下降，停抽后水位恢复不到原始水位。这说明抽水量已超过开采条件下的补给量，消耗了一部分储存量，如按需水量开采则没有保证，也是不允许的。这时可以按下列方法评价允许开采量：

在水位持续下降的过程中，只要大部分漏斗开始等幅度下降，而且降速大小与抽水量成比例，则任一时段的水量均衡关系应满足下式：

$$\mu \cdot F \cdot \Delta s = (Q_{抽} - Q_{补})\Delta t \tag{7-51}$$

式中　$\mu \cdot F$——水位下降一米时，储存量的减少量，简称单位储存量（m^2）；

Δs——Δt 时段内的水位降深（m）；

Δt——水位持续下降的时段（d）；

$Q_{抽}$——平均抽水量（m^3/d）；

$Q_{补}$——开采条件下的补给量（m^3/d）。

由上式可以解出 $Q_{抽}$

$$Q_{抽} = Q_{补} + \mu \cdot F \frac{\Delta s}{\Delta t} \tag{7-52}$$

这表明从含水层中抽出来的水量是由两部分组成的，一是开采条件下的补给量（$Q_{补}$），二是储存量$\left(\mu \cdot F \frac{\Delta s}{\Delta t}\right)$。如果将式（7-52）分解开求得 $Q_{补}$，则可以评价允许开采量。

分解的方法是把抽水比较稳定、水位下降比较均匀的若干时段资料，分别代入式（7-52），再用消元法解出 $Q_{补}$ 和 $\mu \cdot F$ 值。

为了校对 $Q_{补}$ 的可靠性，还可用水位恢复资料进行检查，因为在抽水过程中，如果出水量小于实际补给量时，会发生水位均匀回升，这时式（7-52）中的$\frac{\Delta s}{\Delta t}$应取负值，于是：

$$Q_{补} = Q_{抽} + \mu \cdot F \frac{\Delta s}{\Delta t} \tag{7-53}$$

式中　$\mu \cdot F$——应取已求出的各时段 μF 的平均值；

$\frac{\Delta s}{\Delta t}$——均匀回升速度。

当停止抽水时，$Q_{抽}=0$ 则：

$$Q_{补} = \mu \cdot F \frac{\Delta s}{\Delta t} \tag{7-54}$$

如果检查 $Q_{补}$ 是可靠的，则可用 $Q_{补}$ 结合水文地质条件和需水量来评价允许开采量。

【例 7-2】 某水源地在裂隙发育的基岩中取水，用 12 个钻井控制了 0.2km^2 的面积，最大井距不超过 300m，选其中 3 个井进行了 4 个多月的抽水试验，观测数值列于表 7-7 中，抽水过程曲线如图 7-24 所示。

抽水试验观测数值　　**表 7-7**

时段（月.日）	5.1～5.25	5.26～6.2	6.3～6.10	6.11～6.19	6.20～6.30
平均抽水量（m^3/d）	3169	2773	3262	3071	2804
平均降速（m^3/d）	0.47	0.09	0.94	0.54	0.19

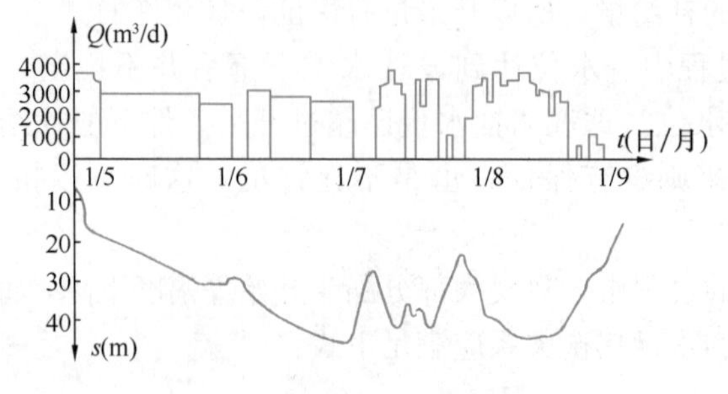

图 7-24　下降漏斗示意图（一）

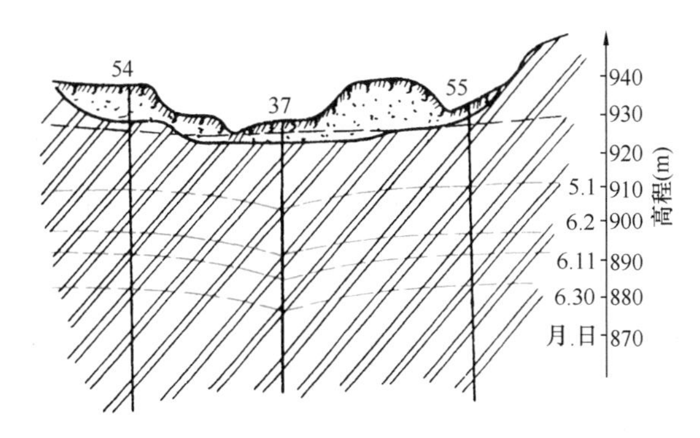

图 7-24 下降漏斗示意图（二）

从表 7-7 抽水记录可知，在水位急速下降阶段结束后，开始等幅（均匀）持续下降，停抽或暂时中断抽水以及抽水量减少时，水位都有等幅度回升现象。这表明正常抽水已经大于实际补给量。用公式（7-52），并选用 5 月 1 日至 6 月 30 日各时段的资料计算。把表 7-7 的数据代入式（7-52）则得：

$$a.\quad 3169=Q_{补}+0.47\mu F$$

$$b.\quad 2773=Q_{补}+0.09\mu F$$

$$c.\quad 3262=Q_{补}+0.94\mu F$$

$$d.\quad 3071=Q_{补}+0.54\mu F$$

$$e.\quad 2804=Q_{补}+0.19\mu F$$

将以上五个方程搭配联解可求出 $Q_{补}$ 和 μF 值，见表 7-8。

用联立方程计算 $Q_{补}$ 和 μF **表 7-8**

联立方程号	a 和 b	c 和 d	c 和 e	d 和 e	平均值
$Q_{补}$	2679	2813	2688	2659	2710
$\mu \cdot F$	1042	473	611	763	723

计算结果表明各时段的补给量（$Q_{补}$）是比较稳定的。$\mu \cdot F$ 变化较大是反映了裂隙水的富水性和漏斗发展速度的不均匀性。

用水位恢复资料计算 $Q_{补}$，原始记录及结果列入表 7-9。

用水位恢复资料计算 $Q_{补}$ **表 7-9**

时 段（月.日）	水位恢复值（m）	$\frac{\Delta s}{\Delta t}$（m/d）	平均抽水量（m^3/d）	$\mu \cdot F$ 平均值	公式	补给量（m^3/d）
7.2～7.6	19.36	3.87	0	723	7-53	2801
7.21～7.26	19.98	3.33	107	723	7-53	2515
平均值						2658

根据计算和检查结果，可以解出允许开采量并评价如下：

本区的补给量是有限的，如果开采量超过补给量，则水位就会持续下降，为了合理开发利用地下水资源，允许开采量是 2600～2700m^3/d。

（4）扩建水源地的允许开采量计算方法——下降漏斗法

此种方法最适合于计算大面积分布的深层承压水地区的扩充开采量，也可用于勘察区附近有水文地质条件与之相似的水源地。

当一个水区域内有若干个井同时抽水时，则会由于相互干扰形成一个大的区域下降漏斗，区域内水位下降最大值往往在开采区的中心或井群集中的地段，而区域水位下降值是与该区域内地下水的开采量成正比。因此，应当先根据区域开采地下水资料，计算出区域的地下水单位水位下降值 a，即区域内开采水量等于 $1000\mathrm{m^3/d}$ 时的水位下降值，即：

$$a=\frac{1000s}{Q_{开}} \tag{7-55}$$

式中　$Q_{开}$——区域实际开采量（$\mathrm{m^3/d}$）；

s——与开采量相适应的区域漏斗最大水位下降值（m）。

s 值可根据等水位线图和漏斗剖面图求得，如果区域内有几个漏斗时，则可利用各个小漏斗的最大降深值的加权平均值（s_{cp}）作为全区域的最大水位下降值。

当 s 值确定之后，代入式（7-55）即可得到 a 值，然后根据设计的区域最大允许水位下降值（$s_{允}$），计算出区域最大允许的开采量 $Q_{允开}$：

$$Q_{允开}=\frac{1000s_{允}}{a} \tag{7-56}$$

式中　$Q_{允开}$——推算的区域最大允许开采量（$\mathrm{m^3/d}$）；

$s_{允}$——设计的区域漏斗中心最大允许水位下降值（m）。

从上面的讨论中可以看出，下降漏斗法比较简单，只要确定了 a 值，就可推而广之。当水文地质条件相似时，还可引用其他地段的 a 值进行推算。

（5）补偿疏干法

此法主要用于季节性调节型水源地的地下水资源评价。地下水的补给集中在雨季，而旱季的开采量主要消耗雨季得到的储存量。计算的目的是求得旱季的消耗量和雨季的补给量。

从图7-25中水位过程曲线可以看出，在定量抽水的条件下，当经过 t_0 时段出现 s_0 以后，水位便开始转入等速下降，下降速度等于出水量与漏斗给水面积的比值：

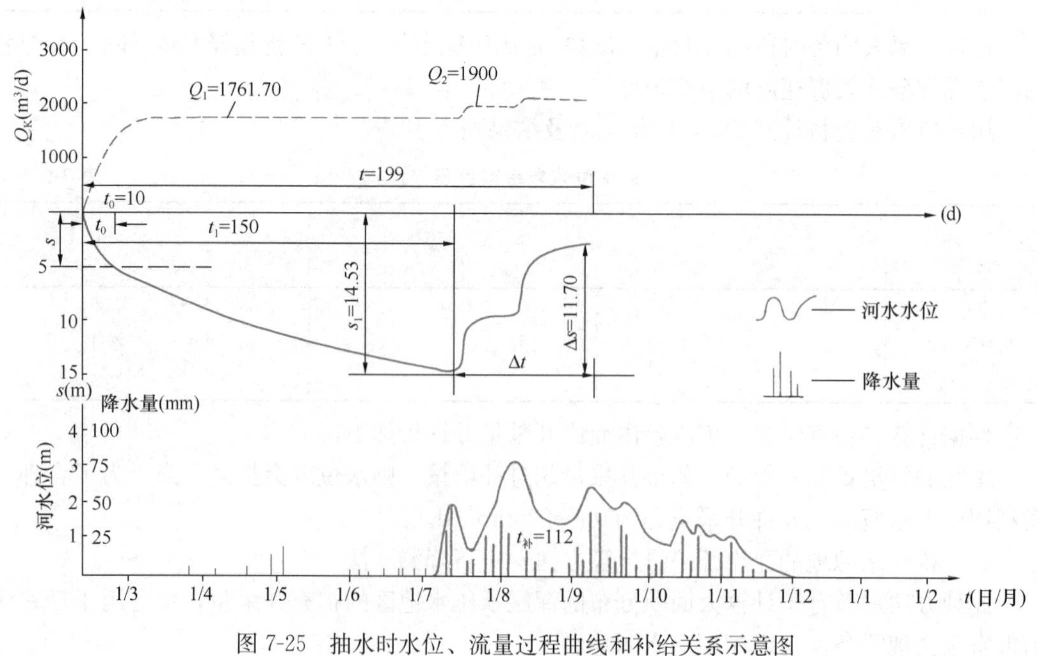

图7-25　抽水时水位、流量过程曲线和补给关系示意图

$$V=\frac{s_1-s_0}{t_1-t_0}=\frac{Q_1}{\mu F}$$

$$\mu F=\frac{Q_1(t_1-t_0)}{s_1-s_0} \tag{7-57}$$

式中 μF——区域下降漏斗的给水面积（亦称单位容积储存量），可根据旱季抽水资料用式（7-57）求得。它表示旱季抽水时，区域下降漏斗水位下降 1m 所消耗的储存量；或雨季时水位回升 1m 所得到的补给量（m^3/m）；

Q_1——旱季稳定抽水量（m^3/d）；

t_1、s_1——旱季抽水延续时间（d）和相应的水位下降值（m）。

根据 μF 值评价允许开采量的方法是：

1）求雨季的补给量

设在雨季抽水时，经过 Δt 时段测得水位回升值为 Δs，雨季稳定抽水量为 Q_2，则补给量应该等于抽水量与补偿疏干量之和：

$$Q_{补}=\mu F\frac{\Delta s}{\Delta t}+Q_2 \tag{7-58}$$

式中 $Q_{补}$——雨季地下水补给量（m^3/d）；

$\Delta s/\Delta t$——雨季抽水水位回升速率（m/d）；

Q_2——雨季稳定抽水量（m^3/d）。

2）求全年的允许开采量

如果地下水一年内接受补给的时间为 $t_{补}$，则可得到总的补给量为 $Q_{总补}=Q_{补}\cdot t_{补}$，把 $Q_{总补}$分配到全年开采，即可得到允许开采量为

$$Q_{允开}=\frac{Q_{总补}}{365}=\frac{t_{补}}{365}\left(\mu F\frac{\Delta s}{\Delta t}+Q_2\right)$$

这样计算出来的 $Q_{允开}$对于一年来说肯定是有保证的，但对于气象周期出现的干旱年系列及考虑到勘探精度等，则应加一个完全系数（开采量系数）r：

$$r=\frac{Q_{补}}{Q_{允开}} \tag{7-59}$$

当 $r=1$ 时，说明开采量等于补给量；当 $r>1$ 时，说明开采量小于补给量。目前采用的 r 值一般为 1.4～3.0。

3）求单井或水源地的最大允许水位下降值 $s_{最大}$

首先用式（7-60）计算旱季末期井或水源地的最大水位下降值：

$$s_{最大}=s_0+\frac{Q_{开}\cdot T}{\mu F} \tag{7-60}$$

式中 s_0——旱季抽水出现拐点时的水位下降值（m）；

T——旱季延续时间（日）；

其他符号同前。

如果 $s_{最大}<s_{允}$，则证明开采量是有保证的；若 $s_{最大}>s_{允}$ 时，则要把 $Q_{开}$ 作为未知数，用 $s_{允}$ 代替 $s_{最大}$按上式重新计算开采量。

【例 7-3】 某水源地位于一个小型的岩溶地段，地下水在雨季接受降雨及河流补给；旱季基本无雨，河流枯干断流；地层为石灰岩，上覆薄层第四系砂卵石层，岩溶发育的下

部界限为地表以下60m。此水源地进行了两个钻井的长期抽水试验，井间距为800m，距河边分别为70m和200m，口径为30cm和35cm，抽水试验从旱季开始雨季结束历时6个月（图7-25）。

对水源地2号井地区的开采量评价如下：

1）在区域下降漏斗的给水面积内，旱季抽水时区域下降漏斗水位下降1m时所动用的储存量为：

$$\mu F=\frac{Q_1(t_1-t_0)}{s_1-s_0}=\frac{1761.7(150-10)}{14.53-5.0}=25880\text{m}^3/\text{m}$$

2）补给量为：

$$Q_{补}=\mu F\frac{\Delta s}{\Delta t}+Q_2=25880\times\frac{11.70}{49}+1900=8080\text{m}^3/\text{d}$$

$$Q_{总补}=Q_{补}\cdot t_{补}=8080\times112=904960\text{m}^3$$

3）开采量为：

$$Q_{开}=\frac{Q_{总补}}{365}=\frac{904960}{365}=2479\text{m}^3/\text{d}$$

4）井的最大允许水位下降值为：

$$s_{最大}=s_0+\frac{Q_{开}\cdot T}{\mu F}=5+\frac{2479\times253}{25880}=29.20\text{m}$$

该地段的设计出水量为1700m^3/d，水位下降值为23m，按上述计算结果是可以取得的。开采系数$r>1$，因此补给是有保证的。

7.8　供水水文地质勘察报告

供水水文地质勘察报告包括：文字报告、各种水文地质图件以及各种原始资料（水文地质钻探资料、抽水试验资料、水质分析资料等），是给水水源设计的重要依据。

7.8.1　文字报告的内容

由于勘察的具体目的、任务及勘察区条件的不同，勘察报告书的内容、要求亦有很大的差别，一个完整的地下水水源勘察报告书，一般应包括以下各部分内容：

1. 序言

序言包括任务委托单位、时间、勘察单位、勘察阶段、勘察性质（勘察新水源地、扩大水源等），用水部门对水质、水量的要求，勘察地点、范围、时间，已开展的勘察工作及研究程度，本次勘察完成的工作量等。

2. 自然地理及地质概况

自然地理及地质概况应包括山脉、水文、气象和区域地质条件以及地貌特征等。

（1）山脉地势：山脉分布、走向、地形特征。

（2）水文：河流、湖泊、水库等地表水体的发育和分布情况，水位、流量等动态资料。

（3）气象：气候类型及特征、各气象因素的观测资料。

（4）地质概况：区域地层、岩性、产状、地质构造单元、形态、展布情况，构造线方向，断层、节理裂隙发育情况等。

（5）地貌：地貌单元、成因、分布以及形态特征等。

3. 水文地质条件

含水层的类型、岩性、分布以及埋藏条件。

隔水层的分布、岩性、埋藏条件，它们和含水层的相互关系，以及和含水层构成储水构造的形式。

地下水的补给来源、补给方式、补给区以及补给量。

地下水的径流排泄方向以及途径、径流排泄量。

4. 地下水资源的评价

主要论证地下水的开采量、水质以及保证程度，要特别注意论证在开采条件下地下水的补给量、消耗量和储存量的变化情况。论述地下水各种资源的评价原则及理论依据，参数确定。阐明地下水的化学类型、物理性质及化学成分的含量，预测开采后地下水化学成分的发展趋势，并对地下水污染的可能性，结合用水要求对水质进行评价。

5. 结论与建议

扼要地概述勘察工作的结果、确定供水的主要含水层和水源地段及其埋藏条件，供水含水层的基本参数和有关数据，取水构筑物的取水方案，水质是否合乎要求以及处理意见、开采过程中对其周围环境可能产生的影响以及预防措施、尚需进行什么工作以及对水资源保护和管理的意见。

7.8.2 水文地质图件

由于编制的目的不同和自然条件的复杂多变，因而水文地质图件类型很多，但从反映内容来看不外乎两大类：

（1）单项水文地质图：反映单项的水文地质要素。因为水文地质要素很多，所以每一项要素都可编成一幅图。在实际工作中常常是根据当地的水文地质特征和要解决的问题编制某几项水文地质图，常用的有：

等水位线图：反映潜水面的变化情况，刻画潜水流场；

等水压线图：反映承压水头的变化情况，刻画承压水流场变比；

潜水埋藏深度图：反映潜水面到地表距离的变化情况；

地下水 TDS 图；反映地下水中含矿物质的多少及变化规律；

含水层分布图：反映主要含水层的分布与岩性变化的规律；

水文地质分区图：反映不同地下水类型、不同的富水性和开采程度、不同水质和埋藏条件等。

（2）综合水文地质图：是采用不同的花纹、线条、符号及颜色，反映若干项重要水文地质要素以及影响这些水文地质要素的其他因素（如水文、地形、地层、构造等）的图件。可用它来综合分析各水文地质要素之间的内在联系，以及其他因素对水文地质条件的影响程度。为了不使图面复杂难辨，在实际工作中常把本区几个最主要的水文地质要素绘在图上，如只反映了含水层的分布和水文地质分区，同时亦反映地形、地层、地质构造以及水点分布等。

以上两类图件的应用是：当勘察区的水文地质条件比较简单，用2～3项水文地质要素就可以反映出勘察区地下水的特征时，则一般只作一张综合水文地质图；如果勘察区水文地质条件复杂，各种要素都应反映出来或需要单独研究某一个水文地质要素时，则除了综合水文地质图外，还得作单项水文地质图。

7.8.3　其他资料

钻探资料：水文地质钻探资料主要是一幅钻孔柱状图，把钻探的层次、各层的地质时代、岩性、厚度、钻进中的取样位置、钻孔结构以及地下水位等用图表的形式综合在一起。

抽水资料：把抽水的记录和成果综合在一张图表上。包括抽水日期、各次水位下降值和水量、观测孔的水位下降值和距离、Q-s 等曲线以及抽水井的结构等。

水质分析资料：以表格的形式把水质分析的成果反映出来。简分析的表格内容包括：取样日期、分析日期、取样地点、主要的物理性质、主要阴阳离子含量、干涸残余物、总硬度、暂时硬度、pH、游离 CO_2 以及地下水的化学类型等。

7.8.4　勘察报告的阅读和分析

1. 文字报告

勘察报告是用文字来反映一个地区的全部勘察成果，是综合分析和全面阐述地下水形成与分布规律等的重要文献，是水源设计的主要依据资料，因此，对勘察报告的全部内容必须认真阅读和充分利用。

但为了使水源设计的准确、合理、安全可靠，设计人员仅仅会阅读勘察报告的内容和利用结论意见显然是不够的。因为勘察报告一方面是来源于客观实践，反映了一定的客观规律，但同时又是人们计算整理的成果，不一定能完整、准确地反映客观实际。很多实践表明，勘察报告的分析论述是否合理，结论意见是否正确，常常影响对一个地区水文地质条件的认识和地下水的开发利用。为此，对于勘察报告既要认真阅读和充分利用，又应仔细地分析研究。实践经验证明，只要具备一定的水文地质知识，要阅读一个勘察报告并不太难，但要对它作出分析研究却并不是件容易的事。

在阅读和分析勘察报告时应注意下列几点：

（1）对前言部分

首先应核对一下勘察的目的、任务是否与设计任务相吻合，勘察范围是否能满足设计所涉及的地区。勘察所完成的工作量是否合乎规定要求，能否查明勘察区的地质、水文地质条件。

（2）对地质条件部分

在这部分的阅读和研究中，应当把重点放在地形、地貌、地层及地质构造等对地下水形成的影响上，而不单纯地深入到某些地质问题中。

（3）对水质、水量的评价以及结论部分

应从下列几方面来分析研究：

1）地下水资源评价时所选用的公式是否正确，计算中所采用的水文地质参数是否准确，主要参数是否用实际测量和试验方法取得的。

2）地下水的补给条件是否真正查明。有些勘察资料中虽已计算出勘察区的可能开采水量，但对补给源却没查明，或补给源没有充分保证，这种资料的利用应持慎重态度。

3）有无考虑地下水开采后所出现的新的水动力平衡问题。一般勘察报告的结论往往是根据地下水在天然状态下作出的，尚未考虑设计施工投产后形成的水力条件的变化。

2. 综合水文地质图

综合水文地质图是野外各种主要水文地质现象在图上的直观反映。阅读的方法是：首先熟悉各种图例（花纹、线条、符号）所表示的具体内容，因为在一幅图上反映了若干项水文地质要素，则图面上势必是花纹、线条及符号等相互交错、重叠出现，尤其平面图更是如此。因此，熟悉各种图例所表示的内容是阅读图件的基础；其次是在图面上逐个地弄清单项水文地质要素的分布规律与埋藏条件；最后综合分析各水文地质要素之间的相互关系。

3. 其他资料

（1）勘探资料：当分析物探资料时，应将其结果与钻探、抽水资料对比，看物探工作是否起到了应有的作用。钻探资料的分析，首先看钻井的布置能否查明勘察区水文地质条件，钻井的距离能否满足设计井群的要求，钻井深度是否已经凿穿所需要查明的含水层，钻井的口径（指过滤器口径，以下同）能否满足抽水试验的要求，一般抽水井的口径不小于200mm。还应检查在钻探过程中是否对各个含水层分别进行了水位测定、水质分析和含水层颗粒分析。

（2）抽水资料：首先考虑抽水钻井的数目占整个钻探孔的比例，一般情况下应有50%以上的勘探孔进行抽水试验工作。另外还得看抽水水位下降值是否满足设计要求，一般要求推算的水位下降值不能超过实际抽水时水位下降值的2～3倍。对于稳定流抽水应注意抽水试验是否真正稳定，稳定后的延续时间是否符合设计要求。最后应分析抽水井的结构是否合理，特别是过滤器选择是否正确，计算所选用的公式是否准确等。

（3）地下水动态资料：主要看观测资料是否真正反映了地下水随季节变化和人工开采后的变化规律，观测时间是否满足设计要求。

第 8 章　地下水污染与防治

地下水污染严重损害地下水资源的使用功能与价值，严重影响供水、工农业生产和生态环境安全。由此，厘清地下水污染含义与特征，明确地下水污染源、污染物与污染途径的“三要素”，阐明地下水污染物理、化学与生物作用过程与机制，探讨地下水污染防治技术与管理措施，成为供水水文地质教材的重要内容之一。

8.1　地下水污染概述

8.1.1　地下水污染的含义

关于地下水污染的含义，国内外尚无统一的定义。影响比较大的有下面几种提法：

德国的梅思斯教授（G. Martthess）在《地下水性质》（《The Property of Ground Water》）一书中提到：“受人类活动污染的地下水，是由人类活动直接或间接引起总溶解固体及总悬浮固体含量超过国内或国际上制订的饮用水和工业用水标准的最大允许浓度的地下水；不受人类活动影响的天然地下水，也可能含有超过标准的组分，在这种情况下，也可据其某些组分超过天然变化值的现象而定为污染”。

法国的 J. J. 弗里德（J. J. Fried）教授在《地下水污染》（《Groundwater Pollution》）一书中提到：“污染是指地下水的物理、化学和生物特性的改变，从而限制或阻碍地下水在各方面的利用”。

美国学者米勒（D. W. Miller）教授在论述“污染”（Contamination 和 Pollution）时指由于人类活动的结果使天然水水质受到其适用性遭到破坏的程度。

弗里基（R. A. Freeze）和彻里（J. A. Cherry）在《地下水》一书中指出：“凡是由于人类活动而导致进入水环境的溶解物，不管其浓度是否达到使水质明显恶化的程度都称为污染物（Contaminant），而把污染（Pollution）一词，作为污染浓度已达到人们不能允许程度的水质状况的一个专门术语”。

苏联的水文地质学家 E. П. 明金（Минкин）认为，所谓水源地内地下水的污染是指除水源的本身影响之外，由于生产和生活条件的各种因素影响而直接或间接地使地下水质恶化，导致其全部或部分不能用作供水水源的情况。他还指出，如果是由于矿化水在自然条件下扩展到开采水源地，或因矿化水与淡水含水层及地表水有水力联系而使其渗入水源时，便不能称为地下水污染，只说明是由于取水量超过了水源地地下水的允许开采量而引起地下水被疏干的现象。

从上述所引用的一些论述中，可以发现一些相互矛盾的看法，主要分歧有二：其一是污染标准问题。有人提出了明确的标准，即地下水某些组分的浓度超过水质标准的现象称为地下水污染；有人只提一个抽象的标准，即地下水某些组分浓度达到“不能允许的程度”或“适用性遭到破坏”等现象称为地下水污染。其二是污染原因问题。有学者认为，地下污染是人类活动引起的特有现象，天然条件下形成的某些组分的富集和贫化现象均不能称为污染；而有的人认为，不管是人为活动引起的或者是天然形成的，只要浓度超过水质标准都称为地下水污染。

在天然地质环境及人类活动影响下，地下水中的某些组分都可能产生相对富集和相对贫化，都可能产生不合格的水质。如果把这两种形成原因各异的现象统称为“地下水污染”，在科学上是不严谨的，在地下水资源保护的实用角度上，也是不可取的。因为前者是在漫长的地质历史中形成的，其出现是不可防止的；而后者是在相对较短的人类历史中形成的，因此只要查清其原因及途径，采取相应措施是可以防止的。因此，把上述两种原因所产生的现象从术语及含义上加以区别，从科学严谨性及实用性上都更可取些。

在人类活动的影响下，地下水某些组分浓度的变化总是由小到大的量变过程，在其浓度尚未超标之前，实际污染已经产生。因此，把浓度变化超标以后才视为污染，实际上是不科学的，而且失去了预防的意义。当然，在判定地下水是否污染时，应该参考水质标准，但其目的并不是把它作为地下水污染的标准，而是根据它判别地下水水质是否朝着恶化的方向发展。如朝着恶化方向发展，则视为“地下水污染”，反之不然。

《中华人民共和国水污染防治法》中对“水污染”所确定的含义为：“水污染”是指水体因某种物质的介入，而导致其化学、物理、生物或者放射性等方面特性的改变，从而影响水的有效利用，危害人体健康或者破坏生态环境，造成水质恶化的现象。

因此，根据上述各种对“水污染”的论述和有关的法律认证，人们认为地下水污染的定义应该是：凡是在人类活动影响下，地下水质变化朝着水质恶化方向发展的现象，统称为“地下水污染”。不管此种现象是否使水质恶化达到影响使用的程度，只要这种现象一发生，就应视为污染。至于在天然环境中所产生的地下水某些组分相对富集及贫化而使水质恶化的现象，不应视为污染，而应称为“天然异常”。所以，判定地下水是否污染必须具备两个条件：第一，水质朝着恶化的方面发展；第二，这种变化是人类活动引起的。

8.1.2 地下水污染的特点

地下水的污染特点是由地下水的储存特征所决定的。地下水储存于地表以下一定深度处，上部有一定厚度的包气带土层作天然屏障，地面污染物在进入地下水含水层之前，必须首先经过包气带土层；地下水直接储存于多孔介质之中，并进行缓慢的运移。由于上述特点使得地下水污染有如下特性：

1. 隐蔽性

由于污染是发生在地表以下的空隙介质之中，因此常常是地下水已遭到相当程度的污染，也往往从表观上很难识别，一般仍然表现为无色、无味，不能像地表水那样，从颜色及气味或鱼类等生物的死亡、灭绝鉴别出来。即使人类饮用了受有害或有毒组分污染的地下水，对人体的影响也只是慢性的长期效应，不易觉察。

2. 难以逆转性

地下水一旦遭到污染就很难得到恢复。由于地下水流速缓慢，如果等待天然地下径流将污染物带走，则需要相当长的时间。而且作为孔隙介质的砂土对很多污染物都具有吸附作用，则污染物的清除更加复杂困难。即使切断了污染源，仅依赖含水层本身的自然净化，少则需十年、几十年，多则甚至需要上百年的时间。

3. 延缓性

延缓性表现在：由于污染物在含水层上部的包气带土壤中经过各种物理、化学及生物作用，则会在垂向上延缓潜水含水层的污染。对于承压含水层，则由于上部的隔水层顶板存在，污染物向下运移的速度会更加缓慢；由于地下水是在孔隙介质的串珠管状的微孔中进行缓慢的渗透，日夜的实际运动速度仅是米的数量级，因此地下水污染向附近的运移、扩散亦是相当缓慢的。由于上述原因，地下水的污染程度亦相对的小于河水，如某市排污河中氰的浓度达 1.6mg/L，其下部 5～25m 的潜水含水层中氰的浓度仅 0.02mg/L，而 60～80m 的承压含水层中则未检出有氰。

8.1.3　污染源、污染物及污染途径

1. 污染源

地下水的污染来源（或简称污染源）繁多，从其形成原因，基本上就是两大类：人为污染源和天然污染源。

（1）人为污染源

1）城市液体废物

城市液体废物主要包括生活污水、工业污水及地表降雨径流。

① 生活污水

SS（悬浮固体）、BOD（生化需氧量）、N（主要为 NH_4-N）、P、Cl、细菌和病毒含量高；其次是 Ca、Mg 等，每升也可达数十毫克；重金属含量一般都是微剂量。其中对地下水威胁最大的是氮、细菌和病毒。

② 工业污水

工业污水种类繁多，不同污水污染参数具有很大的差异，表 8-1 列出我国各行业工业废水的主要污染参数。

我国各行业工业废水的主要污染参数*　　表 8-1

类别	主要参数
黑色金属矿山（包括磁铁矿、赤铁矿、锰矿等）	pH、悬浮物、硫化物、铜、铅、锌、镉、汞、六价铬等
黑色冶金（包括选矿、烧结、炼焦、炼铁、炼钢、轧钢等）	pH、悬浮物、COD、硫化物、氟化物、挥发酚、氰化物、石油类、铜、铅、锌、砷、镉、汞等
选矿药剂	COD、BOD_5、悬浮物、硫化物、挥发酚等
有色金属矿山及冶炼（包括选矿、烧结、冶炼、电解、精炼等）	pH、悬浮物、COD、硫化物、氟化物、挥发酚、铜、铅、锌、砷、镉、汞、六价铬等
火力发电、热电	pH、悬浮物、硫化物、挥发酚、砷、铅、镉、石油类、水温等
煤矿（包括洗煤）	pH、悬浮物、砷、硫化物等
焦化	COD、BOD_5、悬浮物、硫化物、挥发酚、氰化物、石油类、水温、氨氮、苯类、多环芳烃等
石油开发	pH、COD、悬浮物、硫化物、挥发酚、石油类等
石油炼制	pH、COD、BOD_5、悬浮物、硫化物、挥发酚、氰化物、石油类、苯类、多环芳烃等

续表

类别		主要参数
矿床开采	硫铁矿	pH、悬浮物、硫化物、铜、铅、锌、镉、汞、砷、六价铬等
	雄黄矿	pH、悬浮物、硫化物、砷等
	磷　矿	pH、悬浮物、氟化物、硫化物、砷、铅、磷等
	萤石矿	pH、悬浮物、氟化物等
	汞　矿	pH、悬浮物、硫化物、砷、汞等
无机原料	硫　酸	pH（酸度）、悬浮物、硫化物、氟化物、铜、铅、锌、镉、砷等
	氯　碱	pH（或酸度、碱度）、COD、悬浮物、汞等
	铬　盐	pH（或酸度）、总铬、六价铬等
有机原料		pH（或酸度、碱度）、COD、BOD_5、悬浮物、挥发酚、氰化物、苯类、硝基苯类、有机氯等
化肥	磷　肥	pH（酸度）、COD、悬浮物、氟化物、砷、磷等
	氮　肥	COD、BOD_5、挥发酚、氰化物、硫化物、砷等
橡胶	合成橡胶	pH（酸度、碱度）、COD、BOD_5、石油类、铜、锌、六价铬、多环芳烃等
	橡胶加工	COD、BOD_5、硫化物、六价铬、石油类、苯、多环芳烃等
塑料		COD、BOD_5、硫化物、氰化物、铅、砷、汞、石油类、有机氯、苯类、多环芳烃等
化纤		pH、COD、BOD_5、悬浮物、铜、锌、石油类等
农药		pH、COD、BOD_5、悬浮物、硫化物、挥发酚、砷、有机氯、有机磷等
制药		pH（酸度、碱度）、COD、BOD_5、悬浮物、石油类、硝基酚类、苯胺类等
染料		pH（酸度、碱度）、COD、BOD_5、悬浮物、挥发酚、硫化物、苯胺类、硝基苯类等
颜料		pH、COD、悬浮物、硫化物、汞、六价铬、铅、镉、砷、锌、石油类等
油漆		COD、BOD_5、挥发酚、石油类、镉、氰化物、铅、六价铬、苯类、硝基苯类等
其他有机化工		pH（酸度、碱度）、COD、BOD_5、挥发酚、石油类、氰化物、硝基苯类等
合成脂肪酸		pH、COD、BOD_5、油、锰、悬浮物等
合成洗涤剂		COD、BOD_5、油、苯类、表面活性剂等
机械制造		COD、悬浮物、挥发酚、石油类、铅、氰化物等
电镀		pH（酸度）、氰化物、六价铬、铜、锌、镍、镉、锡等
电子、仪器、仪表		pH（酸度）、COD、苯类、氰化物、六价铬、汞、镉、铅等
水泥		pH、悬浮物等
玻璃、玻璃纤维		pH、悬浮物、COD、挥发酚、氰化物、砷、铅等
油毡		COD、石油类、挥发酚等
石棉制品		pH、悬浮物等
陶瓷制品		pH、COD、铅、镉等
人造板、木材加工		pH（酸度、碱度）、COD、BOD_5、悬浮物、挥发酚等
食品		COD、BOD_5、悬浮物、pH、挥发酚、氨氮等
纺织、印染		pH、COD、BOD_5、悬浮物、挥发酚、硫化物、苯胺类、色度、六价铬等
造纸		pH（碱度）、COD、BOD_5、悬浮物、挥发酚、硫化物、铅、汞、木质素、色度等

续表

类别	主要参数
皮革及皮革加工	pH、COD、BOD_5、悬浮物、硫化物、氯化物、总铬、六价铬、色度等
电池	pH（酸度）、铅、锌、汞、镉等
火工	铅、汞、硝基苯类、硫化物、锶、铜等
绝缘材料	COD、BOD_5、挥发酚等

*引自《水资源保护管理基础》。

③ 降雨径流

城市地区的雨水地表径流往往含有较高的悬浮固体、重金属、病毒和细菌。在北方的冬天，由于路面抛撒防结冰剂，如NaCl和尿素，使地表雨水径流Na^+、Cl^-和NH_4^+含量较高。

2）城市固体废物

城市固体废物包括生活垃圾及污水河渠和污水处理厂的污泥等。

① 生活垃圾。新鲜的生活垃圾含有较多的硫酸盐、氯化物、氨、BOD、TOC、细菌混杂物和腐败的有机质。这些废物经生物降解和雨水淋滤后，可产生Cl^-、SO_4^{2-}、NH_4^+、BOD、TOC和SS含量高的淋滤液，还可产生CO_2和CH_4气体。淋滤液中上述组分浓度峰值出现在废物排放的头1～2a内，此后相当长的时间内（或许几十年），其浓度无规律的降低。总有机碳（TOC）的80%以上为脂肪酸，经细菌降解可变为高分子量的有机物，在潮湿温带地区，其降解期为5～10a，在干旱地区，由于缺乏水分，其降解速度可能受到限制。

② 工业垃圾。工业垃圾来源复杂，种类繁多。冶金工业产生含氰化物的垃圾；造纸工业产生含亚硫酸盐的垃圾；电子工业产生含汞的垃圾；石油-化学工业产生含多氯联苯（PCB_S）、农药废物和含酚焦油的垃圾，以及含矿物油、碳氢化合物溶剂及酚的垃圾；燃煤热电厂产生粉尘，粉尘淋滤液可产生As、Cr、Se和Cl；燃煤产生另外的污染物是煤灰，大部分是中性物质，只有约2%的可溶物，它含有硫酸盐，以及微量金属，如Ge和Se。

③ 污泥。污泥除富集有各种金属和有机污染物外，还有大量的营养成分，如N、P、K等。

3）农业生产及采矿活动

农业生产中广泛使用农药、化肥。土壤中剩余的农药有的能够很快分解而消失，有些则较稳定而可能长期存在，从而进入地下水中，如DDT、六六六等。农田中使用的化肥，一般并不能全部被植物根系所吸收，而有一定的比例随水下渗，如普遍使用粪便作肥料，其中就含有大量的细菌和病毒。此外，我国部分地区利用污水灌溉，亦会对地下水造成大面积的污染。

矿床开采过程中，可能成为地下水污染源的是尾矿淋滤液及矿石加工厂的污水；此外，矿坑疏干，使氧进入原来的地下水环境里，使某些矿物氧化而成为地下水污染来源。例如煤矿，其主要污染来源是含煤地层中的黄铁矿，它氧化并经淋滤后，使地下水的Fe和SO_4^{2-}升高，pH降低。此外，采煤过程中由于地层中分离出沉积水，也可能使地下水的Cl^-升高。金属矿的主要污染来源是尾矿及矿石加工的污水，它可使地下水中有关的金属离子升高。

（2）天然污染源

天然污染源是天然存在的污染物来源。地下水开采活动可能导致天然污染源进入开采含水层。天然污染源主要是海水，以及含盐高和水质差的地下水。

沿海地区的含水层，如果过量开采地下水，则可能导致海水（地下咸水）与地下淡水界面向内陆方向的推移，从而引起地下淡水的水质恶化。地下卤水亦可能产生类似的后果。我国沿海的一些城市和地区都已先后出现了上述地下咸水入侵的问题。

如果按照污染源的空间分布，可分为点源、线源和面源。

点源是指污染物高度集中的地点，如城市的垃圾堆、工矿企业和城市使用的排污井（坑）等；线源包括排污河道、渠道及排污沟等；面源是指污染物随降雨入渗或大面积的污水灌溉而进入含水层。

2. 地下水污染物

研究地下水污染首先要对地下水污染物（或称污染组分）有清晰的概念。污染物的含义：凡是人类活动导致进入地下水环境，引起水质恶化的溶解物或悬浮物，无论其浓度是否达到使水质明显恶化的程度，均称为地下水污染物。污染物种类繁多，可以从不同的角度对污染物进行分类。

（1）按污染物质的物理特性，可分为可溶解物、乳状物和难溶解物。可溶解物亦称溶质，它能以分子或离子状态均匀地分散在地下水中。在一般条件下，地下水中的可溶解性污染物的浓度比较低，对地下水的物理性质，如密度、黏滞性等无显著影响。但是，在某些情况下，随着污染物质在地下水中的扩散和运移，水体的密度和黏滞性会不断地发生变化，从而影响了地下水的流动状态和污染物本身的运移过程，如地下咸水（海水）入侵、卤水运移以及地下冷热水的运移都属这种情况。

地下水中的悬浮物，当它的粒径很小，密度和水体相差不大时，可随着地下水“漂流”，其沉降速度可忽略不计。因而它在地下水中的性态和可溶解性物质相类似。但是如果悬浮物的粒径较大，密度亦比地下水大时，重力的影响就不可忽略了，它在介质的孔隙中会出现沉淀现象。

乳状物和难溶解性物质与水不相溶混，属于非溶解相。当它们侵入地下水时，与地下水之间形成一个突变界面，在这种情况下，突变界面的运移以及在它上面的反应往往是人们重点研究的对象。

（2）按照污染物的生物、化学性质可分为微生物、有机物、无机物和放射性物质。

微生物是指各种细菌包括病菌（如大肠杆菌）、病毒等生物污染物。

对人体有害的有机污染物包括酚类、多环芳烃、有机农药、卤代烃、苯系物类和洗涤剂等。地下水中的有机物在微生物的作用下发生氧化分解时，引起地下水中溶解氧的减少并导致有机物缺氧腐化，所以亦可用 COD、BOD、TOD 以及 TOC 等综合指标来表示有机物污染的程度。

地下水的无机污染物主要有硝酸盐、亚硝酸盐、磷酸盐、氯化物、氰化物、氟以及汞、镉、铬、铅、砷等重金属。含量过高的钙、镁、铁、锰、铜、锌等元素对人体亦有害。

放射性污染物主要是来自核电厂、核武器试验的散落、实验室和医院等部门使用的放射性同位素，以及放射性矿床或含放射性矿地层的 Ra-226、Sr-90、Pu-289、Cs-137 等。

（3）按污染物在地下水中性态的稳定性可分为保守性污染物和非保守性（衰减性）污

染物。

保守性污染物是指在地下水中不和周围物质发生反应而转化或降解的物质。非保守性物质则与此相反。

3. 地下水污染途径

（1）污染方式

地下水的污染方式可分为直接污染及间接污染两种方式。

直接污染的特点是地下水中污染组分直接来源于污染源，污染组分在迁移过程中，其化学性质没有任何改变。由于地下水污染组分与污染源组分的一致性，因此较易查明其污染来源及污染途径，属于地下水污染的主要方式。在地表或地下以任何方式排放污染物时，均可发生此种方式的污染。

间接污染的特点是地下水的污染组分在污染源中的含量并不高，或低于附近的地下水，或该污染组分在污染源里根本不存在，它是污水或固体废物淋滤液在地下迁移过程中，经复杂的物理、化学及生物反应后的产物。例如：地下水硬度的升高，多半以这种方式产生。有人把这种污染方式称之为“二次污染”，其过程很复杂，“二次”一词不够科学。

（2）污染途径

地下水污染途径是复杂多样的。以污染源的种类，如污水渠道和污水坑的渗漏、固体废物堆的淋滤、化学液体的溢出、农业活动污染、采矿活动污染等，显得过于繁杂。实际上，按照水力学上的特点分类，便显得更简单明了一些。按此方法，地下水污染途径大致可分为四类，见表8-2。

地下水污染途径分类*　　**表8-2**

类型			污染途径	污染来源	被污染的含水层
Ⅰ	间歇入渗型	I_1	降水对固体废物的淋滤	工业和生活的固体废物	潜水
		I_2	矿区疏干地带的淋滤和溶解	疏干地带的易溶矿物	潜水
		I_3	灌溉水及降水对农田的淋滤	主要是农田表层土壤残留的农药、化肥及易溶盐类	潜水
Ⅱ	连续入渗型	II_1	渠、坑等污水的渗漏	各种污水及化学液体	潜水
		II_2	受污染地表水的渗漏	受污染的地表水体	潜水
		II_3	地下排污管道的渗漏	各种污水	潜水
Ⅲ	越流型	III_1	地下水开采引起的层间越流	受污染的含水层或天然咸水等	潜水或承压水
		III_2	水文地质天窗的越流	受污染的含水层或天然咸水等	潜水或承压水
		III_3	经井管的越流	受污染的含水层或天然咸水等	潜水或承压水
Ⅳ	注入径流型	IV_1	通过岩溶发育通道的注入	各种污水或被污染的地表水	主要是潜水
		IV_2	通过废水处理井的注入	各种污水	潜水或承压水
		IV_3	盐水入侵	海水或地下咸水	潜水或承压水

*引自《环境水文地质学》，略有修改。

1）间歇入渗型

间歇入渗型特点是污染物通过大气降水或灌溉水的淋滤，使固体废物、表层土壤或地层中的有害或有毒组分，周期性地从污染源通过包气带渗入含水层。这种渗入多半是呈非饱和状态的渗流形式，或者呈短时间的饱水状态连续渗流形式。间歇入渗型引起的地下水污染，其污染物来源于赋存于固体废物或土壤中。因此，分析污染过程的关键是，首先要分析固体废物或土壤等的成分，最好能获取包气带的淋滤液，这样才能查明地下水污染的来源。此种污染，无论在其范围或浓度上，均可能有季节性的变化。主要污染对象是潜水，如图 8-1 所示。

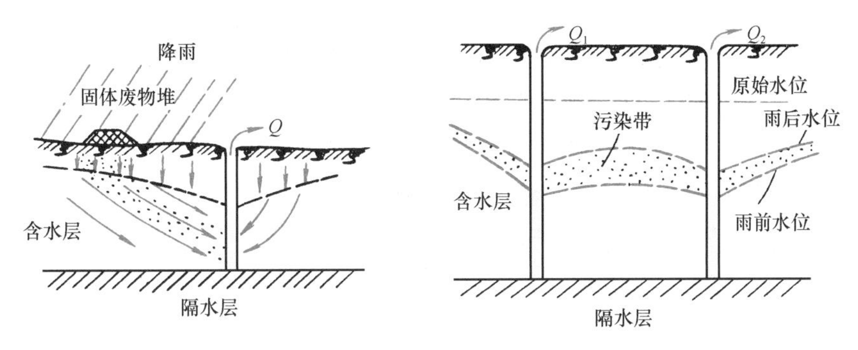

图 8-1　间歇入渗型污染途径示意图

2）连续入渗型

连续入渗型主要有两种方式污染含水层，一种是垂向通过包气带进入含水层，另一种则是以侧向入渗进入含水层。

通过包气带垂向入渗型是地面污染源以一定的浓度连续不断地向包气带土层中输入污染水体，进而不断渗入含水层。在这种情况下，或者包气带完全饱水，呈连续渗入的形式渗入含水层；或者包气带上部饱水呈连续渗流的形式，下部不饱水呈淋雨状的渗流形式渗入含水层。形成上述污染形式的污染源有污水坑（池）、蒸发池、排污水库、污水渗坑（池）、废渣水池、化粪池、排污沟渠、管道渗漏段、输油管和储油罐的损坏漏失处以及污水灌溉的水田等，如图 8-2 所示。

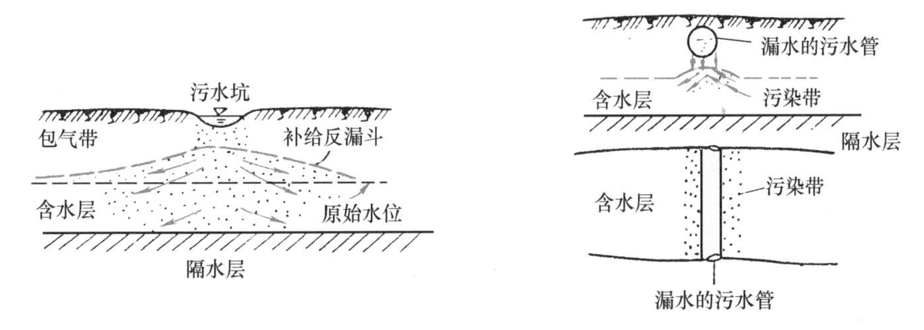

图 8-2　连续入渗型污染途径示意图

连续入渗型的另外一种形式是通过受到污染的河流、湖泊的侧向渗入而污染地下水含水层，如图 8-3 所示。

城市污水和工业废水直接排入河流，由于河流的自净能力十分有限，造成地表水体严重污染。尤其是季节性河流，在枯水季节基本上成为纳污河。大多数城市地下水水源地又大都建立在透水性良好、补给源丰富的河流两岸，以期取得河水的侧向渗透补给来保证稳

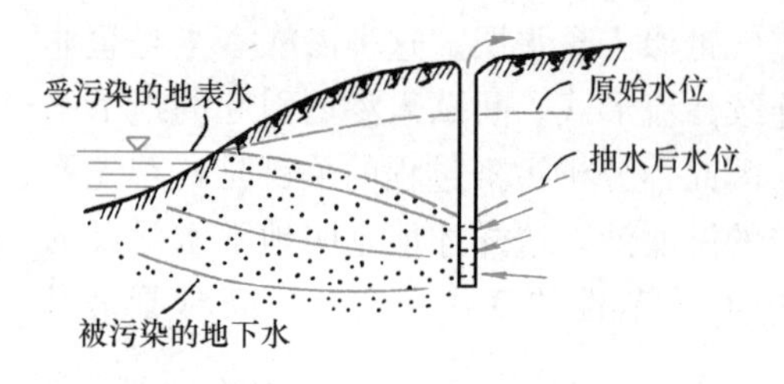

图 8-3 侧向入渗型示意图

定的开采量。如西安市的水源井均布置在河流岸边，而且多数井沿河岸布置，河水被酚污染，不同地段酚含量达 0.002～0.11mg/L，在岸边的水源井中亦都有酚被检出，有的井含量还较高，无疑是河流侧向渗入的结果。

3）越流型

当开采封闭较好的承压含水层时，如果顶板之上的潜水含水层已受到污染，则可能由于开采承压水时水位下降，与潜水含水层形成较大的水头差，潜水就会通过弱透水的隔水层顶板直接流入承压含水层中；还可以通过承压含水层顶板的“天窗”流入；亦可通过止水不严的套管与孔壁的间隙向下漏入承压含水层中；未封填死的废弃钻井亦是流入承压含水层的通道，如图 8-4 所示。

当开采潜水或浅层承压水时，深层承压水如果是咸水同样可以通过上述途径向上越流污染潜水或浅层承压水，如图 8-5 所示。上述情况发生在由于勘探石油，煤田或其他矿产时，一些勘探孔未作严格的封孔处理，构成了深层咸水向浅层流动的通道。

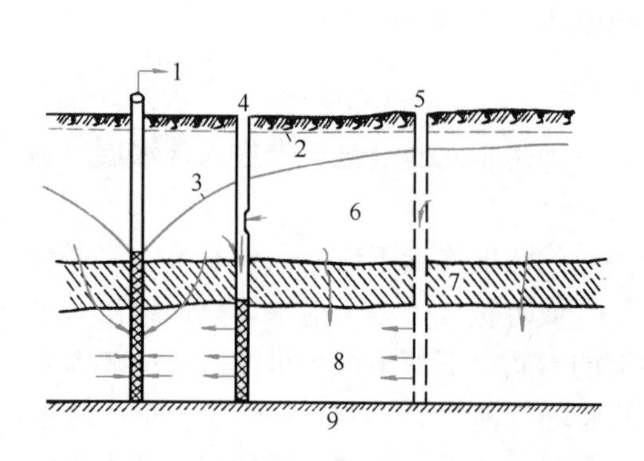

图 8-4 被污染的潜水含水层向承压含水层越流示意图

1—承压含水层中抽水井；2—污染潜水水位；3—承压水动水位；4—未封闭好的或套管被腐蚀的钻井；5—废弃钻井；6—污染的潜水含水层；7—弱透水层；8—未污染的承压含水层；9—隔水层

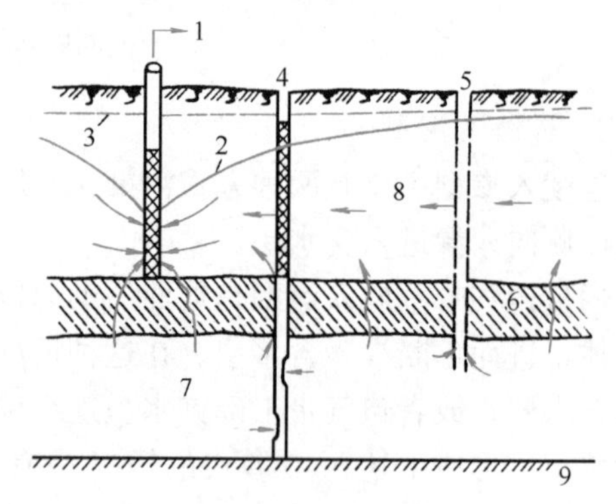

图 8-5 深层咸水向上越流通道示意图

1—潜水抽水孔；2—抽水时潜水动水位；3—深层咸水水位；4—未封闭好或套管被腐蚀的钻井；5—废弃钻井；6—弱透水层；7—承压咸水层；8—潜水含水层；9—隔水层

4）注入径流型

此种污染形式的特点是污染物不是从地表通过包气带土层下渗，而是将污水送到地面以下一定深度处或直接注入含水层之中。因为有些特殊的高浓度工业废水处理费用昂贵，所以常常将它排入到地下深处的土壤孔隙或岩石裂隙中，称为工业废水的“地下处理法”。利用土壤、岩石表面对污染物的物理、化学的自净作用，使污染物浓度得以降低，乃至完全净化，如图 8-6 所示。

从地下水污染角度，这种“地下处理”方法带来直接的或潜在的环境问题，使用不当，往往引起地下水的大范围污染。主要是由于排入地下的污染物，在污染物质浓度梯度及地下水动力场的驱动下，不断向外围扩展而造成大面积的地下水污染。

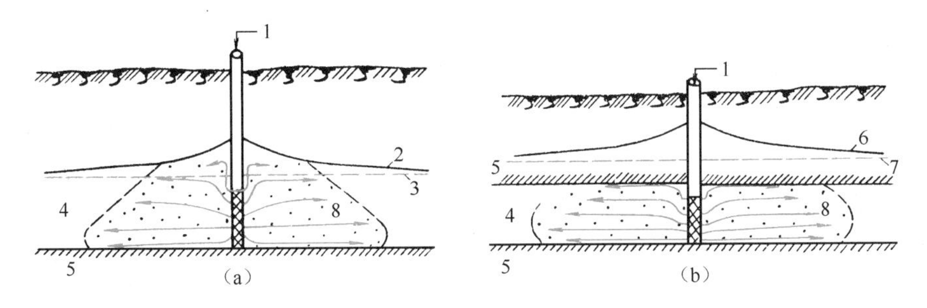

图 8-6 由排污井直接注入废水示意图

(a) 潜水；(b) 承压水

1—废水注入；2—新潜水位；3—原潜水位；4—含水层；5—隔水层；

6—新承压水位；7—原承压水位；8—污染带

海水入侵是海岸地区地下淡水超量开采而造成海水向陆地流动的地下径流。在天然条件下沿海岸地区的地下淡水和咸水建立了水动力平衡，如图 8-7 所示。伸入陆地的咸水楔和淡水体形成了天然的交界面。如果大量开采地下淡水，则会由于降落漏斗的扩大使天然地下水面降低，破坏了咸淡水体之间形成的平衡，为了达到新的平衡，淡水和咸水界面就会向陆地方向推移。

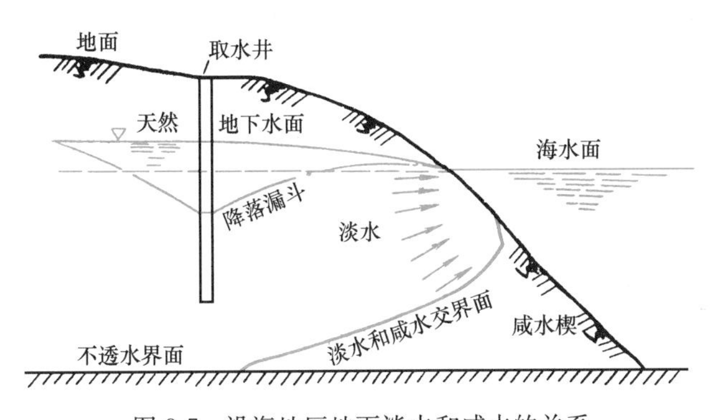

图 8-7 沿海地区地下淡水和咸水的关系

8.2 污染物在地下水系统中的物理、化学和生物作用过程

污染物在地下水系统（包气带和含水层）中的迁移过程，是复杂的物理、化学及生物因素综合作用过程。地表污染物进入含水层时，绝大部分必须通过包气带，它同时具有输水和储水功能，所以也具有输送和储存液载污染物的功能，同时还具有延缓或衰减污染的效应。一些国外学者把包气带土层称为天然的物理、化学和生物“过滤器”。实际上是，污染物经包气带迁移时，一些有毒的污染物降解为无毒的或无害的组分，一些污染物由于过滤、吸附和沉淀而截留在土层中，部分污染物被植物摄取或被微生物降解，结果使其浓度明显降低，人们通常把这些现象称之为自然净化作用，简称“自净作用”。但是，与自净作用相反，某些作用会增加污染物的迁移性能，使其浓度增加，或从一种污染物转化为另一种污染物，其结果是增加了对环境的威胁。例如污水中的 NH_4-N，经硝化作用变为 NO_3-N，使地下水中的 NO_3-N 浓度增加。

8.2.1 物理作用

物理作用主要包括机械过滤及稀释作用，它们主要产生净化效应。机械过滤作用主要是取决于介质的性质及污染物颗粒的大小。在松散地层里，颗粒越细，过滤效果越好；在坚硬岩石裂隙地层里其过滤效果一般不如松散地层好，裂隙越大，过滤效果越差。过滤效果首先是去除悬浮物，其次是细菌。此外，一些组分的沉淀物，如 $CaCO_3$、$CaSO_4$、$Fe(OH)_3$、$Al(OH)_3$ 以及有机物-黏土絮凝剂也可被去除。

在松散地层里，悬浮物一般在 1m 内即能去除，而在某些裂隙地层里，有时悬浮物可迁移数千米。细菌的直径为 0.5～10μm，病毒的直径为 0.001～1μm。因此，在砂土里（其孔隙直径一般大于 40μm），过滤对细菌的去除是无效的，而在黏土或粉土地层里，或含黏土及粉土地层里，过滤对细菌去除是有效的，而对病毒则无效或效果很差。但是，往往有些细菌和病毒附着在悬浮物里，这种过滤对去除细菌效果更佳，且能去除一部分病毒。稀释作用主要是使污染浓度变低，但并不意味污染物的去除。

8.2.2 化学作用

化学作用主要包括吸附、溶解、沉淀、氧化还原、pH 影响、化学降解、光分解及挥发作用等。

1. 吸附作用

吸附是固体表面反应的一种普遍现象。由于胶体颗粒表面的电荷不均衡性而使其带负电荷或正电荷，从而具有吸附溶液中阳离子或阴离子的能力。吸附可分为物理吸附和化学吸附。物理吸附靠静电引力使液态中的离子吸附在固态表面上，但这种键联力比较弱，在一定条件下，固态表面所吸附的离子可被液态中的另一种离子所替换，是一种可逆反应，称为“离子交换”。后者是靠化学键（如共价键）结合的，被吸附的离子进入胶体的结晶格架，成为结晶格架的一部分，它不可能再返回溶液，反应是不可逆的。这种现象可称为“化学吸附”或“特殊吸附”。产生特殊吸附的一个基本条件是，被吸附离子直径与晶格中的网穴直径大致相等，例如，K^+ 的直径为 266pm（2.66Å），铝硅酸盐胶体晶格的网穴直径为 280pm（2.80Å），所以 K^+ 可被吸附到该胶体的晶格里。但是，在实用上，要严格区分上述两种吸附是很困难的，只有用特殊技术才能加以鉴别。

（1）物理吸附作用

土层介质特别土层中的胶体颗粒具有巨大的表面能，它能够借助于分子引力把地下水中的某些分子态的物质吸附在自己的表面上，称这种吸附为物理吸附。

物理吸附具有下列特征：

1）吸附时土层胶体颗粒的表面能降低，所以是放热反应，一般吸附每克分子放热小于 5kcal[1]。

2）吸附基本上没有选择性，即对于各种不同的物质，只不过是分子间力的大小有所不同，分子引力随分子量的增加而加大。对于一系列化合物中，吸附随分子量的增加而增加。

3）不产生化学反应，因此不需要高温。

[1] 1kcal=4.1868J

4）由于热运动，被吸附的物质可以在胶粒表面作某些移动，亦即较易解吸。

基于上述特征，凡是能降低表面能的物质，如有机酸，无机盐等，都可以被土层胶粒表面所吸附，称为正吸附；能够增加表面能的物质，如无机酸及其盐类—氯化物、硫酸盐、硝酸盐等，则受土层胶粒的排斥，称为负吸附。此外，土层胶粒还可吸附 NH_3、H_2 以及 CO_2 等气态分子。

（2）物理化学吸附（离子代换）

如前所述，土层胶体带有双电层，其扩散层的补偿离子可以和地下水中同电荷的离子进行等当量代换，这是一种物理化学现象，故称物理化学吸附，亦称离子代换吸附。它是土层中吸附污染物的主要方式。

土层中的离子代换吸附作用分为两种：

1）土层中的阳离子代换吸附作用

土层胶体一般是带负电，所以能够吸附保持阳离子，其扩散层的阳离子可被地下水中的阳离子代换出来，故称为代换吸附，其反应式如下：

$$\boxed{\text{土层胶体}}\begin{matrix}\cdot Ca^{2+}\\ \cdot Na^{+}\end{matrix}+3NH_4Cl \rightleftharpoons \boxed{\text{土层胶体}}\cdot 3NH_4^{+}+CaCl_2+NaCl$$

当离子交换达到平衡状态时，可用下列数学表达式表示

$$C_0-C=\kappa\left(\frac{C}{C_0-C}\right)^{1/P} \tag{8-1}$$

式中 C_0——初始阳离子浓度；

C——平衡时阳离子浓度；

κ，$1/P$——均为常数。

上述公式中离子浓度的单位为“mg/L”。

① 土层阳离子吸附作用的特征

a. 是一种能快速达到动态平衡的可逆反应。离子代换的速度虽因胶体的种类而异，一般在数分钟内即可达到平衡。

b. 阳离子的代换关系是等当量代换。例如，一个 Ca^{2+} 可以代换两个 H^+，亦即 40mg 的 Ca^{2+} 可代换 2mgH^+。

② 离子代换能力，是指一种阳离子将另一种阳离子从胶体上取代出来的能力。各种阳离子代换能力的强弱，取决于下列因素：

a. 电荷价；根据库仑定律，离子的电荷价越高，受胶体电性的吸持力越大，因而离子代换能力亦越强。

b. 离子半径及水化程度；同价离子中，离子半径越大，代换能力越强，因为在电荷价相同的情况下，半径较大的离子，单位表面积上电荷量较小，电场强度较弱，对水分子的吸引力小，即水化力弱，离子外围的水膜薄，受到胶体的吸力就较大，因而具有较强的代换能力，见表 8-3。

土层中一些阳离子的代换力的大小排列顺序如下：

$Fe^{3+} \geqslant Al^{3+} > H^+ > Ba^{2+} > Sr^{2+} > Ca^{2+} > Mg^{2+} > Cs^+ > Rb^+ > NH_4 > K^+ > Na^+ > Li^+$

应当指出，H^+ 虽然只有一价，但因半径极小，水化力很弱（一个 H^+ 只与一个水分

子结合，生成 H_3O^+ 离子)，运动速度大。故 H^+ 的代换能力比二价阳离子还要强。

原子价、离子半径及水化程度与代换力顺序的关系　　表 8-3

离　子	原　子　价	原　子　量	离　子　半　径　(Å)		代换力顺序
			未水化者	水　化　者	
Na	1	23.00	0.98	7.90	7
K	1	39.10	1.33	5.32	5
NH_4	1	18.01	1.43	5.37	6
Rb	1	85.48	1.49	5.09	4
H	1	1.008	—	—	1
Ca	2	40.08	1.06	10.00	2
Mg	2	24.32	0.78	13.00	3

c. 离子浓度；代换作用受质量作用定律的支配。代换力弱的离子，在浓度虽大的情况下，亦可以代换出低浓度的代换力强的离子。

③ 土层中阳离子的代换量（CEC)：在一定 pH 条件下，每千克土中所含有的全部交换性阳离子的毫摩尔数（mmol/kg)。

交换容量的大小一般与下列因素有关：黏土矿物及有机质的交换容量大；颗粒越小，比表面积越大，交换容量也越大；表层土壤的交换容量与土壤中黏土矿物种类及数量有关。例如，我国北方土壤中的黏土矿物以蒙脱石及伊利石为主，故其交换容量大；而南方红壤黏土矿物多以高岭石及铁铝氢氧化物为主，故其交换容量大多较小。固体表面电荷是 pH 的函数。

pH 低时，正的表面电荷占优势，吸附阴离子；pH 高时，完全是负的表面电荷，吸附阳离子，pH 为一中间值时，表面电荷为零，这一状态称为电荷零点。该状态下的 pH 称为电荷零点 pH。介质 pH 大于电荷零点 pH 时，表面电荷为负电，反之为正电。高岭石的电荷零点 pH 为 3.3～4.6；蒙脱石的电荷零点 pH≤2.5。因此，阴离子吸附只有在酸性很强的南方土壤中才出现，一般说明阴离子吸附量随 pH 的降低而增加，阳离子则相反。因此，了解各种吸附剂的电荷零点 pH 是很重要的。

④ 盐基饱和度：土层的代换性阳离子分为两类，一类是致酸离子，包括 H^+ 和 Al^{3+}；另一类是盐基离子，包括 Ca^{2+}、Mg^{2+}、K^+、Na^+、NH_4^+ 等。土层胶体上所吸附的阳离子都是盐基离子的土层，称为盐基饱和土层，它具中性或碱性反应；土层胶体吸附有一部分致酸离子的土层，称为盐基不饱和土层。在土层代换性阳离子中盐基离子所占的百分数称为土层盐基饱和度：

$$\text{盐基饱和度}(\%)=\frac{\text{代换性盐基离子总量}}{\text{阳离子代换量}}\times 100\% \tag{8-2}$$

土层盐基饱和度的大小，主要取决于气候和土质等条件。

由于我国雨量分布是由南向北逐渐减少的，所以，土层盐基饱和度亦有由北向南渐少的趋势。少雨的北方，盐基淋溶弱，土层盐基饱和度大，土层的 pH 亦较大；多雨的南方，情况正好相反。在气候相同的地区，土质富含盐基的土层，其盐基饱和度较大。

2）土层的阴离子的代换吸附作用

对于阴离子吸附起作用的是带正电的胶体、它比阳离子代换吸附作用要弱得多。

阴离子代换吸附作用亦是可逆的反应，能很快达到平衡，平衡的转移亦受质量作用定律支配。但是，土层中阴离子代换吸附常常与化学吸附作用同时发生，两者不易区别清楚，因此，相互代换的离子之间没有明显的当量关系。

各种不同的阴离子，其代换能力亦有差别，根据测定，各种阴离子被土层吸附的顺序如下：

F^- >草酸根>柠檬酸根>磷酸二氢根（$H_2PO_4^-$）≥砷酸根≥硅酸根> HCO_3^- > $H_2BO_3^-$ > $CH_3 \cdot COO^-$ > SCN^- > SO_4^{2-} > Cl^- > NO_3^-。

以上的顺序没有价数及离子大小的规律。有人认为，阴离子代换能力的大小与该离子和胶体晶格间所形成物质的溶解度有关，溶解度越小，代换能力越大。其次，凡是离子半径越接近于 OH^- 的半径（$r=1.32-1.40$Å）的，其代换力越大。

土层阴离子代换量与黏土矿物成分和土层反应有关。含水层氧化铁、铝的阴离子代换量较大，高岭石含量高的土层，阴离子代换量亦较大。阴离子代换量随着土层 pH 的升高而降低。

（3）化学吸附

化学吸附是土层颗粒表面的物质与污染物质之间，由于化学键力发生了化学作用，使得化学性质有了改变。原来在土层溶液中的可溶性物质，经化学反应后转变为难溶性化合物的沉淀物。因为在地下水中常含有大量的氯离子、硫酸根离子、重碳酸根离子以及在还原条件下的硫化氢等阴离子，所以一旦有重金属污染物进入时、在一定的氧化、还原电位和 pH 环境下，则可产生相应的氢氧化物、硫酸盐、硫化物或碳酸盐而发生沉淀现象，形成新的吸附面积，进而影响吸附性能。

化学吸附的特点是：吸附热大，相当于化学反应热；吸附有明显的选择性；化学键力大时，吸附是不可逆的。

对于上述 3 种形式的吸附（物理吸附、物理化学吸附、化学吸附）的共同特点是在化学组分与固相介质一定的情况下，化学组分的吸附和解吸主要是与其在地下水中的液相浓度和吸附在固相介质上的固相浓度有关。对此种规律的数量表达式常有下列 3 种形式：

（1）线性吸附模式或称亨利（Henry）吸附模式

$$\frac{\partial S}{\partial t}=K_1C-K_2S \tag{8-3}$$

式中 S——单位孔隙介质体积上被吸附的化学组分的质量或称固相浓度；

K_1——吸附速率；

K_2——解吸速率；

C——化学组分的液相浓度。

此模式一般用于化学组分液相浓度较低的情况效果较好。其吸附等温公式的示意曲线如图 8-8（a）所示。

（2）指数性吸附模式或称费洛因德利希（Freundlich）吸附模式

$$\frac{\partial S}{\partial t}=K_1C^m-K_2S \tag{8-4}$$

式中 m 为经验常数，当 $m=1$ 时即与式（8-3）相同，其他符号同上。

上述模式是在试验的基础上提出的经验性模式。它可适用于一般的情况，但不太适合于化学组分液相浓度过高的条件，因为这样就会导致理论上出现无穷大的吸附结果。当然它亦不大适用于污染物液相浓度过低的条件。其吸附等温公式的示意曲线如图 8-8（b）所示。

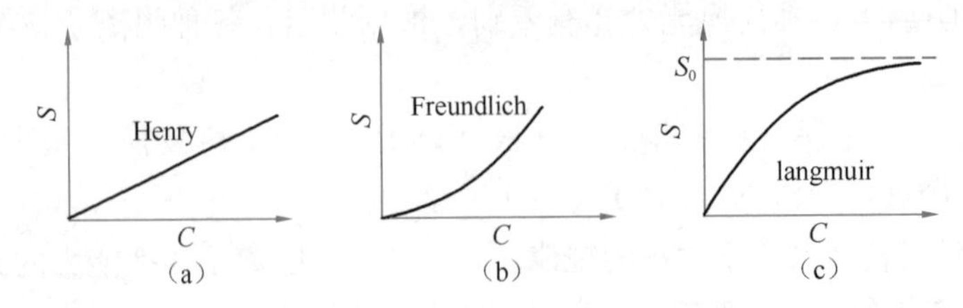

图 8-8 吸附等温公式的示意曲线

（3）渐近线性或称朗谬尔（Langmuir）吸附模式

$$\frac{\partial S}{\partial t}=K_0(S_0-S)\cdot C-K_2S \tag{8-5}$$

式中 K_0——吸附速率；

K_2——解吸速率；

S_0——极限平衡时的固相浓度；

其他符号同上。

上式表明吸附速率的变化$\frac{\partial S}{\partial t}$与化学组分的液相浓度 C 以及还没有被占据的吸附位置（S_0-S）成正比；而解附的变化率是与被吸附的化学组分固相浓度 S 成正比。

上述吸附模式原是针对气相物质的吸附过程而建立的，但目前已推广应用于非气相物质的吸附过程。建立上述模式的假定条件是：

1）所有可占据的吸附位置在能量上是等值的；

2）吸附作用的进行一直到吸附表面上形成单分子覆盖为止；

3）被吸附化学组分的解吸概率与邻近位置的占据情况无关。

其吸附等温公式的示意曲线如图 8-8（c）所示。

上述三式都是表示可逆的非平衡吸附过程的一般情况，如果 K_2 值为零，则表示无解吸过程，吸附是不可逆的。

为了解得关于 S 的表示式，可将上述三式中 C 值取为定值，则吸附模式分别变为下列形式：

亨利（Henry）模式：

$$S=\frac{K_1}{K_2}C(1-e^{-K_2t}) \tag{8-6}$$

费洛因德利希（Freundlich）模式：

$$S=\frac{K_1}{K_2}C^m(1-e^{-K_2t}) \tag{8-7}$$

朗谬尔（Langmuir）模式：

$$S=\frac{\frac{K_0}{K_2}S_0\cdot C}{1+\frac{K_0}{K_2}C}\cdot(1-e^{-(K_0C+K_2)t}) \tag{8-8}$$

当吸附达到平衡时，即$\frac{\partial S}{\partial t}=0$或$t\rightarrow\infty$时，便由式（8-6）、式（8-7）及式（8-8）导出吸附等温公式：

亨利模式：
$$S=KC \tag{8-9}$$

费洛因德利希模式：
$$S=KC^m \tag{8-10}$$

朗谬尔模式：
$$S=\frac{a\cdot C}{1+b\cdot C} \tag{8-11}$$

式中

$$K=\frac{K_1}{K_2};\ b=\frac{K_0}{K_2};\ a=bS_0;\ m>1;$$

K_0、K、K_2为常数

2. 溶解和沉淀

（1）溶解

在地下水污染过程中，溶解和淋滤往往可使某些污染物从固相转为液相而污染地下水。固体废物中的污染物通过溶解和淋滤进入地下水而破坏地下水质量。

污染物的溶解性能受其溶解度的控制。溶解度除受地下水的酸碱条件的制约外，同时还受络合物的影响。

在总溶解固体浓度大的地下水中，络合是称为中心原子的阳离子与阴离子或分子的结合，例如，$CaCO_3^0$、$CaHCO_3^+$、$CaSO_4^0$等。无论是无机络合，或者是有机络合，都可能改变某些化合物的溶解度。无机络合可增加某些化合物的溶解度，而有机络合则不然。例如，在土壤水中，与富里酸、柠檬酸等形成的络合物是易溶的，它们可增加某些化合物的溶解度；而与腐殖酸形成的螯合物是难溶的，它们可降低某些化合物的溶解度。Cu、Pb、Cd和Zn的腐殖酸络合物的pH分别为8.65、8.35、6.25和5.72；而Cu、Pb和Zn富里酸络合物，其pH分别为4.0、4.0和3.6，显然，重金属的腐殖酸络合物比重金属的富里酸络合物更稳定，更不易解离。

（2）沉淀

在地下水中常含有大量的氯离子、硫酸根离子、重碳酸根离子以及在还原条件下的硫化氢等阴离子。当有重金属污染物进入时，在一定的氧化、还原电位和pH环境下，则可能产生相应的氢氧化物、碳酸盐或硫酸盐而发生沉淀现象。在pH和氧化还原电位改变时，还可能再溶解沉淀盐类，将影响水化学过程，从而间接地影响受其过程制约的其他形式的化学组分转化作用。

8.2.3 生物作用

生物作用主要包括微生物降解及植物摄取两个方面。所谓微生物降解，是指复杂的污染物（主要是有机污染物）通过微生物活动使其转化为简单的产物，例如CO_2和H_2O；如污染分子含有Cl和N，也可能转化为Cl^-和NH_3。

已有大量的研究结果表明，无论是埋藏不深的潜水、还是循环于100m或更大深度的地下水中，都有微生物在活动，而且在零下几摄氏度到零上85～90℃的不同温度的地下水中微生物亦都能生存。在微生物参与下的有机物的降解和无机物的转化，对地下水的物理性质和化学成分的演变有着特殊作用。

（1）好氧细菌及其作用

好氧细菌生活在有自由氧的浅层地下水中，各种菌类有其独特的作用：

1）硫酸细菌，它能使 H_2S 和 S 氧化成为硫酸：

$$2H_2S + O_2 \longrightarrow 2H_2O + S_2$$

$$S_2 + 3O_2 + 2H_2O \longrightarrow 2H_2SO_4$$

已形成的硫酸又和水中的碳酸盐中和成为硫酸盐沉淀析出：

$$H_2SO_4 + CaCO_3 \longrightarrow CaSO_4 + H_2O + CO_2 \uparrow$$

2）铁细菌（丝菌），它的机体内储存有大量氢氧化铁，在细菌的原生体内先形成 $Fe_2(OH)_6$ 的水凝胶，然后变成排泄物排出体外：

$$4FeCO_3 + 6H_2O + O_2 \longrightarrow 2Fe_2(OH)_6 + 4CO_2 + 29000\text{cal}(1\text{cal} = 4.1868\text{J})$$

铁细菌还能聚集锰，大多数的铁细菌与冷水有关，一般是在5～10℃最适宜于铁细菌生存。

3）硝化菌，它是通过分解有机质而产生铵，并保持在自己的蛋白质组织中。由硝化菌氧化铵为亚硝酸和硝酸：

$$NH_4^+ + 2O_2 \longrightarrow NO_2^- + H_2O$$

$$2NO_2^- + O_2 \longrightarrow 2NO_3^-$$

（2）厌氧细菌及其作用

厌氧细菌存在于缺乏自由氧的深层地下水中，它所需的氧只能从有机氧化物中或从矿物盐类——硝酸盐、硫酸盐等中取得。

1）脱硫细菌，当地下水中存在有 SO_4^{2-} 和有机碳，在脱硫细菌的作用下，发生脱硫作用。脱硫作用的发生不仅仅是有机碳，在氢化酶存在下，由于有机质分解所形成的分子氢的作用结果：

$$SO_4^{2-} + 2C + 2H_2O \longrightarrow H_2S + 2HCO_3^-$$

$$SO_4^{2-} + 4H_2 \longrightarrow S^{2-} + 4H_2O$$

在上述作用下，地下水的pH显著增大。主要是因为进入水中的 S^{2-} 能水解生成 HS^- 及 OH^-，反应为：

$$S^{2-} + H_2O \longrightarrow HS^- + OH^-$$

硫化氢可以和很多金属元素发生反应，生成难溶的硫化物而沉淀。

2）铵化和反硝化细菌，其反应为：

$$8(H) + H^+ + NO_3^- \longrightarrow NH_4^+ + OH^- + 2H_2O$$

$$10(H) + 2H^+ + 2NO_3^- \longrightarrow N_2 + 6H_2O$$

表8-4列举了地下水中最主要的污染物的自净特性。

污染物自净特性　　**表8-4**

自净特性／污染物	保守性	持久性	过滤	吸附	离子交换	沉淀	水解	生物积累	好氧降解	厌氧降解
悬浮有机固体			○	○	○		○			
NH_4				○	○				○	○
有毒金属		○	○	○	○	○	○	○	△	△

续表

自净特性 污染物	保守性	持久性	过滤	吸附	离子交换	沉淀	水解	生物积累	好氧降解	厌氧降解
铁		○	○	○	○	○	○	○	△	
锰		○	○	○	○	○	○	○	△	
氯化物	○									
硫酸盐	△								○	○
硝酸盐	△									○
氟化物								○		
氰化物								○	○	○
碳氢化合物			○					○	○	○
表面活性剂				○					○	○
多环芳香烃		○	△	○				○	○	○
酚				○				○	○	○
有机氯化物	△	○	△	○				○		
有机氟化物		○	△	○				○		
细菌			○	○			*	○	○	○
病毒							*			

注：○—主要的；△—部分的；*—有自溶作用的。

8.3　地下水污染防治

地下水污染防治包括两方面内容：防止和保护天然优质地下水源不受人为污染；修复和净化已经受到人为污染的地下水源，使其水质恢复为清洁水源，实现地下水资源的持续利用。

8.3.1　地下水资源的保护措施

地下水污染防治应以预防为主，加强管理、综合防治，充分注意到技术上的可能性和经济上的合理性。在采取技术措施的同时，结合行政措施、法律措施和经济措施。

(1) 一般性技术措施

1) 改进生产工艺技术，尽量减少“三废”排放量，未经处理的污水不能随意直接向地下排放。加大“三废”的治理力度，提高污水的资源化利用率，降低向环境中的排放。

2) 兴建工矿企业前应根据企业性质和环境条件来选择厂址，处理废水、废渣的场所应放在城市和水源地下游的厚黏土区，离地下水源较远处，并经过严格防渗和环境影响评价。另外，建设地下水源地，尽可能将新建水源建在城市的上游地区，地层结构上具有较好的防污性能。

3) 预防地下污水管道渗漏，必要时应建立各种防渗幕，防止污水渗入地下水中，并在地下建立层状排水设施，如图 8-9 所示。如果隔水层埋藏不深，可用环状隔水墙和幕将整个工厂范围与周围洁净水隔离开来，并设置排水设备，排除渗入污水和大气降水，如图 8-10 所示。

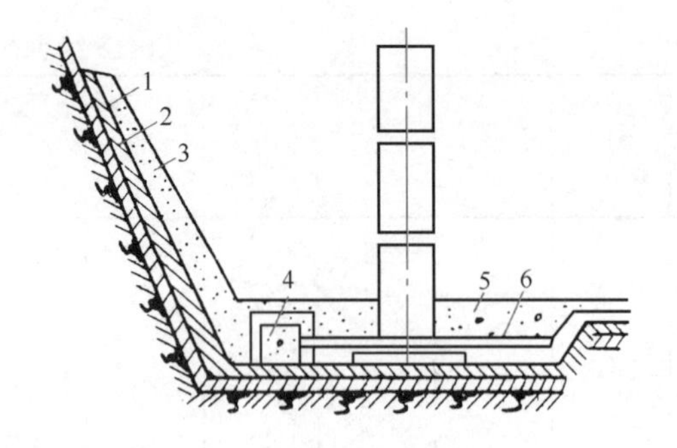

图 8-9　工厂下面的层状排水防渗装置

（引自 Ф. M. 鲍契维尔等）

1—嵌入土中的碎石；2—黏土或混凝土；3—粗砂；
4—汇集排水处；5—卵石或碎石；6—排水管

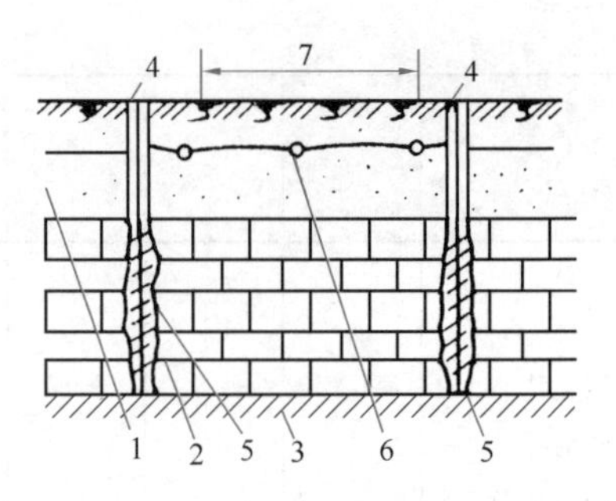

图 8-10　环状防渗幕

（引自 Ф. M. 鲍契维尔等）

1—砂砾石；2—裂隙渗水岩石；3—隔水层；
4—防漏墙；5—胶结幕；6—排水设备；7—地下水污染源

4）废渣必须妥善存放，废渣坑应具有严格的防渗措施，且坑底不能低于地下水面；矿山的尾砂矿应尽量堆放在与含水层隔绝的废矿坑中。

5）当取水层位上、下存在劣质水层或水体时，要严格控制地下水源地的开采量和开采降深。在水井设计中必须采用分层取水，保证取水构筑物施工中严格止水。在滨海地区开采地下水，严格限制淡水开采量；同时利用适宜的防控工程措施，防止海水入侵。

6）含水层中若已形成危害性大的严重污染带时，可以采取堵塞或截流措施以限制污染范围。采用截流装置时，应考虑所排出污水的出路，不允许将抽出的污染水任意排向地表水体。

7）地下水资源的保护，始终要贯彻以防为主、全面规划、合理布局的原则，在制定城乡发展规划时，应把环境目标、指标、措施作为一个整体列入规划。总体规划方案应立足于当地的自然条件、经济条件和环境影响评价。

（2）建立水源地卫生防护制度

1）卫生防护带的划分

国际上为了有效防止地下水源地污染，往往设定地下水源卫生防护带，通常由戒严带、限制带和监视带构成。

第一带为戒严带，此带仅包括取水构筑物附近的范围，要求水井周围 30m 的范围内，不得设置厕所、渗水坑、粪坑、垃圾堆和废渣堆的污染源，并建立卫生检查制度。

第二带为限制带，此带与第一带相接，包括较大范围，要求单井或井群影响半径范围内，不得使用工业废水或生活污水灌溉和施用持久性或剧毒的农药，不得修建渗水厕所、渗水坑、堆放废渣或铺设污水管道，并不得从事破坏深层土层活动。如含水层上有不透水的覆盖层，并与地表水无直接联系时，其防护范围可适当缩小。

第三带为监视带，应经常进行流行病学的观察，以便及时采取防治措施。

表 8-5 表示世界部分国家地下水源地卫生防护带划分。

2）卫生防护带半径的计算

荷兰 V. 韦根尼（Van Waegeningh，1985）提出了潜水含水层保护半径的计算公式

$$r=\sqrt{\frac{Q}{\pi i}\left[1-\exp\left(-\frac{ti}{Mn_{\mathrm{e}}}\right)\right]} \tag{8-12}$$

式中 r——防护带半径（m）；

Q——井的出水量（m^3/a）；

M——含水层厚度（m）；

t——滞后时间（a）；

n_e——有效孔隙度（%）；

i——地下水垂直补给量（m^3/a）。

各国卫生防护带的划分 **表 8-5**

禁止	联邦德国	澳大利亚	比利时	芬兰	荷兰	法国	瑞士	捷克	匈牙利	瑞典	英国
只允许给水	Ⅰ带 (井场) 10 (m)	直接 保护区	直接 保护区 20 (m)	取水区	井场	直接 保护区 10～20 (m)	Ⅰ带 10～20 (m)	第一卫生 产水带	保护带	井区	50 (d)，≥ 50 (m)
限制建筑、农业	Ⅱ带 50 (d)	保护区 50 (d)	100 (m) 24 (d) 内保护区 300～1000 (m) 50 (d)	内保护带 60 (d)	集水区 ≥30(m) 50～60 (d)	内保护区	Ⅱ带 ≥100 (m) 10 (d)	中间卫生 保护带	50 (d)	内保护区 ≥100 (m) ≥60 (d)	4000(d)， 面积不少于 流域的25%
限制某些工业和化学、油的贮运	Ⅲ$_A$带 2(km) Ⅲ$_B$带	局部 保护区	远保护区	外保护带	滞留10年 保护区 滞留25年 保护区 远离 补给区	远保护区	Ⅲ带 ≥200 (m) Ⅲ$_A$带 Ⅲ$_B$带	外围第 二卫生 保护带	水文地质 保护区 区域 保护区	外保护区	流域区 界，半径不 小于5(km)
				补给区外边界							

滞后时间是指污染物由开采区降落漏斗范围内某一点运移至抽水井所需的时间。V. 韦根尼和 V. 杜文布登曾提出，戒严带的滞后时间可考虑为 60d。据一些研究表明，沙门氏杆菌在地下水中的存活时间一般为 44～50d。为安全起见，将其乘上 1.5～2.0 的安全系数，便可取为 60d。这样长的时间已足以破坏一般的病原菌，使其丧失病原性。限制带的滞后时间一般取为 10a。这样，一旦在此带内发现化学污染，也有足够的时间来采取防治措施。

北京水源七厂采用式（8-12）计算出 12 眼井的防护半径，戒严带半径最大为 158m，最小为 108m；限制带半径最大为 938m，最小为 672m。其结果与 V. 韦根尼公布的松散沉积物含水层戒严带最大半径 150m 和滞后时间为 10a 的限制带半径 800m 甚为接近。

必须注意到，上述防护带的划分，戒严带主要考虑防止病原菌的污染，属于卫生防护；而且对于病毒污染可能是无效的，因为有些病毒的存活时间长于 60d。另一方面，它只考虑了病原菌的水平迁移，因而只适用于污染物从水平方向补给含水层的条件；对于通过包气带来自地面的污染则未注意到。所以，滞后60d的时间应是病原菌垂直迁移时间和水平迁移时间的总和。这样，在包气带较厚，且为黏性土覆盖时，按式（8-12）计算的半径必然偏大。因此计算时必须考虑具体水文地质条件，特别是包气带的岩性和厚度。

为了加强集中式地下水源保护，防范地下水引用水源污染风险，保障饮用水安全，制定《饮用水水源保护区划分技术规范》HJ 338—2018，按照含水介质类型，地下水埋藏条件和开采规模，划定地下水饮用水源保护区，包括一级保护区、二级保护区和准保护区，规划了地下水饮用水源保护区划分的水质要求、一般技术原则、技术步骤、技术方法与适用条件等，为地下水饮用水源地保护提供重要支撑。

（3）建立地下水水质监测网点

建立地下水水质监测网点，能够及时把握地下水水质时空变化，评价地下水污染状况，掌握地下水污染的变化趋势。

1）监测点网的布置原则与要求

监测点网的布置应根据水文地质条件、地下水开发利用状况、污染源的分布等环境因素综合考虑。根据《地下水环境监测技术规范》HJ/T 164—2020，建设地下水监测网原则上监测点总体上能反映监测区域内的地下水环境质量状况，监控地下水直接或潜在污染区域地下水污染时空变化和污染特征，监控各类污染源对地下水环境质量的影响程度。

面积较大的监测区域，沿地下水流向为主与垂直地下水流向为辅相结合布设监测点；地下水存在多个含水层时，监测井应为层位明确的分层监测井。区域地下水监测点布设参照《区域地下水质监测网设计规范》DZ/T 0308—2017相关要求执行。

地下水饮用水源地，以开采层为监测重点；存在多个含水层时，应在与目标含水层存在水力联系的含水层中布设监测点。岩溶区按地下河系统径流网形状和规模布设监测点，在主管道与支管道间的补给、径流区适当布设监测点；在重大或潜在的污染源分布区适当加密地下水监测点。裂隙发育区的监测点尽量布设在相互连通的裂隙网络上。

地下水饮用水源保护区和补给区，孔隙和风化裂隙面积小于50km^{2}时，水质监测点不少于7个；面积为50～100km^{2}时，监测点不得小于10个；面积大于100km^{2}时，每增加25km^{2}监测点至少增加1个；监测点按网格法布设在饮用水源保护区和补给区内。岩溶主管道上水质监测点不少于3个，一级支流管道长度大于2km布设2个监测点，一级支流管道长度小于2km布设1个监测点。

化学品生产企业以及工业集聚区等，在地下水污染源的上游、中心、两侧及下游区分别布设监测点；尾矿库、危险废物处置场和垃圾填埋场等区域，在地下水污染源的上游、两侧及下游分别布设监测点，以评估地下水的污染状况。地下水水源补给区的污染源，根据实际情况加密地下水监测点。

点状污染源（排污渗井或渗坑、堆渣地点），可沿地下水流向自排污点由密而疏布点，以控制污染带长度和观测污染物质弥散速度。监测点除沿地下水流向布置外，还应垂直流向布点，以控制污染带宽度，图8-11表示污水渗坑监测点的布置。

2）监测内容及资料整理

地下水监测项目可参照《地下水质量标准》GB/T 14848—2017，根据当地水文地质条件、工业排废情况，可适当增加或减少项目。

采样时间应安排在每年地下水的丰水期、枯水期及平水期，分别采样1～2次。在非经常开采的井中采样时，必须先进行抽水，待孔内积水排除后再采水样。

监测点网要标在（1∶2.5万）～（1∶20万）的地形图上，用不同符号标明各监测点含水层类型，编上号码。在不同时期采集的水样应与现行生活饮用水水质标准对照，进行各种毒物或指标的检出率、超标率及检测值的统计，并编成表格。监测数据应编成（1∶2.5万）～（1∶10万）比例尺的污染分布图，离子等值线图，或检出、超标点分布图。

最后编写出监测报告，说明地下水污染状况和趋势，指出水质管理规划应修改之处，并对今后地下水污染防治工作提出具体建议。

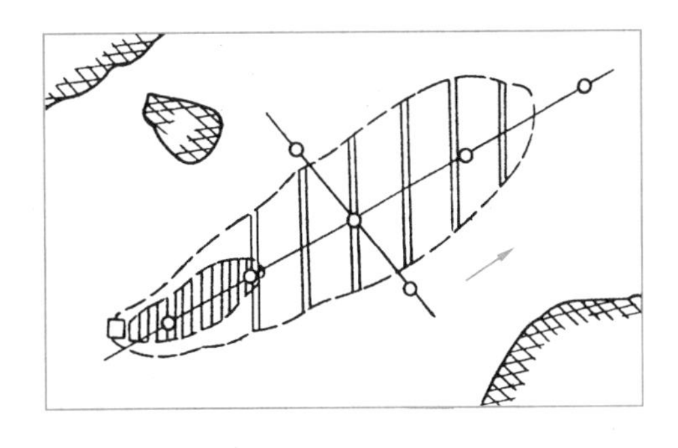

图 8-11　污水渗坑监测断面布置示意图

1—重污染区；2—轻污染区；3—监测点及监测线；4—地下水流向；5—基岩山区；6—污水渗坑

8.3.2　地下水污染治理

已有大量研究表明，受到污染的地下水含水层，尽管控制污染源，通常几十、甚至上百年都难以恢复地下水质状态。德国巴伐利亚州某地自1954年起，在干燥的砾石坑内堆放垃圾，基于1967年～1970年监测资料表明，其渗坑下伏的含水层已形成一个将近3km长的透镜体状污染层，水质继续恶化，污染范围在延伸；美国纽约长岛一家飞机制造厂在20世纪20年代末期将清除的铬和富镉电镀废液排入地下，1942年发现了地下含水层被污染而停止排放废液，到20世纪60年代，发展成一个长菱形地下水污染带，危害到周围河流的水质；美国明尼苏达州在20世纪30年代中期发生蝗灾，农民用砒霜等作为诱饵捕杀蝗虫，将剩余砒霜埋入地下，1972年在附近建供水井，饮用此井水的人大部分生病，后发现皆系砷中毒，从井中取水样化验表明，井水中含砷量高达21mg/L（超过美国饮用水含砷量标准2000多倍），而当地土壤中的含砷量竟达3000～12000mg/L；1815年在英国的诺里其修建了煤气厂，于1830年就倒闭了，酚醛化合物下渗并保留在当地地下白垩地层中，直到20世纪50年代还在污染地下水，可见在180年后，渗入含水层中的有机物质仍没有消失。

地下含水层的分布在自然界是有限的，尤其是在城市、工农业生产基地附近的含水层，与该地区的居民生活和生产都密切相关，关系到供水或饮水安全。如何有效保护有限的地下水资源，恢复或修复污染地下水，是供水水文地质的新课题和艰巨任务。

1. 包气带土层治理技术

包气带土层具有独特的环境与生态特质，属于表生生态环境维持带、水分输送带、耗氧输酸带、污染物储存与输移带、物化-生物综合作用带。对于地下水环境而言，表现出源、汇双重特性与功能。人类活动产生的污染物质通过各种途径输入包气带土层，其输入数量和速度超过其净化作用的速度，污染物质的积累过程逐渐占优势，导致土层自然净化正常功能的失调，在降水入渗驱动下，部分污染物释放，渗入地下水，造成地下水污染。

针对污染的包气带土层，治理技术主要包括：土壤气提技术、固化/稳定化技术、热解技术、淋洗技术等。重要的是，要根据包气带土层物质和生物学特征，以及技术经济性分析结果选择合理的治理技术。

2. 地下水污染治理技术与方法

治理地下水污染的技术方法按照技术性质分为物化和生物技术，包括：曝气技术、热强化技术、抽取-处理技术、水动力截获技术和综合治理技术等。

（1）曝气技术

曝气技术是将气体注入含水层（空气或氧气），通过传质效应，去除地下水中的挥发性、半挥发性污染物，同时增加地下水中溶解氧含量，促进微生物降解作用，实现污染地下水修复。曝气技术适于均质、渗透性较高（$10^{-4}cm^{4}/s$）的含水层。基于污染物的可分离性、挥发性及好氧生物降解性，适用曝气去除的污染物见表8-6。此外，对于具有较大厚度和埋深的含水层中地下水的修复，具有较好的效果。

适用曝气去除的污染物　　**表8-6**

污染物	可分离性	挥发性	好氧生物降解性*
苯	高（H=0.0055）	高（V_p=95.2）	高（$t_{1/2}$=240）
甲　苯	高（H=0.0066）	高（V_p=28.4）	高（$t_{1/2}$=168）
二甲苯	高（H=0.0051）	高（V_p=6.6）	高（$t_{1/2}$=336）
乙　苯	高（H=0.0087）	高（V_p=9.5）	高（$t_{1/2}$=144）
三氯乙烯	高（H=0.0100）	高（V_p=60）	很低（$t_{1/2}$=7704）
PCE	高（H=0.0083）	高（V_p=14.3）	很低（$t_{1/2}$=8640）
汽　油	高	高	高
燃料油	低	很低	中等

注：H为亨利定律常数（$atm \cdot m^3/m$）；V_p为20℃气体压力（mmHg）；$t_{1/2}$为有氧生物降解期间额半衰期（小时）；*半衰期与特定场地的地下环境条件有很大关系。

曝气技术有效性的关键在于合理设计和布设曝气井结构、井空间分布、注气量与注气位置、单井注气的影响半径等。需要详细调查治理区的地面环境和水文地质条件，利用数学模型模拟技术，识别曝气工程的优化运行条件。

（2）热强化技术

加热技术是利用蒸汽、热水、放射频率（RF）和电阻（AC）等方法，通过增加污染物蒸汽压和扩散度，提高黏土层有效渗透性，强化污染物挥发性，促进污染物移动性、降低黏滞性，实现土层、甚至低渗透性、富黏土的土层中污染物去除的目的。通常，蒸汽技术适用于中等或高渗透性地层，RF和AC加热法可用于低渗透性的地层，因为黏土含量高的地层捕获RF或AC能量的效果好。在砂层或渗透性好的地层中，可注入蒸汽，推进的压力锋面通过蒸发作用置换土、水中污染物；气相中的污染物迁移到浓缩面，在此污染被浓缩，并通过抽提得到去除。在污染带中注入中温（50℃）水体，可增加自由相有机物的溶解度，提高抽提去除效果。

（3）抽取-处理技术

抽取-处理技术是通过地下取水构筑物（井群或渗渠等）将污染地下水抽至地面，利用净化设施进行处理。抽取-处理技术由两部分构成：污染羽流的地下水动力控制过程和地面污染物处理过程。地下水动力控制过程是根据地下水污染范围，在污染羽流的分布区构建地下取水构筑物，通过抽取地下水，在污染羽流分布区形成地下水降落漏斗（局部地下水汇水区），达到控制污染物扩散的过程。地面处理过程与常见水处理工程相似，根据污染物类型和水量、选取适宜的净化技术和净化设备，选择与设计处理工艺，实现污染水体的地面净化。抽取-处理系统如图 8-12 所示。

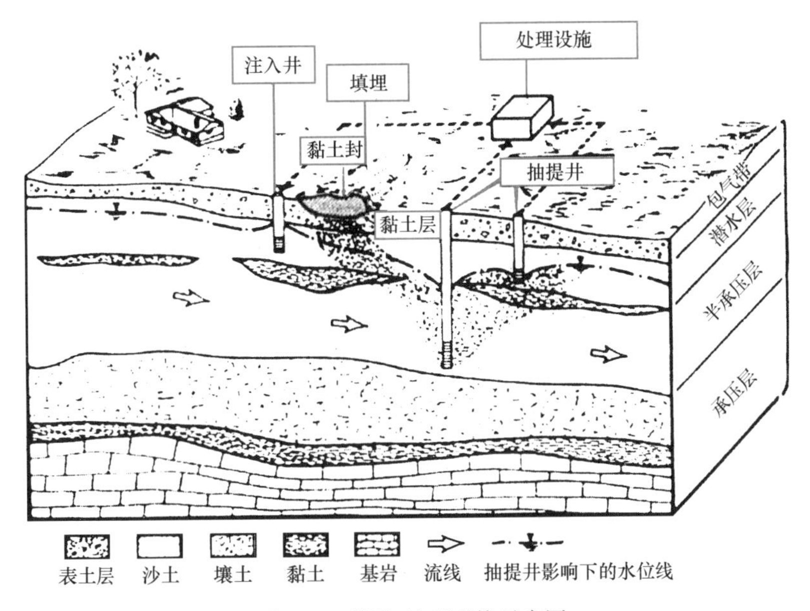

图 8-12　抽取-处理系统示意图

污染场地信息调查对于抽取-处理技术选择与修复效果至关重要。调查内容包括：地面环境条件、地下水埋藏条件、地下水流场、水动力学特征、有效空隙度、含水层结构、水力传导系数等，污染物类型、溶解度、Henry 常数、密度、辛醇-水分布系数等，污染羽流空间分布、流体密度、地下水污染历史等。在此基础上，确定抽水井的数量、位置和抽水量。

抽取-处理技术要点包括：所选择的抽水井群在横向和垂向上可最大限度截获污染羽流；确定最有效的抽水量；抽水不允许影响治理场区以外的水井或其他设施；处理污染水的回注井的位置选择应有利于与抽水井之间的配合。

抽取-处理技术对于低渗透性的黏性土层和低溶解度、高吸附性的污染物效果不理想。通常需要借助表面活性剂增强含水介质吸附的污染物的溶解性能，强化抽取-处理的速度。对于从含水层中抽取的污染地下水，采用常规的污水处理技术进行处理，如碳吸附方法、化学氧化或生物技术处理等。

利用抽取-处理技术净化污染地下水，需注意以下问题：

1）污染地下水中存在非水相溶液时，由于毛细作用使其滞留在含水介质中，明显降低抽取-处理技术的修复效率；

2）工程费用较高，而且由于地下水的抽提或回灌，影响治理区及其周边地区的地下水动态；

3）若难以完全切断污染源，当工程停止运行时，将出现严重的拖尾和污染物浓度升高现象；

4）为了确保工程有效运行，需要对系统进行定期的维护与监测；

5）通常需要较长时间（5～50a），才能达到修复目标。因此，需要与其他修复技术联合，如化学或生物技术等，缩短修复周期。

（4）原位反应墙技术

原位反应墙，也称可渗透反应墙（PRB），是目前较为成熟、广泛采用的污染地下水原位修复技术。PRB 是由渗透性反应介质（包括：零价铁、微生物、活性炭、泥炭、蒙脱石、石灰、锯屑或其他物质）构成的，置于地下水污染羽流下游，并与地下水流动方向垂直的反应阻截装置。通过污染物与介质作用（沉淀、吸附、氧化-还原，固定、生物降解），实现地下水中污染物的去除。用于溶解性有机和无机污染物的去除：氯代溶剂、石油烃、有毒微量金属组分、硝酸盐、磷酸盐和硫酸盐等。适于埋深较浅、含水层较薄、含水层基底条件优越的地方。PRB 系统如图 8-13 所示。

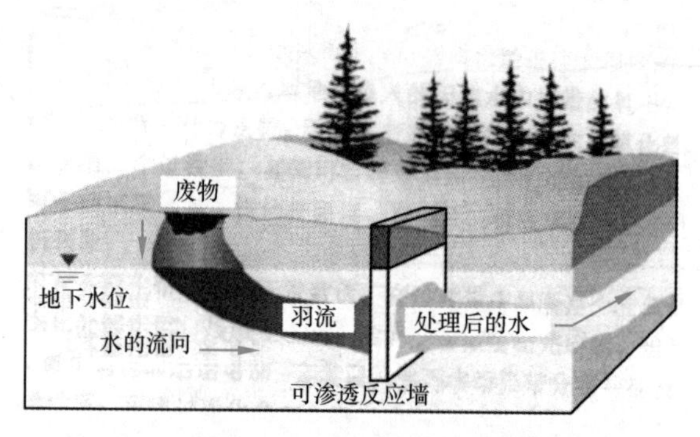

图 8-13　典型的可渗透反应墙系统的剖面图

PRB 按照结构，分为漏斗-门式 PRB：由不透水的隔墙、导水门和 PRB 组成，适用于埋深浅、污染面积大的潜水含水层；连续墙式 PRB：由连续透水的反应墙构成的 PRB，适用于埋深浅、污染羽流规模较小潜水含水层。其特点主要表现为 PRB 垂直于污染羽流运移途径，在横向和垂向上，横切整个污染羽流。

按照反应性质，可分为化学沉淀反应墙：羟基磷酸盐净化铅污染地下水，$CaCO_3$（石灰石）净化酸性矿坑水；吸附反应墙：沸石、粒状活性炭、黏土、铝硅酸盐；氧化-还原反应墙：FeO、KDF（Cu/Zn）；生物降解反应墙：释氧剂（ORC）等。

根据场地地质条件、水文地质条件以及污染物类型、浓度和空间分布设计 PRB。地质、水文地质条件和污染物空间分布影响 PRB 形状设计与填充介质类型。

（5）生物净化方法

在适宜的环境条件下，生物降解作用将复杂有机污染组分转化成简单组分；从降解组分中微生物得到生长所需的能量，生物酶能够适用于有机污染物的生物治理过程；达到控制污染源、降低风险、防止污染；具有降低有机组分的毒性和迁移能力。

生物治理的优势在于：可用于处理烃类和一定有机物质，尤其是水溶性污染物和其他方法难以去除的污染物；由于不产生废物和污染物的完全降解，具环境友好性；利用土著微生物种群，不引入具有潜在危害的生物种群；迅速、安全和经济；对于有机污染地下水的短期治理尤为有效。

生物治理技术的局限性包括：重金属和某些有机物抑制生物治理效率；细菌能够阻塞土层、降低物质循环；营养物的加入可能影响附近地面水体的水质；残留物可能引起嗅、味问题；维修和人力要求可能很高，尤其是那些长期运行的治理系统；对于阻碍营养物正常循环的低渗透性含水层，系统难以正常工作；难以预测长期效应。

图 8-14 表示了一种典型的现场生物治理系统。通过利用抽水井将污染地下水抽至地表面，在地面与氧和营养剂（N. P）等混合后重新注入污染的含水层中，在人工流场的控制下，实现对污染含水层的连续不断地净化。这一净化系统在美国部分地区的汽油泄漏治理中，已取得了相当的成功，碳氢化合物的去除率达到 70%～80%。这一技术使用的关键在于：查清治理区的地质、水文地质条件；准确确定污染物类型和污染范围、污染物含量；测定污染地下水有关的水动力学和水化学参数；准确确定抽、注水量及氧、营养剂的投加量。

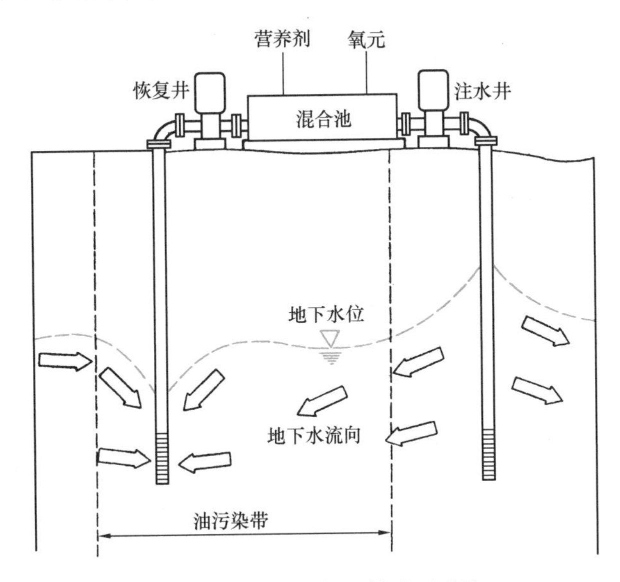

图 8-14　典型现场生物治理系统

（6）水动力截获技术

水力截获净化技术的基本原理是通过一系列合理布置的抽、注水井，最大限度地抽取污染地下水，有效控制污染浮羽流的运移，实现污染含水层的净化。与物理截获（帷幕灌浆、板柱、水泥墙等）相比，具有费用少、易于施工、操作灵活、适应性强的特点。

水力截获技术一般与地面处理技术联合使用，其使用的前提条件是含水层的污染带的分布形态、范围及污染物浓度分布特征全部查清，污染源已被清除，同时地质、水文地质条件清楚。在此基础上，所要确定的是：抽、注水井的合理数量，抽、注水井的合理间距，最佳井位、井深，最优抽、注水量，最佳水位降深。这是地下水水力截获系统合理、有效的基本保证。

1）理论分析

取一个均质、各向同性、等厚度的含水层来研究。含水层的厚度为 M，在区域 A 内地下水的渗透流速为 v，流向与 x 轴平行，指向 x 轴负方向。设所有抽水井为完整井，均布置在 y 轴上。若布置的是井群，则应设计出优选的最大井距，并在这种布局下保证所有被污染的地下水均能被汲取出来。井距被确定之后还需研究每个截获带的特点，可以从研究一眼井着手（$n=1$），然后再扩展到有多眼井的井群及整个含水层。全部推导过程都建立在复变函数理论基础上。

① 设置一个净化抽水井

为使理论分析工作简化又有普遍性，可假定净化抽水井位于直角坐标系的原点，截获带边界以外的水体认为不再流向井内，边界上流线的水力方程可写为：

$$Y=\pm\frac{Q}{2Mv}-\frac{Q}{2\pi Mv}\tan^{-1}\frac{y}{x} \tag{8-13}$$

式中　M——含水层厚度（m）；

Q——井的抽水量（m^3/s）；

v——研究范围内地下水的天然渗透流速（m/s）。

在式（8-13）的参数是比值 Q/Mv，它具有长度的量纲。图 8-15 表示参数 Q/Mv 取 5 个不同值时相对应的曲线形状。对于每个具体的 Q/Mv 曲线来说，在曲线范围内的所有水分子将流入井内。图 8-16 表示当 $Q/Mv=2000$ 时，在截获带内流线分布状况，可看到地下水均流向净化抽水井。滞留点在 x 轴上且与原点的距离为 $Q/2\pi Mv$。式（8-13）也可以变换为无量纲的方程形式。

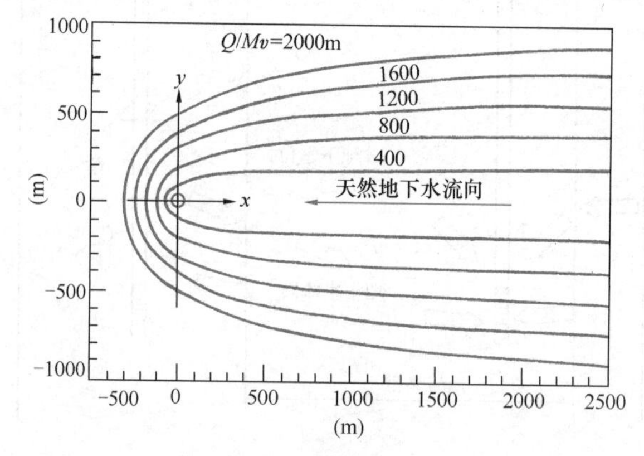

图 8-15　单井位于坐标原点抽水时，不同 Q/Mv 值所对应的截获带边界曲线

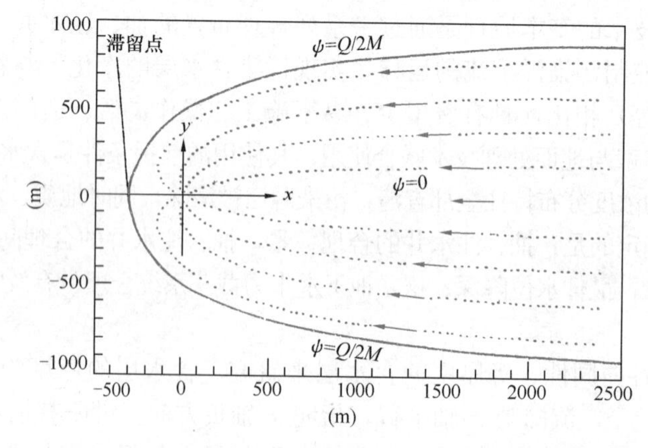

图 8-16　$Q/Mv=2000$ 时，单井抽水流线示意图

图 8-17 是单井抽水来净化被污染的含水层时，截获带以无量纲表达的曲线形式。

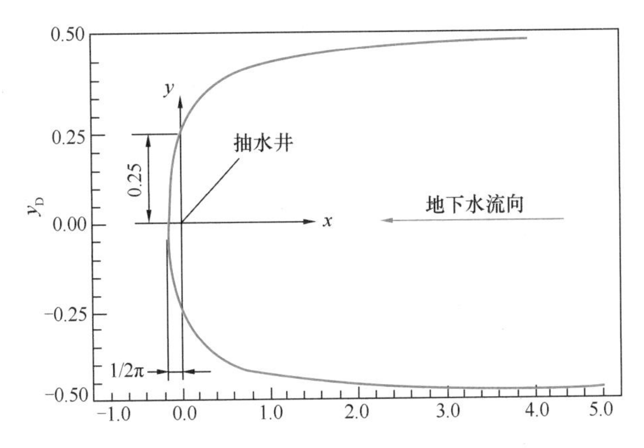

图 8-17　单井抽水时截获带以无量纲表示的曲线形式

$$Y_D = \pm\frac{1}{2} - \frac{1}{2\pi}\tan^{-1}\frac{y_D}{x_D} \tag{8-14}$$

式中　$y_D = Mvy/Q$（无量纲）；

$x_D = Mvx/Q$（无量纲）

② 设置两个净化抽水井

为讨论简单，可将两眼净化抽水井置于 y 轴上，距原点距离均为 d，每眼井都以恒定抽水量 Q 抽取污染地下水。用复变函数可将地下水在含水层中的天然渗透流速同抽水时向井的流速综合一起表示为：

$$W = V_Z + \frac{Q}{2\pi M}[\ln(Z - id) + \ln(Z + id)] + C \tag{8-15}$$

式中 Z 为复变量，$Z = x + iy$，$i = \sqrt{-1}$。

当两井井距过大时，必定会有被污染的地下水从两井之间流过，因而需要求出最佳井距。为了确定曲线滞留点的位置，可设 W 方程式的导数为零，则解出方程的根为：

$$Z = \frac{1}{2}\left(-\frac{Q}{\pi Mv} \pm \sqrt{[Q^2/(\pi Mv)^2] - 4d^2}\right) \tag{8-16}$$

当两井间的距离 $2d$ 大于 $Q/\pi Mv$ 时，方程（8-16）将给出两个虚根，每组解都表示了曲线滞留点的位置，均位于净化抽水井的后面，其坐标为：

$$\left(-\frac{Q}{2\pi Mv},\ \frac{1}{2}\sqrt{4d^2 - [Q^2/(\pi Mv)^2]}\right)$$

及

$$\left(-\frac{Q}{2\pi Mv},\ -\frac{1}{2}\sqrt{4d^2 - [Q^2/(\pi Mv)^2]}\right)$$

从数学式上可得到当 $2d \gg Q/\pi Mv$ 时，两个滞留点的坐标就为：

$$(-(Q/2\pi Mv),\ d) \text{ 及 } (-(Q/2\pi Mv),\ -d)$$

这实际上是与假设相违背的，因 $2d > \pi/QMv$ 时污染水就可能由两井之间流过。最优条件应是 $2d = Q/\pi Mv$，如图 8-18 所示。通过滞留点的流线方程应为：

$$y + \frac{Q}{2\pi Mv}\left(\tan^{-1}\frac{y-d}{x} + \tan^{-1}\frac{y+d}{x}\right) = \pm\frac{Q}{Mv} \tag{8-17}$$

两眼净化井抽水时截获带的曲线形状如图 8-19 所示。

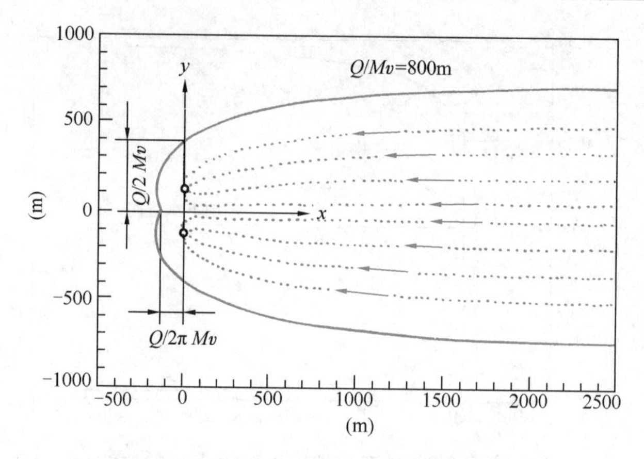

图 8-18 两井抽水时截获带最佳位置图

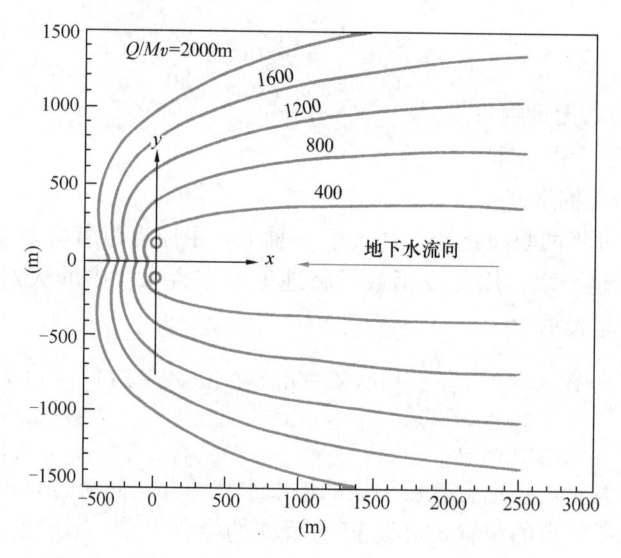

图 8-19 两井抽水时截获带边界线与 Q/Mv 关系图

③ 设置三眼净化抽水井

在讨论时可把三眼井之一布置在坐标原点上，另外两眼在 y 轴上与原点对称，距原点距离为 d，三眼井连一直线并与天然地下水流垂直。通过滞留点的流线方程为：

$$Y+\frac{Q}{2\pi Mv}\left(\tan^{-1}\frac{y}{x}+\tan^{-1}\frac{y-d}{x}+\tan^{-1}\frac{y+d}{x}\right)=\pm\frac{3Q}{2Mv} \tag{8-18}$$

三眼井的布局及不同 Q/Mv 值所对应的截获带曲线如图 8-20 所示。

最佳井距应为：

$$d=0.378Q/Mv \tag{8-19}$$

只要满足式（8-19），在两井之间被污染的地下水就可全部被抽出。对比二眼净化井工作时的最佳井距，可看三井排一线工作时每二井间的最佳井距为只设二井时最佳井距的 1.2 倍。

④ 多个净化抽水井

当净化抽水井为四眼，甚至数量很大为 n 眼（$n>4$）时，其滞留点上的流线方程为：

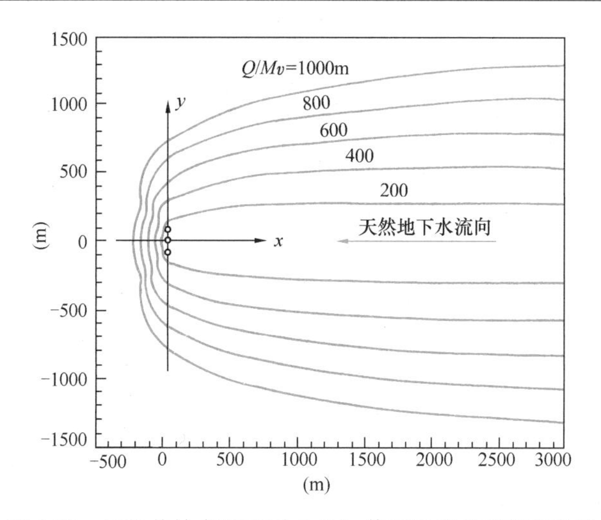

图 8-20 三眼井抽水时不同 Q/Mv 值所对应的截获带曲线

$$y+\frac{Q}{2\pi Mv}\left[\tan^{-1}\frac{y-y_1}{x}+\tan^{-1}\frac{y-y_2}{x}+\cdots+\tan^{-1}\frac{y-y_n}{x}\right]=\pm\frac{nQ}{2Mv} \tag{8-20}$$

式中 y_1、y_2、…、y_n 为净化抽水井 1、2、3、…、n 在 y 轴上的位置。

所有的净化抽水井应排成一线且与地下水天然流向垂直，相邻两井间的距离应按式（8-21）计算：

$$d=1.2Q/\pi Mv \tag{8-21}$$

图 8-21 表示用四眼井净化抽水时，不同抽水量条件下截获带的边界曲线形状。

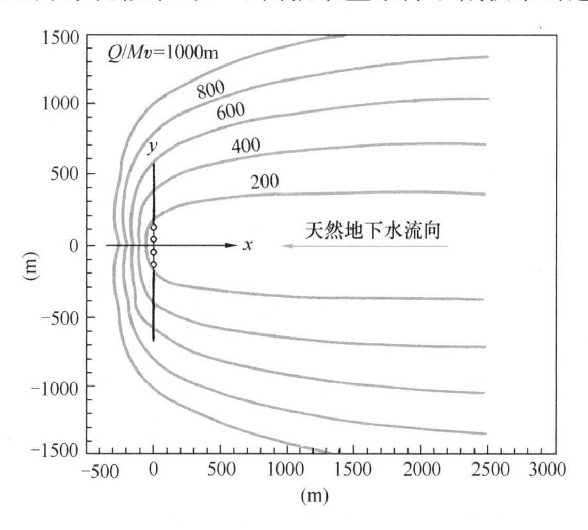

图 8-21 四眼井抽水时不同 Q/Mv 值对应的截获带边界曲线

2）曲线的实际应用

如前所述，净化抽水是目前应用最广泛、最简单的一种恢复污染含水层水质的方法。显然整个净化过程的花费应是净化程度的函数。当最大允许污染物浓度确定之后，整个净化过程的设计应取决于以下几点：

① 花费应当最小；

② 净化后地下水中某些化学成分的最大含量不能超过规定指数；

③ 抽水井的运转过程应尽可能地短。

为了保证上述 3 个条件同时得到满足，我们必须解决在简介中提到的几个问题。

抽取污染的地下水和确定井位是一个复杂的问题，但在许多场合下，下述的简单步骤可以通用并避免了工作中的一些错误。首先，制定的净化标准应是现实而可行的，被污染的地下水体只有在某个浓度等值线内才能划归净化抽水井的截获带内。

假定含水层的污染带已被确定，某些化学物质的分布状况也已弄清，地下水的流向及流速也已知。还需进一步假设在净化含水层前污染源已被排除或限制住，虽然这个假设和净化技术没直接关系，但作为一个前提更合乎逻辑。然后我们可按下述步骤进行：

① 准备一张与前述系列曲线同比例的地图，图上应标注出地下水的流向。化学物质最大允许浓度等值线也应在地图上勾出来。

② 把经过加工的地图叠置在单井抽水时不同 Q/Mv 值所对应的截获带边界曲线图上（图 8-15）。确使两张图上地下水的流向保持一致。移动浓度等值线，使闭合的等值线全部包括在某一标准曲线范围内，读出这标准曲线的 Q/Mv 值。

③ 因含水层厚度 M 和地下水渗透流速 v 为已知，按照所读的 Q/Mv 值便可计算出 Q 值。

④ 如果抽水井可以达到上面所计算的 Q 值，便说明一眼井就足能满足该含水层的净化抽水工作，井的布局位置正好是曲线上井点在地图上的投影。

⑤ 如果一眼净化抽水井不能达到所要求的抽水量，则需设置两眼抽水井，在两眼净化抽水井的标准曲线上（图 8-19）重复上述步骤来确定抽水量及井位，依次可类推到三、四眼井及更多井的规划过程。但应注意两眼以上井抽水时的干扰作用，井位除按同比例尺地图及标准曲线重叠确定外，井距还应按公式 $2d=Q/\pi Mv$（对两眼净化抽水井）和 $d=1.2Q/\pi Mv$（对两眼以上井群）来验证。

⑥ 确定注入井的位置：如果抽出的被污染地下水在处理后要重新注入含水层，仍可按上述步骤 1）、2）进行。只是绘有化学物质最大允许浓度等值线的地图上，地下水流向应同标准曲线上的天然地下水水流向保持平行，但方向相反。注水井选在等值线范围以外，靠近地下水天然流向的上游方向。这样就可确保最大允许浓度等值线范围内所有被污染地下水都会由抽水井排出。

注水井的存在会加大地下水的水力坡度，使地下水流速变大，有助于缩短净化抽水时间。这种技术的唯一缺点是当污染带延续的距离很长时，在最上游方向的尾部水体流动相对缓慢，在含水层内滞留时间很长，为清除这部分水体必定要花较多时间。为解决这一矛盾，当抽水延续一段时间后，可将抽水井向上游方向移动，在原抽水井与污染带尾部中间位置另开净化井抽水。

3）利用截获带标准曲线抽水净化污染含水层的举例

加州大学伯克利分校在美国环境保护署的协助下，曾按上述理论进行了具体工作。

该实例中所研究的一个承压含水层，是因上部隔水层不完整而使一眼排废水井的污染物渗入该含水层中，污染化学成分主要为三氯乙烯（TCE）。经过长期的水质调查后，含水层中三氯乙烯浓度分布状况如图 8-22 所示。

含水层的有关资料及水文地质参数为：承压含水层厚度 $M=10$m，天然水力坡度 $i=$

0.002；渗透系数 $K=10^{-4}\mathrm{m}^3/\mathrm{s}$；含水层孔隙度 $n=0.2$；释水系数 $\mu^*=3\times10^{-5}$；井的最大允许降深为7m。

按当地水资源规划，地下水中的三氯乙烯浓度不能超过10μg/L，为了选择一个花费最小的抽水净化方案，决定在抽水费用上严加控制，而且抽出的污染地下水在地面处理后再重新注入地下。

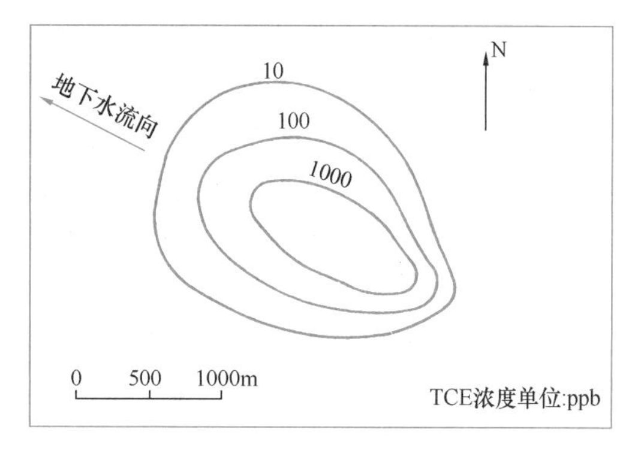

图8-22 TCE浓度等值线图

首先按前述步骤选择合理的抽水井数、井位，并计算抽水量。图8-22中已标出天然地下水的流向，它的比例尺与图8-15一致。先试选用一眼井作为净化抽水井，将图8-22与图8-15叠置在一起，在地下水流向保持平行的情况下移动两图，使浓度在10μg/L以上的污染带全部包含在某条标准曲线内，最终选定理想的曲线为 $Q/Mv=2500$。

地下水的天然流速按达西定律可知为：

$$v=K\cdot i=10^{-4}\times0.002=2.0\times10^{-7}\mathrm{m/s}$$

因此可计算净化抽水井的抽水量为：

$$\begin{aligned}Q&=(Q/v)\cdot M\cdot v\\&=2500\times10\times2\times10^{-7}\\&=5\times10^{-3}\mathrm{m}^3/\mathrm{s}\end{aligned}$$

一般抽水净化过程要连续进行数年，在计算动水位下降值时，可用稳定流或非稳定流公式，当然井的结构和直径也直接影响水位降深值。这里设净化抽水时间为1年，用雅各布非稳定流近似公式来解

$$\Delta h=\frac{2.3Q}{4\pi KM}\lg\frac{2.25KMt}{r_w^2\cdot\mu^*}\tag{8-22}$$

式中 Δh——井中水位降深（m）；

M——承压含水层厚度（m）；

t——抽水延续时间（s）；

r_w——抽水井的半径（m）；

μ^*——释水系数（无量纲）。

其他符号同前。

设井的半径为0.2m，将有关参数值代入式（8-22），可算得 $\Delta h=9.85\mathrm{m}$。

在没有考虑水跃值的情况下，计算出的井中水位降落已接近10m，超过了规定极限值，这显然是不可取的，可见采用一眼净化抽水井的方案行不通。

这样再对两眼井的方案进行试算。将图8-21重叠到双井截获带标准曲线图8-18上，在地下水流保持平行条件下移动，最后找到最协调的曲线为 $Q/Mv=1200$，算出两井中每口井的抽水量应为 $Q=0.0024\mathrm{m}^3/\mathrm{s}$；两井的井距 $2d=\dfrac{Q}{\pi Mv}=382\mathrm{m}$。

在计算井中水位下降值时，应按干扰井来考虑有：

$$\Delta h=\frac{2.3Q}{4\pi KM}\left[\lg\frac{2.25KMt}{r_w^2\cdot\mu^*}+\lg\frac{2.25KMt}{(2d)^2\cdot\mu^*}\right]\tag{8-23}$$

将所有同前的参数值代入式（8-23），可算得 $\Delta h=6.57\text{m}$。但若考虑水跃值及计算误差，该结果仍不可靠，严格地讲需再用三眼井来计算。

再将 10μg/L 的深度等值线与三眼井的截获带标准曲线系列图（图 8-20）重叠，确定出配合参数应为 $Q/Mv=800$，其配合位置如图 8-23 所示。

位于 $Q/Mv=800$ 的曲线内地下水体保证能全部抽出，各眼井的排水量应为：

$$Q=800\times10\times(2\times10^{-7})=0.0016\text{m}^3/\text{s}$$

中间一眼井因受旁边两井干扰，会有最大的水位降落值，按非稳定流干扰井公式（8-23）计算出值为：$\Delta h=5.7\text{m}$。即使加上水跃值，井中水位降深也不会超过最大允许值 7m，所以计算结果是合理的。

选择的净化抽水方案包括净化井 3 眼，井距 320m，抽水量为 $138\text{m}^3/\text{d}$，抽水时间为 1 年。具体井位如图 8-23 所示。

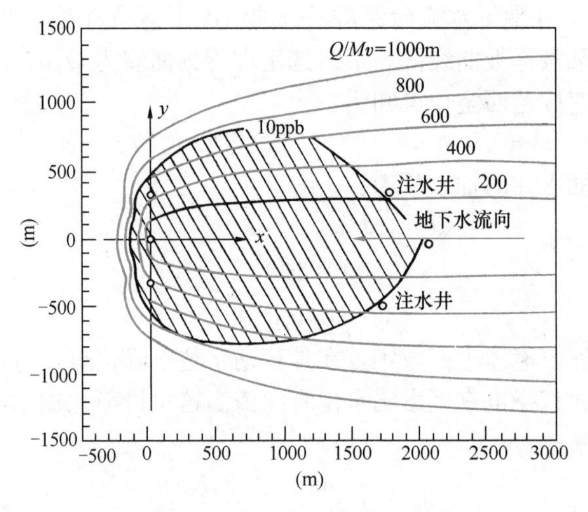

图 8-23　浓度为 10ppb 的 TCE 等值线
与 $Q/Mv=800$ 的曲线相符合

注水井的位置选择在最大允许浓度等值线外围、地下水天然流向上游方向。这样安排可以增大地下水的水力坡度，加快地下水向抽水井的流速，缩短净化抽水时间。

几点说明：

① 上述方法是在净化抽取含水层中地下水时，用来确定合理的抽水井位置及污染地下水的抽水量。整个理论是在假设承压含水层均质、等厚、各向同性的基础上推导出来的。天然的含水层中透水性是千变万化的，因此理论计算结果与实际情况往往有一定误差，在净化抽水过程中需要反复验核予以校正。

上述例中，浓度大于 10μg/L 的地下水体大约 $5.16\times10^6\text{m}^3$，三眼井的总抽水能力为 $0.0048\text{m}^3/\text{s}$，相当于 $414.7\text{m}^3/\text{d}$。如果忽略掉生物分解及吸附作用，按此抽水量要把 $5.16\times10^6\text{m}$ 的污染水体排尽约需 34a，这还是假定浓度低于 10μg/L 的地下水体在净化抽水过程中不会被汲取。实际的现场工作表明要抽完这部分水体至少得要 48a。若将抽取的地下水净化后再在适当位置重新注入含水层，将会缩短整个排水期，这是因为注水井会加大地下水流的水力坡度，在保持井中降深不变的情况下抽水量也应相对增大，才能使 Q/Mv 保持一个定值。为了防止高浓度的污染水体倒流去与周围低浓度水体混合，净化抽水井应适当布局在浓度最高的水体分布范围内。

② 净化抽水井一般应为完整井，非完整井只能部分汲取含水层上部或下部水体，而不能排出整个污染带中的水体。当污染带只分布在含水层上部或下部时，布置非完整井才是经济而合理的。

③ 上述的计算公式都是在承压含水层中推导出，以二维流理论为基础的。潜水含水层的水动力学理论比承压含水层要复杂得多，当潜水井抽水时，若井中水位降深相对于含水层厚度不大，近似看做二维流来计算不会产生明显误差。

第 9 章　地下水资源管理

地下水资源管理是以水文地质学以及有关的环境科学的理论为指导，运用技术、经济、法律和行政的手段，降低人类生产生活活动对地下水资源的危害，协调人类活动与地下水资源之间的关系，达到保护地下水资源，防止在地下水资源开发利用过程中出现不良的环境水文地质现象的产生，是供水水文地质内容的重要组成部分。地下水资源管理是一项综合性很强，十分复杂的工作，也是我国在克服水资源短缺亟待解决的重大课题。当前世界各国在地下水资源管理方面，主要是从最大的经济效益出发，结合生产实践的需要及政治、社会、法律的影响因素，建立行之有效的地下水管理制度和管理体系。

9.1　地下水资源管理的基本概念

9.1.1　地下水资源管理的内容、任务和目的

地下水资源管理的内容是地下水资源的保护、合理开发与利用。地下水资源管理的具体任务包括：确定和控制地下水源的允许开采量；制定区域各类供水水质标准；把地下水资源、经济、人口和环境作为统一系统进行分析和预测，并在地下水资源评价的基础上，编制地下水合理开发利用规划，统筹安排区域地下水资源分配；监测和预报地下水动态，实施地下水水质局部防治措施；协调、监督和管理各部门、各单位之间的计划用水，制止对地下水资源的不合理开发；建立地下水管理模型和管理体系，完善管理系统，采用经济、法律和行政手段，强化管理措施。

在地下水资源管理中，应处理好地下水资源利用和保护的关系，地表水和地下水开发利用之间的关系，生活、工业和农业用水之间的关系，供排水之间的关系等。

地下水资源管理的主要目的是建立适应地下水资源自然属性和多功能统一的管理制度，优化地下水资源状态，实现地下水资源的优化配置，发挥地下水资源的最大社会、经济、技术和环境效益，确保地下水资源的可持续利用。

9.1.2　地下水资源管理的必要性

地下水作为重要的供水水源，在人类生存和国民经济发展中起着十分重要的作用。地下水不仅是饮用水方面的可靠水源，又是工业用水和农业灌溉用水的可靠水源。但应该注意到，地下水资源分布与储存的不平衡和需水量的过于集中，目前世界上不少国家面临着在使用地下水方面所引起的一系列问题。同时，地下水的开发和利用是一项十分复杂的工作，关键在于地下水资源的形成过程及分布的隐蔽性，制约了通过直接观察识别地下水特征及变化的可能性。需要依靠长期观测的资料进行分析判断，勘查工作十分复杂且耗资巨大。当对观察数据进行整理时，由于推断上的不同会使地下水资源计算的最终结果有很大

的差异，要得到与实际情况完全相符的结论是一个极为困难的计算过程。

在一些国家的大城市中，当开采利用地下水时，因缺乏合理布局和科学的估算，最终导致动水位大幅度下降以致地下水源枯竭，随即而产生的是因地下水而导致的公害。为了合理开发利用和保护地下水资源，防止过量开采产生的严重后果，世界各国都积极强调加强地下水资源的管理工作。为此各国政府和有关部门均制定了不同类型的地下水资源保护法，成立有专门机构来监督这些法规的执行。

地球上一切资源的开发措施都着眼于如何最大可能性地带来收益，而尽可能减小投资和不利因素。地下水管理的基本方针是调整抽取地下水而产生的利弊关系，在尽可能满足该地区生产、生活用水的同时，还应确保该地区地下水资源的基本平衡，为今后经济发展而增大供水量提供可能性，这就需要研究含水层的负均衡量及其如何补偿负均衡量这类管理计划。因此，必须精确地预测出今后因抽取地下水而产生的地下水位下降和地面沉降，并据此预测所带来的后果，从确保居民利益和安全的立场出发，正确评价这些数据，制定具体的行政管理目标。

显然可见，如何正确处理开发与保护的关系，做到对地下水的全面管理、规划、合理开发、开源节流、兴利除害、使地下水免遭过量消耗与污染，是支撑国民经济建设与发展的重要一环。然而，任何地区的地下水管理计划并不能在水源地建立之前就制定出来，仅能提供粗略和概括性的建议；只有在开发和利用过程中得以逐渐完善。特别是许多与社会、法律有关问题的解决更为复杂，因此任何实施有效的地下水管理制度，必须结合地区特点，在实施过程中不断修改、补充和完善。尽管如此，在开发地下水源之前，制订初期的管理计划在任何地区都是必不可少的。

9.1.3 允许开采量的确定

地下水管理计划如同其他任何自然资源的利用计划一样，必须以有组织的资源保护和开发为其主要目标，这就要求事先预见到由于执行这种计划所要带来的一些变化、副作用和反作用，并考虑如何将其避免或减小到最低限度。只有结合经济效益综合衡量，才能对计划使用的目标和资源情况做出最好的选择。

地下水管理的目标，具体来说就是允许开采量（国外称安全开采量）的确定。在确定允许开采量时，不仅取决于水文地质因素，也会涉及社会经济方面的因素。允许抽水量在意义上相当于研究大气污染或水质污染等其他公害问题时所称谓的允许量，或相当于环境容量。一般把用数值表示的防止公害的目标称作环境标准，由于对公害所造成的危害程度有不同的理解和认识，所以目标值的确定也并不是唯一的，可以在某个范围内变动。

对地下水资源的自然科学评价和社会科学评价不断发生着变化，使允许开采量的概念也在不断演变。从地下水的均衡式来看，地下水的安全开采量定义：如果某含水层的抽取量，恰好等于这个含水层中所有其他方式的排泄量，即使动用部分储存量，也只是为了调节收入量的波动以满足抽取量的需要，那么这个抽水量就可看做该含水层的允许开采量。在确定含水层的允许开采量时，必须考虑出现的复杂因素。例如：抽水前的含水层可能无法容纳新的补给量，也就是说当含水层充满水时，再增加储存量是不可能的，多余的补给水量必然会溢流而浪费掉。然而对被疏干的含水层的储存而言，在得到新的补给时，可能不会有溢流或仅为减至最小的溢流发生，这样在地下水径流的下游地区原先接受地下水补给的地表水体就会受到显著的影响。如果要考虑地表水体所能得到的补给量，就必须调节含水层的抽取量。此外，在确定允许抽水量时，必须弄清地下水的循环路径和交换速度，对于交换速度较快的强交替的浅层潜水，就要重视其水均衡的关系；而对交换速度慢的非交替性的承压水来说，就应注重经济效益。但地下水的交换强弱又和抽水量大小有关，抽水量大到一定程度就会形成大的降落漏斗区而产生强制补给。

总体来说，在决定允许开采量时，不能只重视水均衡这一必要条件，还应综合考虑如何评价抽水引起的水质变化及地面沉降等对社会生活的危害性，或经济方面的缺点及抽取地下水的优点等。例如，在保持某一程度水均衡的条件下，仍然要发生淡水盐化和地面沉降，这时决定允许抽水量时就应以水均衡以外的必要条件为主。

目前国外是把不同抽水量带来的利弊调整换算成所谓的经济效益和费用问题，用数理方法求出的最佳值即为允许抽水量。这种方法主要注重于经济因素，然而计算用的数学模型尚不成熟。

9.1.4　地下水的“环境容量”

地下水开发保护方面的允许标准，并不只是按照天然地下水的均衡条件来确定，却主要是根据社会因素和社会利弊。因此，地下水开发保护方面的允许抽水量也就应和其他公害方面允许量（允许界线）概念相同。但是允许界线并不意味着绝对安全，这一原则对地下水的“允许抽水量”也适用。具体决定允许抽水量，必须适应各地下水含水层或地区的自然条件及社会情况，再加上各种必要条件共同来考虑。在条件简单的情况下，可以用上述的允许抽水量定义的四个条件中的某个或某几个去评价，但是其最终评价标准一定要立足于社会角度。

“环境容量”的概念最早来自环境保护和污染防治，是指某地区各污染源所允许的排放污染物质总量的限度，也就是使污染程度维持在一定水平以下的污染物总排放量。在制定地下水的抽取限额时，必须充分考虑自然和社会诸因素的影响，根据某一标准意图限制含水层或地区内的总抽水量，这种情况下的标准即为环境容量。由于抽水量和地下水位有一定的对应关系，地下水位的变化可以反映出抽水量的变化，而且地下水位无论在观测或充分利用已有井孔方面，都有较准确并易于测定的优点，所以允许抽水量可以用允许界限水位的概念来代替。这样，环境容量的概念在这里又可定义为：为了不产生地下水公害（如地面沉降等），在某一限度内所应保持的地下水位或与该水位相应的地下水抽取量。显然，在决定环境容量时单靠自然科学的判断是不全面的，还需要进行社会科学的判断，这在本质上就与前述的允许量的概念相同。但也有人主张在确定“环境容量”时，应主要着眼于社会因素，即根据社会价值体系对居民环境的依存关系来考虑，也就是说必须保障居民的生存权与安全。

在确定允许抽水量后，在其限定范围内应优先安排何种目的的用水，否则在实际运用中就会有很大困难，绝不能把允许抽水量看做是能够保证开发的最大取水量而毫无节制的开采。作为一项长期的供水计划，应尽量节约使用地下水，在经济和技术条件可能的情况下，尽可能用其他水源代替地下水源。

9.2 地下水资源开发诱发的危害及其防治

由于过量开采地下水或使用不正确的方式开采地下水，均可破坏地下水循环系统的平衡，扰乱地下水的水位、水量、水质和水温等在自然条件下的变化规律。特别是过量开采利用地下水时，常易造成区域性地下水位的下降过大，给工农业生产带来极大危害。水位大幅度下降使部分取水工程出水量减小甚至报废，有的泵站被迫更换原有取水设备，耗电量增大，抽水成本增高；在城市地区出现地面沉降，给生活和生产造成极大危害；在沿海地区过量开采地下水引起海水入侵，造成地下水中含盐量过高而水源地报废。因此在制定地下水资源利用规划时应考虑地下水在开采过程中可能产生的水环境灾害，及时采取防治措施。

9.2.1 区域性地下水水位大幅度下降

地下水位下降主要受自然和人为因素的共同支配、综合影响的结果。在天然情况下，地下水水位随气候、水文等因素的变化而变化；在开采条件下，随开采量的变化而变化。当开采量小于或等于天然补给量时，地下水处于动平衡状态，由于开采消耗的水量所引起的地下水位下降可以在一个或多个水文年内得到补偿而回升。当开采量大于补给量时，以消耗储存量补偿开采量，造成地下水位持续下降。随着地下水超采程度的不断增大，降落漏斗逐步扩大成为区域性降落漏斗。无论是潜水或是承压水含水层一旦形成区域性地下水水位下降，可能需要数年，甚至数十年才能恢复到自然状态，大多数情况下，恢复自然状态几乎是不可能的。

地下水水位区域性持续和大幅度下降的原因归纳起来主要有以下几个方面。

1. 过量开采地下水资源

如果建立的管井过于密集，而且集中开采同一含水层，再加之管理不善，盲目开采利用，就必然在主要开采部位形成持续性水位大幅度下降，这是地下水开发过程中的水量收支不均衡的标志。如果不及时改变抽水量和抽水方式，会使降落漏斗区域不断扩展，下降深度不断增大，以致最终疏干整个含水层。

由图 9-1 可见，我国区域性水位下降主要经历三个阶段，均衡稳定阶段、缓慢下降阶段、急剧下降阶段。由水量开采过程线和水位埋深过程线的对比可以看到，造成区域性水位下降的主要原因是过量开采。

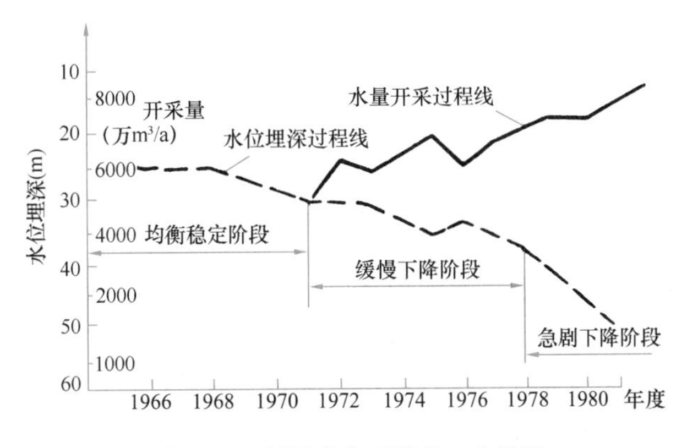

图 9-1 区域性水位下降的三个阶段

上海市开采地下水历史已达100多年，中华人民共和国成立后新建机井不断增加，在市区和郊区已形成一个地下水位下降漏斗，中心水位最大下降已达−35～−40m，同时使地面形成一个与地下水位下降漏斗相似的碟形沉降洼地。北京市区供水主要依靠地下水，取水量比解放初期增加100多倍，每年开采量超过补给量30%，年平均亏损1.6亿m^3，出现地下水量不足，水质下降。全市已出现四个地下水降落漏斗区，并且都有继续发展的趋势，个别地区埋藏在松散堆积物中的潜水几乎接近疏干程度。

山东省淄博市大武水源地是北方少有的特大型岩溶水源地。自20世纪80年代以来，随着开采量的不断增大，由1983年的年开采12000万m^3，到1993年的年开采量高达16000万m^3，由于过量开采，造成地下水位持续下降，区域地下水位下降高达40m，造成严重的经济损失和环境危害。

2. 水文地质条件改变致使补给量减少

地下水的动态变化，除了受自然因素影响外，人类的生产活动也起着相当重要的支配作用。若在地下水的上游补给区建立水源地，必然会使下游地区的地下水补给量减少。在上游区修水库截流或对河流人工改道，都会夺走下游的地下水补给，如果下游区的抽水井群不减少抽水量，一定会导致地下水位进一步下降。上游区的水土流失、洪水淤积及风沙沉积都能减少含水层的渗入补给，造成地下水位的下降。此外，矿山疏干抽水也会夺取地下水，如河北省峰峰煤矿矿井排水，已将附近潜水含水层疏干，给当地农业用水及生活用水造成很大的困难。

3. 地下水开发利用设计规划

在制订一个地区经济发展计划时，缺乏科学合理的地下水开发利用规划，将导致工农业建设的布局与水资源不配套。我国地下水资源分布很不均匀，占全国面积一半的北部和西部为干旱、半干旱地区，有的地方本来缺水，若不首先开辟水源而兴建大型工厂或发展农、牧场，必定出现工农业争水、停产、减产等。据我国13个城市统计，每当夏季只能供给需水量的70%，有的城市不得不按人口定量供水或限时配水，有的工厂因缺水而不能全部开工，甚至不得不停产。开发利用地下水资源在科学技术上很复杂，需要周密计划才行，否则会造成不可弥补的过失。

由于区域地下水位大幅度下降，对于地下水资源的开发产生了极不利的影响，表现在：

（1）造成大量的生产井报废或吊泵，由于动水位逐年下降，大量浅井抽不上水而报废，不少深井出现吊泵现象。有些城市的深井靠逐级加长深井泵扬水管维持运转，但随着泵管加长水位又大幅度下降，从而构成了地下水恶性循环。

（2）单井出水量减少

随着地下水不断下降，单井出水量或整个水源的水量也逐年减少。管井取水，在松散层中出水量一般可减少30%～50%；在基岩中出水量一般可减少50%～70%。

（3）含砂量增加

由于水位不断下降、过滤器进水面积减少，地下水流速增大，从而导致水中含砂量增加，影响了井的寿命。对于有腐蚀性的地下水，流速增大，会使井管表面受到更大的冲刷作用，同时增加金属表面与氧气的接触机会，从而加强了对井管的腐蚀作用。

（4）设备维修周期缩短，耗电量增加

动水位不断下降，使水泵抽汲地下水耗电量增加。据北京市自来水公司的资料，1976

年开采 2.66 亿 m^3 地下水，与 1964 年相比，每 $1m^3$ 水需多耗 0.035 度电，共计增加耗电量 931 万度，折合人民币 79 万元（1976 年电价），按 1996 年电价，则为 233 万元。

9.2.2　开采地下水引起的地面沉降

过量开采地下水使地下水位大幅度下降，同时也导致地下水压力减少，使地下水与沉积物的压力均衡失调，松散堆积物被压缩，地层失水固结从而产生了地面沉降。这种现象往往发生在河流下游的冲积平原或巨厚松散堆积物发育的大型盆地，一般这些区域的工农业都比较发达，因而地下水的开采量也很大。此外，地面沉降也出现在大规模的石油或天然气开采区。

世界各地巨厚的松散沉积物地区，尤其是在沿海地带，因大量开采地下水所产生的大规模地面沉降不胜枚举。早在 1923 年东京和大阪地区的地面沉降现象就引起了一些日本学者的注意，经过多年的观测和研究，最终证实地面沉降的原因是由于人为的地下水位降低，使表层软黏土层的压密加速所致。地面沉降使日本的低洼地带范围不断扩大，增加了遭受海潮袭击、发生水灾的可能性。为了防止和弥补地面沉降带来的严重灾害，日本每年都要耗费大量的社会投资来采取相应措施。以东京江东三角洲约 $47km^2$ 地区的计算结果为例，从 1961 年到 1970 年的 10 年中，就遭受 820 亿日元以上的经济损失。美国得克萨斯州的休斯敦地区，因抽取地下水使地面沉降量达 0.3～1m，使一些建筑物、路面、机场跑道及洪水调节工程均遭到破坏。

我国集中过量开采地下水的城市，地面沉降问题相当严重，上海、天津、台北等大城市尤为明显。天津市从 1966 年至 1972 年的累计沉降量大于 15cm 的面积已超过 $200km^2$，其中沉降值大于 20cm 的范围大致和市区界线一致。台湾省的台北市，地面以每年 2cm 的速度沉降，据认为，是因大量抽取地下水的结果。上海市的地面沉降，是以沪东和沪西两个用水量最大的工业区为中心，随着地下水位不断下降，沉降速度也加大。可见地面沉降速率与地下水开采量和地下水位下降速率成正比关系，如图 9-2 所示。上海市地面沉降最明显的地区，累计沉降量已达 2.63m。

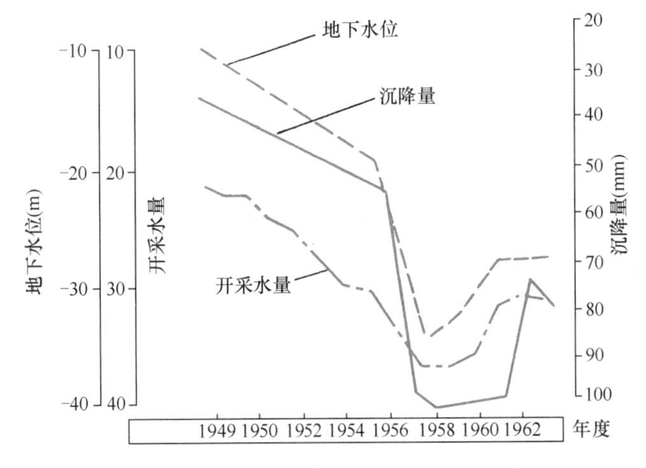

图 9-2　上海市历年地下水开采量、地下水位与地面沉降速率关系图

据已有的资料显示，截至1993年，我国地面沉降的城市已有50余座，大部分集中在沿海地区及长江三角洲地区，内陆城市约有7座。

对于地面沉降机制目前普遍采用有效应力原理来解释，认为沉降的发生归结为三方面：抽水后浮托力减少；黏性土层有效应力加大；渗透力的作用。

为了便于讨论开采孔隙承压水引起地面沉降的原因，假定图9-3条件：天然条件下，潜水与承压水水头相等（均为 H_1），且水位均位于地表。开采承压水以后，水位降到 H_2。

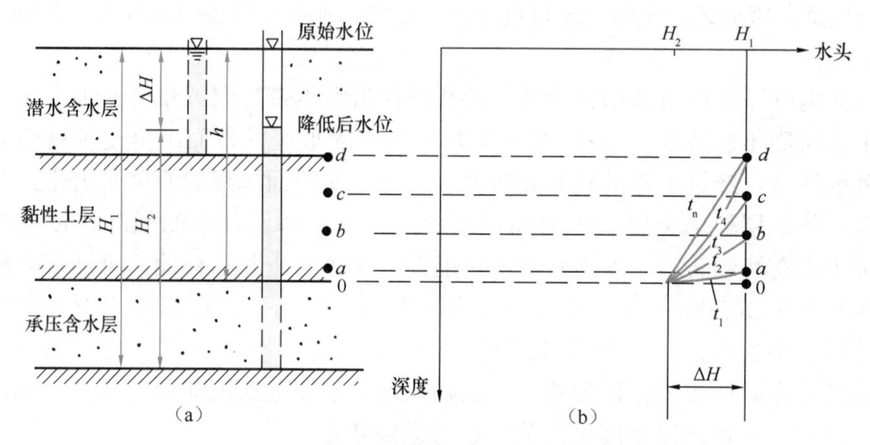

图9-3　开采地下水时土层的释水压密

1. 承压含水砂层的释水压密

天然条件下承压含水层顶面上处于力的平衡状态，即：

$$P = u + P_z \tag{9-1}$$

式中　P——深度为 h 处砂层所受的垂直应力；

u——孔隙水压力，$u=\gamma_w \cdot h$（γ_w 为水的重度，h 为以0为基准点水的测压管高度）。孔隙水压力可理解为水对上覆地层的浮托力，由于此浮托力的存在，作用于砂层骨架上的应力实际减少；

P_z——有效应力；实际作用于砂层骨架上的应力。

将式（9-1）移项则有：

$$P_z = P - u \tag{9-2}$$

式（9-2）是著名的太沙基（Terzaghl）有效应力公式。

当承压水开采后，水位下降到 H_2，水位降的变化量为 ΔH，砂层孔隙水压自然地就减少了 $\Delta u = r_w \Delta H$，垂直总应力保持不变，砂层应力由于孔隙水压力的减少相应地增加 ΔP_z，在新的应力平衡条件下，其表达式为：

$$P_z + \Delta P_z = P - (u - \Delta u) \tag{9-3}$$

比较式（9-2）则有

$$\Delta P_z = \Delta u = \gamma_w \cdot \Delta H \tag{9-4}$$

式（9-4）表明，因开采承压含水层中的地下水，造成水位下降 ΔH 后，砂层骨架所承担的有效应力的增值等于水的浮托力减少值。

砂层是通过颗粒的接触点承受应力的。有效应力增加时，颗粒的接触面积增大，排列更为紧密，孔隙度减少，砂层表现为压缩，地面相应沉降。随着地下水补给或开采量的减少，水位回升，有效应力恢复到 P_z，减压后砂层回弹，地面沉降随之消除。可见砂层释水压密为弹性变形，所引起的地面沉降为暂时性的地面沉降。

2. 黏性土的释水压密

如图 9-3 所示，当承压含水层水头由 H_1 降到 H_2 时，含水层上方的黏性土层与抽水含水层之间出现水头差，水由黏性土层向抽水层释出，并使黏性土层水头降低。由于黏性土层渗透系数很小，渗流开始发生于靠近抽水层的一侧，逐渐向上和两侧发展，分别于 t_1、t_2、t_3、t_4 时刻波及 a、b、c、d 各点；相应时刻黏性土层中的水头分布如图 9-3 所示；经过相当长的时间之后，t_n 时刻黏性土层中各点水头稳定分布呈一斜线（设潜水含水层水头始终保持 H_1 不变）。

试比较抽水开始与 t_n 时刻孔隙水压力 Δu 的变化。黏性土层底板靠近含水层一侧 $\Delta u=\gamma_w\Delta H$，靠近黏性土层顶板 $\Delta u=0$，Δu 的变化如图 9-3（b）三角形所示，根据有效应力原理可知，有效应力的增量由黏土层底面的最大值（$\Delta P_z=\gamma_\omega\Delta H$）变化到黏土层顶面为零。

由此可得以下结论：①含水层抽水时，相邻黏性土层的释水压密在空间上是减幅的，即压密是由抽水层近侧向远侧变小；②含水层抽水时，相邻黏性土层的释水压密在时间上是滞后的，即由近抽水层一侧向远侧滞后发生。设含水层水位恢复到原始水位 H_1，则黏性土层基本上不发生回弹，即黏性土层的释水压密基本上为塑性变形，这与黏性土的结构有关。黏性土颗粒间有较强的连接力，形成结构孔隙，颗粒移位，结构孔隙缩小，孔隙度降低；应力去除后，由于颗粒间联结力，变形继续保持。由此可得出：③含水层抽水时，黏性土层发生塑性释水压密，水位恢复后，土层不回弹，所引起的地面沉降是永久性的，不可消除的。

为了控制地面沉降，上海市在 1965 年以后通过钻孔进行人工补给，抬高含水层水位，结果地面大体上不再下沉，略有回弹，但原先发生沉降的地面基本上未能回弹复原。

9.2.3 开采地下水引起的咸水入侵

近海地区的潜水含水层或承压含水层与海水存在水力联系，在天然状态下陆地的地下淡水向海洋排泄，含水层保持较高的水头，淡水与海水保持某种动态平衡，因而陆地淡水含水层能阻止海水入侵。如果大幅度开发陆地淡水，必然破坏原有的平衡，导致含水层中原来保存淡水的空间被海水侵入，而使水质恶化。例如，美国长岛，面积仅 3560km^2，居民有 500 万，其生活及工业用水全靠地下水供给。最大开采量为 50 万 m^2/d，超过该岛的降水补给量，因而引起大面积地下水位下降，导致海水向开采层入侵，使水质变坏，严重地影响了地下水的继续开采利用。我国北方沿海某城市水源地，1964 年前咸水分布范围离水源地 2km，随着地下水的开采，1970 年 4 月已逼近水源地 1km 处，水质已开始恶化，单井出水量也明显减小，其根本原因是过量开采地下水所产生的结果。

我国西北及华北某些地区，由于地质历史时期的大陆盐化作用，形成咸水含水层，由于以后条件发生变迁，又在上部形成淡水含水层，淡水体的分布状况与滨海砂岛上淡水的形态一样，呈浮于咸水之上的凸镜体状。一旦淡水体因超量开采而厚度变小，就会产生咸水水位的相应上升，最终水泵抽出的只是不能饮用的咸水。我国内陆地区往往在不同深度分布有水质不同的多个含水层，当开采某一含水层时，上部或下部的咸水就可能越流补给，或通过隔水层尖灭处绕流补给开采层，使地下水水质恶化。

在滨海地区防止海水入侵最有效的措施是向含水层中进行回灌，使淡水含水层的水头总是高于海面，形成一道压力墙阻止住海水的推移。也可只在抽水井与海岸线之间打一排回灌井，形成一条高出海平面的“压力脊”。这样，含水层中的淡水、不断由压力脊向海洋方向流动，也可以防止海水入侵。当无法进行地下水回灌时，为防止海水入侵，最简单的是减少开采量，使含水层水位不再进一步下降；还可调整抽水井的排列方式，使向海的一侧水位保持在一定高度上，这就等于是保留了一个压力脊。此外，也可在离海岸较近距离处设一排抽水井抽水，形成一个较深的水位低槽，可暂时阻止海水推移，但注意监测沿海岸地下水水质。

9.2.4　过量开采引起的地面塌陷

引起地面塌陷的因素很多，诸如矿区疏干排水，基坑开挖排水，水源地集中开采等。正是由于开采条件下地下水的活动，使第四系地层和下伏可溶岩层接触处发生潜蚀作用，随着水动力条件的改变，地下水水位升降频繁，促使风化土和岩溶裂隙中充填的砂、土被潜蚀搬运，当地下水位急剧下降后，对土体的浮托力突减，上覆土层在自重压力作用下，逐步失去稳定性而产生地面塌陷。

地面塌陷大多发生在可溶岩地区，在我国 18 个省共发现规模较大的地面塌陷 530 处，塌坑近 3000 个，每年造成经济损失数亿至数十亿元。它使农田毁坏、建筑物开裂倒塌、交通中断，危及人民生命财产安全。

地面塌陷形成经历一个缓慢过程，从平衡到不平衡和形成新平衡的过程。与其有关的内在因素是岩溶、覆盖层岩性和厚度，外因则是开采引起水动力条件的变化，而地下水潜蚀则是形成塌陷的直接因素。可见地下水的合理开采，水源地开采区的合理布置与规划，是控制和减少地面塌陷的重要措施。

9.3　地下水资源管理

地下水作为水资源的重要组成部分，是优质的、不可替代、具有战略意义的宝贵资源；具有维持陆生和部分水生生态系统演替和良性循环，物质与能量的储存和输送作用，属于生态系统物流输移与平衡的重要调控体系。由此，地下水资源是饮水安全保障的重要支撑，经济社会可持续发展的物质基础和战略资源。鉴于地下水资源的重要地位、意义和价值，地下水资源科学管理受到高度重视，从法律与机制建设、技术与经济措施方面建立健全管理体系。

1. 法律与管理机制

随着社会经济发展，增大水资源需求量，提高水环境质量要求，成为制约国民经济和社会发展的重要因素。为应对水资源科学合理开发利用与保护，以及所面临的重大环境问题，国际上加快有关法律法规建设，构建与完善支持网络系统，强化水资源的保护与管理。美国政府制定安全饮水法案，资源保护与恢复法案，环境响应、赔偿、责任法案等系列法律和规章制度，依法规范企业和工程行为，降低水资源质量恶化的风险。英国制定水资源法、水工业法和环境保护法，以及建立跨部门咨询机构（ICRCL）。

我国颁布实施《中华人民共和国水法》《中华人民共和国水污染防治法》《地下水管理条例》等法律法规文件，涉及水资源规划、开发利用、保护与配置、污染防治等方面，为地下水资源管理与污染防治提供重要的法律支撑。

水资源的管理机制建设方面，主要体现在两个方面。其一是建立统一的水资源管理机构，贯彻并监督执行国家有关水资源的方针、政策、法律，监督检查水资源开发利用与保护的规划和法律实施。在法律授权范围内的组织、协调、审批和条例制订。其二是专业管理，包括实施水资源统计、审批地下水开采方案、建井管理；负责水资源动态观测、预测预报地下水水量和水质变化和发展趋势，制订地下水资源保护与管理技术对策和措施等。

2. 技术措施

（1）区域水资源统一规划、合理调度

基于统筹兼顾、综合平衡的原则，查明区域水资源总量和各类水资源的相互转化关系，明确区域水资源的各水量均衡要素及其意义，制订技术、经济合理的水资源开发利用方案，实现区域水资源统一规划，合理调度。地下水资源的开发利用，更加强调综合利用、联合开采、优化调度、多措并举、兴利除弊，满足地下水资源全面、系统管理与合理利用。

（2）调整供水水源与产业结构，优化供水模式

根据产业和供水水源结构，实行分质供水，优质优用。统筹合理安排行业间供、用水资源，全面兼顾各类行业用水需求，促进水资源多类、多级循环利用，推进一水多用形成节水型经济结构。根据水资源条件调整和优化产业结构，分考虑水资源条件，实施以源定供，以供定需，科学合理分配水资源，实现水资源与国民经济之间的合理布局，充分发挥水资源的最大的环境与经济效益。控制城市中心区的发展规模，建立分散型的供水系统，缓解水资源供需矛盾。

（3）建立健全节水型社会经济结构体系

建立高效节水农业，采用各种措施，推广与改进现代节水灌溉技术，提高农业用水效益，降低径流损耗，推广有利农田节水技术改造，实行用水总量控制，建立完善的农业节水灌溉制度，从根本上解决农业发展的水资源制约。

工业节水方面，注重开源节流，调整产品结构，改进生产工艺，建立节水型工业体系；强化节水技术，开发节水设备，推动节水设备的经济化；加强企业用水行政管理，实现节水的法制化和用水的科学化管理；提高工业生产规模，发挥规模化生产优势，实现低耗高效生产，提高企业效益和竞争力。

生活用水方面，大力宣传节水，提高节水意识；发挥费用杠杆作用，推进阶梯水价制度；推广节水型卫生设施，实行一水多用，循环利用。

厉行节约用水、推行节水措施、推广节水技术、建立节水型社会经济体系，是提高水资源利用效率，缓解水资源短缺的重要举措。由此，建立节水型的国家与社会，是水资源高效利用的重要保障。

（4）地下水人工调蓄与水资源优化配置

根据区域水文地质条件、“三水”转化关系，通过人工技术与工程措施，利用地下水储水库容，调节和扩大可利用水资源，提高区域水资源的利用效率。其中人工补给地下水是人工调蓄的重要方式，我国已有部分城市和地区借助地下工程措施，或利用渠道、季节

河道、凹地等，将地表水或其他水源水注（渗）入地下水含水层，实现地下水的补给，调整地下水资源量，改善地下水开发利用状态。

此外，水资源的优化配置是实现水资源可持续利用的有效调控措施，是水资源在整体上发挥最大经济、社会和环境效益的关键。水资源优化配置是在特定区域，遵循有效性、公平性和可持续利用原则，利用各种工程和非工程措施，按照市场经济规律和资源配置准则，通过合理抑制需求、保障有效供给维护和改善生态环境质量等手段和措施，开展多种可利用水源在区域间和各用水部门的配置。

我国的水资源优化配置起始于20世纪80年代初，经过长期研究与实践，形成多层次、多地区、多目标的大规模水资源优化配置。

（5）地下水动态监测与污染防治

地下水动态监测和污染防治是实现地下水资源安全、长效利用的重要保障。全面、系统的地下水动态监测，是掌握地下水资源管理方案执行状况、动态预测环境条件变化的重要支撑。地下水动态监测主要内容，按照地下水资源管理方案执行，包括地下水水文动态、水质变化、开采与回补量等。此外，重点监测地下水资源开发可能引起环境灾害的区域或地段。

依法保护和管理地下水资源，切实防治地下水水质恶化，有效保护地下水资源。全面规划城市发展和水源地建设，合理布局产业结构与空间分布，采取系列工程技术措施，减少污染排放。降低污染负荷、控制污染源、阻断污染途径、治理污染地下水。同时，强化地下水源地卫生防护制度建设；按照《饮用水水源保护区划分技术规范》HJ338—2018的地下水型饮用水源保护区划分要求，科学划分与建立地下水源地保护区，实现地下水资源的有效保护与污染防治。

3. 经济措施

由于基于地下水资源的商品性，依法征费，调动节约水资源的积极性，最大限度发挥水资源效率。依法开展地下水资源管理，破坏或污染水资源，必须承担经济责任和法律责任。实行“浮动价格、阶梯价格”。枯水高价，丰水低价，超计划用水加价，分质供水，按质论价，努力做到“以水养水”，使水资源发挥最大效率和最大功能。

地下水资源管理涉及诸多方面，是一项系统工程。它不仅属于地质科学的研究范围，还与工程、社会、经济、环境、法律等科学有关，需要多学科、各行业共同研究与参与，以取得良好的管理效果。

9.4　地下水资源的人工补给

地下含水层是天然的地下水库，但在无充足天然补给的条件下，地下水并不是“取之不尽，用之不竭”的自然资源。在大规模开采地下水的工业区和农业生产区，地下水储存量日趋枯竭已成为严重的社会问题。在前一节介绍的因超量开采地下水而引起的公害中，已论述了因地下水位明显下降所导致的单井出水量减少，使井泵设施损害报废；有的地区引起了地面沉降、水质恶化和污染等问题。因此在开发地下水时，必须运用人们已掌握的有关地下水的科学技术方法，人为地调节好地下水的开采与补给关系，造成补给、径流、排泄的新均衡，使地下水资源得到更加合理的应用。

地下水人工补给，又称为地下水人工回灌、人工引渗或地下水回注，是当今世界各国广泛采用的增加地下淡水补给的措施和方法。其实质就是借助某些工程设施将地表水自流或用压力注入地下含水层，以便增加地下水的补给量。它不仅能有效地稳定住地下水位下降，还能用来控制地面下降；改变地下水的水质；在含水层中建立淡水帷幕，防止海水或污水入侵等。由于地下水人工补给具有重大意义，作为给水排水工作者掌握基本的地下水人工补给技术是十分必要的。

9.4.1　人工补给地下水的目的

1. 补充地下水源，增大含水层的储存量

人工补给地下水是进行季节性和多年性的地下水资源调节，防止地下水含水层枯竭的行之有效的方法。与地表水库蓄水相比，人工回灌对增加地下水淡水资源，具有更大的优越性。由于地下含水层分布广泛，厚度大，储水的容量也相当大；储存在地下的淡水温度恒定，蒸发损耗很小，具有天然自净能力，取用方便，能防止污染；地下储水不占地表耕地，不需要地面引水工程设施，投资小、经济合理。

早在20世纪50年代国外已开始采用人工补给方法增加地下水补给量。据统计，国外人工补给地下水量占地下水总开采量比例：德国为30%，瑞士为25%，美国为24%，荷兰为22%，瑞典为15%，英国为12%。上海市区，1963年以后制定了地下水管理办法，每年抽取地下水0.14亿m^3，人工回灌0.17亿m^3，使地下水位得到了控制。河北省南宫水库采用人工回灌，形成1.12亿m^3调节水量的地下水库。北京水文队1976年将高井发电厂每天56万m^3的工业弃水调入永定河河床中进行人工回灌，使永定河岸地区水位回升了2m以上。

2. 控制地面沉降

人工回灌可以促进地下水位大幅度上升，增加土层回弹量。国内外许多研究结果说明，采取人工补给是防止地面沉降的有效措施。上海市1966年以来利用深井回灌及其他相应措施，基本控制了地面沉降。到1974年为止，地面标高保持在1965年的水平，并略有回升。上海市回灌与地面回升的关系如图9-4所示。

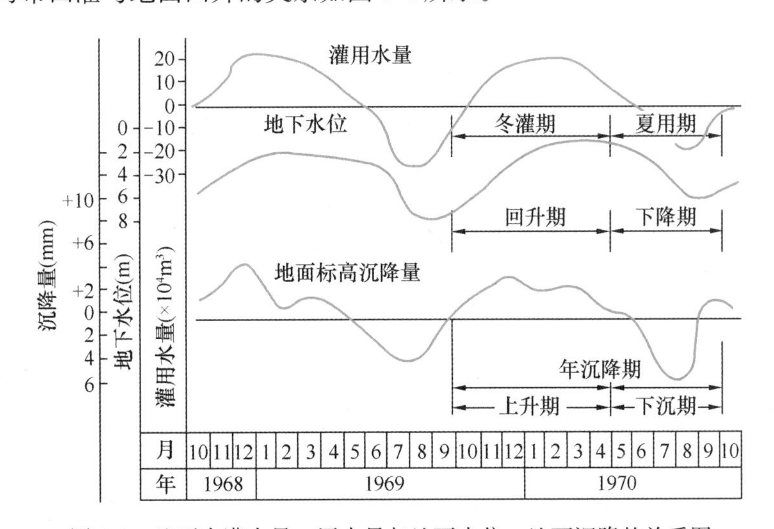

图9-4　地下水灌水量、用水量与地下水位、地面沉降的关系图

3. 防止或减少海水入侵含水层

在河口滨海地区大量抽用地下水，就会破坏淡水和咸水的平衡，引起咸水楔形上升，随着淡水被大量抽出，咸水向内陆入侵的范围会逐渐扩大。近年来，因海水入侵严重影响地下水水质的一些地区，陆续采用人工回灌的方法来改变污染状况。如美国加利福尼亚州沿海地区和纽约的长岛等地，沿平行于海岸布设一条回灌井线，把淡水灌入承压含水层里，造成淡水压力墙，起到阻挡海水继续入侵含水层的作用，这种方法已取得良好效果。此外，采用人工补给也可控制咸水的越流补给。

4. 改变地下水的水质

某些地区的地下水水质可能本来就差，也可能是因后来被污染而恶化，难以满足工农业生产和生活用水的要求。采用人工回灌方法，向地下输入了淡水，与原来的咸水或被污染的地下水混合，通过离子交换等物理、化学反应，可以使地下水逐渐淡化，水质得到改善。例如，天津第二棉纺厂 2 号井，原地下水的氯离子含量高达 1560mg/L，硫酸根离子达 1640.54mg/L，总硬度达 1840.5mg/L（以 $CaCO_3$ 计）。经过人工回灌后，虽然开采量仍稍大于回灌量，氯离子含量降低到 619.72mg/L，硫酸根离子降低到 548.98mg/L，总硬度降低到 841.6mg/L（以 $CaCO_3$ 计）。

某些工厂在生产工艺过程中要求特殊类型的水质，当市政供水系统或直接抽取的地下水不能直接满足水质要求时，也可用回灌的方法改造原来地下水水质，把经专门处理过的水回灌到地下，按一定的比例关系定期抽水和灌水，这种方法比较简单经济。

5. 改变地下水温度

工业用地下水的目的之一，是利用地下水作为冷、热源。夏季用于产品的冷却，调节和降低车间的温度、湿度；冬季用于车间取暖和锅炉用水。许多工厂利用含水层中地下水流速缓慢和水温变化幅度小的特点，用回灌方法改变地下水的温度，提高地下水的冷热源储存效率。具体做法是冬季向地下水灌入温度很低的冷水，到夏天时再开采用于降温，夏季则向地下灌入温度较高的水，到冬季再抽出用于生产或取暖。例如上海第二十九棉纺织厂，根据其生产特点，冬季车间温度要求保持在 20～25℃之间，相对湿度在 55%～75%才能正常生产，该厂用吸热后的冷却水（温度可达 40℃）作为夏灌水源，冬季供织布车间保温调湿使用，一个冬季可节约用电 5 万度。

6. 保持地热水、天然气和石油地层的压力

在开采石油或水溶性天然气时，由于地层中的油、气、水被大量抽出，而使石油或天然气压力下降，产量降低。向含油层或含气层中高压回灌，以水挤油或气，能保持和增加石油或天然气的有效开采量，这种方法已在国内外普遍应用。此外，在地热区采用人工回灌，可以明显增大地下热水开采量，甚至实现地下热水的人工自流。

9.4.2　人工补给地下水的水源和水质要求

用作人工补给地下水的水源有：地表水（江河、湖泊、水库、池塘）、再生水、城镇公共供水、地下水等，其中又以地表水为主。补给水源不仅要有足够的水量，而且要符合一定的水质要求，若水质较差就必须经过净化和适当处理后才能用作回灌水源。确定回灌水源的水质标准时，一般应注意以下 3 个原则：

（1）回灌水源的水质要比原地下水的水质好，最好达到饮用水的标准；

（2）回灌后不会引起区域性地下水的水质变坏和受污染；

（3）回灌中不应含有能使井管和过滤器腐蚀的特殊离子或气体。

江河水含泥砂量大，而且常受生活污水和工厂排放的废水污染，有时含有毒物质，处理净化较为复杂；而湖泊、水库等水源，含泥砂量较少，净化处理较方便。再生水必须满足地下水使用功能的水质条件，才能用作人工补给水源。若用某地区的地下水作为另一地区的回灌水源，一般均可汲取后直接输送到回灌井补给含水层，也可抽取同地区某一含水层中地下水补给另一含水层中。人工补给水的水质要求随目的、用途及所处水文地质条件等不同而有所不同，作为农业用水及工业用水来说，补给水的标准可比饮用水低些。地下水回灌水质要求可以参考相关技术标准。

为了确保高效率地进行地下水人工补给，在确定补给地点时，必须对该地区的水文地质条件进行调查和研究，主要包括：岩石的空隙性；岩石的水理性质及包气带和含水层的厚度、埋藏条件；地下水径流和排泄条件；岩石的化学成分及自净作用等。

世界上利用的地下淡水中，河流冲积层中地下水占相当大比例。地下水在冲积层的孔隙介质中径流较缓慢，回灌的地下水不易消失掉，且有利于大面积人工补给和开采，因此人工补给大都在冲积松散物组成的含水层中进行。

9.4.3 地下水人工补给的方法及适用条件

地下水的人工补给方法有下列几种。

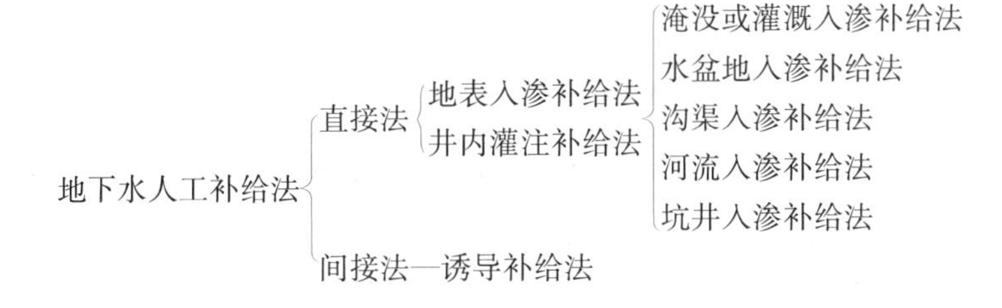

1. 直接法

（1）地表入渗补给法

一般采用坑塘、渠道、凹地、古河道、矿坑等地表工程设施及淹没灌溉等水段，使地表水自然渗透流入含水层。地表土层应有较好的透水性，如：砂土、粉土、砾石、卵石等。包气带厚度以10～20m为宜，若地下不太深处有隔水层，则可挖掘浅井或渠道，揭露下覆含水层。该方法的工程设施比较简单，基建费用不大，便于施工管理，但占地面积大，效率较低。

1）淹没或灌溉入渗补给

灌区农闲时将水引入农田，使其入渗补给地下水，如图9-5（a）所示。河北省源泉灌区1972年冬至1973年春，利用冶河水大面积淹灌休耕地和表地后，地下水位普遍上升0.5m左右。

2）水盆地渗入法

该方法包括水库渗漏、洼地、池塘渗漏补给。

水库是通过大面积库底渗漏进行补给的，有些水库底部有弱透水层阻隔，但由于入渗面积大，补给仍是可观的。当水库对地下水补给占主导地位时，库水位与地下水位变化一般存在线性关系，因此只要调节水库水位即可控制人工补给量，如图9-5（b）所示。

利用废弃的洼地、坑地，经挖掘和修整后，可由坑底砂砾石裸露的低洼地区进行水洼地式补给。但事先应清除洼地表面所覆盖的杂草和淤泥，以增大入渗速度，如图 9-5（c）所示。

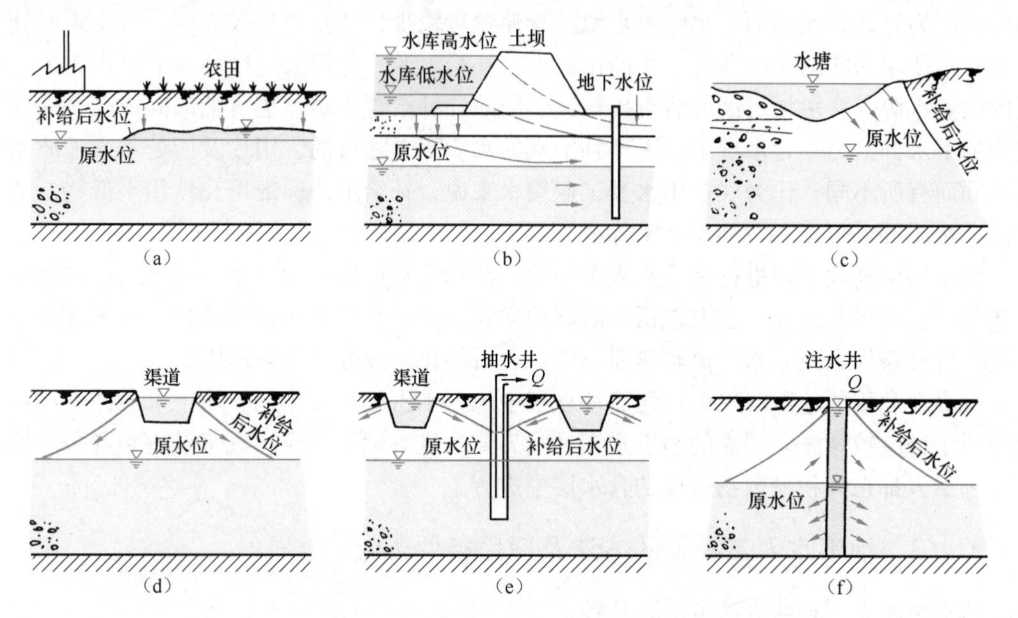

图 9-5　人工补给地下水方法示意图

（a）灌溉补给；（b）水库补给；（c）水盆地补给；（d）渠道补给；

（e）渠旁诱导补给；（f）大井灌注补给

据北京水文地质大队资料，北京西郊冲积扇地区裸露的砂卵石层，利用水库、废石坑、池塘、洼地等进行渗水补给，收到良好效果。如小清河谷的大宁水库，1973 年春蓄水后地下水位上升约 1.3m，附近的水井出水量增大一倍以上。永定河漫滩上的废采石坑被用来进行渗入补给，整个放水期为 22d，地表水平均放入量为 $0.5m^3/s$。由于地下水得到了大量的新补给，附近的水源井平均出水量比以前增大了一半以上，解决了枯水期的供水问题。

3）渠道渗入补给

利用渠道渗水，渠底应挖掉耕作土，铺垫砂石，定期放水渗漏补给地下水。为保持渠底渗透性，应经常清理渠底杂物和淤泥，如图 9-5（d）所示。北京大宁水库下游有东、西两干渠，由于渠道放水而使两渠间水源井内水位显著上升，井的出水量增大了 1/3～1/2。为了增大渠道或其他地表水体对地下水的渗入补给，可在地表水体旁边凿井抽取地下水，使地下水位在某些地段降低，增大地表水体水位与地下水位之间的水头差，诱导地面水大量透入。此方法一般在砂、卵砾石地层效果较好，如图 9-5（e）所示。

渠道补给也可通过地面、地下相结合的形式引渗补给，在土层透水性差的河流冲积平原和滨海平原地区，可在地面下修筑暗渠引入地表水入渗，这样可以不占耕地，地面渠道最好挖至砂层，使地面水直接与含水层相通。

4）河流渗水补给

利用天然河道，采取一定的工程设施，如：修建拦蓄工程、清理河床、开挖浅井等，扩大河流水面和延长蓄水时间，将洪水季节大部分流失的水通过人工引渗补给地下含水层。这种方法不仅是增大地下水的储存量，也能控制洪水，减少雨季的灾害和土壤流失。

（2）井内灌注渗水补给

含水层上部若覆盖有弱透水层时，地表水渗入补给强度受到限制，为了使补给水体直接进入潜水或深部承压含水层，常采用管井、大口井、竖井和坑道灌水注入地下含水层。如图 9-5（f）所示。一般回灌多通过生产管井进行，只是在特殊情况下才修建专门的回灌井。

利用管井回灌水量集中、流速较大、易于阻塞井管和含水层，常需要配备专门的水处理设备。将回灌水送至每口井，又需要安装输配水系统。为了提高回灌效率，有时还需水泵加压，因此注水回灌费用高，设备较复杂。但是注水回灌又有占地少、效率高、可直接回灌深部承压含水层的优点。

井内灌注补给可分为自由注入式和加压注入式（真空回灌、压力回灌）两大类型，根据含水层的岩性特征、渗透系数、地下水位、井的结构及设备条件来选择具体方法。

1）自流回灌

自流回灌是将回灌水导入回灌井中，使回灌井中的水位与地下水水位间始终保持一个水头差，形成水力坡度，以促使不断渗流补给地下水。但含水层必须保证水路通畅，具有一定透水能力。这种方法投资小，但效率也低。

2）真空回灌

真空回灌也叫负压回灌，适用于地下水位埋藏较深（静水位埋藏深度大于 10m），含水层渗透性能较好的地区；对回灌量不大的深井也可适用。

真空回灌法的管路安装如图 9-6 所示。首先在具有密封装置的回灌井开泵扬水，这时泵管和管路内充满水，然后停泵并立即关闭控制阀和出水阀，如图 9-7（a）所示。此时由于重力作用，泵管内的水体迅速向下跌落，在泵管内的水面与控制阀门之间造成真空。由于大气对泵管外面的深井管内有一个大气压的压力，所以泵管内的水柱只能下跌至静水位以上 10m 高度，这样才能与井管内的静水位保持压力平衡。此时压力真空表上将出现 760mmHg 的真空度，如图 9-7（b）所示，在这种真空状况下打开进水阀和控制阀门，因真空虹吸作用水就能迅速进入泵管内，破坏原有的压力平衡，产生水头差，使回灌水克服阻力向含水层中渗透。

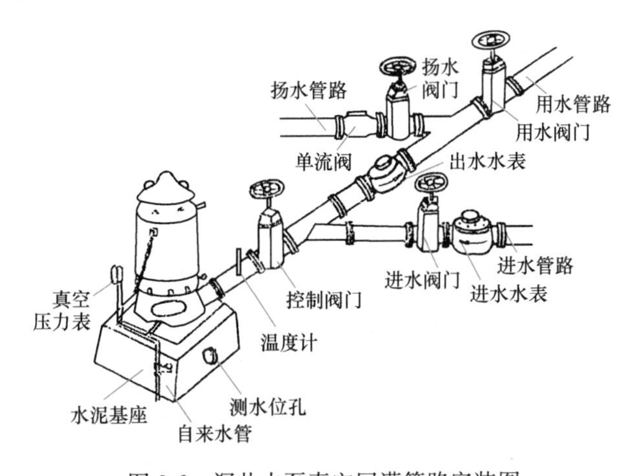

图 9-6 深井水泵真空回灌管路安装图

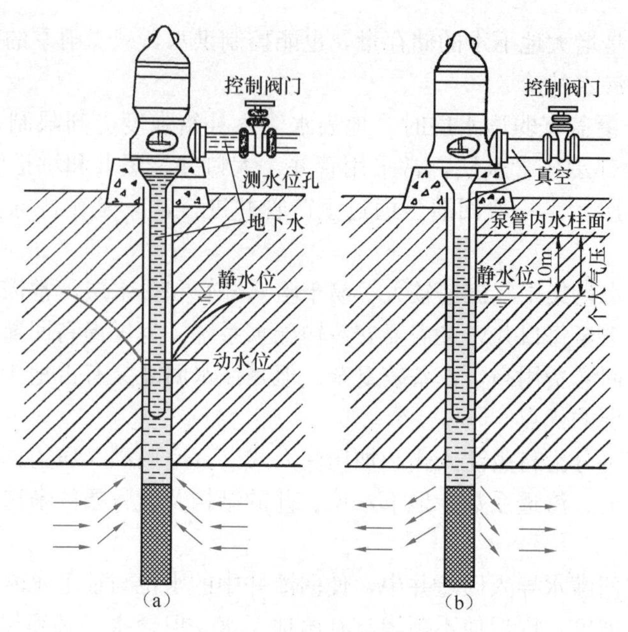

图 9-7 深井回扬与停泵拉真空示意图

(a) 扬水；(b) 停泵拉真空

3）压力回灌

该方法适用于地下水位埋深小和渗透性较差的含水层，其管路安装是在真空回灌的基础上，再把井管密封起来，使水不能从井口溢出，如图 9-8 所示；也可直接连接自来水管网，并用机械动力设备加压，以增加回灌的水头压力，使回灌水与静止水位间产生较大的水头差从而进行回灌。

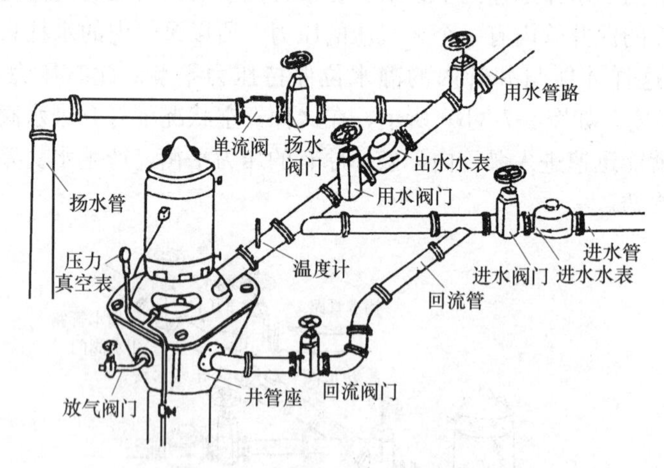

图 9-8 深井水泵压力回灌管路装置图

当含水层的透水性比较稳定，各个回灌井的滤水管过水断面一定，管井结构相似时，回灌量便与压力成正比，但压力增加到一定数值时，回灌量就几乎不再增加了。压力过大还会导致井的损失，因此回灌井的最佳压力必须根据含水层的特点及滤网强度来选择。

为了有效地保持井的回灌能力，回灌期间必须定期回扬，以便清除堵塞含水层和回灌井的杂质，对于细颗粒的含水层来说，这一步骤尤为重要。真空回灌的回扬方法较简单，只要关闭进水阀门，打开出水阀门及控制阀门，即可开泵扬水。压力回灌由于管路全封闭，泵管和井管同时灌水，因此回扬时可采用真空回扬、吸气回扬或回流回扬。

2. 间接法—诱导补给法

诱导补给法是一种间接的人工补给地下水方法。在河流或其他地表水体（如渠道、池塘、湖泊等）附近建井，抽取地下水，使地下水位降低，从而增大地表水和地下水之间的水头差，诱导地面水大量渗入。此法一般在砂、卵石地层效果较好，如图 9-9 所示。抽水量达到一定量时，形成的降落漏斗面可以低于地表水体的底部，这时地表水由渗透转为渗漏补给地下水。

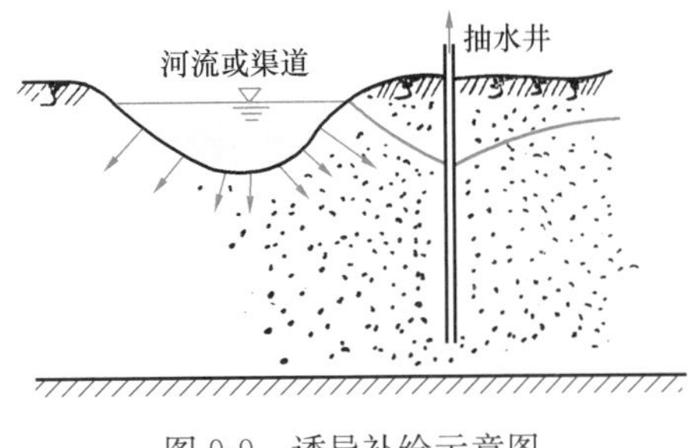

图 9-9 诱导补给示意图

诱导补给除与地层的渗透性密切相关外，还同抽水井与地表水体的距离有关，距离越近诱导补给量越大。但为了保证天然净化作用，两者常需保持一定距离，而且水源井一般位于区域地下水流下游一侧比较有利。

位于河流沿岸的地表水取水设施都是直接引用河水，如果河水混浊，含泥砂量大，建立过滤澄清工程需要巨大耗资。但若河床是冲积的砂卵石组成，与地下水有密切的水力联系，则在河边开凿几口浅井，大规模汲取地下水就能诱导河水大量渗入补给地下水。通过天然过滤后不仅可清除河水的杂质、悬浮物等，而且河水中某些有害化学成分也会在渗流过程中被吸附，取水工程改变为抽取地下水后也大大降低了投资。一般地表水的矿化度要比地下水的低，通过诱导补给使地下水与地表水相互混合来改善地下水水质。只要含水层透水性好且有一定厚度，并与地表水体有良好的水力联系，通过诱导补给均能建立为水量丰富、水质好的地下水水源。

9.5 地下水资源管理模型及管理方案的制订

9.5.1 地下水资源管理模型及其应用

地下水资源管理是一项非常复杂的系统工程，涉及技术、工程、政治、法律、环境、经济、社会等多种因素，如何量化地下水资源管理的目标及有效地实施，已成为地下水资源管理的关键内容。地下水资源管理模型的建立与运用在一定程度上实现了管理目标的定量化，提高管理方案的实施效果。

地下水管理模型是由揭示地下水规律的模型和决策模型两部分组成。地下水规律模型揭示特定条件下地下水的运动规律，决策模型则是认识地下水运动规律的基础上能动地控制系统的运动，使系统在一定程度上反映保持地下水资源的合理开发和可持续利用的基本要求，以达到所确定的管理目标。总之，地下水管理模型就是以一定的形式预测出系统响应的能力。

建立地下水管理模型，重要的是设立管理目标。目标是在不同范围内作出规定，如对整个地下水系统，或是对局部地区；为控制水量、保护地下水资源，或是保护环境和提高环境质量等。目标不一定是单一的，可以是多目标的。因此，地下水资源管理问题包括选择一个能实现一个特定目标（单目标管理），或同时实现一组目标的优化决策方案（多目标管理）。

一些目标可以定量表示，而另一些目标则难于定量化。衡量各种备选方案的有效性的决策变量的数量函数称为目标函数。一般作为决策变量所考虑的因素为：

（1）水量的时空分布；

（2）水质的时空分布；

（3）与含水层有水力联系的地面水或泉流量；

（4）人工补给或灌溉回水的水量和水质时空分布。

可以考虑的约束条件，例如：

（1）在空间上，或规定的区域，地下水水位不应超过规定的最高或最低水位；

（2）地下水中的污染物浓度不允许超过所规定的标准；

（3）为控制地面沉降，不允许超过的容许界限水位；

（4）开采地下水不应使泉的流量小于规定的指标；

（5）盐水入侵带的范围不应超过的规定值；

（6）人工补给含水层的水，抽水之前在含水层中的贮留的时间，应超过的最短规定期限等。

总之，目标函数的确定是以地下水的最小开采量，换来最大的经济效益、社会效益、环境效益。

9.5.2　地下水资源管理的工作程序

图 9-10 是表示地下水管理计划顺序的流程图。其主要步骤如下：

（1）确立地下水管理计划的目标。

（2）确定地下水资源管理的范围。

（3）选定水均衡期间，建立水均衡模型。

（4）搜集已有井孔资料及其管理范围内全部地质、地貌、河流水文、水文地质、气象等方面资料。在搜集井孔资料时应注重地质柱状图、井点确切位置、管井结构状况、地下水天然水位变幅情况、水质化验结果、抽水试验记录、历年抽水量记录等，应按上述有关项目为每一管井建立档案记录。若已建管井的数量有限，不足以搜集到必须资料时，应设置新井进行观测。当观测井孔分布不均时，应补充一些新观测孔，力求整个管理范围的各部分都处于监测之下。

（5）划分含水层单元，确定边界条件。含水层单元的划分应按管理范围的形状和观测井孔的分布情况来进行，各单元的边界形状尽可能规则，以便于进行有关水文地质计算。各单元的地下水位及水质特点也应能通过观测井孔反映出来。

（6）有关参数的确定：各种不同类型的管理模型中，水文地质参数的采用情况有所差异，但某些水文地质参数却是必备的，如渗透系数、释水系数等。在模拟过程中要对有关参数进行反复修正，才能逐渐接近实际情况。

（7）进行水均衡模拟实验：将所求出的有关参数带入水均衡模型进行试算，最终求出地下水位变化、水质变化等值，再与多年观测数值进行比较。若两者差距较明显，应重新核实、校定有关参数，直至误差达到所要求精度时，才可将模拟系统付诸使用。如果反复

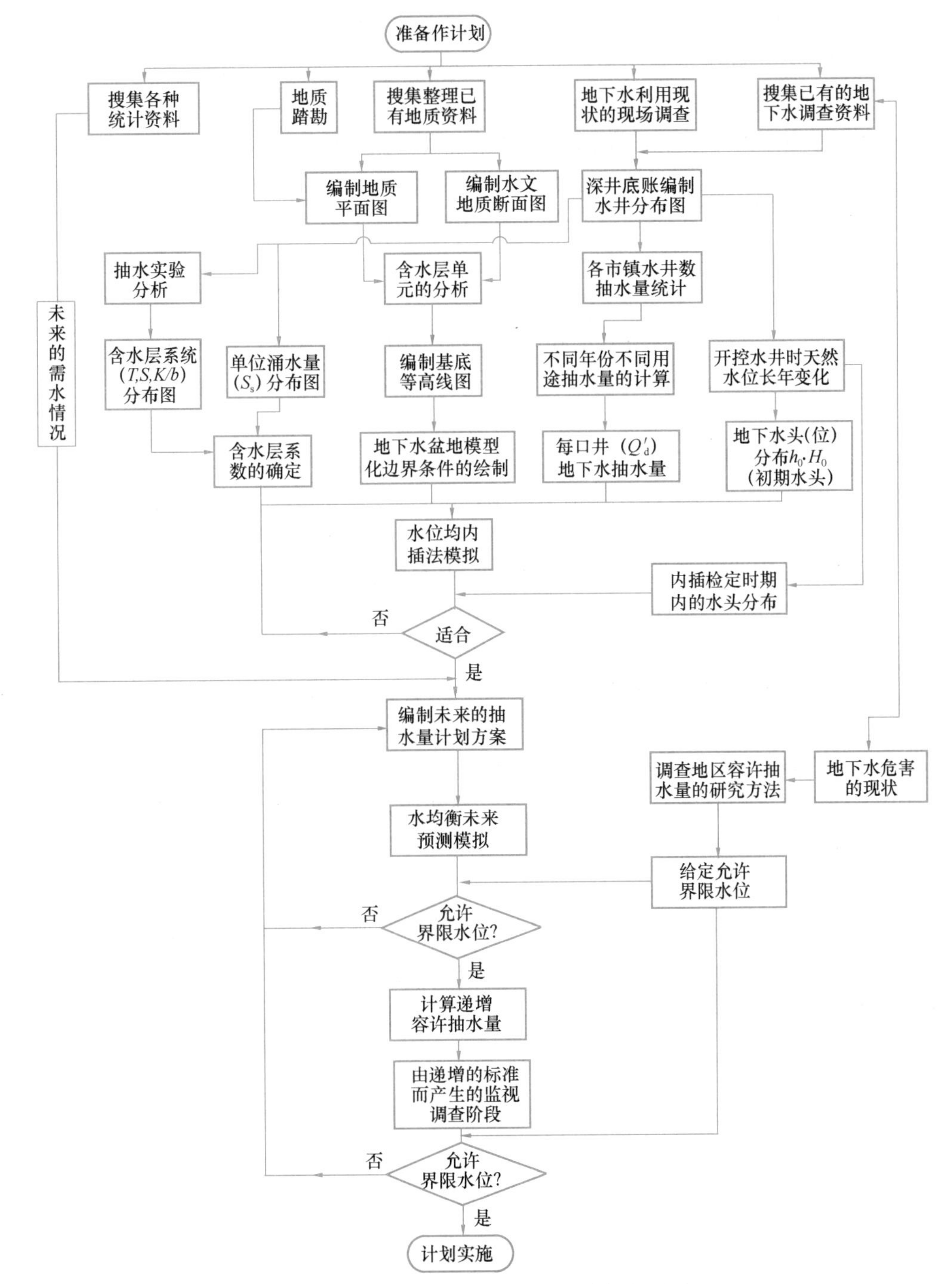

图 9-10 承压含水层管理计划顺序流程图

（参考柴崎达雄所著）

计算、运转后仍不能得到满意结果，就应修改模型本身。

（8）水均衡的未来预测：在完成一个地区的水均衡模型后，可把未来的抽水计划有关数值代入计算，观察模型动态，预测未来的用水过程中含水层水位、水质的变化情况，从而更科学、合理地确定该地区未来的抽水量及人工补给量。

（9）管理方案的选用：各种地下水资源施用方案经过模拟实验对比后，选取最佳者作为可行方案，以是否能满足允许抽水量作为评定标准。

（10）计划的实施：

通过上述的模拟实验所得出的地下水开采规划，只是从技术和自然环境的因素来考虑的。由于地下水与国民经济的密切联系，在开发过程中势必与当地人民的生活、安全有关，并牵连社会、经济、法律等一系列问题。因此在计划方案具体实施之前必须做下述几方面的考虑：

1）经济因素

首先得衡量开采地下水产生的效益与投资费用相比是否合理，按此角度着眼只要满足式（9-5），一般就可认为开采利用地下水在经济上是受益的。

$$\varepsilon \geqslant mC \cdot h(t) \tag{9-5}$$

式中　ε——单位抽水量产生的效益；

mC——单位水位下降量的界限抽水费用；

$h(t)$——抽取地下水产生的水位下降累积量；即地下水的允许界限水位。

但只是考虑抽水成本还是不够的，因抽水引起的公害所造成的经济损失也应该计算进去。

2）法律因素

开采利用地下水及建立地下水供水基地，均会涉及一系列法律上的问题。首先一切设计规划必须服从国家水资源利用和水资源保护法，此外还会与水权、土地权及其他特殊法律问题和规约有密切联系。地下水资源管理者必须具有法律理论、程序理解及处理能力，在制订开采地下水计划时要充分与有关单位、企业协商，所达成的一切协议要置于法律保护之下，避免工程施工开始后引起社会争端。

3）社会和体制问题

方案必须为社会所接受，这就需要在规划过程中得到社会组织的广泛介入和支持，解除当地居民在心理上的怀疑和忧虑。要确保规划的实施不仅将为当地居民带来巨大福利，而且也能保障居民的安全和生存权。

主要参考文献

[1] 张宗祜，李烈荣．中国地下水资源［M］．北京：中国地图出版社，2004.

[2] 中国地下水科学战略研究小组．中国地下水科学的机遇与挑战［M］．北京：科学出版社，2009.

[3] 水利部水利水电规划设计总院．中国水资源及其开发利用调查评价［M］．北京：中国水利水电出版社，2014.

[4] 黄定华．普通地质学［M］．北京：高等教育出版社，2004.

[5] 曹剑锋，迟宝明，王文科，等．专门水文地质学［M］．3版．北京：科学出版社，2006.

[6] 张人权，梁杏，靳孟贵，等．水文地质学基础（第七版）［M］．北京：地质出版社，2018.

[7] 中国地质调查局．水文地质手册［M］．2版．北京：地质出版社，2012.

[8] 中华人民共和国国家质量监督检验检疫总局，国家标准化管理委员会．地下水质量标准 GB/T 14848—2017［S］．北京：中国标准出版社，2017.

[9] 薛禹群，谢春红．地下水数值模拟［M］．北京：科学出版社，2007.

[10] 李广贺，刘兆昌，张旭．水资源利用工程与管理［M］．北京：清华大学出版社，2003.

[11] 国家市场监督管理局，国家标准化管理委员会．地下水资源储量分类分级 GB 15218—2021［S］．北京：中国标准出版社，1995.

[12] 翁文斌，王忠静，赵建世．现代水资源规划—理论、方法和技术［M］．北京：清华大学出版社，2004.

[13] 王焰新译．物理与化学水文地质学［M］．2版．北京：高等教育出版社，2013.

[14] 谢先军，甘义群，刘运德，等．环境同位素原理与应用［M］．北京：科学出版社，2019.

[15] 李广贺，旭张，张思聪，等．水资源利用与保护（第四版）［M］．北京：中国建筑工业出版社，2020.

[16] 国家市场监督管理总局，中国国家标准化管理委员会．生活饮用水卫生标准 GB 5749—2022［S］．北京：中国标准出版社，2022.

[17] 中华人民共和国环境保护部．饮用水水源保护区划分技术规范 HJ 338—2018［S］．北京：中国环境科学出版社，2018.

[18] 中华人民共和国建设部，中华人民共和国国家质量监督检验检疫总局．岩土工程勘察规范 GB 50021—2001（2009年版）［S］．北京：中国建筑工业出版社，2009.

[19] 薛禹群．地下水动力学［M］．2版．北京：地质出版社，1997.

[20] 李广贺，李发生，张旭，等．污染场地环境风险评价与修复技术体系［M］．北京：中国环境科学出版社，2010.

[21] 王浩．中国水资源问题与可持续发展战略研究［M］．北京：中国电力出版社，2010.

[22] 生态环境部，国家市场监督管理总局．农田灌溉水质标准 GB 5084—2021［S］．北京：中国标准出版社，2021.

[23] 中华人民共和国生态环境部．地下水环境监测技术规范 HJ 164—2020［S］．北京：中国环境出版集团，2021.

[24] 中华人民共和国国土资源部．区域地下水质监测网设计规范 DZ/T 0308—2017［S］．北京：地质出版社，2017.

［25］ 中华人民共和国国家质量监督检验检疫总局，中华人民共和国建设部. 供水水文地质勘察规范 GB 50027—2001［S］. 北京：中国计划出版社，2001.
［26］ 中华人民共和国住房和城乡建设部，国家质量监督检验检疫总局. 城镇给水排水技术规范 GB 50788—2012［S］. 北京：中国计划出版社，2012.
［27］ 教育部高等学校给排水科学与工程专业教学指导分委员会. 高等学校给排水科学与工程本科专业指南 TML-JPS-051003—2023［S］. 北京：中国建筑工业出版社，2023.

高等学校给排水科学与工程学科专业指导委员会规划推荐教材

征订号	书　　名	作　　者	定价（元）	备　　注
40573	高等学校给排水科学与工程本科专业指南	教育部高等学校给排水科学与工程专业教学指导分委员会	25.00	
39521	有机化学（第五版）（送课件）	蔡素德等	59.00	住建部“十四五”规划教材
41921	物理化学（第四版）（送课件）	孙少瑞、何洪	39.00	住建部“十四五”规划教材
42213	供水水文地质（第六版）	李广贺等	56.00	住建部“十四五”规划教材
27559	城市垃圾处理（送课件）	何品晶等	42.00	土建学科“十三五”规划教材
31821	水工程法规（第二版）（送课件）	张智等	46.00	土建学科“十三五”规划教材
31223	给排水科学与工程概论（第三版）（送课件）	李圭白等	26.00	土建学科“十三五”规划教材
32242	水处理生物学（第六版）（送课件）	顾夏声、胡洪营等	49.00	土建学科“十三五”规划教材
35065	水资源利用与保护（第四版）（送课件）	李广贺等	58.00	土建学科“十三五”规划教材
35780	水力学（第三版）（送课件）	吴玮、张维佳	38.00	土建学科“十三五”规划教材
36037	水文学（第六版）（送课件）	黄廷林	40.00	土建学科“十三五”规划教材
36442	给水排水管网系统（第四版）（送课件）	刘遂庆	45.00	土建学科“十三五”规划教材
36535	水质工程学（第三版）（上册）（送课件）	李圭白、张杰	58.00	土建学科“十三五”规划教材
36536	水质工程学（第三版）（下册）（送课件）	李圭白、张杰	52.00	土建学科“十三五”规划教材
37017	城镇防洪与雨水利用（第三版）（送课件）	张智等	60.00	土建学科“十三五”规划教材
37679	土建工程基础（第四版）（送课件）	唐兴荣等	69.00	土建学科“十三五”规划教材
37789	泵与泵站（第七版）（送课件）	许仕荣等	49.00	土建学科“十三五”规划教材
37788	水处理实验设计与技术（第五版）	吴俊奇等	58.00	土建学科“十三五”规划教材
37766	建筑给水排水工程（第八版）（送课件）	王增长、岳秀萍	72.00	土建学科“十三五”规划教材
38567	水工艺设备基础（第四版）（送课件）	黄廷林等	58.00	土建学科“十三五”规划教材
32208	水工程施工（第二版）（送课件）	张勤等	59.00	土建学科“十二五”规划教材
39200	水分析化学（第四版）（送课件）	黄君礼	68.00	土建学科“十二五”规划教材
33014	水工程经济（第二版）（送课件）	张勤等	56.00	土建学科“十二五”规划教材
29784	给排水工程仪表与控制（第三版）（含光盘）	崔福义等	47.00	国家级“十二五”规划教材
16933	水健康循环导论（送课件）	李冬、张杰	20.00	
37420	城市河湖水生态与水环境（送课件）	王超、陈卫	40.00	国家级“十一五”规划教材
37419	城市水系统运营与管理（第二版）（送课件）	陈卫、张金松	65.00	土建学科“十五”规划教材
33609	给水排水工程建设监理（第二版）（送课件）	王季震等	38.00	土建学科“十五”规划教材
20098	水工艺与工程的计算与模拟	李志华等	28.00	
32934	建筑概论（第四版）（送课件）	杨永祥等	20.00	
24964	给排水安装工程概预算（送课件）	张国珍等	37.00	
24128	给排水科学与工程专业本科生优秀毕业设计（论文）汇编（含光盘）	本书编委会	54.00	
31241	给排水科学与工程专业优秀教改论文汇编	本书编委会	18.00